Koether/Rau
Fertigungstechnik
für Wirtschaftsingenieure

D1719401

Reinhard Koether / Wolfgang Rau

Fertigungstechnik
für Wirtschaftingenieure

2., erweiterte Auflage

Mit 474 Abbildungen

HANSER

Autoren:
Prof. Dr.-Ing. Reinhard Koether (Kapitel 1, 2, 5, 7, 8, 10)
Prof. Dr.-Ing. Prof. h. c. Wolfgang Rau (Kapitel 3, 4, 6, 9, 11, 12)
Fachhochschule München
Fachbereich Wirtschaftsingenieurwesen

Bibliografische Information Der Deutschen Bibliothek

Die Deutsche Bibliothek verzeichnet diese Publikation in der Deutschen Nationalbibliografie; detaillierte bibliografische Daten sind im Internet über http://dnb.ddb.de abrufbar.

ISBN 3-446-22819-5

© 2005 Carl Hanser Verlag München Wien
www.hanser.de
Projektleitung: Dipl.-Phys. Jochen Horn
Herstellung: Renate Roßbach
Druck und Bindung: Druckhaus „Thomas Müntzer" GmbH, Bad Langensalza
Printed in Germany

Vorwort

Die Fertigungstechnik beeinflusst die Wettbewerbsfähigkeit des Unternehmens, denn sie bestimmt den Fertigungsprozess und damit Kosten und Qualität der Produkte. Auch aus diesem Grund werden Top-Positionen im Management mit Fertigungstechnikern besetzt.

Wirtschaftsingenieure werden bevorzugt an Schnittstellen zwischen wirtschaftlichen und technischen Aufgabenstellungen eingesetzt. Dazu gehört auch die Fertigungsplanung mit der Auslegung der Herstellungsprozesse und der Ablaufplanung für konkrete Fertigungsaufträge. Jedoch brauchen nicht nur Fertigungsplaner fertigungstechnisches Wissen. Auch im Einkauf oder im Controlling wird Know-how über Fertigungsverfahren und Fertigungsparameter benötigt, um z. B. Kosten zu beurteilen oder die Fähigkeit von Lieferanten einzuschätzen.

Das vorliegende Buch ist aus unseren Vorlesungen am Fachbereich Wirtschaftsingenieurwesen an der Fachhochschule München entstanden. Eingeflossen sind auch unsere Erfahrungen aus der Berufspraxis und aus Beratungsprojekten. Das Buch will Wirtschaftsingenieuren einen Überblick über die gängigen Fertigungsverfahren zur Metallbearbeitung geben und neben den technischen Grundlagen und Abläufen auch die wirtschaftlichen Auswirkungen der Technik zeigen. Dabei wendet es sich nicht nur an Wirtschaftsingenieure, sondern an alle, die fertigungsnahe Aufgaben zu lösen haben, also auch an Betriebswirte oder Ingenieure, die eine Übersicht über Fertigungsverfahren bekommen wollen. Um den Zugang und die Verständlichkeit zu erleichtern, wurde das Layout so gestaltet, dass Text und Graphiken zu einem Thema möglichst geschlossen auf einer Doppelseite dargestellt werden.

Ein Buch zu erstellen, macht immer mehr Arbeit, als ursprünglich geplant. Wir möchten deshalb dem Carl Hanser Verlag für die beharrliche Unterstützung unseres Buchprojektes danken. Unser besonderer Dank gilt aber unseren Ehefrauen *Ingelore Koether* und *Ilse Rau*, die die besonderen Belastungen bei der Erstellung unseres Buches geduldig mitgetragen haben und durch unzähliges Korrekturlesen auch aktiv zum Gelingen beigetragen haben.

München, im März 1999

Reinhard Koether
Wolfgang Rau

Vorwort zur zweiten Auflage

Viele Anregungen zur Verbesserung unseres Buches haben uns erreicht. Dafür danken wir allen Rezensenten sehr herzlich. Wir haben uns über diese Rückmeldungen gefreut, zeigen sie doch, dass das Buch von einem kompetenten Leserkreis beachtet wird. Besonders häufig wurde der Wunsch geäußert, die Hauptgruppen der Fertigungsverfahren breiter darzustellen. In der vorliegenden zweiten Auflage wurden deshalb Beschreibungen der Fertigungsverfahren Urformen, Fügen und Beschichten ergänzt. Außerdem haben wir Fehler beseitigt und den Inhalt an die neueren Entwicklungen in der Fertigungs- und Maschinentechnik angepasst.

Gauting und Aystetten, im Juni 2005

Reinhard Koether

Inhalt

1 Grundlagen

1.1 Aufgaben der Fertigungstechnik

Was ist Fertigungstechnik?

Ziel jedes Unternehmens ist die Herstellung von Waren und Dienstleistungen. Waren werden produziert durch:

- Verfahrenstechnik: Herstellung formloser Stoffe (Bild 1.1)
- Energietechnik: Umwandlung und Verteilung von Energie (Bild 1.2)

> - Fertigungstechnik: Herstellung von Werkstücken mit definierter Form und definierten Eigenschaften

Fertigungs**technik** betrachtet nur einen Teilaspekt industrieller Fertigung. Zur Fertigung gehören:

- **Logistik:** Gestaltung des Materialflusses und des begleitenden Informationsflusses.
- **Personal:** Organisation, Qualifikation und Führung der Mitarbeiter.
- **Fertigungstechnik:** Auswahl der Fertigungsverfahren und Festlegen der Verfahrensparameter.

Die Industrielle Fertigungstechnik ist eine Ingenieurdisziplin.

- Durch Berechnungen ist das Fertigungsergebnis
  - prognostizierbar,
  - planbar,
  - optimierbar (im Rahmen der Genauigkeit der zugrundeliegenden Methoden).
- Für Detailoptimierungen sind ergänzende Versuche nötig.

Die Industrielle Fertigung zeichnet sich aus durch:

- hohe Kapitalausstattung für
- große Produkte (z. B. Anlagen),
- große Stückzahlen (z. B. Konsumgüter),
- arbeitsteilige Fertigung.

Konsequenzen:

- Notwendigkeit der Planung, deshalb Ingenieurarbeit,
- Notwendigkeit der Organisation der Arbeitsteilung,
- Notwendigkeit, die arbeitsteiligen Prozesse durch Materialfluß zu verbinden; die Gestaltung des Materialflusses ist Aufgabe der Logistik.

Bild 1.1: Verfahrenstechnische Anlage zur Ammoniakproduktion (*BASF AG*)

Bild 1.2: Engergietechnik ist eine besonders anlagenintensive Produktion: Steinkohlekraftwerk mit Umspannwerk (*Bayernwerk AG*)

Bedeutung der Fertigungstechnik

Die **fertigungstechnische Industrie** (Beispiel: Maschinenbau)

- erwirtschaftet einen höheren Umsatz je Beschäftigten als das vergleichbare Handwerk, weil ein Industriebetrieb mehr Kapital einsetzt und dadurch höhere Produktivität sichert. Wegen des hohen Kapitaleinsatzes in der chemischen Industrie und der Energietechnik müssen dort die erwirtschafteten Umsätze je Beschäftigten noch höher sein (Bild 1.3).
- Sie benötigt eine moderate Kapitalausstattung (Bild 1.4),
  - mehr als Dienstleistungsbetriebe,
  - weniger als verfahrenstechnische und energietechnische Betriebe.
- Sie bietet deshalb eine breite Vielfalt von Betriebsgrößen
  - von der Garagenfirma
  - bis zum Weltkonzern wie Siemens oder General Motors.
- Sie bietet relativ viele Arbeitsplätze: ca. 30 % der Beschäftigten in Deutschland haben ihren Arbeitsplatz im verarbeitenden Gewerbe (Bild 1.5), ca. 10 % in typischen fertigungstechnischen Betrieben, wie Maschinen- und Fahrzeugbau. Allerdings nimmt der Anteil der Beschäftigten im verarbeitenden Gewerbe ab. Gründe sind:
  - Auslagerung von Dienstleistungen (z. B. EDV-Dienstleistungen)
  - Verlagerung von Produktion in ausländische Standorte
- Sie kann ihre Produkte leicht exportieren und steht deshalb im internationalen Wettbewerb (durchschnittliche Produktivitätssteigerung ca. 3 % pro Jahr, vgl. [Statistisches Bundesamt 2003]).

Persönliche Konsequenzen:

- Mit hoher Wahrscheinlichkeit finden Wirtschaftsingenieure ihre spätere Tätigkeit in einem fertigungstechnischen Betrieb
  und/oder
- Wirtschaftsingenieure pflegen Kunden- und Lieferantenbeziehung zu einem fertigungstechnischen Betrieb (Das Wirtschaftsingenieurstudium qualifiziert nicht vorrangig für typische Dienstleistungsbranchen wie Handel oder Finanzdienstleistungen.)

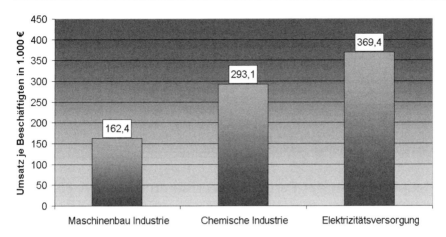

Bild 1.3: Umsatz je Beschäftigten im Jahr 2001 in beispielhaft ausgewählten Branchen der Produktionstechnik (*Quelle: Statistisches Bundesamt, 2003*)

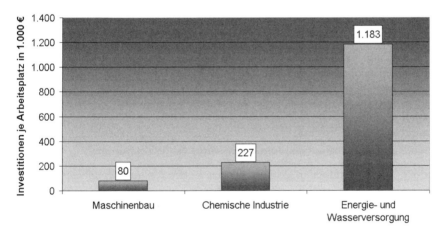

Bild 1.4: Durchschnittliche Investitionen je Arbeitsplatz im Jahr 2000 in beispielhaft ausgewählten Branchen der produktionstechnischen Industrie (*Quelle: Institut der deutschen Wirtschaft, 2003*)

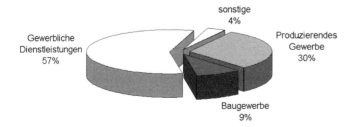

Bild 1.5: Anteil der Beschäftigten in der deutschen privaten Wirtschaft im Jahr 2001 (*Quelle: Institut der deutschen Wirtschaft, 2003*)

Beispielhafte **Berufsfelder für Wirtschaftsingenieure**, bei denen fertigungstechnisches Wissen vorteilhaft sein kann:

- Arbeitsvorbereitung, Fertigungsplanung,
- Qualitätssicherung,
- Fertigungslogistik,
- Einkauf,
- Controlling,
- Investitionsplanung,
- Marketing und Verkauf von Investitionsgütern.

1.2   Hauptgruppen der Fertigungsverfahren nach DIN 8580

Die DIN 8580 gliedert die Fertigungsverfahren in 6 Hautgruppen (Bild 1.6):

- **Urformen**   z. B. Gießen (Bild 1.7), Sintern
- **Umformen**   z. B. Walzen, Schmieden
- **Trennen**   z. B. Fräsen, Brennschneiden
- **Fügen**   z. B. Schrauben, Schweißen (Bild 1.8)
- **Beschichten**   z. B. Lackieren, Galvanisieren
- **Stoffeigenschaften ändern**   z. B. Härten

Wegen der breiten Anwendung und der wirtschaftlichen Bedeutung konzentriert sich das vorliegende Buch auf die Metallbearbeitung und deren Maschinen. In den Kapiteln 2 bis 6 werden die wichtigsten Fertigungsverfahren, ihre Parameter und wichtigsten Kosteneinflussgrößen dargestellt. Die Verfahren zur Änderung der Stoffeigenschaften betreffen vorwiegend die Werkstofftechnik und werden deshalb hier nur am Rande erwähnt.

Ziel dieses Buches „Fertigungstechnik für Wirtschaftsingenieure":

- Vermittlung von Kenntnissen der wichtigsten Verfahren zur Metallbearbeitung der Hauptgruppen Urformen, Umformen, Trennen, Fügen und Beschichten.
- Vermittlung von Kenntnissen der wichtigsten Verfahrensparameter.
- Vermittlung von Kenntnissen der wichtigsten Gestaltungsalternativen für Werkzeugmaschinen.
- Anwendung ingenieurmäßiger Arbeit für fertigungstechnische Problemstellungen in ausgewählten Fällen.

Im Vordergrund steht der breite Überblick, weniger die Vermittlung speziellen Wissens über bestimmte Fertigungsverfahren.
Die für das Produktionsmanagement wichtigen Aspekte Logistik und Personalmanagement werden nur betrachtet, soweit sie fertigungstechnisch beeinflussbar sind.

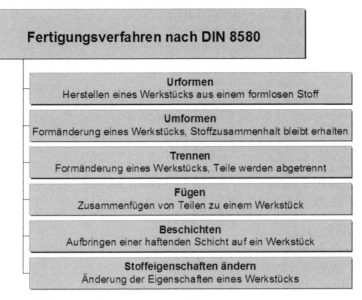

Fertigungsverfahren nach DIN 8580

Urformen
Herstellen eines Werkstücks aus einem formlosen Stoff

Umformen
Formänderung eines Werkstücks, Stoffzusammenhalt bleibt erhalten

Trennen
Formänderung eines Werkstücks, Teile werden abgetrennt

Fügen
Zusammenfügen von Teilen zu einem Werkstück

Beschichten
Aufbringen einer haftenden Schicht auf ein Werkstück

Stoffeigenschaften ändern
Änderung der Eigenschaften eines Werkstücks

Bild 1.6: Fertigungsverfahren nach DIN 8580

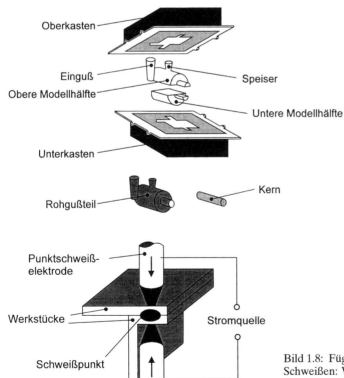

Bild 1.7: Urformen, Fertigungsverfahren Gießen: Sandguss mit verlorener Form [*Hering*]

Bild 1.8: Fügen, Fertigungsverfahren Schweißen: Widerstandspunktschweißen [*Hering*]

1.3   Auswahl von Fertigungsverfahren

Ziele bei der Auswahl von Fertigungsverfahren sind:

1. **Priorität Qualität:** Die von der Konstruktion geforderten Maße und Eigenschaften des Werkstücks müssen mit statistischer Sicherheit erreicht werden.
2. **Priorität Wirtschaftlichkeit durch hohe Kapitalrendite:** Unter den möglichen Fertigungsverfahren ist das Verfahren oder die Verfahrensfolge auszuwählen, das die Kapitalrendite maximiert (Bild 1.9).

Die Auswahl der Fertigungsverfahren geht in die **Arbeitsplanung** ein. Der Arbeitsplan ist eine zentrale Informationsbasis für die Produktion (Bild 1.10).

Schritte zur Arbeitsplanung sind:

- Auswahl des Rohmaterials,
- Festlegen der Bearbeitungsschritte,
- Festlegen der Maschinen,
- Bestimmen der Verfahrensparameter und Einstellwerte der Maschinen,
- Ermitteln und Festlegen der Vorgabezeit.

Dazu werden folgende **Eingangsinformationen** verwendet:

- Konstruktionsunterlagen: Zeichnung, Stückliste,
- personelle und technische Kapazität, verfügbare Maschinen,
- Planstückzahl und geforderter Fertigstellungstermin.

1.4   Wesentliche Eigenschaften der Fertigungsverfahren

Wesentliche Eigenschaften von Fertigungsverfahren sind

- Wirtschaftlichkeit und die Bedeutung von fixen und variablen Kosten,
- die erreichbare Qualität, Genauigkeit und Oberflächengüte,
- die Verbreitung der Fertigungsverfahren, mit der Frage von Zukauf oder Eigenfertigung (Make or Buy).

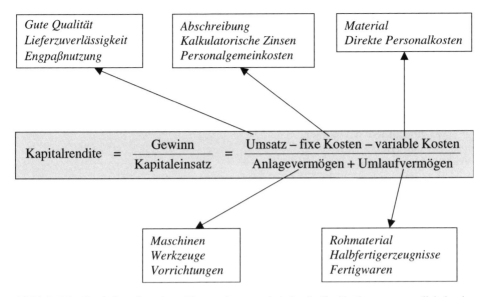

Bild 1.9: Die Kapitalrendite eines Unternehmens wird durch die Fertigung wesentlich beeinflusst

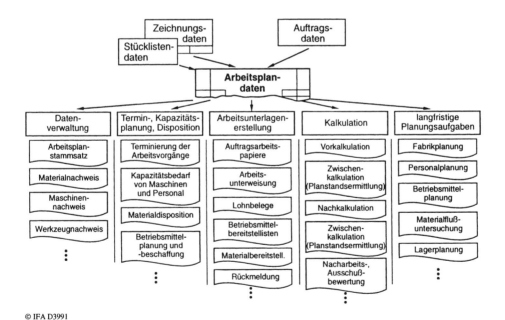

© IFA D3991

Bild 1.10: Verwendung der Arbeitsplandaten [*Wiendahl*]

Wirtschaftlichkeit:

- Je größer die Stückzahl, desto
  - kleiner die Herstellkosten pro Stück (economy of scale, Stückkostendegression)
  - größer dürfen die Fixkosten sein (die auf die größere Stückzahl verteilt werden) für
    * teure Maschinen,
    * produktive Maschinen,
    * Werkzeuge,
    * Vorrichtungen.
- Für die Herstellung großer Stückzahlen geeignet sind Verfahren mit
  - geringen variablen Kosten (Material und Personal),
  - trotz hoher Fixkosten (Maschinen und Werkzeuge),
- insbesondere sind hier zu nennen
  - Urformen und
  - Umformen (hohe Kräfte erfordern teure Maschinen), z. B.
    * Normteile (Schrauben),
    * Halbzeuge (Bleche),
    * Konsumgüter (Autos).
- Spanende Verfahren (Hauptgruppe Trennen) werden eingesetzt für die
  - Produktion kleiner Stückzahlen,
  - Erzeugung von Funktionsflächen mit engen Toleranzen und glatten Oberflächen an Werkstücken großer und kleiner Stückzahlen.

Qualität:

- Große Toleranzen (ca. 1/10 mm) (Bild 1.11) und raue Oberflächen erzeugen in der Regel die Verfahren
  - Gießen (Urformen),
  - Schmieden und Fließpressen (Umformen),
  wegen
  - Wärmedehnung des Werkstücks,
  - Verschleißes des Formwerkzeugs.
- Kleine Toleranzen (bis ca. 1/100 mm) (Bild 1.11) und glatte Oberflächen werden erreicht durch
  - Sintern (Urformen)
  - Kaltumformung (Umformen),
  - spanende Verfahren (Trennen).
- Sehr enge Toleranzen (kleiner als 1/100 mm) und sehr glatte Oberflächen (spiegelnd) durch spezielle spanende Verfahren zur Feinstbearbeitung (Trennen).

Toleranzklasse

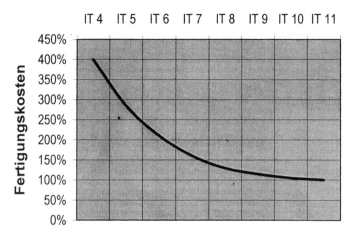

Toleranzklasse	IT 4	IT 5	IT 6	IT 7	IT 8	IT 9	IT 10	IT 11
Toleranz in mm bei Sollmaß 250 bis 315 mm	0,016	0,023	0,032	0,052	0,081	0,13	0,21	0,32

erreichbare Genauigkeit

Hauptgruppe	Fertigungsverfahren	IT 4	IT 5	IT 6	IT 7	IT 8	IT 9	IT 10	IT 11
Umformen	Gesenkformen								▓
Umformen	Walzen				▓	▓	▓		
Umformen	Kaltfließpressen		▓	▓					
Umformen	Tiefziehen							▓	▓
Trennen	Scherschneiden (Blech)						▓	▓	
Trennen	Feinschneiden (Blech)		▓	▓	▓				
Trennen	Drehen			▓	▓	▓	▓		
Trennen	Bohren							▓	▓
Trennen	Reiben			▓	▓	▓			
Trennen	Fräsen			▓	▓	▓			
Trennen	Rundschleifen	░	▓	▓					

Legende ░ bestenfalls erreichbare Genauigkeit   ▓ erreichbare Genauigkeit

Bild 1.11: Die erforderliche Genauigkeit bestimmt die Auswahl geeigneter Fertigungsverfahren und die Herstellkosten

Verbreitung von Fertigungsverfahren, Make or Buy:

- Die Montage bleibt fast immer im eigenen Betrieb:
  - Mit der Montage (Fügen) wird das Endprodukt für den Kunden erzeugt.
  - Der Kapitalbedarf für Montage ist relativ gering (Bild 1.12).

- Spanende Verfahren werden in den meisten Fertigungsbetrieben in der Teilefertigung eingesetzt (Bild 1.13), denn sie
  - bestimmen die Genauigkeit und damit häufig die Funktion des Werkstücks,
  - erfordern vergleichsweise geringe Investitionen,
  - bieten hohe Flexibilität (geringe fixe, aber hohe variable Kosten) (Bild 1.12).

- Beschichten und Stoffeigenschaften ändern sind zwar Verfahren mit hohen Anlagenkosten, bleiben aber trotzdem häufig in der Eigenfertigung (Bild 1.13), denn sie
  - bestimmen die Qualität und das äußere Erscheinungsbild des Produktes,
  - gestalten bei Fremdvergabe den Fertigungsfluss und den Durchlauf komplizierter.

- Ur- und umgeformte Teile werden häufig zugekauft (Bild 1.13):
  - hohe Fixkosten verursachen hohes Auslastungsrisiko (Bild 1.12),
  - spezielles Prozess-Know-how verursacht zusätzliche Fixkosten,
  - schnelle Produktionsgeschwindigkeit umformender Verfahren erfordert große Stückzahlen, um die Maschinen und Anlagen wirtschaftlich auszulasten.

fixe Kosten
Umformen
Beschichten
Urformen
spanende Fertigungs-verfahren
Stoff-eigenschaften ändern
Fügen, Montage
variable Kosten

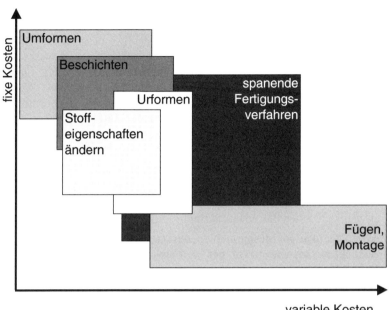

Bild 1.12: Fixe und variable Kosten der Fertigungsverfahren

fixe Kosten
Buy
am Beginn des Fertigungsprozesses
Urformen
Umformen
Make or Buy
hoher Einfluß auf Qualität in der Mitte des Fertigungsprozesses
Beschichten
Stoffeigenschaften ändern
Make
hoher Einfluß auf Qualität am Ende des Fertigungsprozesses
Spanende Fertigung
Montage (Fügen)
variable Kosten

Bild 1.13: Portfolio-Darstellung von Eigenfertigung und Zukauf von Werkstücken und Fertigungsverfahren

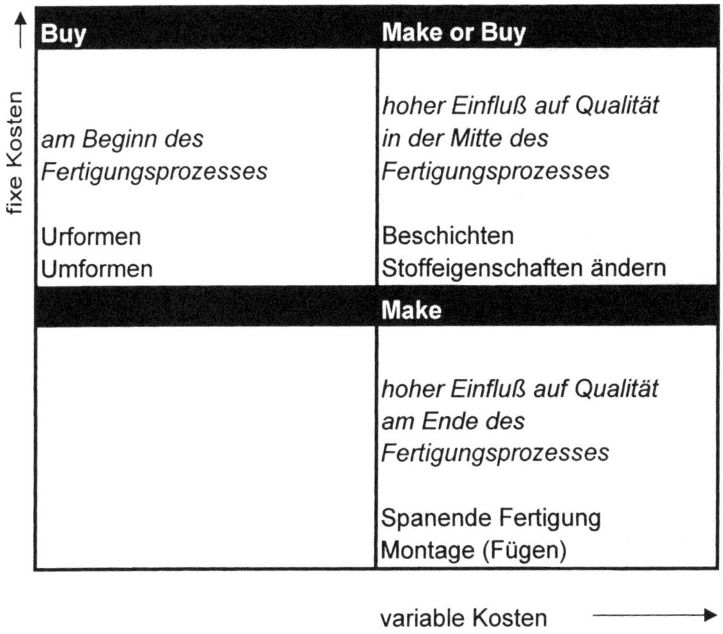

2 Urformende Fertigungsverfahren

> „**Urformen** ist das Fertigen eines festen Körpers aus formlosem Stoff, durch Schaffen des Zusammenhalts. Hierbei treten die Stoffeigenschaften des Werkstücks bestimmbar in Erscheinung" (DIN 8560 Begriffe der Fertigungsverfahren). Der formlose Stoff industrieller Urformung ist normalerweise eine Flüssigkeit (**Schmelze**) oder ein **Pulver**; Kunststoffteile werden aus **Granulat** hergestellt.

In den archäologischen Museen der Welt finden sich die Beweise, dass urformende Verfahren zu den ältesten Fertigungsverfahren zählen. Das Material für die Herstellung von Keramiken ist Ton, ein Pulver, das befeuchtet, geformt und gebrannt wird. Tonziegel waren wahrscheinlich die ersten Serienprodukte der Menschheit.

Bereits um 2500 v. Chr. war in Mesopotamien der Hohlguss von Metallteilen bekannt. Schmuckstücke wurden auch vor der Zeitenwende in wieder verwendbare Formen (Kokillen) gegossen. In der griechischen Antike und auch in den Indianerkulturen Mexikos wurde das Wachsausschmelzgießen beherrscht. In der frühen Industrialisierung existierte für schwierige, große Gussstücke schon ein globaler Markt. Die Bronzetüren des Capitols in Washington/DC (Bild 2.1) wurden z. B. in München gegossen.

Die folgende Darstellung konzentriert sich auf die industrielle Urformung von metallischen Werkstücken.

2.1 Gießen

Die meisten urgeformten Bauteile werden aus einer Schmelze gegossen. Dabei gibt es zwei wesentliche Prozessvarianten:

- Stranggießen im Anschluss an die Stahlherstellung oder Verhüttung von Metallen,
- Formgießen von Werkstücken im
  - Sandguss (verlorene Form) oder im
  - Kokillenguss (wieder verwendbare Form).

2.1.1 Stranggießen

Mit Strangguss werden nach der Metallverhüttung mit dem Festlegen der metallurgischen Werkstoffeigenschaften erstmals **Halbzeuge** zur Weiterverarbeitung hergestellt. Die Schmelze fließt kontinuierlich durch eine rechteckige, gekühlte Form, die Stranggusskokille. Während des Durchlaufs durch die Kokille erstarrt zumindest die Randzone des Strangs, sodass endloses Stangenmaterial entsteht. Der abgezogene Strang wird weiter abgekühlt und abgelängt (Bild 2.2).

Die abgelängten Stränge (Stahlbrammen) werden anschließend auf eine gleichmäßige Walztemperatur erwärmt und im Walzwerk zu verkaufsfähigem Stangenmaterial oder Blechen gewalzt.

Bild 2.1: Bronzetür am Capitol in Washington D.C./USA (Ausschnitt) (*Kerschek*)

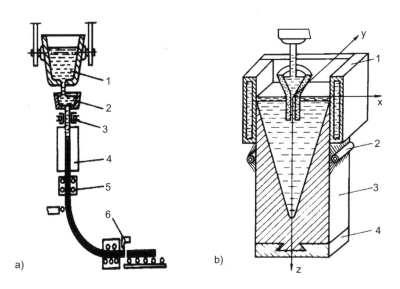

a) 1 Gießpfanne, 2 Ausgleichsbehälter, 3 Stranggusskokille, 4 Sekundärkühlung, 5 Zugwalzen,
   6 Scheidegerät
b) 1 Stranggusskokille, 2 Sekundärkühlung, 3 Strang, 4 Anfahrblock
Bild 2.2: Stranggussanlage und Anfahrblock [*Awiszus u. a.*]

2.1.2 Gießen in verlorene Formen

Verlorene Formen werden in der Regel aus Sand (SiO_2) hergestellt. Der Sand wird mit einem Kleber vermischt, damit der geformte Sand eine gewisse Stabilität erhält und den Kräften bei der Formfüllung (Einfließen der Schmelze) standhalten kann. Der Kleber härtet entweder durch Temperatur (Hot Box) oder durch chemische Reaktion (Cold Box).

Verlorene Formen werden in vier Situationen eingesetzt:

- bei komplizierten Formen mit Hinterschneidungen,
- für Kerne, die dann Hohlräume im Gussstück bilden,
- bei hohen Schmelztemperaturen des Werkstoffs (Formsand ist temperaturunempfindlich), insbesondere für Stahlwerkstoffe (Schmelztemperatur Fe: 1809 °C),
- bei geringen Stückzahlen, für die die Herstellung von Kokillen (Dauerformen) nicht wirtschaftlich ist.

In der **Gussputzerei** werden verlorene Formen nach der Erstarrung der Schmelze vom Gussteil gelöst und dabei zerstört. Der Formsand wird dazu abgeschlagen, das Gussteil gerüttelt und mit Hochdruck-Wasserstrahlen gereinigt. Der Formsand wird gesammelt, gereinigt, wieder aufbereitet und dann wieder verwendet.

Formverfahren

Alle Verfahren zur Herstellung verlorener Formen erfordern ein **Modell** (positive Form) des späteren Gussstücks (Bild 2.3). Für die Serienfertigung wird das mehrfach verwendbare Modell aus Holz oder Kunststoff spanend hergestellt. Beim Lostfoam-Verfahren (Bild 2.8) wird das Modell aus Polystyrolschaum gefertigt; es wird beim Gießen ebenso zerstört wie das Wachsmodell für das Wachsausschmelzgießen.

Soll das Gussstück innen hohl bleiben, werden **Sandkerne** eingelegt, die diesen Hohlraum bilden (Bild 2.4). Die Sandkerne werden entweder auch nach einem Modell geformt oder aus Dauerformen (Kernbüchsen) erstellt.

Zum **Handformen** wird zunächst nach der Konstruktion des Gussstücks ein Modell hergestellt. Am Modell sind neben dem Werkstück auch Einguss, Speiser, Lauf und Anschnitt angeformt, über die die Schmelze in der Form gleichmäßig verteilt wird. Das Modell wird in den unteren Formkasten eingelegt, dann wird der Raum zwischen Formkasten und Modell mit Formsand gefüllt. Anschließend entnimmt man das Modell, sodass der gewünschte Hohlraum in Sand geformt zurückbleibt (negative Form). Die obere Formhälfte wird im oberen Formkasten genauso abgeformt. In den unteren Formkasten werden ein oder mehrere Sandkerne eingelegt, dann werden der obere Formkasten aufgesetzt und beide Formhälften mit einer Klammer verbunden. Der entstandene Hohlraum kann nun durch die Metallschmelze ausgefüllt werden (Bild 2.3).

Mit zwei Modellplatten ist es möglich, die beiden Formhälften einer Gießform getrennt herzustellen. Die Modellplatten werden zur **maschinellen Formung** verwendet, weil damit das Verdichten des Formstoffs und das Trennen des Formkastens von der Modellplatte mechanisiert werden können. Modellplatten können auch die Modelle für mehrere Gussteile enthalten (Bild 2.5).

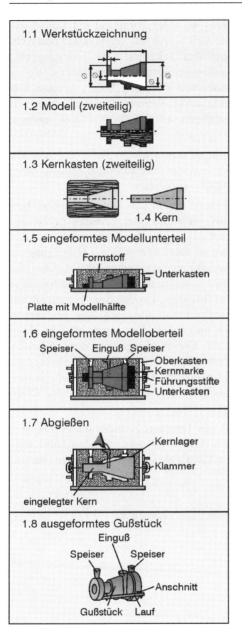

1.1 Werkstückzeichnung

1.2 Modell (zweiteilig)

1.3 Kernkasten (zweiteilig)

1.4 Kern

1.5 eingeformtes Modellunterteil

Formstoff
Unterkasten
Platte mit Modellhälfte

1.6 eingeformtes Modelloberteil

Speiser   Einguß   Speiser
Oberkasten
Kernmarke
Führungsstifte
Unterkasten

1.7 Abgießen

Kernlager
Klammer
eingelegter Kern

1.8 ausgeformtes Gußstück

Einguß
Speiser   Speiser
Anschnitt
Gußstück   Lauf

Bild 2.3: Herstellung eines Gussteiles mit verlorener Form und zweiteiligem Dauermodell [*Witt*]

Bild 2.4: Montage von Form und Sandkernen (*Honsel*)

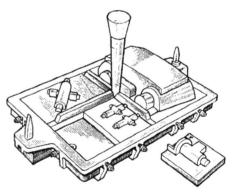

Bild 2.5: Modellplatte für mehrere Gussstücke mit Anguss [*Awiszus u. a.*]

Beim **Maskenformverfahren (Croningverfahren)** wird der Formsand mit Kunstharzbindemittel auf ein aufgeheiztes (ca. 250 bis 300 °C) und mit Trennmittel beschichtetes Modell geschüttet. Auf der heißen Modelloberfläche härtet der Formsand und bildet eine feste „Haut" (Maske). Der überflüssige Formsand wird nun entfernt. Die Formmaske wird bei ca. 500 °C ausgehärtet und kann abgehoben werden. Um ihre Stabilität für größere Gusswerkstücke zu erhöhen, kann sie hinterfüllt oder verstärkt werden (Bild 2.6). Für Hinterschneidungen an Gusswerkstücken müssen mehrteilige Formmasken verklebt werden.

Vorteile des Croningverfahrens sind der geringe Verbrauch an Kernsand und die gute Oberfläche der Form. Da die Modelle teurer als konventionelle Modelle sind, wird dieses Formverfahren nur für Serienfertigung eingesetzt.

Zur Präzisionsformung werden verlorene Modelle aus Wachs verwendet. Das Verfahren wird deshalb auch als **Wachsausschmelzverfahren** oder **Feinguss** bezeichnet (Bild 2.7). Die Modelle können für Einzelfertigung von Hand hergestellt werden oder werden für Serienproduktion spritzgegossen (vergleiche Druckguss in Kap. 2.1.3); kleine Modelle werden zu einem „Baum" zusammengeklebt. Die Modelle werden zunächst mit einem feinen Quarzsand umhüllt. Durch mehrmaliges Tauchen dieses Baumes (bzw. des Modells) in flüssigen, keramischen Formschlicker (Besanden) und anschließendes Trocknen wird eine keramische Schale aus mehreren fest miteinander verbundenen Schichten aufgebaut. Die Form wird in einen Formkasten eingesetzt und mit Sand hinterfüllt. Die Wachsmodelle werden bei ca. 160 °C ausgeschmolzen und die Form anschließend bei 900 bis 1200 °C gebrannt. In die heiße Form wird dann das flüssige Metall gegossen. Mit diesem Verfahren werden kleinere, einbaufertige Gussstücke in höchster Genauigkeit und bester Oberflächenqualität hergestellt.

Beim **Lost-foam-Verfahren** wird ein Modell aus Polystyrolschaum im Formkasten mit Sand umhüllt. Die Metallschmelze vergast das Modell und füllt den Hohlraum. Auch hier muss der Formsand mit Harzen verklebt sein, um zu verhindern, dass er in den Hohlraum nachrutscht (Bild 2.8).

Vorteile dieses Formverfahrens sind:

- (fast) unbegrenzte Freiheit bei der Gestaltung der Gussstücke
- keine Teilungsebene
- gute Oberfläche
- geringer Putzaufwand

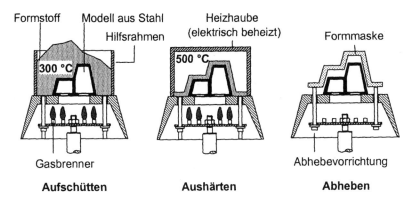

Bild 2.6: Maskenformverfahren [*Westkämper, Warnecke*]

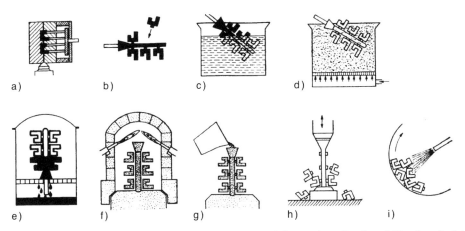

a) Herstellen der Wachsmodelle, b) Montage der Modelle zu einer Traube, c) Tauchen in feinen Quarzsand, d) Hinterfüllen der Form, e) Ausschmelzen der Modelle, f) Brennen der Form, g) Gießen, h) und i) Trennen und Glätten der Gussstücke

Bild 2.7: Verfahrensablauf Wachsausschmelzformen [*Awiszus u. a.*]

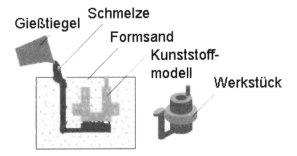

Bild 2.8: Lost-foam-Formverfahren (*www.tecnologix.net*)

Zum Gießen von Muster- und Prototypenteilen wurden Verfahren des **Rapid Prototypings** entwickelt. Mit der **Stereolithographie** wird das Modell schichtweise aufgebaut. Ein Laserstrahl härtet ein Kunstharz Schicht für Schicht, sodass schließlich ein dreidimensionales Modell entsteht, das auch Innenstrukturen (z. B. Versteifungen) enthalten kann.

Ein vorhandenes dreidimensionales Modell, z. B. aus dem Designprozess, wird durch **Vakuumgießen** zu einem mehrfach verwendbaren Gussmodell: Das Designmodell (positive Form) wird um gießtechnische Parameter, z. B. Ausformschrägen, ergänzt und in Kunststoff (negative Form) abgegossen. Die neue Kunststoffform wird evakuiert und mit dem Modellkunststoff oder Wachs (für Wachsausschmelzgießen) ausgegossen. Durch die Evakuierung wird sichergestellt, dass alle Formelemente blasenfrei ausgegossen sind. Das so entstandene Teil (positive Form) wird dann entweder direkt als Kunststoffteil oder als Modell für den weiteren Metallgießprozess verwendet.

Auch das **Direct Croningverfahren** ist ein Formverfahren des **Rapid Prototypings.** Ähnlich wie bei der Stereolithographie wird die Form schichtweise aufgebaut. Die rieselfähige Formstoffmischung aus Sand und Harz wird durch einen Laserstrahl Schicht für Schicht entlang einer „Höhenlinie" ausgehärtet, sodass schließlich eine dreidimensionale Form mit Hinterschneidungen und anderen komplizierten Details entsteht. Da die Form nur einmal verwendet wird, kann auf Aushubschrägen zur Entformung verzichtet werden. Die Form wird direkt aus der CAD-Datei erzeugt, sodass Musterstücke und Prototypenteile aus den üblichen Gusslegierungen ohne weitere Zwischenschritte abgegossen werden können (Bild 2.9).

Schwerkraftguss

Da die Sandformen keine hohen Kräfte aushalten, wird beim **Schwerkraftguss** die Form nur durch die Schwerkraft mit der Schmelze gefüllt (Bild 2.10). Um die Form sicher zu füllen, muss ein hydrostatischer Druck aufgebaut werden, sodass **Angüsse** über dem eigentlichen Gussteil vorgesehen werden. Der **Lauf** in der Gussform sorgt für eine schnelle und gleichmäßige Verteilung der Schmelze in der Form. Während der Füllung entweicht die Luft über Entgasungsöffnungen und über die Speiser. Ist die Form ganz gefüllt, dienen die **Speiser** (vgl. Bild 2.3) als kleine Vorratsbehälter, aus denen die Schmelze nachgefüllt wird, wenn die Schmelze/das Gussstück während des Erstarrungsprozesses schwindet. Angüsse, Lauf und Speiser werden in der Gussputzerei abgetrennt und als **Kreislaufmaterial** wieder eingeschmolzen.

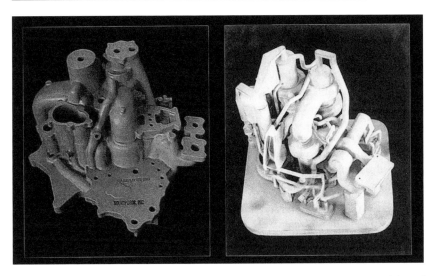

Bild 2.9: Sandkern (rechts) und Gussteil (links) nach dem Direct Croningverfahren hergestellt [*Awiszus u. a.*]

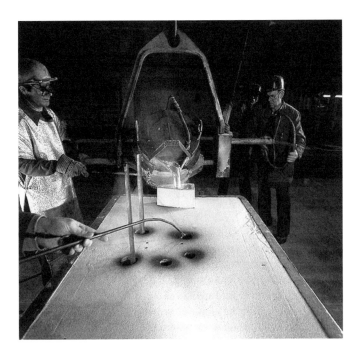

Bild 2.10: Schwerkraftgießen (*Honsel*)

2.1.3 Gießen in Dauerformen

Dauerformen, **Kokillen,** sind aufwändig herzustellen und müssen ständig gewartet werden, um den hohen Verschleiß durch thermische Belastung und Wechselbelastung zu kompensieren. Als Kokillenwerkstoffe werden meist Stahl, Stahllegierungen oder Kupferlegierungen mit hohem Schmelzpunkt verwendet. Kokillen sind trennbar, damit Werkstücke mit Hinterschneidungen ausgeformt werden können. Um die Prozesszeit zu beschleunigen, werden Kokillen teilweise mit Wasser oder Luft gekühlt. Hohlräume werden auch beim Kokillenguss mit Sandkernen erzeugt. Die wichtigsten Werkstoffe für Kokillenguss sind Aluminium, Magnesium, Zink, Messing (Cu-Zn) und deren Legierungen.

Wichtigste **Vorteile** des Kokillengusses sind:

* höhere Arbeitsproduktivität durch Entfall der Formherstellung,
* höhere Ausbringung durch schnellere Kühlung,
* geringerer Putzaufwand,
* bessere Oberfläche der Gussteile.

Nachteilig sind dagegen:

* hoher Herstellungs- und Wartungsaufwand der Kokillen,
* höhere Eigenspannung der Gussteile durch schnelle Abkühlung,
* Gefahr von Gießfehlern (Lunker) durch schlechtere Entgasung der Form.

Wegen der Investitionen für die Kokillen werden nur Serienteile bis zu mittleren Dimensionen (z. B. Motorblöcke für Pkw-Motoren) in Dauerformen gegossen.

Schwerkraftguss

Wie beim Sandguss wird die Kokille durch Schwerkraft gefüllt (Bild 2.11). Für Gussstücke in großen Stückzahlen können mehrere Kokillen auf einem **Gießkarussell** oder einer **Gießlinie** angeordnet werden: An einer Station werden die Kokillen gefüllt, während des Umlaufs erstarrt die Schmelze, schließlich wird die Kokille geöffnet, das Gussstück entnommen, die Kokille gereinigt und zu Beginn des nächsten Umlaufs wieder gefüllt.

Niederdruckguss

Beim Niederdruckguss wird die Form von unten gefüllt. Der Warmhalteofen für die Schmelze ist luftdicht abgeschlossen und durch ein Steigrohr mit der Kokille verbunden. Durch **Überdruck** auf den Flüssigkeitsspiegel der Schmelze steigt die Schmelze in die Form und füllt sie langsam und gleichmäßig. In der Kokille erstarrt das Gussteil, während der Überdruck ständig Schmelze nachspeist. Nach der Abkühlzeit wird der Überdruck abgesenkt, sodass die Schmelze im Steigrohr in den Warmhalteofen zurückfließt. Die Kokille wird geöffnet und das Werkstück entnommen (Bild 2.12). Grundsätzlich können auch verlorene Formen mit diesem Verfahren gefüllt werden.

Anwendungen sind z. B. in der Fahrzeugindustrie beim Gießen von Aluminium-Kurbelgehäusen und Zylinderköpfen für Verbrennungsmotoren zu finden (Bild 2.13).

Bild 2.11: Verfahrensablauf Schwerkraft-Kokillenguss (*Honsel*)

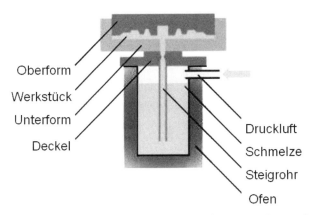

Bild 2.12: Prinzipskizze Niederdruckguss (*www.tecnologix.net*)

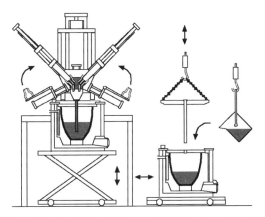

Bild 2.13: Niederdruck-Kokillenguss für Aluminium-Kurbelgehäuse (*Kolbenschmidt-Pierburg*)

Die wichtigsten Vorteile des **Niederdruck-Kokillengusses** sind geringe Energiekosten durch geringe Mengen an Kreislaufmaterial und gute Gussqualität durch beruhigtes Einströmen der Schmelze.

Druckguss

Da das flüssige Metall mit hohem Druck (10 bis 200 MPa) und hoher Geschwindigkeit (bis 120 m/s) in die Form gedrückt wird, können zum Druckguss nur Dauerformen ohne Sandkerne verwendet werden (Bild 2.14). Dafür wird die Form sicher gefüllt, sodass auch dünnwandige Werkstücke mit komplizierter Geometrie gegossen werden können (Bild 2.15). Gegenüber dem Niederdruckguss sind die Prozesszeiten kürzer, weil die Form schneller gefüllt wird und schneller abkühlt. Die schnelle Formfüllung verursacht aber auch Porosität im Gussstück.

Hinterschneidungen können durch Schieber (bewegliche Kokillenteile) hergestellt werden. Nach dem Erstarren der Schmelze werden die Schieber aus dem Gussteil gezogen, sodass dann das Gussstück aus der Kokille entnommen oder ausgeworfen werden kann.

Die Schmelze wird in der **Kaltkammergießmaschine** getrennt von der Maschine bereitgestellt und dosiert für jeden Schuss zugeführt. Beim **Warmkammerdruckguss** ist der Warmhalteofen für die Schmelze direkt neben der Druckgussmaschine angebaut.

Kunststoffspritzguss folgt dem gleichen Prinzip. Die Schmelze wird dabei allerdings erst in der Spritzgussmaschine aus einem Granulat plastifiziert.

Schleuderguss

Die Schmelze wird beim Schleuderguss durch **Zentrifugalkraft** in die Form gedrückt (Bild 2.16). Hergestellt werden so Rohre oder Ringe, bevorzugt aus Gusseisen oder Kupferlegierungen. Metallische Formen werden vor der Formfüllung keramisch beschichtet. Schleuderguss ist für rotationssymmetrische Teile ein besonders wirtschaftliches Gießverfahren:

- Die Gussteile erreichen eine hohe Qualität ohne Gasblasen,
- Kreislaufmaterial für Angüsse oder Speiser entfällt,
- Hohlräume können häufig ohne Sandkerne hergestellt werden.

Hergestellt werden so z. B. Abwasserrohre oder Zylinderlaufbuchsen für Verbrennungsmotoren.

Die Form wird geschlossen. Das flüssige Metall wird in die Gießkammer dosiert.

Der Gießkolben fördert die Schmelze langsam bis zum Formhohlraum. Bei Vakuum-Druckguss wird der Formhohlraum evakuiert

Die Füllung des Formhohlraumes erfolgt in Sekundenbruchteilen

Die Schmelze erstarrt unter Druck

Die Form wird geöffnet und das Gussteil entnommen.

Die Form wird gereinigt und mit Trennstoff versehen

Die Druckgießmaschine steht für einen neuen Zyklus bereit.

Bild 2.14: Druckguss Prinzipdarstellung (*Honsel*)

Bild 2.15: Druckguss von Automobilteilen (*Honsel*)

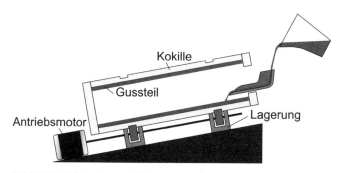

Bild 2.16: Schleuderguss [*Awiszus u.a.*]

2.1.4 Verfahrensvergleich Sandguss — Kokillenguss

Verfahrensvergleich

	Sandformen Schwerkraftguss	Kokillenguss Schwerkraftguss	Kokillenguss Niederdruckguss	Kokillenguss Druckguss
Herstellbare Werkstückform und **Werkstückeigenschaften**	• Gusswerkstücke aller Werkstoffe, alle Größen, Hohlformen, Hinterschneidungen • Raue Oberfläche (Sandguss) bis glatte Oberfläche (Feinguss) • Grobe Toleranzen (Sandguss) bis hohe Genauigkeit (Feinguss)	• Kleine und mittelgroße Gusswerkstücke niedrig schmelzender Werkstoffe (z. B. Al), Hohlformen, Hinterschneidungen durch zerlegbare Kokillen • Mittlere Oberflächen • Mittlere Genauigkeit	• Kleine und mittelgroße Gusswerkstücke niedrig schmelzender Werkstoffe (z. B. Al), Hohlformen, Hinterschneidungen durch zerlegbare Kokillen • Mittlere Oberflächen • Mittlere Genauigkeit • Wenig Gussfehler durch beruhigte Formfüllung	• Kleine und mittelgroße Gusswerkstücke niedrig schmelzender Werkstoffe (z. B. Al, Zn, Mg), keine Hohlformen, Hinterschneidungen durch zerlegbare Kokillen und bewegliche Schieber • Gute Oberfläche • Gute Genauigkeit • Gussfehler
Erforderliche Werkzeuge und Maschinen	• Modelle • Formanlage • Gießstand (Einzelfertigung), Form- und Gießlinie (Serienfertigung) (Bild 2.17)	• Kokillen, Kernbüchsen • Kernschießmaschinen • Gießstand (Kleinserien) oder Gießkarussell (Serien)	• Kokillen (Bild 2.18) und Kernbüchsen • Kernschießmaschinen • Gießmaschine	• Kokillen mit Schiebern • Druckgussmaschine
Stückkosten Stückzeiten Rüstzeiten	• Mittlere Stückkosten durch verlorene Form • Hohe Stückzeiten durch Formherstellung und Gießen • Geringe Rüstzeiten	• Geringe Stückkosten • Mittlere Stückzeiten • Mittlere Rüstzeiten	• Geringe Stückkosten • Mittlere Stückzeiten • Hohe Rüstzeiten	• Geringe Stückkosten • Geringe Stückzeiten • Hohe Rüstzeiten (komplexe Werkzeuge)
Wirtschaftliche Stückzahlen	• Einzelfertigung bis Großserien	• Mittlere bis große Serien	• Mittlere bis große Serien	• Mittlere bis große Serien

Bild 2.17: Form- und Gießlinie (*Gießerei Bröer*)

Bild 2.18: Werkzeugmacher beim Einbau einer Kokille (*Honsel*)

Verfahrensvergleich				
	Sandformen Schwerkraftguss	**Kokillenguss Schwerkraftguss**	**Kokillenguss Niederdruck- guss**	**Kokillenguss Druckguss**
Energie- kosten **Emissionen**	• Hoch (Schmelz- energie) • Hoch (Rauch, Abgase, Hitze)	• Hoch (Schmelz- energie), mittel bei Bezug von flüssigem Al • Hoch (Rauch, Abgase, Hitze)	• Mittel (wenig Kreislauf- material) geringer bei Bezug von flüssigem Al • Hoch (Rauch, Abgase, Hitze)	• Hoch (Schmelz- energie) mittel bei Bezug von flüssigem Al • Hoch (Rauch, Abgase, Hitze)
Werkstoff- ausnutzung	• Sehr hoch, Abfall wird wieder einge- schmolzen	• Sehr hoch, Abfall wird wieder einge- schmolzen	• Sehr hoch, Abfall wird wieder einge- schmolzen	• Sehr hoch, Abfall wird wieder einge- schmolzen

2.1.5 Gießerei

Gegossene Werkstücke werden normalerweise in spezialisierten Betrieben, den Gießereien, hergestellt. Zu einer funktionsfähigen Gießerei gehören folgende **Betriebsteile** (Bild 2.19):

- **Modellbau** (bei Sandformen): Herstellen und warten der Modelle,
- **Formerei:** Herstellen von Sandformen (nur Sandguss),
- **Werkzeugbau:**
  - Herstellung der Sandbüchsen (= Formen für Sandkerne) und Kokillen (nur Kokillenguss) (häufig auch fremd vergeben),
  - Wartung und Reparatur der Sandbüchsen und Kokillen (nur Kokillenguss),
- **Kernmacherei:** Herstellen der Sandkerne,
- **Sandaufbereitung:** Recycling und Aufbereiten von Kernsand und Formsand,
- **Schmelzbetrieb** (Bild 2.20):
  - Erschmelzen des Metalls aus Metallbarren (Aluminium kann auch flüssig aus der Hütte angeliefert werden),
  - Herstellung der Legierung (Metallurgie),
  - Bereitstellen des flüssigen Metalls,
- **Gießerei:** Abgießen der Werkstücke,
- **Gussputzerei:**
  - Entformen der Gussstücke aus den Sandformen,
  - Entfernen der Sandkerne (rütteln, ausspritzen mit Hochdruckwasserstrahl),
  - Abtrennen von Graten, Angüssen und Speisern,
  - Qualitätskontrolle (Bild 2.21) (Prüfung auf Lunker und Risse, z. B. mit Magnetstaubprüfung, Röntgen- oder Farbeindringverfahren),
- **Wärmebehandlung:** Spannungsfrei glühen der Gussstücke.

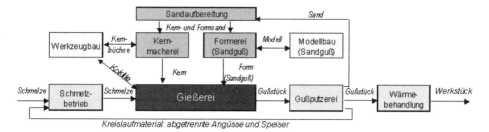

Bild 2.19: Betriebsteile und Materialfluss einer Gießerei (*Koether*)

Bild 2.20: Schmelzbetrieb (*Mahle*)

Bild 2.21: Rissprüfung eines Gussteils (*Honsel*)

2.2   Sintern von Metallwerkstoffen

Die **Pulvermetallurgie** ist das Teilgebiet der Metallurgie, das sich mit der Herstellung von Metallpulvern und von Bauteilen aus Metallpulver beschäftigt (DIN 30900). Sinterwerkstücke werden in mindestens drei Stufen hergestellt: **Ausgangsstoffgewinnung**, **Formgebung** und Verdichtung sowie Verfestigung durch **Sintern**.

Wichtigste Vorteile pulvermetallurgischer Fertigungsverfahren sind die hohe Genauigkeit der Werkstücke und die große Breite nutzbarer Werkstoffe (Bild 2.22). Sinterteile sind porös, können jedoch 93 bis 95 % der theoretisch möglichen Dichte (z. B. Schmiedeteile) erreichen. Häufig ist die Porosität auch erwünscht, z. B. um das Werkstück mit Schmierstoffen zu tränken (z. B. Gleitlagerschalen).

2.2.1 Verfahrensablauf

Pulverherstellung

Ausgangsmaterial für Sinterwerkstücke ist ein Metallpulver mit Korndurchmessern zwischen 1 µm und 400 µm (Bild 2.23). Für optimale Press- und Sinterbedingungen werden unterschiedliche Teilchengrößen vermischt. Diese Pulver werden mechanisch oder chemisch hergestellt (Bilder 2.24 und 2.25):

- Zerkleinern, Mahlen,
- Zerstäuben von Schmelzen,
- elektrolytisches Abscheiden,
- Reduktion von Oxiden,
- chemische Reduktion,
- elektrolytische Reduktion,
- Gewinnung aus der Gasphase.

Wenn die gewünschte Legierung bereits als Schmelze oder fester Stoff vorliegt, kann daraus das benötigte (vorlegierte) Pulver kostengünstig hergestellt werden. Ist der Werkstoff, z. B. wegen unterschiedlicher Schmelztemperaturen nicht als Gusslegierung herstellbar, werden Pulverfraktionen aus reinen Elementen gemischt (Elementarpulververfahren). Durch Zugaben von Binder (z. B. Polymer) können die Verarbeitbarkeit und Fließfähigkeit des Pulvers und die Festigkeit des Grünkörpers (ungesinterten Presslings) verbessert werden.

Formgebung

Das Pulver wird in eine Form gepresst oder eingekapselt und verdichtet (kompaktiert), sodass ein Grünkörper (oder Grünling) entsteht, der zwar annähernd die gewünschte Form, aber noch nicht die gewünschte Festigkeit erreicht. Die wichtigsten Formgebungsverfahren sind:

- Pressen und Sintern (konventionelle Pulvermetallurgie),
- Pulverschmieden,
- Pulverspritzguss,
- Heiß-isostatisches Pressen.

Bild 2.23: Eisenpulverkorn [*Kiupel*]

Bild 2.22: Sinterteile [*Kiupel*]

Bild 2.24: Ablauf zur Herstellung von Eisenpulver [*Kiupel*]

Bild 2.25: Attritor zum Mahlen und Mischen von Hartmetall-Ansätzen (*www.arnoldepq.com*)

Bei **konventioneller Pulvermetallurgie** wird das aufbereitete Metallpulver in die Form geschüttet und verpresst. Der erzeugte Grünling wird anschließend bei 800 bis 1200 °C zu einem Festkörper gesintert (Bild 2.26).

Das **Pulverschmieden** ist eine Weiterentwicklung der konventionellen Pulvermetallurgie. Nach der Wärmebehandlung wird das Werkstück in eine weitere Form gepresst (Kalibrieren). Die Maßgenauigkeit von Werkstücken aus weichen Werkstoffen lässt sich so von IT9 bis IT10 auf IT5, von solchen aus harten Werkstoffen auf IT7 bis IT8 verbessern. Außerdem erreichen Pulverschmiedeteile eine hohe Festigkeit und müssen i. d. R. nicht nachbearbeitet werden.

Zum **Pulverspritzguss** (MIM – Metall Injection Moulding) wird eine spezielle Pulvermischung verwendet, bei der die Pulverkörner vom Binder ummantelt sind, sodass sie besonders gut fließen. Das Pulver wird – ähnlich wie beim Kunststoffspritzguss – in die Form gefüllt und verpresst. Der Binder plastifiziert, sodass der Grünling seine Form behält. Durch Sintern wird der Binder ausgetrieben, das Pulver „verschweißt", und das Werkstück erhält seine endgültige Dichte, Form und Festigkeit. Die Werkstücke sind in den meisten Fällen von so hoher Qualität, dass kein weiterer Nachbearbeitungsschritt nötig ist (Bild 2.27).

Anders als bei den zuvor beschriebenen Verfahren wird das Metallpulver zum **heiß-isostatischen Pressen (HIP)** in eine Negativform eingekapselt. Die Form wird dazu nach der Befüllung und Verdichtung des Pulvers verschlossen und gasdicht verschweißt. Die Kapsel wird dann für mehrere Minuten bis mehrere Stunden, je nach Werkstückgröße, einem allseitig wirksamen isostatischen Druck von 20 bis 300 MPa und Sintertemperaturen (z. B. 480 °C für Al bis zu 1700 °C für W) ausgesetzt. Das Pulver wird dadurch verdichtet und zu einem Körper mit annähernder Festkörperdichte komprimiert. Im letzten Schritt wird die Kapsel vom Sinterteil getrennt, meist abgedreht oder abgefräst (Bild 2.29 und 2.30).

Weiterhin können Grünlinge als Stangenmaterial auch extrudiert werden. Das Herstellungsverfahren ist dem Strangpressen (Kap. 3.1) ähnlich. Mit thermischem Spritzen (Flammspritzen, Plasmaspritzen) wird eine metallische Schicht auf das Werkstück aufgebracht, um das Werkstück zu vergrößern (z. B. Verschleißausgleich) oder um eine verschleißfeste Oberfläche zu erzielen.

Sintern

In einer oder zwei Stufen (Vorsintern – Sintern) wird der Grünling häufig unter Schutzgas auf eine Temperatur unterhalb der Schmelztemperatur erwärmt und gegebenenfalls gleichzeitig gepresst. Dadurch zersetzt sich der Polymerbinder, das poröse Werkstück wird verdichtet, und es entstehen chemische und metallurgische Bindungen (Neukristallisation durch Austausch von Atomen und Atomgruppen). Die Pulverkörnchen verbinden sich zu einem festem Körper mit neu entstandenem Gefüge, und das Werkstück erhält seine engültige Form und Eigenschaften.

Lasersintern ist ein Verfahren des Rapid Prototypings. Ein Laserstrahl verschweißt entlang einer „Höhenlinie" einen als Pulver vorliegenden Werkstoff (Bild 2.28). Schicht für Schicht wird damit ein metallisches Werkstück aufgebaut, das als Musterteil oder als Formwerkzeug, z. B. für Kunststoffspritzguss von Musterteilen, eingesetzt werden kann.

Bild 2.26: Ablauf konventionelle pulvermetallurgische Herstellung [*Kiupel*]

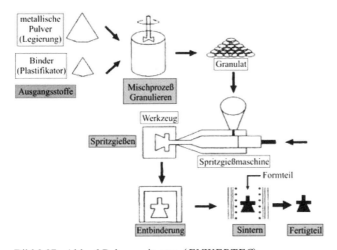

Bild 2.27: Ablauf Pulverspritzguss (*ENWERTEC*)

Bild 2.28: Lasersintern (*www.wiwo.de*)

2.2.2 Vergleich pulvermetallurgischer Fertigungsverfahren

Verfahrensvergleich

	Pressen und Sintern	Pulverschmieden	Pulverspritzguss	heiß-isostatisches Pressen (HIP)
Herstellbare Werkstückform **und** **Werkstückeigenschaften**	• komplexe Werkstücke ohne Hohlformen • Werkstückmasse bis 2,3 kg • bevorzugte Werkstoffe: Stahl, Kupfer, Messing • hohe Genauigkeit: IT9 bis IT 10 • mittlere Dichte (ca. 90 %)	• komplexe Werkstücke ohne Hohlformen • Werkstückmasse bis 2,3 kg • bevorzugte Werkstoffe: Stahl • sehr hohe Genauigkeit: bis IT 5 • sehr hohe Dichte (bis 100 %)	• sehr komplexe Werkstücke, auch mit Hinterschneidungen, jedoch ohne Hohlformen • Werkstückmasse bis 0,3 kg • bevorzugte Werkstoffe: Stahl, rostfreier Stahl; Sonderpulver mit Binder • hohe Genauigkeit: IT 9 • hohe Dichte (ca. 90 % bis 95 %)	• komplexe Werkstücke ohne Hohlformen • Werkstückmasse bis 4.500 kg • bevorzugte Werkstoffe: Titan, Sonderstähle, Hartmetalle, Sonderlegierungen • hohe Genauigkeit: IT9 • sehr hohe Dichte (bis 100 %)
Erforderliche Werkzeuge und Maschinen	• Formwerkzeug • Presse • Sinterofen	• Formwerkzeug • Presse • Sinterofen • Schmiedegesenk • Kalibrierpresse	• Formwerkzeug mit Schiebern • Spritzgussmaschine • Sinterofen	• Formwerkzeug (einmaliger Gebrauch) • HIP-Anlage (Bild 2.29) (Kompressor, Druckbehälter, Ofen)
Stückkosten **Stückzeiten** **Rüstzeiten**	• sehr geringe Stückkosten • keine Nachbearbeitung • geringe Stückzeiten • hohe Rüstzeiten	• geringe Stückkosten • keine Nachbearbeitung • geringe Stückzeiten, aber zusätzliche Fertigungsstufe • hohe Rüstzeiten	• geringe Stückkosten • keine Nachbearbeitung • geringe Stückzeiten • hohe Rüstzeiten	• sehr hohe Stückkosten • keine Nachbearbeitung • lange Stückzeiten (Bild 2.30) • geringe Rüstzeiten
Wirtschaftliche Stückzahlen	• Großserien	• Großserien	• Großserien (Bild 2.31)	• Einzelstücke bis Kleinserien

Bild 2.29: Ausrüstung für heiß-isostatisches Pressen, maximal 600 kg Hartmetall pro Zyklus (*Widia*)

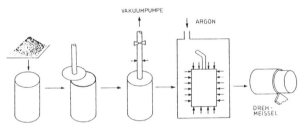

PULVER   EINKAPSELN   EVAKUIEREN   HIP - ZYKLUS   ENTKAPSELN
          AUSGASEN   ABKREMPEN

Bild 2.30: Ablauf heiß-isostatisches Pressen [*Bousack*]

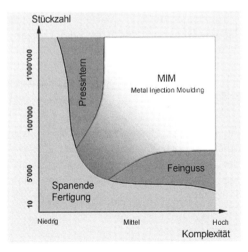

Bild 2.31: Anwendungsfeld Pulverspritzguss (*www. mimtec.com*)

Verfahrensvergleich

	Pressen und Sintern	Pulver-schmieden	Pulverspritzguss	heiß-isostatisches Pressen (HIP)
Energie-kosten **Emissionen**	• mittel (Sinter-temperatur je nach Werk-stoff) • gering (Abwärme)	• mittel (Sinter-temperatur je nach Werk-stoff) • gering (Abwärme)	• mittel (Sinter-temperatur je nach Werk-stoff) • gering (Abwärme)	• mittel (Sinter-temperatur je nach Werk-stoff) • gering (Abwärme)
Werkstoff-ausnutzung	• sehr hoch, Abfall wird wieder verwendet	• sehr hoch, Abfall wird wieder verwendet	• sehr hoch, Abfall wird wieder verwendet	• sehr hoch, Abfall wird wieder verwendet

2.2.3 Vorteile, Nachteile und Anwendungsfelder des Sinterns

Neben der hohen Werkstoffausnutzung und dem relativ geringen Energieverbrauch bietet die pulvermetallurgische Herstellung folgende Vorteile:

- hohe Genauigkeit auch bei komplizierten Geometrien,
- meist keine Nachbearbeitung nötig (Near-net-shape-Produktion),
- Herstellung von Werkstücken hoher Genauigkeit, aus harten oder spröden Werk-stoffen, die spanend nur schwierig bearbeitet werden können,
- Bearbeitung von Metallen mit hohen Schmelzpunkten (z. B. W, Mo, Ta),
- Herstellung von Werkstoffen aus nicht legierbaren Elementen.

Nachteilig ist dagegen der hohe Kapitalbedarf für Formwerkzeuge.

Pulvermetallurgische Fertigungsverfahren werden deshalb vorwiegend für zwei Situationen eingesetzt:

- Herstellung von Großserienteilen komplizierter Geometrie (Vorteil: keine Nach-bearbeitung) z. B. in der Automobilindustrie, Hausgeräteindustrie oder Konsum-güterindustrie
- Herstellung von Werkstücken aus schwierigen Werkstoffen (Vorteil: Werkstoffe können bearbeitet werden, obwohl sie nicht legierbar sind oder hohe Schmelz-punkte haben); Beispiele: Luft- und Raumfahrtindustrie, Schneidstoffe (vgl. Kap. 4.1). (Bild 2.32)

Insgesamt hat in den letzten 20 Jahren der weltweite Pulververbrauch für pulver-metallurgische Produktion um durchschnittlich 4 % pro Jahr zugenommen. Die gro-ßen Mengen von Sinterteilen werden in der Automobilindustrie aus Stahlwerkstof-fen hergestellt (Bilder 2.33 und 2.34). Sie ersetzen dort Werkstücke aus Zink-Druckguss oder konventionell gefertigte Stahlteile.

Bild 2.32: Hartmetall-Schneidplatten, die pulver-
metallurgisch hergestellt werden (*Walter*)

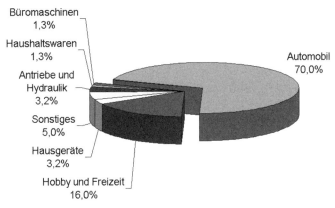

Bild 2.33: Marktanteile in USA (ca. 54 % des Weltmarktes) für Sinterteile im Jahr 2000
(*MPIF Metal Powder Industries Federation 2002*)

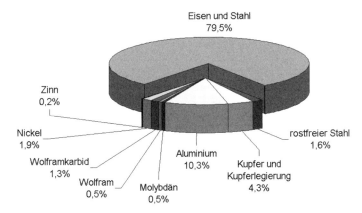

Bild 2.34: Werkstoffe für Sinterteile in den USA (ca. 54 % des Weltmarktes) im Jahr 2001
(*MPIF Metal Powder Industries Federation 2002*)

3 Umformende Fertigungsverfahren

Umformen ist das dauerhaft plastische Formändern eines Werkstücks, wobei der **Stoffzusammenhalt und die Masse erhalten bleiben.**

- Beim **Massivumformen** werden kubische Werkstücke in allen drei Achsen plastisch verändert.
- Beim **Blechumformen** werden Bleche nur in zwei Achsen plastisch verändert, und die Blechdicke bleibt praktisch erhalten.

3.1 Grundlagen des Umformens

Der Umformvorgang

- erfolgt mit hohem Kraftaufwand,
- bezieht meist das gesamte Werkstück ein,
- erfordert nur kurze Bearbeitungszeit und
- ermöglicht hohe Mengenleistungen.

Der Ablauf eines Umformvorgangs erfolgt

- bei zunehmender Druck- und/oder Zugspannung im Werkstück,
  - − zuerst mit einer elastischen Verformung und
  - − dann mit einer plastischen Verformung,
- ohne die Bruchfestigkeit des Werkstückmaterials zu überschreiten.

Voraussetzung ist, dass die umzuformenden Materialien plastisch verformbar sind. Plastische Verformung bedeutet irreversible Abgleitvorgänge im Kristallgitter, begünstigt durch vorhandene und neu entstehende Gitterfehler.

Das Umformen setzt sich meist aus nacheinander geschalteten Umformstufen zusammen:

- einem Erstzug,
- einem oder mehreren Weiterzügen und
- einem eventuellen Zwischenglühen.

Vorteile des Umformens

- **Gute Qualität der Werkstücke**
  - − günstige mechanische Eigenschaften,
  - − ununterbrochener Materialfaserverlauf,
  - − hohe Dauerfestigkeit bei dynamischen Belastungen,
  - − enge Toleranzen,

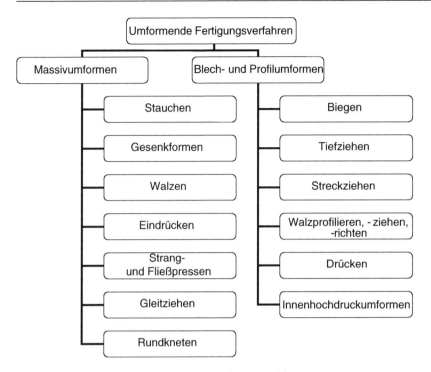

Bild 3.1: Gliederung der umformenden Fertigungsverfahren

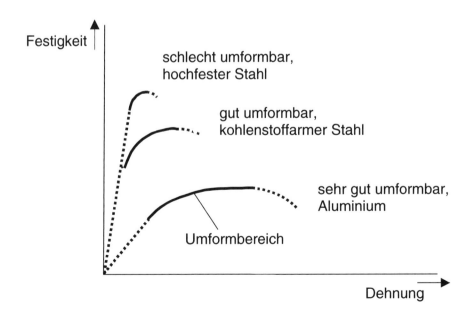

Bild 3.2: Umformbereiche verschiedener Werkstoffe

- hohe Oberflächengüte,
- Poren und Lunker treten nicht auf (wie beim Gießen).
- Umgeformte Teile weisen eine bessere Qualität als gegossene Teile trotz niedrigerer Herstellkosten auf, setzen aber in der Regel große Stückzahlen voraus.

- **Geringer Materialeinsatz**
  Nahezu das gesamte eingesetzte Rohmaterialvolumen wird zu einem Fertigteil verarbeitet. Die Materialeinsparung gegenüber spanenden Verfahren beträgt bis zu 75 %.

- **Einsatz preiswerter Rohmaterialien**
  Da während des Kalt- und Halbwarmumformens eine Verfestigung auftritt, ist es möglich, preiswertere Stähle mit geringeren Festigkeitswerten zu verwenden. Liegen am Werkstück z. B. Sechskantgeometrien vor, so können diese vorteilhaft aus Rundmaterialien als Ausgangswerkstoff geformt werden.

- **Reduzierung nachträglicher spanender Bearbeitung**
  Nachträgliche spanende Bearbeitung reduziert sich auf schwer herstellbare Geometrien wie Passflächen, Einstiche und Gewinde.

- **Hohe Produktivität**
  Die Werkstücke lassen sich auf Umformmaschinen mit Hubzahlen zwischen $50 \, \text{min}^{-1}$ und $200 \, \text{min}^{-1}$ herstellen. Das Rohmaterial stammt hierbei von Drahtrollen oder automatisch zugeführten Stangenabschnitten.

Nachteile des Umformens

- Hohe Stückzahlen sind eine Voraussetzung für das Umformen.
- Große und teuere Formwerkzeuge sind notwendig, um die hohen Umformkräfte, die bei der plastischen Formänderung auftreten, aufzunehmen.
- Hohe Druckkräfte (bis 160 MN) erfordern teuere Maschinen, d. h. hohe fixe Kosten.
- Als Schmiermittel müssen druckfeste und gut haftende Mittel, wie Graphit, Molybdänsulfid, spezielle Seifen oder Wachse eingesetzt werden. Nachteile für Nachfolgearbeitsgänge sollten durch Schmiermittel allerdings vermieden werden.

Erreichbare Toleranzen und Oberflächen

- Beim Kaltumformen sind IT 7-Qualitäten erreichbar.
- Beim Halbwarmumformen wird IT 11 erreicht.
- Beim Warmumformen sind IT 13-Qualitäten erreichbar.
- Günstigste Oberflächen werden durch Kaltumformverfahren mit Rauigkeitswerten von $R_z = 12 \, \mu\text{m}$ erreicht.
- Die Werte für die Warmumformung liegen je nach Verfahren höher.

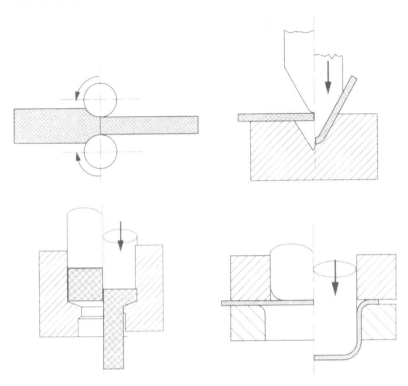

Bild 3.3: Beispiele für Massivumformung (Walzen und Kaltfließpressen, links) und Blech-umformung (Gesenkbiegen und Tiefziehen, rechts) [*Sautter*]

Bild 3.4: Formenvielfalt von Gesenkumformteilen (*Verband Deutsche Schmiedetechnik*)

Konsequenzen in der Praxis

Umformen ist für Werkstücke mit **hohen Stückzahlen** geeignet:

- Halbzeuge (z. B. Profile oder Bleche walzen),
- Investitionsgüter (z. B. Fahrzeugtüren tiefziehen),
- Normteile (z. B. Schrauben stauchen und Gewinde walzen),
- Konsumgüter (z. B. Spraydosen fließpressen).

Umformbetriebe sind typische **Zulieferbetriebe**,
- da hohe Fixkostenbelastung und damit
- Auslastungsrisiko

im eigenen Betrieb besteht. Dieses Risiko kann durch Auslastung mit Kundenaufträgen aus verschiedenen Branchen beherrscht werden.

Vergleich von Warm-, Halbwarm- und Kaltumformung

- **Warmumformen**
  - Arbeitstemperatur (850 ... 1200 °C) liegt oberhalb der Rekristallisationstemperatur,
  - große Umformbarkeit der Werkstoffe,
  - geringere Umformkräfte,
  - geringe Änderung von Festigkeit und Dehnung des umgeformten Werkstücks
- **Halbwarmumformen**
  - Arbeitstemperatur (600 ... 850 °C) liegt unterhalb der Rekristallisationstemperatur,
  - geringere Umformkräfte als beim Kaltumformen,
  - engere Maßtoleranzen als beim Warmumformen,
  - kein Verzundern der Oberfläche.
- **Kaltumformen**
  - Arbeitstemperatur liegt bei Raumtemperatur (durch Umformreibung erwärmen sich die Werkstücke bis auf 400 °C),
  - enge Maßtoleranzen sind erreichbar,
  - keine Verzunderung der Oberfläche,
  - geringster spezifischer Energiebedarf,
  - beste Materialausnutzung,
  - Erhöhung der Festigkeit und Verringerung der Dehnung infolge Kaltverfestigung.

Umformung	Warm	Halbwarm	Kalt
Werkstückmasse(n)	0,05 ... 1500 kg	0,001 ... 50 kg	0,001 ... 30 kg
Genauigkeit	IT 13 ... 16	... IT 11	... IT 7
Oberflächenqualität R_z	50 ... 100 μm	>30 μm	>12 μm
Umformgrad	<6	<4	<1,6
Spanende Nacharbeit	mittel	gering	sehr gering

Bild 3.5: Vergleich von Warm-, Halbwarm- und Kaltumformung (*nach Schuler*)

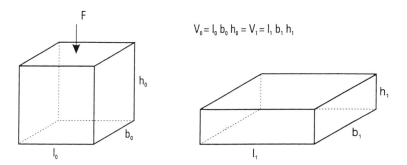

$$V_0 = l_0\, b_0\, h_0 = V_1 = l_1\, b_1\, h_1$$

Bild 3.6: Beibehaltung des Materialvolumens vor und nach der Umformung

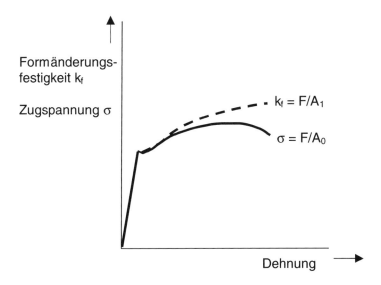

Formänderungs-
festigkeit k_f

Zugspannung σ

$k_f = F/A_1$

$\sigma = F/A_0$

Dehnung

Bild 3.7: Konventionelle Zugspannung und Formänderungsfestigkeit (Fließspannung) im Spannungs-Dehnungs-Diagramm

Berechnungsgrundlagen

Bei der Berechnung der Abmessungen der Ausgangswerkstücke (Rohlinge) für ein Fertigteil gilt:

Volumenkonstanz V:

$V = h_0 \cdot b_0 \cdot l_0 = h_1 \cdot b_1 \cdot l_1 = \text{const.}$ l Länge des Werkstücks

                                          b Breite des Werkstücks

$h_1 / h_0 \cdot l_1 / l_0 \cdot b_1 / b_0 = 1$ h Höhe des Werkstücks

                                          0, 1   vor, nach der Umformung

Zur Auswahl einer geeigneten Umformmaschine (z. B. hydraulische Presse) ist die Ermittlung der maximalen Umformkraft und Formänderungsarbeit erforderlich:

Maximale Umformkraft F_{max} und Formänderungsarbeit W:

$F_{max} = A_1 \cdot k_f / \eta_F$ A_1 Querschnittsfläche nach der Umformung

$W = V \cdot w / \eta_F$ k_f Formänderungsfestigkeit (Fließspannung)

$w = k_{fm} \cdot \varphi$ am Ende der Umformung

                        k_{fm} mittlere Formänderungsfestigkeit

                        η_F Umformwirkungsgrad

                        w spezifische Formänderungsarbeit

                        V Volumen des Werkstücks

                        φ Umformgrad

Für die Berechnung ist der entsprechende (größte) Umformgrad zu ermitteln:

$\varphi_h = \ln (h_1 / h_0)$ Umformgrad in Längsrichtung (Stauchung)

$\varphi_b = \ln (b_1 / b_0)$ Umformgrad in Querrichtung (Breitung)

$\varphi_l = \ln (l_1 / l_0)$ Umformgrad in Längsrichtung (Längung)

$\varphi_A = \ln (A_1 / A_0)$ Umformgrad Querschnittsfläche

$\varphi_h + \varphi_l + \varphi_b = \ln 1 = 0$

$\ln (h_1 / h_0) + \ln (l_1 / l_0) + \ln (b_1 / b_0) = 0$

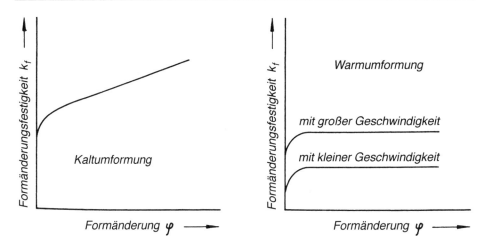

Bild 3.8: Fließkurven bei Kalt- und Warmumformung

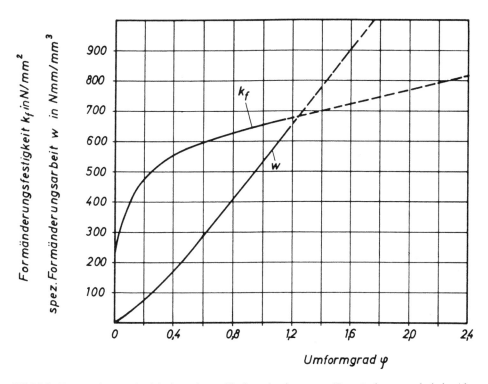

Bild 3.9: Formänderungsfestigkeit und spezifische oder bezogene Formänderungsarbeit in Abhängigkeit vom Umformgrad für C 10E (Ck 10)

Faktoren, die die Umformung beeinflussen

- Formänderungsfestigkeit (Fließspannung) k_f, abhängig von
  - Werkstoff, Legierungsbestandteilen
  - Temperatur
  - Umformgeschwindigkeit
  - Umformgrad φ
- Formänderungswirkungsgrad η_F

Umformmaschinen

Die beim Umformen eingesetzten Maschinen lassen sich einteilen in (vgl. Kapitel 7):
- weggebundene Maschinen, wie Exzenter- und Kurbelpressen,
- kraftgebundene Maschinen, wie hydraulische Pressen und
- arbeitsgebundene Maschinen, wie Hämmer und Spindelpressen.

Verfahrensvergleich Umformen — Spanen/Fügen

Verfahrensvergleich		
	Umformen	**Spanen/Fügen**
Herstellbare Werkstückform und Werkstückeigenschaften	• eingeschränkte Gestaltungsmöglichkeiten • Stempelrichtung beachten • hohe Festigkeit, ununterbrochener Faserverlauf • Kaltverfestigung • meist gute Oberflächen • bei Kaltumformung kann Fertigbearbeitung entfallen	• große Gestaltungsfreiheiten • Einstiche möglich, Kerbwirkung • gute Oberflächen • spanende Nachbearbeitung meist notwendig
Erforderliche Werkzeuge und Maschinen	• teuere, meist zweiteilige Werkzeuge mit einfacherer Geometrie • teuere Maschinen wegen hoher Umformkräfte	• Standardwerkzeuge • Standardmaschinen
Stückkosten Stückzeiten	• niedrig • niedrig (Sekunden)	• mittel • hoch (Minuten)
Wirtschaftliche Stückzahlen	• hoch	• niedrig bis mittel
Energiekosten	• niedrig bis mittel	• mittel
Werkstoffausnutzung	• nahezu 100 % • Abfälle einschmelzbar	• meist gering • Abfälle einschmelzbar

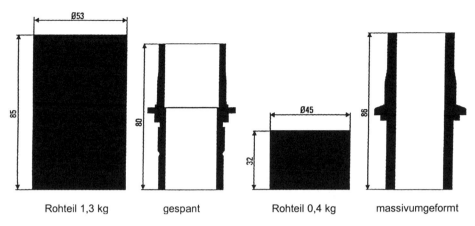

Bild 3.10: Vergleich des Materialeinsatzes – Spanen (links) und Umformen (rechts) – an einem Beispiel (*Schuler*)

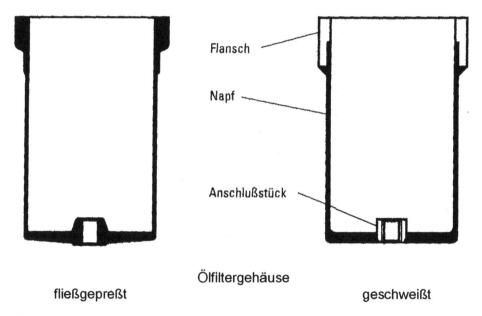

Bild 3.11: Vergleich – Umformen (fließgepresst, links, 1 Teil) und Umformen/Spanen/Fügen (fließgepresst/gedreht/geschweißt, rechts, 3 Teile) – an einem Beispiel (*Schuler*)

3.2 Massivumformen

3.2.1 Stauchen

> **Stauchen** ist das Grundverfahren der meisten Umformverfahren. Stauchen ist ein **Druckumformen**, bei dem die Druckwirkung auf das Werkstück zwischen zwei Werkzeughälften entsteht.

Die meist schlanken Rohlinge werden positioniert oder geklemmt und mit Stauchstempeln durch axialen Druck, meist in Einzelschritten, bis zur Endform gestaucht.

Typische Stauchteile: Schrauben, Nieten, Kopfbolzen, Ventilstößel

Einsatzbereich: Einzelfertigung (große und einfache Werkstücke) bis Massenfertigung (komplexere Formen)

Verfahren

* **Warm-, Halbwarm- und Kaltstauchen**
  Kleine Teile werden meist kaltgestaucht. Erwärmung ist teuer und erfolgt nur bei großen Teilen oder großen Umformgraden, um die Pressenleistung geringer zu halten.
* **Frei- und Gesenkstauchen**
  Wenig Werkzeugaufwand beim Freistauchen, aber genaue Werkzeugform beim Gesenkstauchen notwendig.
* **Elektrostauchen**
  Material wird nur im Verformungsbereich induktiv erwärmt. Durch partielle und schnelle Erwärmung sind genaue Stauchungen und Energieeinsparung möglich.

Wegen Knickgefahr beim Stauchen schlanker Materialrohlinge darf ein maximales Stauchverhältnis (Verhältnis Länge des Rohlings zur Dicke des Rohlings) von 2,6 nicht überschritten werden.

Werkzeuge

Stauchwerkzeuge werden überwiegend auf Druck und Reibung beansprucht. Sie sind meist als Stufenwerkzeuge ausgelegt, wobei das Werkstück nach mehreren aufeinanderfolgenden Stauchstufen fertig ist. Die einfachen Werkzeuge sind oft universell einsetzbar, sodass auch Einzelwerkstücke gefertigt werden können.

Wirtschaftlichkeit

Die Produktivität ist sehr hoch. Die Stauchvorgänge lassen sich gut automatisieren. Es werden insbesondere Massenteile hergestellt für die Zuliefer-, Automobil- und Standardteileindustrie. Materialrohlinge für das Stauchen sind Abschnitte von Stangen oder Drähten aus Rund- oder Profilmaterial. Bevorzugt wird gewalztes Material eingesetzt, da es billiger als gezogenes Material ist. Drahtmaterial wird vom Coil abgewickelt, gerichtet, auf Länge abgeschert und dann gestaucht.

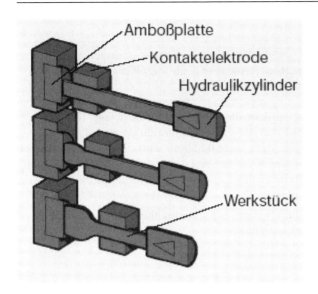

Bild 3.12: Elektrostauchen − Freies Stauchen (*Verband Deutsche Schmiedetechnik*)

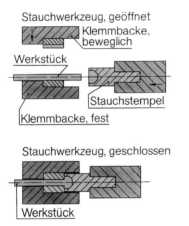

Bild 3.13: Gesenkstauchen eines Bolzenkopfes

Bild 3.14: Kaltstauchen von Mutter-Rohlingen

3.2.2 Gesenkformen

> **Gesenkformen** (alter Begriff: Gesenkschmieden) ist Druckumformen mit gegeneinander bewegten Formwerkzeugen (Gesenken), die das Werkstück ganz oder zu einem wesentlichen Teil umschließen.

Der meist vorgewärmte Rohling wird in das Untergesenk eingelegt, das Obergesenk wird mit Druck herabgesenkt und der Gesenkhohlraum damit vollständig ausgefüllt. Nach dem Auseinanderfahren der Gesenkhälften wird das fertige Werkstück entnommen. Anschließend wird der Grat in einem speziellen Schneidwerkzeug (Entgratwerkzeug) abgetrennt. Beim Freiformen werden einfache und große Werkstücke mit Standardwerkzeugen hergestellt.

Typische Teile: Lenkungsteile, Kurbelwellen, Schraubenschlüssel
Einsatzbereich: Serien- bis Massenfertigung

Verfahren

- Beim **Stauchen** wird die Höhe des Werkstücks verringert.
- **Breiten** liegt dann vor, wenn der Werkstoff überwiegend quer zur Werkzeugbewegung fließt. Es entsteht Reibung und es treten hohe Umformkräfte auf.
- Das **Steigen** ist die letzte Phase beim Gesenkformen, das Material fließt entgegen der Arbeitsbewegung der Gesenke.
- Damit das Gesenk fehlerfrei ausgefüllt wird, muss der Druck im Gesenk ansteigen. Dann muss der Werkstoff als Grat durch die Gratrille austreten.
- **Gesenkformen mit Grat** − Warmumformen, mittlere und große Teile
- **Gesenkformen ohne Grat** − das Rohteilvolumen muss genau bemessen werden, da es genau dem Endvolumen des Werkstücks entspricht. Herstellung von Kleinteilen wie Schrauben, Bolzen, Nägel.
- Der Umformvorgang wird üblicherweise in **mehrere Arbeitsschritte** aufgeteilt, um die Einzelwerkzeuge einfach zu gestalten und die Standzeit des Gesamtwerkzeugs zu erhöhen.

Werkzeuge

Die Formwerkzeuge werden mechanisch bis $1000 \, N/mm^2$ und thermisch bis $1000 \,°C$ belastet. Die Gleitgeschwindigkeiten im Werkstoff betragen bis zu 50 m/s. Die Gesenke werden durch Spanen aus dem Vollen mit anschließender Wärmebehandlung hergestellt. Auch Kalteinsenken, Erodieren oder Laserabtragen sind für die Werkzeugherstellung möglich. Oberflächenbehandlungen (z. B. Nitrieren, Hartverchromen, Flammspritzen oder Polieren) erhöhen die Standzeit der Werkzeuge.

Wirtschaftlichkeit

Die Werkzeugkosten betragen ca. 10 % der Herstellkosten eines Formstücks. Die Fertigung von Gesenken sollte deshalb rationell durchgeführt werden. Gesenkformen erfordert hohe Stückzahlen, bei Werkstücken mit großen Formänderungen sind auch mittlere Stückzahlen durch Umformen material- und energiesparend herstellbar.

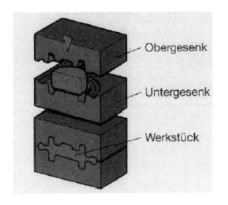
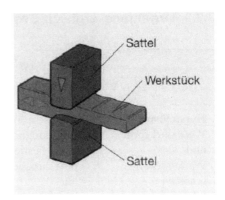

Bild 3.15: Gesenkformen und Freiformen (schematisch) (*Verband Deutsche Schmiedetechnik*)

Bild 3.16: Bearbeitungsfolge eines Pleuels beim Gesenkformen (*Verband Deutsche Schmiedetechnik*)

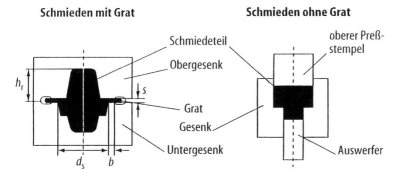

Bild 3.17: Gesenkformen (Gesenkschmieden) mit und ohne Grat

3.2.3 Verfahrensvergleich Gesenkformen — Gießen

Verfahrensvergleich		
	Gesenkformen	**Gießen**
Herstellbare Werkstückform und Werkstückeigen-schaften	• eingeschränkte Gestaltungsmöglichkeiten • hohe Festigkeit durch ununterbrochenen Faserverlauf • gasdicht, keine Poren, keine Lunker, • Kaltverfestigung • gute Oberflächen, jedoch verzundert • bei Kaltumformung kann Fertigbearbeitung teilweise entfallen	• große Gestaltungsfreiheiten • Hohlformen (mit Sandkern), • Hinterschneidungen möglich • beanspruchungsgerechte Geometrie • gute Oberflächen • spanende Nachbearbeitung meist notwendig
Erforderliche Werkzeuge und Maschinen	• teuere, meist zweiteilige Werkzeuge mit einfacherer Geometrie • teuere Maschinen wegen hoher Umformkräfte erforderlich	• komplizierte, mehrteilige Formen • meist spezialisierte Gießereimaschinen
Stückkosten Stückzeiten	• niedrig • niedrig (Sekunden)	• niedrig • hoch (Minuten) durch Form füllen, erstarren und abkühlen lassen
Wirtschaftliche Stückzahlen	• mittel bis hoch	• niedrig bis mittel
Energiekosten Emissionen	• Gesenkformen billiger als Aluminiumgießen, weil Aluminiumschmelzwärme und -temperatur größer als Gesenkformwärme und -temperatur	• geringere Schmelztemperaturen bei Aluminiumguss • Möglichkeit, Flüssigaluminium zu beziehen
Werkstoffaus-nutzung	• nahezu 100 % • Abfälle wieder einschmelzbar	• 100 % • Abfälle wieder einschmelzbar

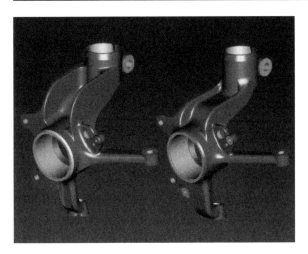

Bild 3.18: Bauteiloptimierung eines Pkw-Schwenklagers – links Kugelgrafitgussteil, rechts Schmiedeteil (*Verband Deutsche Schmiedetechnik*)

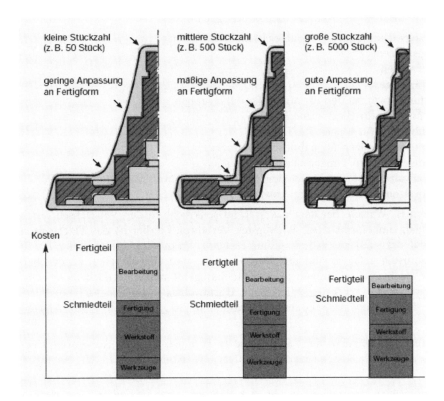

Bild 3.19: Gestaltung und Wirtschaftlichkeit – Mit steigender Bedarfsmenge wird die Gestalt des Schmiedeteils an das Fertigteil angepasst. (*Verband Deutsche Schmiedetechnik*)

3.2.4 Walzen

> Walzen ist stetiges oder schrittweises **Druckumformen** mit mehreren sich drehenden Werkzeugen (Walzen) ohne oder mit Zusatzwerkzeugen (z. B. Stopfen).
>
> Mit der durch das Druckumformen hervorgerufenen Stauchung ist demnach immer auch eine Längung bzw. Breitung verbunden. Damit wird das Walzgut durch den Umformvorgang in seiner Bewegungsrichtung beschleunigt und es wird länger.

Das Walzgut wird dabei mit den hintereinander angeordneten Walzengerüsten schrittweise fertig gewalzt (**Längswalzen**). Damit das Walzgut zwischen die Walzen hineingezogen wird, sind Mindestreibungskräfte bzw. Mindestwalzendurchmesser erforderlich.

Typische Teile: Bleche, Profilstäbe, Gewindestangen
Einsatzbereich: Serien- bis Massenfertigung

Verfahren

Die Walzverfahren werden unterschieden bezüglich der

- Bewegungsrichtung, zur Umfangsrichtung der Walzen,
  - **Längswalzen**
  - **Querwalzen**
  - **Schrägwalzen**
- Querschnittsform, zu den erzeugten Produktgruppen,
  - **Flachwalzen** für Bleche und Bänder
  - **Profilwalzen** für Flach-, L-, T-Profile
  - **Hohlprofile walzen** für nahtlose Rundrohre
- Walztemperatur, zur Umgebungstemperatur.
  - **Warmwalzen** ist Walzen nach dem Anwärmen der Walzstücke (850 ... 1200 °C)
  - **Kaltwalzen** ist Walzen ohne Anwärmen

Längswalzen ist Walzen, bei dem das Walzgut senkrecht zu den Walzachsen durch den Walzspalt umgeformt wird. Wichtigstes Verfahren hierbei ist das **Flachwalzen** von Blechbändern (Blechcoils). Es kommen glatte Walzen zur Anwendung, die in den Walzgerüsten gelagert sind und über Getriebe und Gelenkwellen angetrieben werden. Je nach Anforderungen an die Maßhaltigkeit und Oberflächengüte wird das Walzgut warm- oder kaltgewalzt. Beim **Warmwalzen** werden meist Duogerüste eingesetzt. Beim **Kaltwalzen** kommen Gerüste mit bis zu 20 Walzen zur Anwendung.

Beim **Profilwalzen** werden meist Profilstäbe (z. B. Flach-, L-, T-, Rundprofile) gewalzt. Bleche und Profilstäbe sind Halbzeuge, also Rohmaterialien für metallverarbeitende Betriebe.

Durch Profilwalzen lassen sich aber auch z. B. Steckverzahnungen an Getriebewellen herstellen. Solche Profile werden kalt auf CNC-Maschinen gewalzt. Es ergeben sich hohe Genauigkeiten, hohe Festigkeiten und Materialeinsparungen.

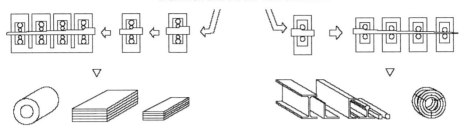

Bild 3.20: Walzen von Blech- und Profilprodukten (*voestalpine*)

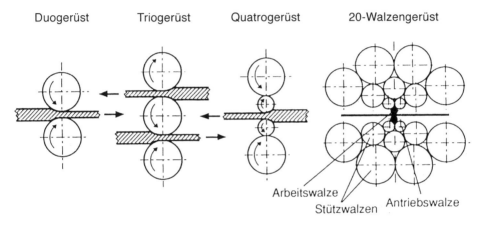

Bild 3.21: Anordnung von Walzen

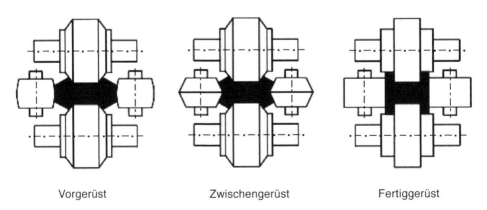

Bild 3.22: Walzen eines I-Profils aus einem Block über Vor-, Zwischen- und Fertiggerüste (*voestalpine*)

Querwalzen ist ein Walzen, bei dem das Walzgut ohne Bewegung in Achsrichtung um die eigene Achse bewegt wird. Gewalzt werden Gewinde, Ringe und Scheiben. Es wird auch zum Glattwalzen von Wellenzapfen und Kurbelwellen eingesetzt.

Beim **Glattwalzen** werden Walzen mit hoher Oberflächenqualität und -härte gegen die Oberfläche des Werkstücks gedrückt. Oft werden dadurch spanend vorbearbeitete Werkstücke geglättet und oberflächenverfestigt. Die Rautiefe verringert sich dabei von ca. 15 µm auf 0,5 µm. Der Traganteil der Werkstückoberfläche erhöht sich dadurch wesentlich. Anwendung z. B. für Kolbenstangen, Ventile.

Durch **Gewindewalzen** können Gewinde wirtschaftlich und mit großer Genauigkeit hergestellt werden. Der nicht unterbrochene Faserverlauf des Materials erhöht die Festigkeit, reduziert die Kerbwirkung und spart Material.

Beim **Schrägwalzen** werden nahtlose Rohre hergestellt und lange Rundprofile glattgewalzt. Bei der Herstellung von **nahtlosen Rohren** wird das Schrägwalzen in Verbindung mit einem Stopfen eingesetzt. Dieser unterstützt die Lochbildung des Rohlings. Die daran anschließenden Umformvorgänge sind Streck- und Reduziervorgänge. Nahtlose Rohre können mit einem Durchmesser von 20 bis ca. 600 mm hergestellt werden.

Das **Drückwalzen** ist Schrägwalzen eines Hohlkörpers über ein sich drehendes Drückfutter. Hierbei wird das Material längs zur Drehachse des Drückfutters verschoben. Die Wanddicke wird hierbei erheblich vermindert.

Beim **Reckwalzen** sind auf dem Umfang der Walzen Konturen für ein einzelnes Werkstück eingearbeitet. Nach einer Umdrehung ist das Werkstück fertig.

Werkzeuge

Die im Stahlwerk gegossenen Blöcke werden im Walzwerk zu Blechen, Profilstäben, Rohren usw. verarbeitet. Diese Formgebung erfolgt zwischen den im Walzgerüst gelagerten Walzwerkzeugen (präzise hergestellte Walzen mit und ohne Profilierung). Für die Rohrherstellung sind Zusatzwerkzeuge (Dorne, Stopfen oder Stangen) nötig.

Maschinen

Die Walzengerüste werden hintereinander aufgestellt, wodurch kontinuierlich bzw. intermittierend arbeitende Walzstraßen gebildet werden:

- Von Walzgerüst zu Walzgerüst werden die Bleche oder Profile in ihrem Querschnitt verkleinert. Wegen der Volumenkonstanz wird die Durchlaufgeschwindigkeit von Walzgerüst zu Walzgerüst größer.
- Walzstraßen mit reversierbaren Walzen lassen sich kürzer bauen.
- Reckwalzanlagen eignen sich für die Vorbearbeitung von Gesenkrohlingen.

Wirtschaftlichkeit

Mit Walzverfahren können Halbzeuge preiswert und in großen Mengen hergestellt werden. Warmgewalzte Profile sind billiger und weisen meist eine walzblau oxidierte Oberfläche auf. Kaltgewalzte oder gezogene Profile erhalten durch die Nachbearbeitung eine hohe Oberflächengüte und gute Maßhaltigkeit mit engen Toleranzen. Um Korrosion zu vermeiden, werden kaltgewalzte Halbzeuge meist leicht geölt.

Bild 3.23: Gewindewalzen mit Axialwerkzeug (links) und Tangentialwerkzeug (rechts) (*Index*)

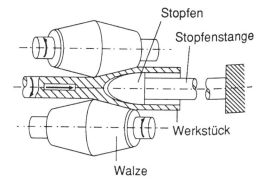

Bild 3.24: Schrägwalzen zur Rohrherstellung (schematisch)

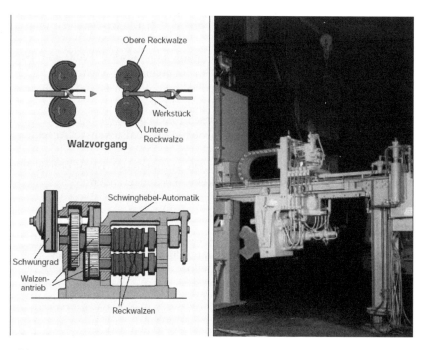

Bild 3.25: Reckwalzen zur Vorformung langgestreckter Gesenkschmiedeteile (*Verband Deutsche Schmiedetechnik*)

3.2.5 Eindrücken

Eindrücken ist **Druckumformen** der Oberfläche eines Werkstücks mit einem Formstempel (Werkzeug), der örtlich in das Werkstück eindringt.

Für dickwandige Werkstücke sind sehr hohe Stempeldrücke, sehr kleine Vorschubgeschwindigkeiten, je nach angewendetem Verfahren und damit spezielle Pressen erforderlich.

Typische Teile: Gesenke, Münzen, Nummernschilder
Einsatzbereich: Einzel- bis Massenfertigung

Verfahren

Zum Eindrücken gehören Verfahren wie Kalteinsenken, Vollprägen, Gewindeformen, Rändeln und Hohlprägen.

- Beim **Kalteinsenken** wird ein gehärteter Stempel langsam in das weichgeglühte kalte Werkstück eingesenkt (Einsenkgeschwindigkeit 0,2 bis 10 mm/min). Es tritt eine Verfestigung des Werkstoffs ein und es lassen sich sehr gute Oberflächengüten erreichen. Bei größeren Einsenktiefen muß eine spanende Vorbearbeitung erfolgen, um die Werkstoffbewegung gering zu halten.
- Beim **Vollprägen** (Massivprägen) wird die Oberfläche eines Rohlings reliefartig verändert. Die Werkstoffbewegung ist geringer, und die Dicke des Werkstücks wird verändert. Die Drücke erreichen $3000\,\text{N/mm}^2$. Für Münzprägungen müssen die Gesenke sehr präzise gearbeitet sein.
- Beim **Gewindeformen** wird ohne Spanerzeugung ein Gewinde gedrückt oder geformt. Dieser Fertigungsvorgang ist dem Gewindeschneiden ähnlich. Es entstehen gute Oberflächen- und Formqualitäten sowie eine höhere Festigkeit als beim Gewindeschneiden. Die Materialfasern werden nicht geschnitten.
- Beim **Rändeln** lassen sich rotationssymmetrische Außenflächen mit rotierenden Walzen (Werkzeug mit Rändelmuster) bearbeiten. Es entstehen so rutschfeste Griffflächen.
- **Hohlprägen** ist ein Zugumformen, bei dem ein vorbereiteter Blechrohling eine reliefartige Umformung erfährt. Es findet keine Dickenveränderung des Blechrohlings statt.

Wirtschaftlichkeit

Kalteinsenken wird zur Herstellung von Gesenken eingesetzt. Gesenke sind so billiger, da Stempelaußenformen günstiger herstellbar sind als Gesenkinnenformen (Gravuren).

Erreichbare Maß- und Formgenauigkeit: IT 6
Erreichbare Oberflächenqualität: $R_z = 1\,\mu\text{m}$

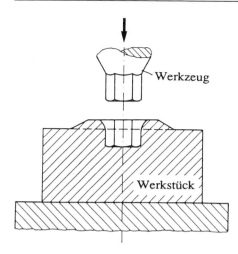

Bild 3.26: Kalteinsenken (schematisch)

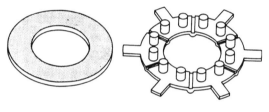

Bild 3.27: Vollprägen — Rohling und Fertigteil

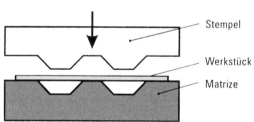

Bild 3.28: Hohlprägen (schematisch)

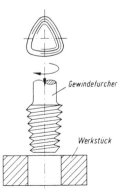

Bild 3.29: Gewindeformen (Gewindedrücken) [*Flimm*]

3.2.6 Strangpressen und Fließpressen

Strangpressen und Fließpressen sind **Druckumformverfahren**. Dabei erhält das Werkstück durch vollständiges Durchdrücken (Strangpressen) oder teilweises Durchdrücken (Fließpressen) durch eine formgebende Werkzeugöffnung unter Verminderung des Querschnitts eine neue Querschnittsgestalt.

Es können Voll- und Hohlprofile mit komplizierten Querschnitten in einem Arbeitsschritt (Strangpressen) oder in stufenweise durchgeführten Arbeitsschritten (Fließpressen) erzeugt werden.

Es werden Leicht- und Schwermetalle verarbeitet, meist jedoch Al-, Stahl- und Cu-Werkstoffe.

Strangpressen

Beim Strangpressen werden die auf Knettemperatur (400 ... 500 °C) erwärmten Gussblöcke (Bolzen) mit einem hydraulischen Preßstempel durch die formgebende Werkzeugöffnung (Preßmatrize) durchgedrückt. Die Endprodukte sind Halbzeuge.

Typische Strangpressteile: Aluminium-Fensterprofile, Messingstangen
Einsatzbereich: Massenfertigung

Die Strangpressverfahren werden unterteilt in:

- **Vorwärtsstrangpressen** (direktes Strangpressen)
  Der Werkstoff bewegt sich in derselben Richtung wie der Pressstempel.
- **Rückwärtsstrangpressen** (indirektes Strangpressen)
  Beim Rückwärtsstrangpressen fließt der Werkstoff entgegengesetzt und es wird die erhebliche Reibung zwischen Gußblock und Zylinderwandung vermieden.
- **Hydrostatisches Strangpressen** (flüssiges Druckmedium)
  Für hohe Umformgrade und schwer strangpreßbare Werkstoffe geeignet. Reibung wird durch Druckmedium verringert.
- **Vollstrang- und Hohlpressen**
  Es lassen sich Voll- und Hohlprofile erzeugen.

Der gesamte Strangpressvorgang wird mit Hilfe nur einer Pressmatrize durchgeführt. Es ist also lediglich eine Umformstufe möglich. Die maximale Umformung ist deshalb begrenzt. Es lassen sich jedoch die unterschiedlichsten Formquerschnitte herstellen. Die Strangpressgeschwindigkeiten betragen bis zu 100 m/min.

Die Durchführung von Strangpressvorgängen bleibt in der Regel Spezialanbietern vorbehalten. Es werden vorwiegend NE-Metalle stranggepresst.

Fließpressen

Beim Fließpressen wird ein zwischen Werkzeugteilen aufgenommener Rohling, z. B. ein massiver Stangenabschnitt, teilweise durch die verbleibende Werkzeugöffnung gedrückt.
Bei diesem einstufigen oder auch mehrstufigen Fertigungsvorgang entsteht ein Werkstück mit unterschiedlichen Querschnitten.

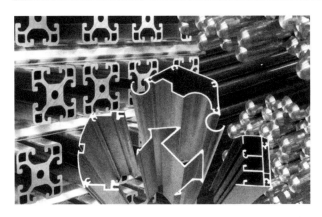

Bild 3.30: Beispiele für stranggepresste Profile (*voestalpine*)

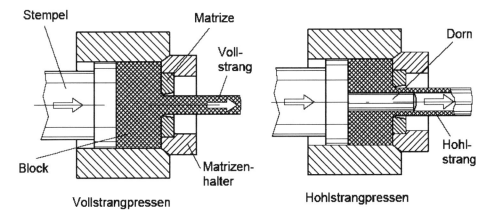

Bild 3.31: Vollstrang- und Hohlstrangpressen (schematisch) (*voestalpine*)

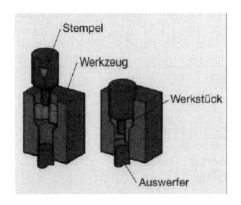

Bild 3.32: Fließpressen (schematisch) (*Verband deutsche Schmiedetechnik*)

Es werden in der Regel einbaufertige oder nur noch spanend zu bearbeitende Werkstücke hergestellt.

Typische Fließpressteile: Bolzen, Hülsen, Getriebewellenrohlinge
Einsatzbereich: Massenfertigung

Die Fließpressverfahren werden unterteilt in:

- **Vorwärtsfließpressen**
  Pressstempel und Werkstoff des Rohlings bewegen sich in die gleiche Richtung.
- **Rückwärtsfließpressen**
  Pressstempel und Werkstoff des Rohlings bewegen sich in entgegengesetzte Richtungen.
- **Querfließpressen**
  Werkstoff des Rohlings bewegt sich quer zur Richtung der Pressstempelbewegung.
- **Mischfließpressen**
  Werkstoff des Rohlings bewegt sich mit und entgegengesetzt zur Richtung der Pressstempelbewegung.
- **Voll- und Hohlfließpressen**
  für Voll- und Hohlquerschnitte.

Die Herstellung von Kaltfließpressteilen erfolgt meist bei Raumtemperatur, bei höheren Umformgraden wird Halbwarmfließpressen eingesetzt.

Die zum Fließpressen verwendeten Werkstoffe sollen eine möglichst niedrige Fließspannung (Formänderungsfestigkeit), ein hohes Umformvermögen, eine geringe Kaltverfestigung und ein homogenes Gefüge aufweisen.

Beim Fließpressen wird der Umformvorgang meist in 3 bis 6 Stufen aufgeteilt. Die Gesamtumformung ist so höher, es lassen sich deshalb auch einfachere Einzelwerkzeuge zu einem Gesamtwerkzeug zusammensetzen.

Maschinen und Werkzeuge

- Zum Strangpressen werden hydraulische Maschinen mit liegendem Presszylinder eingesetzt. Strangpressprofile erreichen bis zu 40 m Länge, die auf handelsübliche Längen zugeschnitten und gebündelt werden.
- Zum Fließpressen eignen sich Kniehebelpressen oder hydraulische Pressen mit hohen Taktfrequenzen.
- Werkzeuge werden mechanisch und thermisch hoch belastet. Es wird deshalb vor dem Fließpressen meist phosphatiert. Beim Strangpressen werden graphithaltige Öl-Wasser-Emulsionen als Schmiermittel verwendet.

Wirtschaftlichkeit

- niedrige Kosten durch meist vollständige Werkstoffausnutzung,
- hohe Maßgenauigkeit und gute Oberflächengüte der Werkstücke,
- große Profilvielfalt durch relativ günstige Werkzeugkosten,
- Strangpressanlagen sind billiger als Walzstraßen.

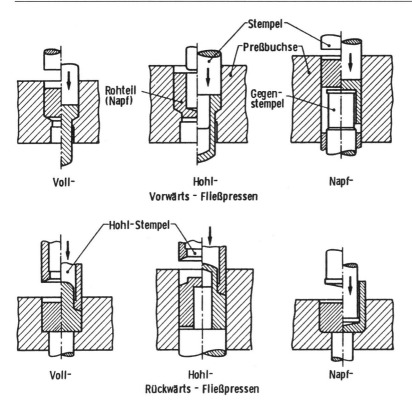

Bild 3.33: Fließpressverfahren (schematisch)

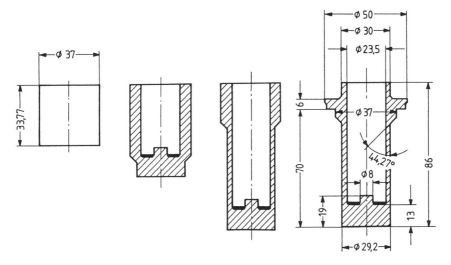

Bild 3.34: Kaltfließpressen in Stufen anhand eines Beispiels: Vorwärts-/Rückwärtsfließpressen, Vorwärtsfließpressen, Querfließpressen

3.2.7 Verfahrensvergleich Strangpressen — Walzen

Verfahrensvergleich		
	Strangpressen	**Walzen (Walzziehen, Walzprofilieren)**
Herstellbare Werkstückform und Werkstückeigenschaften	• Profile verschiedenster Art • Hinterschneidungen möglich • blanke Oberfläche und geringe Toleranzen • meist NE-Metalle	• preiswerte Walzprofile verschiedenster Art • keine Hinterschneidungen • warmgewalzte Profile mit verzunderter Oberfläche und mittleren Toleranzen • kaltgewalzte Profile mit blanker Oberfläche und geringen Toleranzen • meist Stahlwerkstoffe
Erforderliche Werkzeuge und Maschinen	• einfachere Werkzeuge • teuere Anlagen – Spezialhersteller • einstufiger Prozess	• pro Stich ein Walzenpaar erforderlich • teuere Anlagen – Spezialhersteller • mehrstufiger Prozess
Stückkosten Stückzeiten Rüstzeiten	• höher • niedrig – Serienfertigung • mittel	• niedrig • sehr niedrig – Massenfertigung • mittel bis hoch, je nach Querschnittsänderung
Wirtschaftliche Stückzahlen	• kleinere Serien wirtschaftlich herstellbar	• sehr hoch, Massenfertigung
Energiekosten Emissionen	• niedrig • gering	• niedrig bis mittel • gering
Werkstoffausnutzung	• nahezu 100 %	• nahezu 100 %

Bild 3.35: Strangpressanlage (*SMS*)

Bild 3.36: Abschnitt eines Kaltwalzwerks (*voestalpine*)

3.2.8 Gleitziehen

> Gleitziehen ist Zugdruckumformen, bei dem durch Ziehen eines schlanken Werk-
> stücks durch eine in Ziehrichtung verengte Werkzeugöffnung (Ziehring) eine
> neue, kleinere Querschnittsform erzeugt wird.

Das Gleitziehen wird überwiegend als Kaltumformen zur Herstellung von Voll- und
Hohlprofilen unterschiedlichster Art aus Stahl- und NE-Werkstoffen eingesetzt. Als
Ausgangsmaterialien werden warmgewalzte Stangen und Drähte, an einem Ende
angespitzt, verwendet. Wichtig ist eine gute Schmierung zur Verschleißminderung
und zur Oberflächenverbesserung.

Typische Teile: Drähte, Federn, Präzisionsstangen und -rohre
Einsatzbereich: Massenfertigung

Verfahren

- Beim **Drahtziehen** werden Drähte bis zu 0,005 mm Durchmesser kalt gezogen.
  Die Ziehgeschwindigkeiten betragen bis zu 60 m/s.
- Der Ziehvorgang findet meist in mehreren Zügen (**Umformstufen**) statt. Die An-
  zahl der in der Drahtziehmaschine belegten Züge hängt von der Umformbarkeit
  und Zugfestigkeit des Werkstoffs ab. Das Drahtmaterial muss vor der Verarbei-
  tung gereinigt werden. Bis zu 90 % der Umformarbeit wird in Wärme umgesetzt.
  Es wird mehrstufig umgeformt, begrenzt nur durch die Zugfestigkeit des Materials.
- Zum **Gleitziehen nahtloser Rohre** werden zunächst dickwandige Rohrlupen aus
  Vollmaterial mit Hilfe von Pressdornen hergestellt.
  – Die anschließende Bearbeitung der Rohrlupen erfolgt dann im
  a) **Stopfenwalzwerk** (Schrägwalzenanordnung) oder im
  b) **Pilgerschrittwalzwerk** (schrittweises Auswalzen einer Rohrlupe).
  – Die nahtlosen Rohre werden mittels Gleitziehen weiterverarbeitet, durch:
  a) Hohlzug, b) Stopfenzug oder c) Stangenzug
  Die Unterschiede liegen in der kontrollierten Wanddickenreduzierung.

Weitere Möglichkeiten der Herstellung großer Rohrdurchmesser sind

- längsgeschweißte Rohre – preiswertere Rohre und
- spiralig gewickelte und geschweißte Rohre – für sehr große Durchmesser.

Werkzeuge

Die Werkzeuge (Ziehring, Ziehstein) sind hohen Belastungen durch Druck, Reibung und Temperatur ausgesetzt. Sie müssen warm- und verschleißfest sein und
sind deshalb aus Hartmetall, Keramik oder Diamant hergestellt.

Wirtschaftlichkeit

- gute Oberflächen und kaltverfestigte Struktur der gezogenen Profile.
- Infolge guter Maßhaltigkeit der gezogenen Profile können Vorgänge bei der Fertigbearbeitung der Werkstücke entfallen.

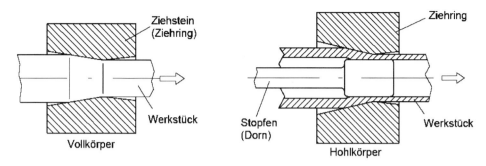

Bild 3.37: Gleitziehen von Voll- und Hohlkörpern (schematisch) (*voestalpine*)

Bild 3.38: Kaltziehen von Draht (*voestalpine*)

Bild 3.39: Beispiele für Drahtprodukte (*voestalpine*)

3.2.9 Rundkneten

Rundkneten (auch **Rundhämmern**) ist ein freies Druckumformen. Die Werkzeuge sind Hämmer oder Stempel und bewirken mit großen Schlagzahlen einen hohen Radialdruck und damit starke plastische Formänderungen am Werkstück. Die Werkstücke müssen rotationssymmetrisch sein. Für Innenkonturen wird ein nach der Bearbeitung wieder ausziehbarer Dorn eingesetzt.

Vorteile: gute Oberflächengüte, enge Toleranz und hohe Festigkeit
Typische Rundknetteile: abgesetzte Außen- und Innenprofile, Achsen, Wellen
Einsatzbereich: Kleinserien- bis Großserienfertigung

Verfahren

Die einzelnen Rundhämmer führen während des gesamten Knetvorgangs Stauchungen quer zur Werkstückachse aus und damit gleichzeitig Streckungen längs zur Werkstückachse. Das Werkstück wird dabei um die eigene Achse gedreht.

- **Vorschubrundkneten** – Rundkneten mit Längsvorschub des Werkstücks. Die Querschnittsabnahme erfolgt in mehreren Durchgängen, wobei das Werkstück von Greifern (Manipulatoren) geführt wird.
- **Einstechrundkneten** – Rundkneten mit Querzustellung der Werkzeuge

Meist wird Kaltbearbeitung beim Rundkneten durchgeführt.

Maschinen und Werkzeuge

Spezielle Rundknetmaschinen haben drei oder vier umlaufende und auswechselbare Rundhämmer. Die Schlagzahlen betragen ca. $200\,\mathrm{min^{-1}}$. Oft sind nur einfache und leicht austauschbare Werkzeuge erforderlich, sodass auch Kleinserien möglich sind.

Wirtschaftlichkeit

Rundkneten wird besonders zur Herstellung von Rohren mit Innenprofilen, mit abgesetzten Durchmessern oder komplizierten Innenkonturen eingesetzt. Dazu sind Dorneinsätze erforderlich. Abgesetzte Innendurchmesser können mit anderen Fertigungsverfahren (z. B. Erodieren) nur sehr zeitaufwendig hergestellt werden.

Besondere Vorteile des Verfahrens sind:

- gute Materialausnutzung und hohe Festigkeit durch Erhaltung des Faserverlaufs,
- geringe Werkstückgewichte sind dadurch realisierbar,
- kurze Stückzeiten.

Erreichbare Maß- und Formgenauigkeit: IT 7 ... 11
Erreichbare Oberflächenqualität: $R_z = 1 \ldots 2\,\mu\mathrm{m}$

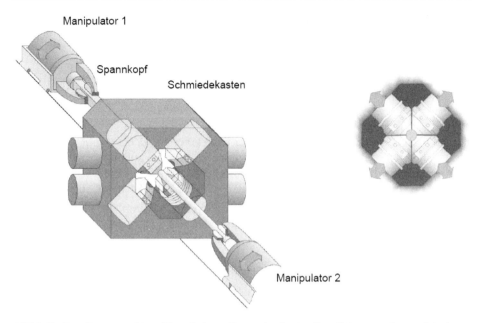

Bild 3.40: Rundknetmaschine (Vorschubrundkneten) mit vier Rundhämmern (*voestalpine*)

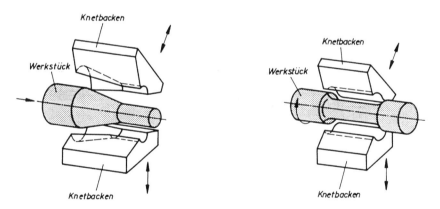

Bild 3.41: Vorschub- und Einstechrundkneten mit 3-Backenmaschine

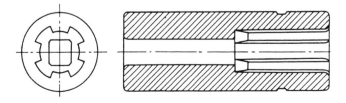

Bild 3.42: Rundkneten − Werkstückbeispiel mit abgesetztem Innenquerschnitt

3.3 Blech- und Profilumformen

3.3.1 Biegen

> Biegen ist **Zugdruckumformen** von festen Körpern, bei dem aus Blechen oder Profilen abgewinkelte oder ringförmige Werkstücke erzeugt werden.

Bei jedem Biegevorgang kommt es zu einer Rückfederung, d. h., es gibt eine Abweichung vom angestrebten Biegewinkel. Die Rückfederung ist abhängig von der Elastizität des Werkstoffs, der Blechdicke, dem Biegeradius und dem Biegeverfahren. Die Biegewerkzeuge weisen deshalb größere Biegewinkel als das Fertigteil auf.

Typische Biegeteile: Abdeckbleche, Befestigungswinkel, Hydraulikleitungen
Einsatzbereich: Einzel- bis Massenfertigung

Verfahren

- **Gesenkbiegen, U-Biegen, V-Biegen** – durch geradlinige Werkzeugbewegung,
- **Walzbiegen** – mit drei rotierenden Werkzeugwalzen,
- **Schwenkbiegen** – mit schwenkender Biegewange,
- **Rundbiegen** – drehend, über eine Biegerolle,
- **Rollbiegen** – durch Linearbewegung, z. B. für Scharniere,
- **Knickbiegen** – durch Linearbewegung und Führung im Werkzeug.

Beim Biegen sind mehrere Kriterien zu beachten:

- Die zulässige Dehnung der Außenfasern darf nicht überschritten werden.
- Eine Biegung quer zur Metallfaserrichtung (Walzrichtung) ergibt eine geringere Rissgefahr als eine Biegung parallel zur Faserrichtung.
- Mit abnehmender Dehnung des Werkstoffs ist ein größerer Rundungsradius erforderlich. Ist dies nicht möglich, muss der Biegewinkel begrenzt werden.
- Beim Biegen im Rundungsbereich tritt eine Blechdickenveränderung ein. Dies ist bei der Zuschnittsermittlung zu berücksichtigen.

Maschinen

Bei **Schwenkbiegemaschinen** werden Bleche zwischen Tisch und Biegewange gebogen. Benötigte Biegewinkel werden durch die Maschineneinstellung festgelegt.

Bei **Gesenkbiegepressen** bewirkt der Biegestempel durch eine geradlinige Bewegung auf das Unterteil eine Biegung. Moderne Biegemaschinen weisen eine CNC-gesteuerte Positionierung mit gesteuerter Eintauchtiefe (Biegewinkel) auf.

Rohrbiegemaschinen führen die einzelnen Biegevorgänge in programmierter Abfolge bis zum fertigen Werkstück aus. Die geplante Biegefolge muss eingehalten werden.

Wirtschaftlichkeit

Aus Walzprofilen und Blechen lassen sich durch Biegevorgänge leichte, verwindungssteife und preiswerte Leichtbauwerkstücke erzeugen.

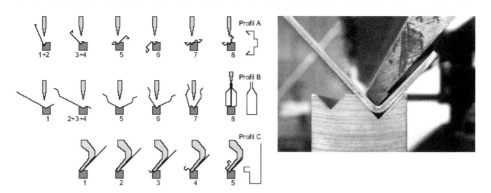

Bild 3.43: Gesenkbiegen und drei Profilbeispiele mit Biegefolgen (*voestalpine*)

Bild 3.44: Walzenbiegemaschine mit drei Walzen und Werkstück (*Rau*)

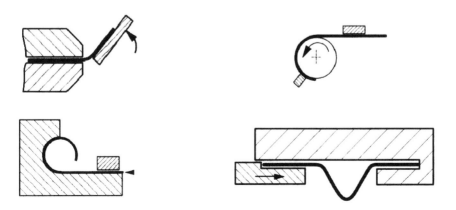

Bild 3.45: Schwenkbiegen, Rundbiegen, Rollbiegen und Knickbiegen (schematisch) [*Sautter*]

3.3.2 Tiefziehen

Tiefziehen ist **Zugdruckumformen** eines Blechzuschnitts zu einem Hohlkörper (Erstzug) oder Zugdruckumformen eines Hohlkörpers zu einem tieferen Hohlkörper (Weiterzug) ohne beabsichtigte Veränderung der Blechdicke.

Meist wird Kaltumformung in mehreren Zügen durchgeführt. Das Tiefziehen ist das wichtigste Verfahren für die Blechumformung.

Typische Tiefziehteile: Karosserieteile, Ölwannen, Töpfe
Einsatzbereich: Großserienfertigung

Grundlagen

Ablauf eines Tiefziehvorgangs:

* Ausgangsform für das Werkstück ist in der Regel ein **ebener Blechzuschnitt**.
* Über **Stempel, Ziehring** und **Niederhalter** wird im Blechzuschnitt eine Umformung eingeleitet.
* Diese Umformung erfolgt durch **Stauchen in der Randzone** und durch **Strecken im zylindrischen Bereich** des zu fertigenden Werkstücks. Die axialen Zugspannungen dürfen die Reißfestigkeit des Werkstücks nicht überschreiten.
* Durch die eingestellte **Niederhalterkraft** kann der Stempel das Blech nur mit Widerstand und faltenfrei in den Ziehring (**Matrize**) hineinziehen.
* Der exakt gewählte **Ziehspalt** (zwischen Stempel und Ziehringwandung) muss eine Faltenbildung beim Übergang vom ebenen in den zylindrischen Werkstückbereich verhindern.
* Die **Auslegung des geplanten Umformvorgangs** erfolgt rechnerisch.
* Die **Optimierung** des fertigen Werkzeugs und Werkstücks kann nur empirisch ermittelt werden.
* Bei üblichem Tiefziehen liegt das Stempeldurchmesser-Blechdicke-Verhältnis bei ca. 100. Bei >25 ist keine Niederhaltung mehr erforderlich, da die Steifigkeit des Blechrohlings ausreicht.

Für das Tiefziehen kann man in der Praxis einsetzen:

* **starre Werkzeuge** (Ziehstempel und Ziehring),
* **elastische Werkzeuge** (Ziehstempel und Gummikissen),
* **Wirkmedium** (Ziehstempel und Membrane/Flüssigkeit),
* **Wirkenergie** (Ziehstempel und magnetische Feldkräfte).

Die wichtigsten **Verfahrensparameter** sind:

* umzuformender Werkstoff – möglichst zäh und mit gleichmäßiger Struktur,
* Niederhalter muss Rohlingsform gut angepasst sein,
* Werkzeugradien, Ziehringradius 5- bis 10fache Blechdicke; Stempelradius größer als Ziehringradius,
* glatte Oberflächen erhöhen Umformgrad und Standzeit des Werkzeugs,
* genaue Fluchtung zwischen Stempel und Ziehring,

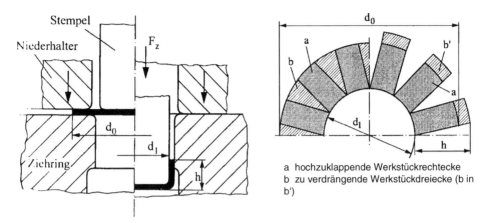

a hochzuklappende Werkstückrechtecke
b zu verdrängende Werkstückdreiecke (b in b')

Bild 3.46: Vorgang des Tiefziehens mit Niederhalter (schematisch) [*Lochmann*]

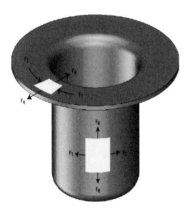

Bild 3.47: Tiefziehwerkstück mit Tangential- und Radialspannungen (schematisch) (*Schuler*)

Bild 3.48: Beispiele für Tiefziehteile (*Rau*)

- Ziehspalt – abhängig von Blechmaterial und -dicke (für Stahlblech 1,2 mm und Al-Blech 1,06 mm bei 1,0 mm Blechdicke),
- Schmiermittel – Öl, Fett, Grafit, Ziehseife, Kalkmilch (muss nach Tiefziehvorgang gut abwaschbar sein).

Berechnungsgrundlagen beim Tiefziehen mit starren Werkzeugen

$\beta_1 = D / d_1$	$\beta_{1,2,\ldots,n}$	Ziehverhältnis für ersten Zug,
$\beta_2 = d_1 / d_2$		zweiten Zug (erster Weiterzug),
$\beta_n = d_{n-1} / d_n$		n-ten Zug (Fertigzug)
$\beta = \beta_1 \cdot \beta_2 \cdot \ldots \cdot \beta_n$	β	Gesamtziehverhältnis
	D	Durchmesser des Blechzuschnitts
	$d_{1,2,\ldots,n}$	Innendurchmesser des gezogenen Napfes
$F_Z = d \cdot \pi \cdot s \cdot R_m \cdot n$	F_z	Ziehkraft
	s	Blechdicke
	n	Korrekturfaktor (0,2 ... 1,3)
	R_m	Zugfestigkeit des Blechzuschnitts
$F_N = $ ca. $0,2 \cdot F_Z$	F_N	Niederhalterkraft

Typische Ziehfehler sind:

- Falten, Riefen an den Mantelflächen des Werkstücks,
- Risse, zwischen Boden und Mantelflächen des Werkstücks, verursacht durch Material-, Werkzeug- und Verfahrensfehler.

Maschinen und Werkzeuge

- Hydraulische und auch mechanische Pressen mit mechanischer Weitergabe der Werkstücke zwischen den Pressen.
- Das Werkzeug muss die Form des Werkstücks und eine evtl. Rückfederung exakt berücksichtigen.
  Um den Verschleiß klein zu halten, müssen die Werkzeugoberflächen sorgfältig behandelt bzw. entsprechende Materialpaarungen gewählt werden.

Wirtschaftlichkeit

Die hohen Werkzeug- und Maschinenkosten erfordern hohe Stückzahlen.

Die Anzahl der Züge entscheidet über die Werkzeugkosten, wobei das Grenzziehverhältnis nicht überschritten werden darf. Mehr Züge (Arbeitsstufen) bedeutet auch eine geringere Werkzeugbelastung und evtl. Vermeidung von Zwischenglühen. Die Oberflächen- und Materialqualität des Blechrohlings darf den Tiefziehvorgang nicht negativ beeinflussen. Auch bei den Toleranzen sind die Rückfederungseffekte zu berücksichtigen.

Erreichbare Maß- und Formgenauigkeit: IT 10 ... 13
Erreichbare Oberflächenqualität: wie Blechrohling, Riefen vermeiden

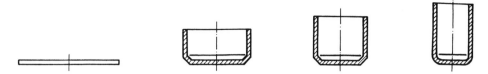

Bild 3.49: Blechzuschnitt, erster, zweiter und dritter Zug (schematisch)

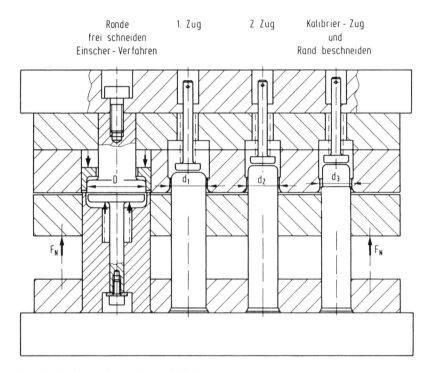

Bild 3.50: Vierstufiges Schneid-Zieh-Werkzeug [*Flimm*]

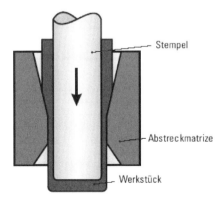

Bild 3.51: Abstreckvorgang zur Wandstärken-
reduzierung (schematisch, wird teilweise nach
dem Tiefziehen eingesetzt) (*Schuler*)

3.3.3 Verfahrensvergleich Tiefziehen — Fließpressen

Verfahrensvergleich		
	Tiefziehen	**Fließpressen**
Herstellbare Werkstückform und Werkstückeigenschaften	• Werkstückform durch Stempel (Form) und Matrize (Gegenform) gegeben • Dickenänderung des Rohlings nicht beabsichtigt • keine Hinterschneidungen möglich • Toleranzen durch Rückfederung • bearbeitbar sind plastisch verformbare Werkstoffe — meist Metalle und Kunststoffe	• Werkstückform durch Stempel (Form) und Matrize (Gegenform) gegeben • Dicke des Rohlings wird wesentlich verändert durch stauchen, breiten, steigen • keine Hinterschneidungen möglich • geringe Toleranzen • bearbeitbar sind plastisch gut verformbare Werkstoffe — meist Stähle und NE-Metalle
Erforderliche Werkzeuge und Maschinen	• teuere Werkzeuge • teuere Maschinen • mittlere Umformkräfte • meist ein- oder mehrstufiger Prozess in einem Werkzeug zusammengefasst	• teuere Werkzeuge • teuere Maschinen • hohe Umformkräfte • meist ein- oder mehrstufiger Prozess in einem Werkzeug zusammengefasst
Stückkosten Stückzeiten Rüstzeiten	• niedrig • niedrig — Massenfertigung • mittel, je nach Automatisierungsgrad	• niedrig • niedrig — Massenfertigung • mittel
Wirtschaftliche Stückzahlen	• hoch	• hoch
Energiekosten Emissionen	• niedrig • gering	• niedrig • gering
Werkstoffausnutzung	• nahezu 100 %	• nahezu 100 %

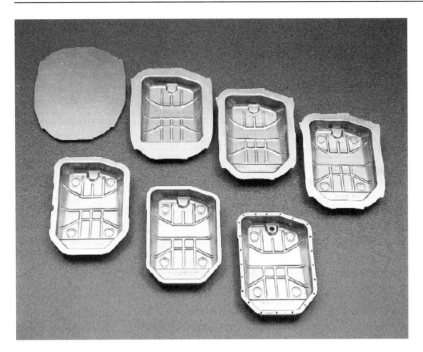

Bild 3.52: Schritte bei der Herstellung einer tiefgezogenen Ölwanne (*voestalpine*)

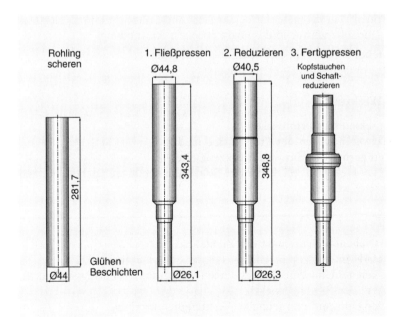

Bild 3.53: Schritte bei der Herstellung einer fließgepressten Getriebewelle (*Verband Deutsche Schmiedetechnik*)

3.3.4 Tiefziehen mit elastischen Werkzeugen und Wirkmedien

Tiefziehen mit elastischen Werkzeugen

Das Tiefziehen **mit elastischen Werkzeugen** geschieht mit Hilfe eines formgebenden Ziehstempels und eines Gummi- oder Kunststoffkissens. Beim Schließen des Werkzeugs verformt sich das elastische Kissen und drückt den Blechzuschnitt in die Kontur des Ziehstempels.

Tiefziehen mit Wirkmedien

Beim Tiefziehen **mit Wirkmedien** wird anstelle des elastischen Kissens eine Membran mit darüber liegender Flüssigkeitssäule verwendet. Zum Tiefziehen wird die Membrane unter Flüssigkeitsdruck gesetzt (bis 1000 bar), der Stempel bewegt sich gegen die Flüssigkeitssäule und formt den dazwischen liegenden Blechzuschnitt um. Die Flüssigkeit fließt während des Umformvorgangs unter Druck und kontrolliert ab.

Für den Tiefziehvorgang ist bei beiden Verfahren nur eine Werkzeughälfte herzustellen. Diese Verfahren werden deshalb auch für Prototypen und Kleinserien eingesetzt.

Die erreichbaren Umformgrade sind größer als beim Tiefziehen mit starren Werkzeugen. Es können deshalb auch tiefe Hohlkörper, wie Ölfiltergehäuse, hergestellt werden.

Neben dem Tiefziehen mit elastischen Werkzeugen und Wirkmedien finden auch andere Energieformen, wie magnetische Felder (für dünne Bleche) und Explosionsumformvorgänge (für sehr schwer umformbare Bleche), Anwendung.

Typische Tiefziehteile: Ölfiltergehäuse, Sektkübel, Badewannen
Einsatzbereich: Prototypenbau bis Serienfertigung

Maschinen und Werkzeuge

- Spezielle Ziehpressen sind erforderlich.
- Die Schließgeschwindigkeiten der Pressen sind niedrig.
- Werkzeugkosten gering (nur für eine Werkzeugseite).
- Der Werkzeugstempel wird bei kleineren Stückzahlen nur wenig belastet und muss nicht gehärtet werden.

Wirtschaftlichkeit

- sehr gute Oberflächenbeschaffenheit der Ziehteile,
- hohe Umformgrade im Erstzug möglich – Grenzziehverhältnis bis 2,8,
- gute Einstellbarkeit des Umformprozesses durch Regulierung des Flüssigkeitsdrucks,
- keine Überlastung der Pressen möglich,
- geringer Werkzeugaufwand und schnelle Werkzeugbereitstellung.

Erreichbare Maß- und Formgenauigkeit: IT 10 ... 13
Erreichbare Oberflächenqualität: wie Blechrohling, Riefen vermeiden

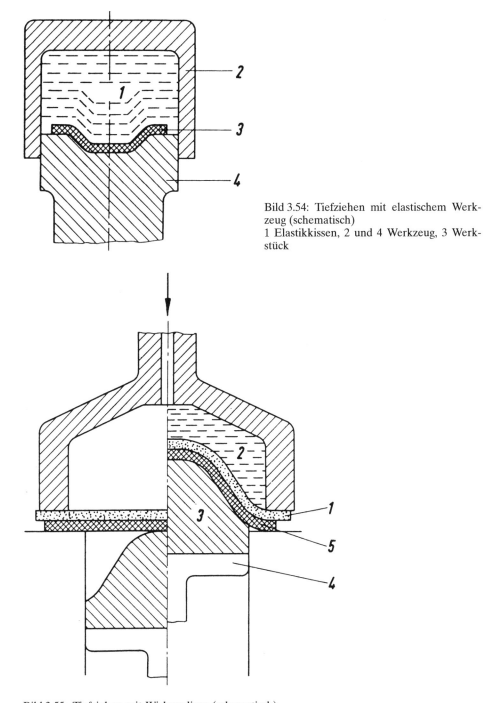

Bild 3.54: Tiefziehen mit elastischem Werkzeug (schematisch)
1 Elastikkissen, 2 und 4 Werkzeug, 3 Werkstück

Bild 3.55: Tiefziehen mit Wirkmedium (schematisch)
1 Membran, 2 flüssiges Wirkmedium, 3 Werkzeug, 4, Stößel, 5 Werkstück

3.3.5 Streckziehen

> Beim **Streckziehen** wird ein fest eingespannter Blechzuschnitt mit einem Druckstempel umgeformt.
>
> Das Streckziehen ist ein Zugumformen, kein Zugdruckumformen wie beim Tiefziehen. Die Blechdicke wird durch Streckung vermindert.

Die hergestellten Teile weisen meist eine gebogene Grundform auf.

Typische Streckziehteile: Rumpfaußenteile für Flugzeuge, Fahrzeugteile
Einsatzbereich: Einzel- bis Serienfertigung

Verfahren

Folgende Verfahren werden angewendet:

- Beim **einfachen Streckziehen** wird der umzuformende Blechzuschnitt fest eingespannt. Ein Hydraulikzylinder drückt den Formstempel langsam in den Blechzuschnitt hinein. Der Blechzuschnitt legt sich an die Kontur des Formstempels an und wird unter Zugspannung über dem Formstempel gestreckt.
- Beim **Tangentialstreckziehen** halten zusätzliche Spannzangen, den Blechzuschnitt fest. Der Blechzuschnitt wird dann um den Werkzeugstempel herumgezogen. Gegenüber dem einfachen Streckziehen sind eine gleichmäßigere Materialdehnung und höhere Umformgrade möglich.
- **Streckziehen ohne** und **mit Blechniederhalter**
  - Streckziehen ohne Blechniederhalter für Bleche, die nicht zur Faltenbildung neigen.
  - Beim Streckziehen mit Blechniederhalter enthält der Blechniederhalter Bremswulste, die den Blechaustritt verzögern. So wird die Faltenbildung verhindert und eine gleichmäßige Streckung des Blechzuschnitts erreicht.

Maschinen und Werkzeuge

- Die Tische der Streckziehmaschinen sind bewegbar, so daß Gestalt und Abmessungen der Streckziehteile variiert werden können.
- Die Werkzeugstempel werden aus Hartholz, Leichtmetall oder Grauguss hergestellt.

Wirtschaftlichkeit

- Für großflächige Teile und kleine Serien geeignet.
- Nur einfache Werkzeuge erforderlich.

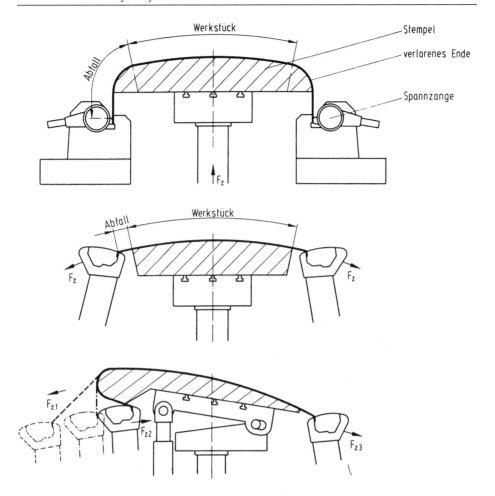

Bild 3.56: Einfaches (oben) und tangentiales Streckziehen (Mitte und unten)

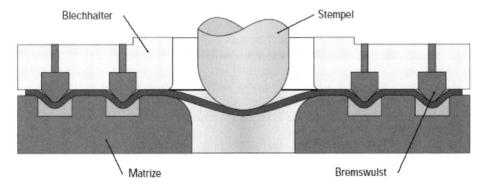

Bild 3.57: Bremswulste im Blechniederhalter (*Schuler*)

3.3.6 Walzprofilieren, Walzziehen, Walzrichten

Beim **Walzprofilieren**, meist nur Profilieren genannt, werden Blechbänder oder Platinen mit Hilfe von hintereinander angeordneten rotierenden Walzen zu Profilen umgeformt. Die Umformung erfolgt kontinuierlich. Eine Blechdickenänderung wird nicht beabsichtigt.

Walzprofilierung erfolgt auch bei langen Einzelwerkstücken, da eine Herstellung auf Gesenkbiegemaschinen (meist bis 4 m Werkstücklänge) nicht mehr möglich ist.

Auch beim **Walzziehen** werden Blechbänder profiliert, jedoch durch eine feststehende Matrize gezogen. Dadurch wird aus einem Blechband ein Winkel-, U- oder Z-Profil hergestellt. Eine Blechdickenänderung erfolgt ebenfalls nicht.

Das Walzziehen ist dem Walzprofilieren ähnlich. Walzprofilieren und Walzziehen gehören zu den Biegeumformverfahren.

Walzrichten ist notwendig, um abgewickelte Bleche oder Profile von Coils vor der Weiterverarbeitung wieder geradezurichten.

Typische Teile: Regalprofile, Leitplanken, Drähte
Einsatzbereich: Einzel- bis Serienfertigung

Verfahren

* **Walzprofilieren**
  Folgende, wichtige Vorgänge beim Walzprofilieren unterscheidet man:
  − **Rollen:** Der Rand eines Profils wird um mehr als 180° umgebogen, zur Versteifung oder zum Schutz vor Verletzungen bei Handhabungen.
  − **Falten:** Kontinuierliches Aufbiegen eines Blechbandes, z. B. zu einem U-Profil.
  − **Sicken:** Rillenförmige Vertiefungen einprägen zur Versteifung ebener Blechflächen.
  − **Falzen:** Fügen durch mehrmaliges Umbiegen von Blechrändern
  − **Doppelungen:** Das Blechmaterial wird zur Verstärkung doppelt aufeinander gelegt und umgebogen. Durch Kombination dieser einfachen Grundformen lassen sich vielfältige Profilformen herstellen auch in großen Werkstücklängen.
* **Walzziehen**
  Das Walzziehen erfordert nur einfache Werkzeuge. Die Gestaltungsmöglichkeiten der Profile sind nicht so universell wie beim Walzprofilieren. Der Blechstreifen muss zum Einführen in die Matrize angeformt werden.
* **Walzrichten**
  Zwischen mehren hintereinander geschalteten rotierenden Walzenpaaren geschieht ein wechselseitiges Biegen. Die Fließgrenze des zu richtenden Blechoder Drahtprofils muss dabei überschritten werden, sodass nach der letzten Rückfederung ein gerades Profil weiterverarbeitet werden kann.

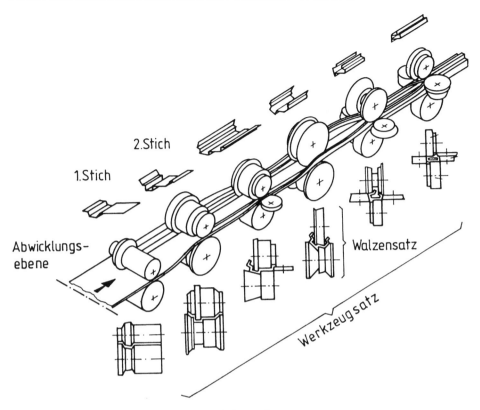

Bild 3.58: Walzprofilieranlage (schematisch) [*Flimm*]

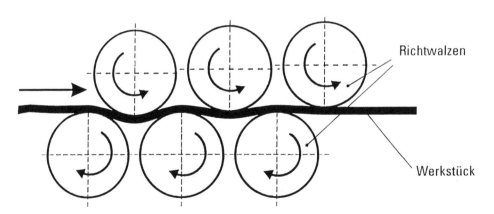

Bild 3.59: Richtanlage (schematisch) zwischen Coil und Bearbeitungsstation

3.3.7 Drücken

Drücken ist **Zugdruckumformen** eines ebenen Blechzuschnitts zu einem rotationssymmetrischen Hohlkörper oder Verändern des Umfangs eines Hohlkörpers.

Ein Werkzeugteil (**Drückfutter**) weist die Innenform des Werkstücks auf, während das feststehende Gegenwerkzeug (**Druckrolle** oder Druckstab) gegen das rotierende Werkstück drückt.

Die Umformung des rotierenden Werkstücks geschieht nicht wie beim Tiefziehen am gesamten Umfang gleichzeitig, sondern partiell am Umfang mit dem feststehenden Gegenwerkzeug. Eine Veränderung der Blechdicke ist nicht beabsichtigt. Die erzielbaren Werkstückoberflächen sind riefenfrei und besser als beim Tiefziehen.

Typische Drückteile: Leuchtenschirme, Ventilatorgehäuse, Kesselböden
Einsatzbereich: Einzel- bis Serienfertigung

Verfahren

- **Drücken** von Hohlkörpern
  Der Rohling ist ein ebener Blechzuschnitt.
- **Weiten** durch Drücken
  Örtliches Aufweiten eines Hohlkörpers am gesamten Umfang.
- **Engen** durch Drücken
  Örtliches Einziehen eines Hohlkörpers, z. B. Milchkanne.
- **Drückwalzen**
  Das Drückwalzen gehört zu den Walzverfahren (Schrägwalzen). Beim Drückwalzen wird die Wanddicke erheblich reduziert. Der Ausgangswerkstoff ist dickwandig, z. B. ein Gesenkformrohling und zumeist kein Blechzuschnitt.

Maschinen und Werkzeuge

- Das Drücken wird meist auf CNC-gesteuerten Drückmaschinen durchgeführt, die ähnlich wie Drehmaschinen aufgebaut sind. Es kann auch manuell erfolgen.
- Zu den Werkzeugen gehört das Drückfutter aus Stahl oder Hartholz und das Gegenwerkzeug, das meist als Rolle ausgeführt ist. Das Drückfutter kann auch durch eine gesteuerte Innenrolle ersetzt werden. Nach dem Drückvorgang ist, wegen Zipfelbildung, meist ein Beschneiden des Werkstücks erforderlich.

Wirtschaftlichkeit

- Moderne Drückmaschinen ermöglichen eine wirtschaftliche Fertigung rotationssymmetrischer Werkstücke auch kleinster Stückzahlen. Es lassen sich insbesondere auch große Werkstücke mit relativ kleinem Werkzeugaufwand, z. B. Behälterbauteile und Parabolspiegel herstellen.
- Drücken konkurriert mit dem Tiefziehen. Es erfordert kleinere Anlagen, einfachere Werkzeuge und geringere Umformkräfte. Die Formenvielfalt (Einzüge) durch Weiten und Engen ist größer als beim Tiefziehen.

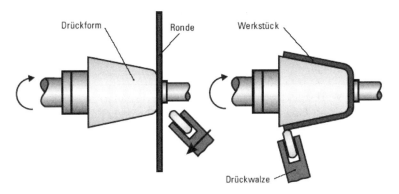

Bild 3.60: Drücken eines Hohlkörpers (schematisch) (*Schuler*)

Bild 3.61: Drücken auf einer Drückmaschine, Werkstückbeispiele (*Leifeld*)

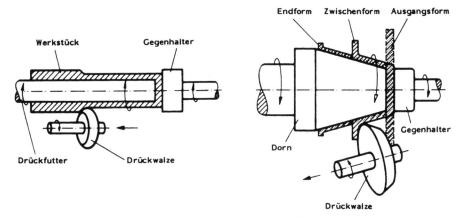

Bild 3.62: Drückwalzen (die Wanddicke des Werkstücks wird reduziert)

3.3.8 Verfahrensvergleich Drücken — Tiefziehen

Verfahrensvergleich		
	Drücken	**Tiefziehen**
Herstellbare Werkstückform und Werkstückeigenschaften	• Werkstückform wird zwischen Gegenform und Andrückrolle erzeugt • Blechdickenänderung des Rohlings nicht beabsichtigt • nur rotationssymmetrische Formen • Hinterschneidungen möglich • Toleranzen durch Rückfederung • bearbeitbar sind plastisch verformbare Werkstoffe – meist Metalle	• Werkstückform durch Ziehstempel und Ziehring (Gegenform) gegeben • Blechdickenänderung des Rohlings nicht beabsichtigt • keine Hinterschneidungen • Toleranzen durch Rückfederung • bearbeitbar sind plastisch verformbare Werkstoffe – meist Metalle und Kunststoffe
Erforderliche Werkzeuge und Maschinen	• einfachere Werkzeuge (Hartholz oder Metall) • einfachere Maschinen (ähnlich Drehmaschinen) • niedrige Umformkräfte • einstufiger Prozess	• teuere Werkzeuge • teuere Maschinen • hohe Umformkräfte • meist ein- oder mehrstufiger Prozess in einem Gesamtwerkzeug zusammengefasst
Stückkosten Stückzeiten Rüstzeiten	• mittel • mittel – Serienfertigung • mittel	• niedrig • niedrig – Massenfertigung • mittel bis hoch, je nach Automatisierungsgrad
Wirtschaftliche Stückzahlen	• kleine Serien wirtschaftlich herstellbar	• hoch
Energiekosten	• niedrig	• niedrig
Werkstoffausnutzung	• nahezu 100 %	• nahezu 100 %

Bild 3.63: Drückmaschine zur Herstellung von Behälterteilen (*Leifeld*)

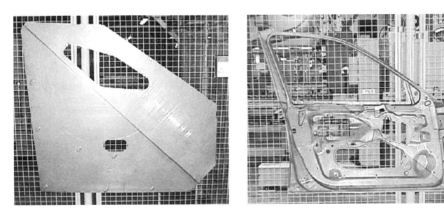

Bild 3.64: Lasergeschweißte Platine (tailored blank) vor und nach dem Tiefziehen (*Verband Deutsche Schmiedetechnik*)

3.3.9 Innenhochdruck-Umformen (IHU)

Das Innenhochdruck-Umformen ist ein **Zugdruck-Umformverfahren** zur Herstellung von Hohlkörpern komplizierter Gestalt aus einem Rohr oder ebenen Blechzuschnitt. Beim IHU wird der Rohling in axialer und auch radialer Richtung gegen die Werkzeugaußenwand gestaucht/gestreckt (Aufweitung eines Rohlings).

Durch IHU lassen sich Bauteile ersetzen, die bisher aus verschiedenen Rohren oder Blechsegmenten zusammengeschweißt wurden. Als Struktur- und Gasführungsteile ergeben sich weniger Schweißnähte, bessere Haltbarkeit und geringeres Gewicht.

Typische Teile: Rohrverzweigungen, Auspuffteile, Pkw-Fahrwerksteile
Einsatzbereich: Großserien- bis Massenfertigung

Bearbeitungsschritte

- Rohling in das Werkzeug eingeben und Presse schließen,
- Werkstückrohling mit Druckmedium (Wasser-Öl-Emulsion) füllen,
- Druck aufbauen und Stauchstempelbewegungen ausführen,
- auf Kalibrierdruck halten,
- Druck absenken, Presse öffnen und fertiges Werkstück entnehmen.

Verfahren

- **Freies Innenhochdruck-Umformen**
  Durch den Druckaufbau nimmt das Werkstück, ohne äußere Begrenzung, eine freie Form ein.
- **Werkzeuggebundenes Innenhochdruck-Umformen**
  Während des Druckaufbaus geben seitlich angeordnete Stauchstempel oder die Werkzeugaußenwand dem Werkstück die geforderte Form. Gleichzeitig mit dem Innenhochdruck-Umformen lassen sich Durchbrüche mit Lochstempeln ausführen.

Maschinen und Werkzeuge

- aufwändige Spezialpressen und Werkzeuge mit Stauch- und Lochstempeln in verschiedenen Ebenen,
- hohe Arbeitsdrücke, bis 10000 bar.

Wirtschaftlichkeit

Beim Vergleich mit anderen Verfahren, wie Tiefziehen plus Schweißen oder Gießen, müssen mehrere Arbeitsschritte in die Betrachtung einbezogen werden. Man entscheidet sich deshalb schon bei geringeren Stückzahlen für dieses Verfahren.

Das Innenhochdruck-Umformen liefert hochfeste und gewichtsoptimierte Bauteile. Abnehmer solcher Teile sind vor allem die Automobilindustrie und Rohrkomponentenhersteller. Beispiel Motorträger für Kfz: Gewichtseinsparung 30 % und Herstellkosteneinsparung 20 % gegenüber Schweißkonstruktion.

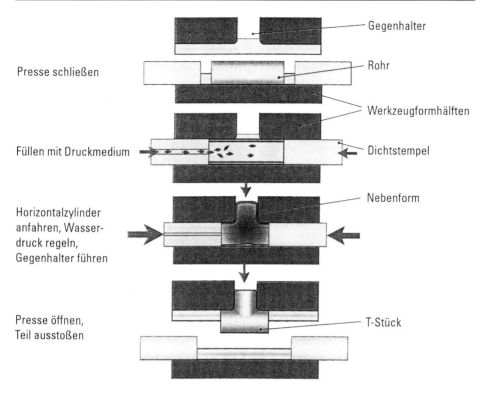

Bild 3.65: Innenhochdruck-Umformung zu einem T-Rohr (schematisch) (*Schuler*)

Bild 3.66: Rohling (oben) und innenhochdruckumgeformtes T-Rohr (unten) (*Rau*)

4 Trennende Fertigungsverfahren

4.1 Zerteilen — Spanloses Trennen

Zerteilen ist das mechanische Trennen von Werkstücken mit Hilfe von Schneidkanten ohne die Entstehung von Spänen. In der industriellen Praxis sind von Bedeutung:
- Scherschneiden,
- Messerschneiden,
- Beißschneiden.

Das **Scherschneiden** ist sehr produktiv und hat deshalb eine große wirtschaftliche Bedeutung. Es kommt vor allem in der Blechbearbeitung zum Einsatz.

Das **Messer-** und **Beißschneiden** wird vornehmlich für weiche Werkstoffe oder zum Beschneiden eingesetzt.

Eine Zusammenlegung der Trennlinien des zu schneidenden Werkstücks (Anfang und Ende) ermöglicht eine Reduzierung des Schneidaufwandes und des Verschnitts.

Schneidvorgang (Ablauf):
- ein elastisches und dann ein plastisches Verformen,
- Eindringen der Werkzeugschneidkanten in den Werkstoff,
- Abreißen des Werkstoffs, ausgehend von den beiden Schneidkanten entlang der Trennlinien, beim Überschreiten der maximalen Scherspannung und
- Ausbildung einer Bruchzone mit einem Kanteneinzug an der Stempelseite und einem scharfkantigen Grat an der Schneidplattenseite des Werkstücks. Das verbleibende Restmaterial weist die gleichen Bruchzonenmerkmale auf, nur 180° umgekehrt.

Schneidoperationen zur Werkstückbearbeitung:
- Abschneiden – Halbzeugprofil wird auf Länge abgeschnitten,
- Ausschneiden – ausgeschnittenes Teil ist das Werkstück,
- Lochen – Werkstück erhält Löcher (Rund-, Mehrkant-, Langlöcher),
- Ausklinken – seitliches Abschneiden; abgeschnittene Teile sind Abfall,
- Einschneiden – seitliches Einschneiden (für evtl. Aufbiegen),
- Beschneiden – Abschneiden überflüssiger Ränder nach dem Umformen.

Schnittkraft *F*

Schnittkraft bei drückendem Schnit	$F_d = A \cdot \tau_{aB}$
A	Schnittfläche (Breite × Dicke des Halbzeugquerschnitts)
τ_{aB}	Abscherbruchfestigkeit
Schnittkraft bei ziehendem Schnitt	$F_z = 0{,}5 \cdot \tau_{aB} \cdot s^2 \,/\, \tan \varphi$
s	Blechdicke
φ	Neigung der Schneide (2 ... 6°)

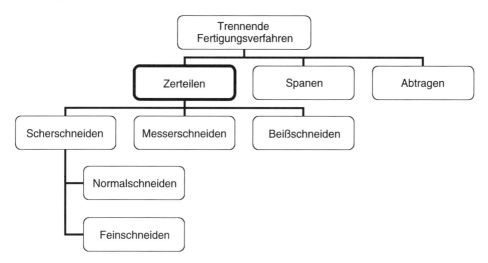

Bild 4.1: Gliederung der trennenden/zerteilenden Fertigungsverfahren

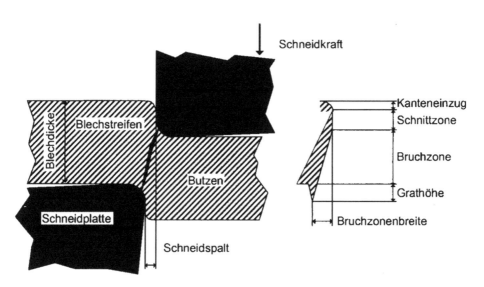

Bild 4.2: Schneidvorgang und Begriffe beim Schneiden [*Westkämper*]

4.1.1 Scherschneiden

Scherschneiden ist Zerteilen von Werkstücken zwischen Schneiden, die sich aneinander vorbei bewegen. Dabei können die Werkstücke erhebliche Form- und Maßabweichungen erhalten (bez. Schnittgrat, Winkeligkeit der Schnittflächen und Ebenheit der geschnittenen Werkstücke).

Typische Scherschneidteile: Blechzuschnitte, Profil-, Stangenabschnitte
Einsatzbereich: Einzel- bis Massenfertigung

Verfahren

- aufgrund der geforderten Kontur des Werkstücks:
  - **Offen-Schneiden** − z. B. Abschneiden eines Werkstücks auf Länge
  - **Geschlossen-Schneiden** − z. B. Ausschneiden oder Lochen
- beim Schnittvorgang, mit Auswirkung auf den Schnittkraftbedarf:
  - **Vollkantig-Schneiden** − auf einmal schneiden, plötzliche wirksame Schnittkraft erzeugt Schnittschlag
  - **Kreuzend-Schneiden** − Schnittebene und Schneide kreuzen sich, allmählicher Schnittvorgang, geringere Schnittkraft
- nach dem Fortschreiten des Schneidvorgangs:
  - **Einhubiges Schneiden** − vollkantig oder kreuzend,
  - Nibbelschneiden, **Nibbeln** − mehrhubig fortschreitendes Schneiden mit Abfall erzeugendem Schneidstempel, es lassen sich beliebige Werkstückformen erzeugen.
  - **Kontinuierliches Schneiden** − mit Rollmesser, z. B. Aufspalten von Blechcoils.

Der Schneidspalt beträgt 5 bis 10 % der Blechdicke. Bei weichen Materialien wird ein engerer, bei harten Materialien ein größerer Schneidspalt eingestellt.

Maschinen und Werkzeuge

- manuell bediente Scheren, Exzenter- oder hydraulische Pressen
- Die Werkzeuge können Universalwerkzeuge sein, für komplexere Werkstücke benötigt man eigens angefertigte **Schnittwerkzeuge**. Schneid- und Umformvorgänge werden in Verbundwerkzeugen zusammengefasst.
- Universelle Formen lassen sich mit **Nibbelmaschinen** herstellen. Hierbei wird nicht nur die Außenkontur, sondern es werden auch Lochungen und andere Durchbrüche in einer Bearbeitung ausgeführt.

Wirtschaftlichkeit

Die Qualität der Schneidkanten ist bestimmt durch:

- Rundung am Kanteneinzug,
- Bruchfläche und Schergrat.

Erreichbare Maß- und Formgenauigkeit: IT 8 ... 14

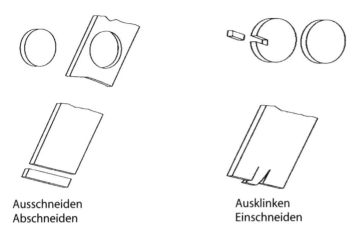

Ausschneiden
Abschneiden

Ausklinken
Einschneiden

Bild 4.3: Schneidoperationen zur Werkstückbearbeitung [*Lochmann*]

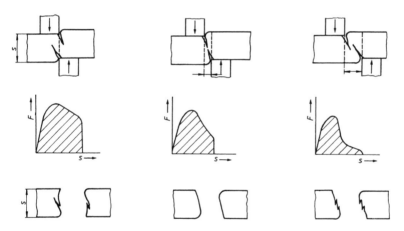

Bild 4.4: Unterschiedliche Schneidspalte beim Scherschneiden (zu klein, richtig, zu groß)

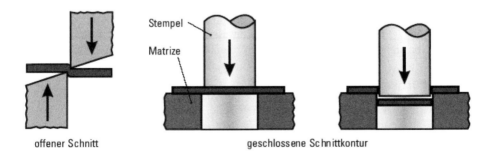

offener Schnitt

geschlossene Schnittkontur

Stempel

Matrize

Bild 4.5: Offener und geschlossener Schnitt beim Scherschneiden (*Schuler*)

4.1.2 Feinschneiden

> Das Feinschneiden (**Genauschneiden, Feinstanzen**) ist ein Scherschneiden zur Herstellung von Werkstücken mit glatten und weitgehend rechtwinkligen Schnittflächen.

Das Feinschneiden unterscheidet sich vom Scherschneiden dadurch, dass der Werkstoff des allseitig eingespannten Blechzuschnitts allein durch Fließen (Fließscheren), also ohne Bruch und unebene Bruchfläche, getrennt wird.

Typische Feinschneidteile: Kettenräder, Sitzbeschläge, Kupplungsteile
Einsatzbereich: Massenfertigung

Besonderheiten

- Niederhalter mit Ringzacke zur Fixierung der Blechplatine, damit Blech nicht in Schnittspalt hineingezogen wird
- enger, genauer Schnittspalt (ca. 0,5 % der Blechdicke), dadurch nur kleine Grate
- Gegenstempel verhindert Aufwölbung des Bleches,
- geringere Maßtoleranzen und geringe Toleranzabweichungen durch zylindrische Schneidplattendurchbrüche,
- kein Schnittschlag, dadurch weniger Lärm und Erschütterungen und
- Reduzierung der Arbeitsfolgen bis zum fertigen Werkstück.

Werkzeuge

- hohe Genauigkeit erforderlich, deutlich teurer als konventionelle Schnittwerkzeuge.
- Durch den Bau von Folgeverbundwerkzeugen bietet sich die Möglichkeit, an Werkstücken Umformvorgänge, wie Tiefziehen, Durchsetzungen, Biegungen und Prägungen mit dem Feinschneiden zu kombinieren.

Maschinen

- Feinschneidpressen müssen drei unterschiedliche Bewegungen ausführen, für Schneidstempel, Niederhalter (Ringzackenkraft) und Gegenstempel.
- dreifach wirkende Pressen mit gesteuertem Bewegungsablauf sind notwendig.
- Die engen Schneidspalte der Werkzeuge dürfen sich auch unter Belastung der Presse nicht verändern. An Feinschneidpressen werden deshalb hohe Anforderungen bezüglich Stößelführung und Ständersteifigkeit gestellt.

Wirtschaftlichkeit

- hohe Genauigkeit der beinahe gratfreien Teile,
- Nachbearbeitung kann entfallen oder ist deutlich reduziert,
- kurze Durchlaufzeit, auch für komplexe Teile,
- jedoch teure Werkzeuge (Genauigkeit) und Maschinen (mehrfach wirkend).

Erreichbare Maß- und Formgenauigkeit: IT 5 ... 9

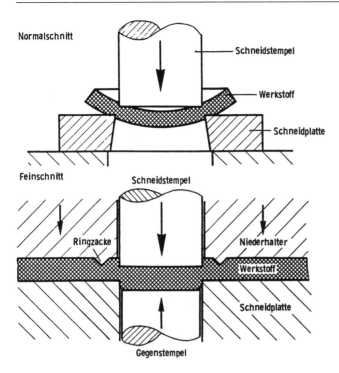

Bild 4.6: Vergleich Normal- und Feinschneiden

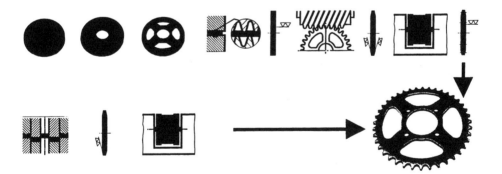

Bild 4.7: Kettenradfertigung konventionell (oben) und mit Feinschneiden (unten) (*Schuler*)

4.1.3 Werkzeuge für Umform- und Schneidvorgänge

Die Werkzeuge für Umform- und Schneidvorgänge werden überwiegend eingesetzt in:

- Exzenter-, Kurbelpressen und
- hydraulischen Pressen.

Die Werkzeuge bestehen aus Ober- und Unterwerkzeug – im Allgemeinen Stempel und Schneidplatte (Matrize). Durch den Hub des Stempels wird der zugeführte Werkstoff getrennt bzw. umgeformt.

Werkzeugarten

Die Werkzeuge lassen sich einteilen nach:

- den Arbeitsverfahren in
  - **Umformwerkzeuge,**
  - **Zerteilwerkzeuge,**
- der Art des Fertigungsablaufs und der Anzahl der Werkstücke in
  - **Einfachwerkzeuge** – für ein Werkstück,
  - **Mehrfachwerkzeuge** – für mehrere Werkstücke,
  - **Folgewerkzeuge** – für mehrere, aufgeteilte Schneidvorgänge,
  - **Folgeverbundwerkzeuge** – für mehrere, aufgeteilte Schneid- und Umformvorgänge,
  - **Gesamtwerkzeuge** – für Komplettbearbeitungsvorgänge,
- der Art der Werkzeugführung in
  - **Werkzeuge ohne Führung** – Stempel wird durch Stößel der Presse geführt und bestimmt damit die Genauigkeit der Werkstücke (Freischnitt),
  - **Werkzeuge mit Plattenführung** – Stempel wird durch eine Platte geführt, die die gleiche Innenkontur wie die Schneidplatte aufweist; kein Aufsetzen der Schneidkanten durch zuviel Spiel in der Stößelführung möglich,
  - **Werkzeuge mit Säulenführung** – Stempel wird über Führungsplatte und säulengeführte Kugelbüchsen spielfrei geführt; Genauigkeit der Werkzeuge nicht von Stößelführung abhängig; für hohe Stückzahlen.

Wirtschaftlichkeit

Folgende Einflussgrößen bestimmen die Qualität der Werkstücke:

- Genauigkeit und Oberflächengüte der Werkzeugteile,
- Genauigkeit beim Zusammenbau,
- Stößelführung,
- Pressensteifigkeit,
- Bewegungsablauf im Werkzeug und Schnittgeschwindigkeit,
- Werkstoffführung und Vorschubbegrenzung,
- angepasste Schmierung.

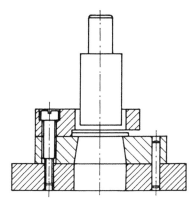

Bild 4.8: Werkzeug ohne Führung (Freischnitt) [*Flimm*]

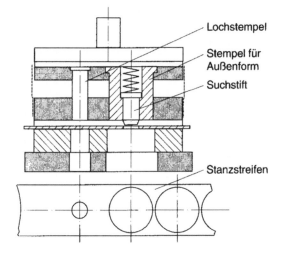

Lochstempel

Stempel für Außenform

Suchstift

Stanzstreifen

Bild 4.9: Werkzeug mit Plattenführung [*Flimm*]

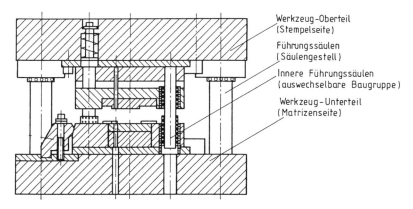

Werkzeug-Oberteil (Stempelseite)

Führungssäulen (Säulengestell)

Innere Führungssäulen (auswechselbare Baugruppe)

Werkzeug-Unterteil (Matrizenseite)

Bild 4.10: Werkzeug mit Säulenführung [*Flimm*]

4.2   Zerspanungstechnik

Die Zerspanungstechnik kann auf die meisten spanenden Fertigungsverfahren übertragen werden.

Spanende Fertigungsverfahren finden sich in beinahe jedem Fertigungsbetrieb
- als flexible Vor- und Fertigbearbeitung für Werkstücke, die in kleinen und mittleren Stückzahlen produziert werden,
- als Fertigbearbeitung für gegossene oder umgeformte Werkstücke in kleinen und großen Stückzahlen,
- im Werkzeugbau und
- in Reparaturwerkstätten.

> Ziel der **Zerspanungstechnik** ist es, spanende Fertigungsverfahren mit ihren wesentlichen Parametern zu beschreiben. Durch geeignete Wahl dieser Parameter können die vorgegebene Qualität der Werkstücke eingehalten und die Wirtschaftlichkeit der Fertigungsprozesse verbessert und gesichert werden.

4.2.1 Bewegungen und Geometrie am Schneidwerkzeug

Das Schneidwerkzeug der Zerspanungstechnik ist der Schneidkeil. Die Schneide des Schneidkeils ermöglicht das Schneiden und Spanen von Werkstücken. Das Abtrennen der Späne vom zu bearbeitenden Werkstück bewirkt die Bewegung einer oder mehrerer Schneiden.

Diese Bewegung ist eine Relativbewegung zwischen Werkzeugschneide und Werkstück:
- geradlinig – z. B. Räumen, Stossen,
- kreisförmig – z. B. Drehen, Fräsen, Schleifen,
- überlagert (geradlinig und kreisförmig) – z. B. Honen, Zahnradfräsen.

> Die Relativbewegung von Werkzeug und Werkstück (des Wirkpaars) erzeugt eine **Schnittlinie**. Entlang der Schnittlinie erfolgt eine einmalige Spanabnahme. Zusammen mit der Vorschubbewegung wird so eine kontinuierliche oder intermittierende Spanabnahme erzeugt.
>
> Mit Ablauf der Bearbeitungszeit entsteht eine **Schnittfläche** bzw. die Form des Werkstücks.

Die einzelnen Bewegungsvorgänge bei der Zerspanung sind:
- Schnitt-, Vorschub- und Wirkbewegung
  – Bewegungen zur Spanabnahme,
- Anstell-, Zustell- und Rückstellbewegung
  – vorbereitende und nachfolgende Bewegungen zur Spanabnahme.

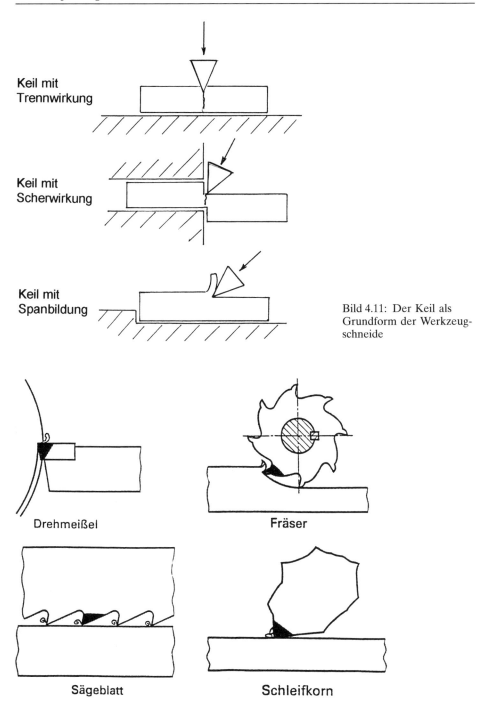

Keil mit Trennwirkung

Keil mit Scherwirkung

Keil mit Spanbildung

Bild 4.11: Der Keil als Grundform der Werkzeugschneide

Drehmeißel   Fräser

Sägeblatt   Schleifkorn

Bild 4.12: Einige spanende Fertigungsverfahren mit geometrisch bestimmten und geometrisch unbestimmten Werkzeugschneiden

Der Vorschubrichtungswinkel φ und der Wirkrichtungswinkel η sind charakteristisch für die einzelnen spanenden Verfahren:

- Der **Vorschubrichtungswinkel** φ liegt zwischen Vorschub- und Schnittrichtung, ist verfahrensabhängig und bleibt, auf den Schneidenpunkt bezogen, konstant.
- Der **Wirkrichtungswinkel** η liegt zwischen Schnitt- und Wirkrichtung und berücksichtigt die dynamischen Verhältnisse beim Zerspanungsvorgang.
  Der Wirkrichtungswinkel ist dann wichtig, wenn die Vorschubgeschwindigkeit gegenüber der Schnittgeschwindigkeit relativ hoch ist, z. B. beim Gewindeschneiden.

Geometrie am Schneidwerkzeug und Auswirkungen auf die Zerspanung

Die einzelnen Vorgänge werden hier am Beispiel Drehen, stellvertretend für die anderen Zerspanungsverfahren, erläutert.

Die Winkel am Schneidwerkzeug wirken sich auf die Zerspanung wie folgt aus:

Freiwinkel α $6 \ldots 12°$
- zwischen Freifläche und bearbeiteter Werkstückoberfläche,
- verhindert ein verstärktes Reiben des Werkzeugs am Werkstück,
- großer α begünstigt Ausbrechen der Schneidkante,
- kleiner α verschlechtert die bearbeitete Werkstückoberfläche.

Keilwinkel β $58 \ldots 94°$
- Winkel, des in das Werkstück eindringenden Schneidkeils,
- je kleiner β ist, umso leichter dringt der Schneidkeil in den Werkstoff ein,
- je größer β ist, desto stabiler ist der Schneidkeil,
- ein großer β verbessert die Ableitung der Zerspanungswärme von der Wirkstelle.

Spanwinkel γ $-10 \ldots +20°$
- beeinflusst vor allem die Spanbildung,
- großer *Spanwinkel* fördert die Fließspanbildung, erzeugt gute Oberflächen und kleine Schnittkräfte,
- kleiner oder negativer *Spanwinkel* (bei Negativ-Wendeschneidplatten) erzeugt meist Reißspanbildung und erhöht die Schnittkraft.

Für Frei-, Keil- und Spanwinkel gilt: $\alpha + \beta + \gamma = 90°$

Eckenwinkel ε $30 \ldots 90°$
- zwischen Haupt- und Nebenschneide,
- je größer ε desto stabiler wird die Werkzeugschneidenecke und unflexibler das Werkzeug bei Bearbeitung der gewünschten Werkstückform,
- $90°$ Eckenwinkel werden häufig beim Längs- und Plandrehen angewendet.

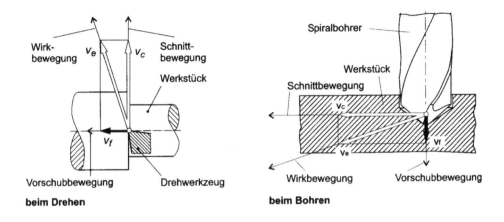

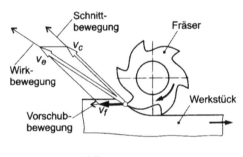

Bild 4.13: Relativbewegungen zwischen Werkzeugschneide und Werkstück beim Drehen, beim Bohren und beim Gegenlauffräsen [*Degner/Lutze/Smejkal*]

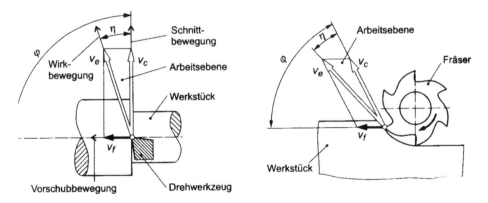

Bild 4.14: Vorschub- und Wirkrichtungswinkel in der Arbeitsebene beim Drehen (links) und Fräsen (rechts) [*Degner/Lutze/Smejkal*]

Einstellwinkel κ 10 ... 100°

- zwischen Hauptschneide und der Vorschubrichtung,
- beeinflusst die Länge der belasteten Werkzeugschneide,
- je größer κ desto kleiner die Schnittkraft (bis 90°),
- große *Einstellwinkel* machen das Werkzeug bei der Bearbeitung der gewünschten Werkstückform und beim Schlichten flexibler.

Neigungswinkel λ −6 ... +6°

Beim Fräsen/Bohren wird λ als Drallwinkel bzw. Seitenspanwinkel bezeichnet.

- Neigung der Hauptschneide gegenüber der Senkrechten zur Hauptschnittrichtung,
- $\lambda > 0°$ für ununterbrochenen Schnitt (besserer Spanabfluss),
- $\lambda < 0°$ für unterbrochenen Schnitt (stabilere Schneidkante).

Schneidwerkzeug im Ebenen-Bezugssystem

Zur Bestimmung der Winkel an der Werkzeugschneide werden Bezugssysteme mit definierten Ebenen benutzt. Alle diese Ebenen haben den Schneidenpunkt gemeinsam.

- In der Werkzeug-Keilmessebene (-Orthogonalebene) werden Freiwinkel α, Keilwinkel β und Spanwinkel γ gemessen.
- In der Werkzeug-Bezugsebene werden Eckenwinkel ε und Einstellwinkel κ gemessen.
- In der Werkzeug-Schneidenebene wird der Neigungswinkel λ gemessen.
- In der Arbeitsebene liegen Schnitt- und Vorschubrichtung.

4.2.2 Schnitt-, Spanungsgrößen und Spanbildung

Die Schnitt- und Vorschubbewegung bestimmen die Spanabnahme beim Zerspanen.

Die **Schnittbewegung** ist die Hauptbewegung und wird vom Werkstück oder vom Werkzeug ausgeführt:

- Drehen − Drehbewegung des Werkstücks, Werkzeug führt nur Vorschub aus.
- Fräsen − Drehbewegung des Werkzeugs, Werkstück oder Werkzeug führt Vorschub aus.
- Stoßen − Längsbewegung des Werkzeugs, Werkstück führt Vorschub aus.

Schnittgeschwindigkeit v_c (m/min; beim Schleifen m/s); Index c (cut)

- Die Schnittgeschwindigkeit muss an die Werkstück-Werkzeug-Paarung angepasst werden (aus Tabellen in Zerspanungshandbüchern).
- v_c zu hoch bedeutet raschen Verschleiß und kurze Standzeit der Werkzeugschneide.
- v_c zu niedrig bedeutet schlechte Werkstückoberfläche, Aufbauschneidenbildung.

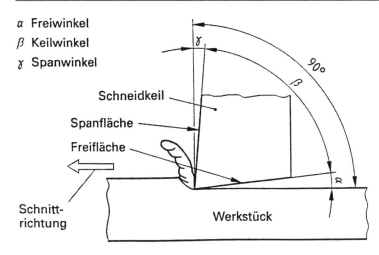

α Freiwinkel
β Keilwinkel
γ Spanwinkel

Schneidkeil
Spanfläche
Freifläche

Schnitt-
richtung

Werkstück

Bild 4.15: Werkzeugwinkel am Schneidkeil [*Fachkunde Metall*]

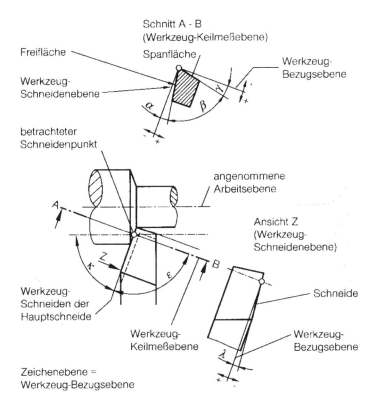

Schnitt A - B
(Werkzeug-Keilmeßebene)

Freifläche
Spanfläche

Werkzeug-
Bezugsebene

Werkzeug-
Schneidenebene

betrachteter
Schneidenpunkt

angenommene
Arbeitsebene

Ansicht Z
(Werkzeug-
Schneidenebene)

Schneide

Werkzeug-
Schneiden der
Hauptschneide

Werkzeug-
Keilmeßebene

Werkzeug-
Bezugsebene

Zeichenebene =
Werkzeug-Bezugsebene

Bild 4.16: Werkzeugwinkel und Ebenen, bezogen auf den Schneidenpunkt einer Drehmeißel-
schneide [*Garant Zerspanungshandbuch*]

Die **Vorschubbewegung** ist eine kontinuierliche oder schrittweise Zustellung. Man unterscheidet:

- f Vorschub pro Umdrehung (z. B. Drehen) (mm/U),
- f_z Vorschub pro Zahn (z. B. Fräsen) (mm/Zahn),
- f Vorschub pro Hub (z. B. Schleifen) (mm/Hub).

Vorschubgeschwindigkeit v_f (mm/min); Index f (feed). Je größer f bzw. v_f desto

- rauer die Oberfläche des Werkstücks,
- größer die Schnittkraft F_c,
- kleiner die spezifische Schnittkraft k_c.

Die **Schnitttiefe** a_p bewirkt eine Durchmesser- oder Dickenabnahme des Werkstücks und wird aufgrund

- einer geeigneten Schnittaufteilung und
- der installierten Antriebsleistung festgelegt.

Eine **Anstellbewegung** ist notwendig, um das Werkzeug aus der Ruhestellung zur Spanabnahme nahe an das Werkstück heranzuführen. Der Sicherheitsabstand beträgt:

- ca. 1 ... 2 mm, nach einem bereits durchgeführten, ersten Bearbeitungsschnitt,
- ca. 2 ... 5 mm beim ersten Schruppschnitt, je nach Werkstückrohling (bei Gussteilen z. B. liegen meist große Toleranzen vor).

Eine **Zustellbewegung** ist notwendig, um die Schnitttiefe einzustellen.

Eine **Rückstellbewegung** ist notwendig, um das Werkzeug nach der Bearbeitung des Werkstücks in die Werkzeugwechselposition oder Ruheposition zurückzuführen.

Anstell-, Zustell- und Rückstellbewegung erfolgen im Eilgang.

Spanungsdicke *h*

$$h = f \cdot \sin \kappa$$

Während des Zerspanungvorgangs tritt eine erhebliche Stauchung des Spans auf, d. h.: Spandicke > Spanungsdicke.

Spanungsbreite *b*

$$b = a_p / \sin \kappa$$

Bei üblichen Spanungsbreiten ist die Spanstauchung vernachlässigbar, d. h.: Spanbreite ≈ Spanungsbreite.

Verhältnis von Schnitttiefe zu Vorschub

Eine günstige Spanbildung erhält man, wenn das Verhältnis von Schnitttiefe zu Vorschub $a_p : f$ zwischen $4:1$ und $16:1$ liegt.

Wahl der Zerspanungsparameter für das Schruppen und Schlichten

Schruppen	– möglichst große Vorschübe und Schnitttiefen
	– niedrige Schnittgeschwindigkeiten (aus Zerspanungstabellen)
Schlichten	– Vorschub und Schnitttiefe klein wählen
	– Schnittgeschwindigkeit hoch wählen (aus Zerspanungstabellen)

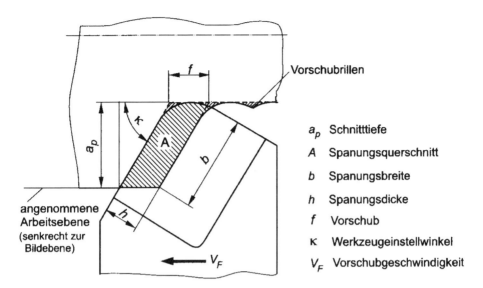

Bild 4.17: Spanungsgrößen und Spanungsquerschnitt beim Außendrehen [*Lochmann*]

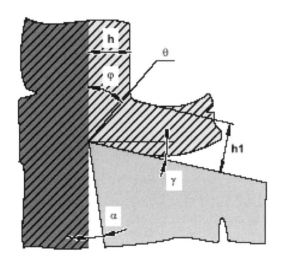

α	Freiwinkel	h_1	Spandicke
γ	Spanwinkel	φ	Scherwinkel
h	Spanungsdicke	θ	Scherebene

Bild 4.18: Schematische Darstellung der Spanbildung (*Walter*)

Wahl der Zerspanungsparameter für das

Schruppen (Vorbearbeiten)	und	**Schlichten** (Fertigbearbeiten)

	Schruppen (Vorbearbeiten)	**Schlichten (Fertigbearbeiten)**
	Ziel: hoher Materialabtrag	**Ziel:** gute Oberfläche, hohe Genauigkeit
α	klein, damit β groß sein kann	groß, damit F_c klein bleibt
β	groß, damit der Schneidkeil stabil ist	klein, weil α und γ groß sein sollten
γ	klein, weil β groß ist; allerdings wird auch F_c größer und die Oberfläche rau	groß, für kleinere F_c und gute Oberfläche; ermöglicht Fließspanbildung
ε	groß, um ein stabiles Werkzeug zu erhalten; begrenzte Flexibilität der Formgebung ist für die Vorbearbeitung akzeptabel	klein, damit auch komplizierte Werkstückformen gefertigt werden können
κ	klein, um stabiles Werkzeug zu erhalten	groß, damit die Fertigform des Werkstücks bearbeitet werden kann
λ	negativ, für hohe Schneidenstabilität	positiv, für günstige Spanbildung
v_c	klein, damit die Schnittleistung trotz hoher F_c die Antriebsleistung der Maschine nicht übersteigt; hohe F_c erfordert zähen Schneidstoff	groß, dadurch gleichmäßigere F_c; es sollten verschleißfestere Schneidstoffe eingesetzt werden; ermöglicht Fließspan und glatte Oberfläche
F_c	groß, infolge großem a_p und f, für schnellen Materialabtrag; raue Oberfläche wird akzeptiert	klein, für glatte Oberfläche und zur Vermeidung von Schwingungen (gute Genauigkeit durch geringe Belastung von Maschine, Werkzeug und Werkstück)
a_p	groß, um schnellen Abtrag zu erreichen; F_c wird dadurch auch groß	klein, damit F_c klein für gute Oberfläche und Genauigkeit (geringe Belastung von Maschine, Werkzeug und Werkstück)
f	groß, spezifische Schnittkraft k_c wird dadurch kleiner	klein, Form- und Oberflächengenauigkeit besser

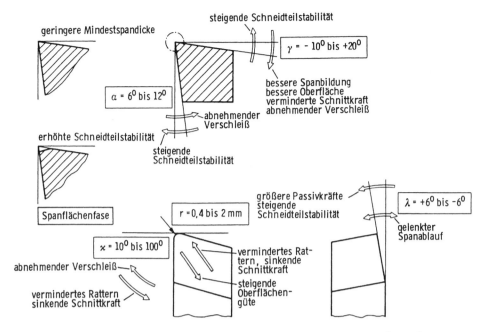

Bild 4.19: Einfluss der Schneidengeometrie auf die Zerspanungskenngrößen [*König*]

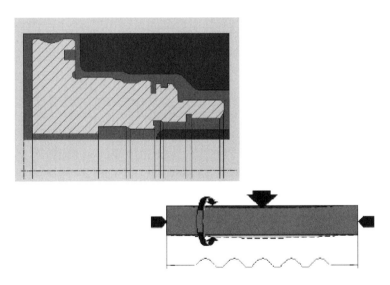

Bild 4.20: Werkstücke erfordern geeignete Werkzeuge und Werkstückspannungen (*Walter*)

Spanbildung

Die eindringende Werkzeugschneide bewirkt am Werkstück eine Stauchung, Verfestigung und Abscherung des Werkstoffs. Es bilden sich dadurch schuppenförmige Werkstoffverschiebungen vor der Werkzeugschneide. Diese Werkstoffverschiebungen verschweißen wieder zusammenhängend oder können abreißen, und es entstehen so unterschiedliche Spanarten.

Spanarten

- Wünschenswert ist ein **Scherspan**, bei dem meist eine gute Oberflächenqualität des Werkstücks erreicht wird. Die schuppenförmig verschweißten Spanteile brechen leicht und können auch gut abgeführt werden. Scherspäne entstehen vor allem bei zähen Werkstoffen.
- Ein **Fließspan** führt zu sehr guter Werkstückoberfläche, aber unhandlichen und zusammenhängenden Spänen (Automatisierung des Fertigungsprozesses problematisch).
  Fließspäne entstehen vor allem bei zähen, weichen Werkstoffen, großen Spanwinkeln und hohen Schnittgeschwindigkeiten.
- Ein **Reißspan** führt zu rauer Oberfläche und kurzen, einfach zu handhabenden Spänen. Der Werkzeugschneide eilt beim Schnitt meist ein Riss voraus. Reißspäne entstehen vor allem bei spröden Werkstoffen, kleinen Spanwinkeln und niedrigen Schnittgeschwindigkeiten. Reißspäne stellen eine Splittergefahr dar und erzeugen schlechtere Oberflächen.

Eine günstige Spanbildung ist erreicht, falls,
- störungsfreier Ablauf des Zerspanungsvorgangs (kein Wickeln, Verstopfen) und
- einfache Entsorgung der Späne möglich.

Einflussgrößen auf die Spanbildung:

Ein Fließspan ist umso wahrscheinlicher, je
- größer der Spanwinkel,
- zäher der Werkstoff des Werkstücks,
- größer die Schnittgeschwindigkeit und
- kleiner der Vorschub.

Eine geringfügige Anpassung der Schnittgrößen ermöglicht oft eine Verbesserung der Spanbildung.

Spanformen

Abweichend von den Spanarten entstehen in der Praxis folgende Spanformen:
- Bandspäne,
- Wirrspäne,
- Wendelspäne,
- Spiralspäne und deren Bruchstücke.

Band- und Wirrspäne sind schwierig abzuführen, zu entsorgen und deshalb möglichst zu vermeiden!

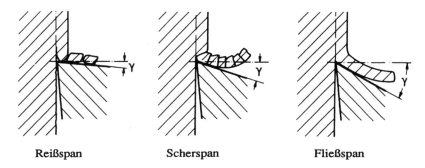

Reißspan   Scherspan   Fließspan

Bild 4.21: Spanarten: Reiß-, Scher- und Fließspan mit zunehmendem Spanwinkel [*Reichard*]

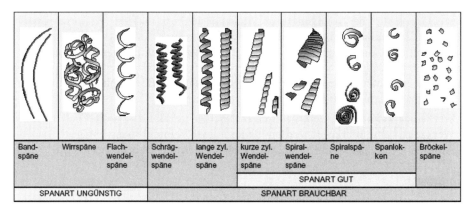

Bild 4.22: Spanformen und ihre Eignung im Zerspanungsbetrieb (*Walter*)

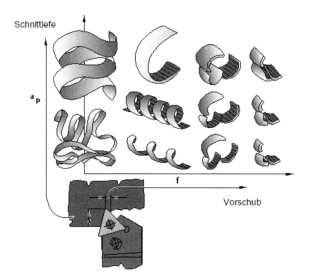

Bild 4.23: Spanformen in Abhängigkeit von Vorschub und Schnitttiefe (*Walter*)

Die Spanraumzahl R errechnet sich aus: Volumen der Späne/Materialvolumen derselben Späne. Die Spanraumzahl sollte <50 sein.

Verbesserung der Spanformen

- Spanformer (meist eingesinterte Spanleitstufen) können die ungünstigen Fließspäne umlenken und so zu einem früheren Brechen veranlassen. Band- und Wirrspäne lassen sich dadurch vermeiden.
- Mit Legierungszusätzen im Werkstoff (z. B. bei Automatenstählen) brechen die Späne früher.

4.2.3 Schnittkraft, Leistungsbedarf und Hauptnutzungszeit

> Die **Schnittkraft** ist die zentrale Größe bei der Zerspanung und damit die wichtigste Größe für die Berechnung des Leistungsbedarfs und der Hauptnutzungszeit. Die **Zerspanungsleistung** einer Werkzeugmaschine soll in der Produktionspraxis voll ausgenutzt werden, um kurze Bearbeitungszeiten sicherzustellen.

Bei voller Ausnutzung der Zerspanungsleistung sind große Schnitttiefen und Vorschübe einzustellen. Es ist allerdings zu berücksichtigen:

- Werkstück kann verformen, dadurch evtl. schlechte Maßhaltigkeit,
- Werkzeug kann überlastet werden, dadurch evtl. Kantenbruch,
- Anregung zu Schwingungen, dadurch evtl. schlechtere Oberfläche.

Schnittkraft

Die Zerspankraft ergibt sich aus der vektoriellen Addition ihrer aufeinander senkrecht stehenden Einzelkomponenten:

- **Schnittkraft** F_c (in Gegenrichtung zur Schnittgeschwindigkeit),
- **Vorschubkraft** F_f (in Gegenrichtung zur Vorschubgeschwindigkeit) und
- **Passivkraft** F_p (in Gegenrichtung zur Drehmeißelspitze).

Die Passivkraft F_p muss nicht berücksichtigt werden, da sie vom Maschinenbett aufgenommen wird. Es verbleibt somit die Aktivkraft F_a.

$$F_a = \sqrt{F_c^2 + F_f^2}$$

Die Vorschubkraft F_f bleibt in der Praxis oft unberücksichtigt, da die Vorschubgeschwindigkeit meist sehr klein gegenüber der Schnittgeschwindigkeit ist, z. B. beim Drehen. Für die Berechnung der Zerspankraft wird deshalb näherungsweise nur die Schnittkraft F_c herangezogen.

Die Schnittkraft F_c hängt vom Spanungsquerschnitt A und von der spezifischen Schnittkraft k_c ab. Die spezifische Schnittkraft k_c muss für jeden Werkstoff experimentell ermittelt werden und gilt nur für die jeweils angegebenen Schnittbedingungen.

Bild 4.24: Hartmetallplatten ohne (links) und mit eingesinterten (Mitte und rechts) Spanleitstufen (*Walter*)

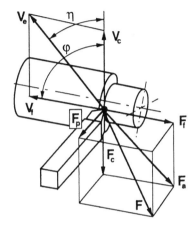

Bild 4.25: Komponenten der Zerspankraft
F_c Schnittkraft, F_f Vorschubkraft, F_a Aktivkraft,
F_p Passivkraft, F Zerspankraft

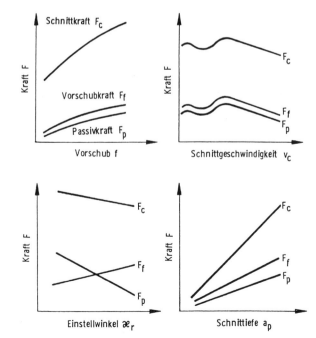

Bild 4.26: Einige auf die Zerspankraft einwirkende Faktoren

Die Schnittkraft wird umso größer je

- größer die Schnitttiefe a_p,
- größer der Vorschub f,
- größer die spezifische Schnittkraft k_c (widerstandsfähiger der Schneidstoff),
- kleiner der Freiwinkel α,
- kleiner der Spanwinkel γ,
- kleiner der Neigungswinkel λ,
- stärker der Werkzeugverschleiß und
- geringer die Schmierung.

Außerdem ist die Schnittkraft F_c abhängig vom Zerpanungsverfahren (Drehen, Bohren, ...) und vom Werkzeugschneidenmaterial (HSS, Hartmetall, ...).

Berechnung der Schnittkraft F_c

Schnittkraft F_c	**spezifische Schnittkraft k_c**
$F_c = b \cdot h \cdot k_c = a_p \cdot f \cdot k_c;$	$k_c = k_{c1.1} / h^{mc} \cdot \Pi\, M$ (in N/mm^2)
$F_c = b \cdot h^{(1-mc)} \cdot k_{c1.1} \cdot M(\gamma) \cdot M(\lambda) \cdot M(\text{Verfahren}) \cdot M(\text{Schneidstoff})$	
$b = a_p / \sin \kappa;$ $h = f \cdot \sin \kappa$	
$M(\gamma) = (C - 1{,}5 \cdot \gamma)/100$ $C_{\text{Stahl}} = 109$ $C_{\text{Guss}} = 103$	
$M(\lambda) = (94 - 1{,}5 \cdot \lambda)/100$	
$a_p : f$ zwischen $4:1$ und $16:1$ für günstige Spanbildung beim Drehen	
b	Spanungsbreite
h	Spanungsdicke
a_p	Schnitttiefe
f	Vorschub
m_c	Spanungsdickenexponent
k_c	spezifische Schnittkraft
$k_{c1.1}$	spezifische Schnittkraft für $b = 1$ mm und $h = 1$ mm
$\Pi\, M$	Produkt Korrekturfaktoren
$M(\gamma)$	Korrekturfaktor für Spanwinkel
$M(\lambda)$	Korrekturfaktor für Neigungswinkel
$M(\text{Verfahren})$	Korrekturfaktor für Verfahren
$M(\text{Schneidstoff})$	Korrekturfaktor für Schneidstoff

Praxisuntersuchungen zeigen, dass dieses Berechnungsverfahren außer für den Fall Drehen auch für alle andern spanenden Fertigungsverfahren mit geometrisch bestimmten Werkzeugschneiden in der Praxis verwendet werden kann.

Eine ständige **Schnittkraftmessung** im industriellen Einsatz ist sinnvoll für

- die Bruchüberwachung der aktuell spanenden Werkzeuge, mit Stopp der Maschine bei Werkzeugbruch, um weitere Schäden zu verhindern.
- die Überwachung des Werkzeugverschleißes – Einwechslung eines neuen Werkzeugs bei Anstieg der Schnittkraft über einen Grenzwert.

Die Messung der Schnittkraft geschieht in der Praxis häufig durch die Messung der elektrischen Leistungsaufnahme.

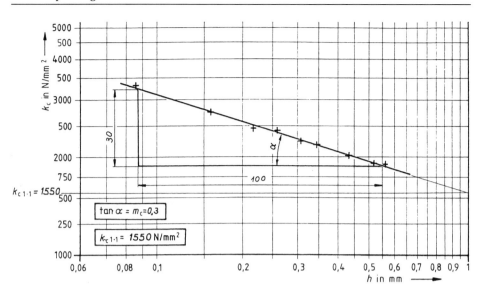

Bild 4.27: Schnittkraftwerte eines Zerspanungsversuchs [*nach Reichard*]

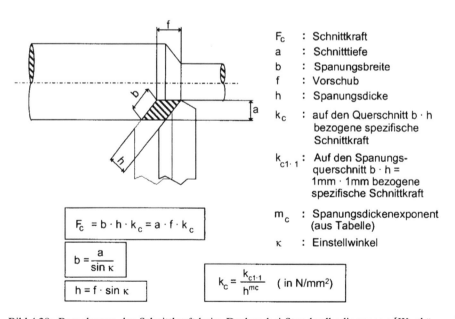

Bild 4.28: Berechnung der Schnittkraft beim Drehen bei Standardbedingungen [*Westkämper*]

Leistungsbedarf

Die Schnittkraft und die Schnittgeschwindigkeit sind die Ausgangsgrößen zur

- Ermittlung der Schnittleistung,
- Berechnung der Antriebsleistung und
- Beurteilung der Produktivität für den Zerspanungsvorgang.

Schnittleistung	$P_c = F_c \cdot v_c$
F_c	Schnittkraft
v_c	Schnittgeschwindigkeit

Für die Berechnung von F_c wird ein arbeitsscharfes Werkzeug vorausgesetzt. Während der gesamten Eingriffs- bzw. Bearbeitungszeit tritt zunehmend Verschleiß auf. Ein verschlissenes Werkzeug erhöht die Schnittkraft F_c um 30 bis 50 %.

Die Schnittleistung P_c wird umso größer je

- höher die Schnittgeschwindigkeit v_c,
- kürzer die Hauptnutzungszeit t_h,
- widerstandfähiger der zu bearbeitende Werkstoff und
- größer der Verschleiß.

Antriebsleistung	$P_a = P_c / \eta$
	$\eta = \eta_a \cdot \eta_{el}$
η	Gesamtwirkungsgrad des Antriebs
η_a	mechanischer Wirkungsgrad des Getriebes $\approx 0{,}8$
η_{el}	Wirkungsgrad des Motors $\approx 0{,}9$

Hauptnutzungszeit

Die benötigten Bearbeitungszeiten in der Fertigung sind bedeutend hinsichtlich

- der Werkzeugmaschinen – hohe Kapazitätsnutzung,
- des Umlaufmaterials in der Produktion – kurze Durchlaufzeit und
- des Menschen – hoher Lohn und hohe Produktivität.

Dazu muss die Bearbeitungszeit für ein Werkstück t_e hinsichtlich ihrer Zeitanteile verkürzt werden:

- Hauptnutzungszeit t_h – Bearbeitung des Werkstücks, Werkzeug im Eingriff,
- Nebennutzungszeit t_n – Werkstückwechsel, Werkzeugschneidenwechsel, …,
- Rüstzeit t_r – Vorbereitung der Maschine auf die Fertigung eines Loses, wie Vorrichtung einbauen, Werkzeuge und Material bereitstellen. Die Rüstzeit erfordert besondere Beachtung, um flexibel auf Serien- und Losgrößenwechsel reagieren zu können.

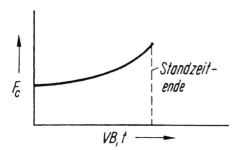

Bild 4.29: Schnittkraftzunahme durch Verschleiß (*VB* Verschleißmarkenbreite, *t* Zeit)

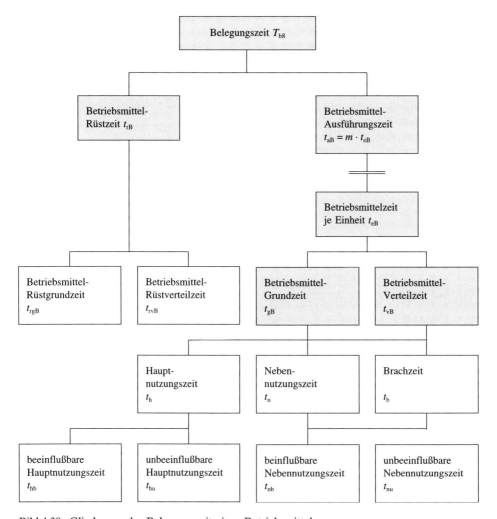

Bild 4.30: Gliederung der Belegungszeit eines Betriebsmittels

Die Nebennutzungszeit t_n lässt sich durch höhere Standzeiten der Werkzeuge, kürzere Verfahrwege und weniger Werkzeugwechsel verkürzen.

Die Hauptnutzungszeit t_h wird im Wesentlichen festgelegt durch:

- Schnittgeschwindigkeit v_c – höhere Schnittgeschwindigkeit bedeutet jedoch kürzere Werkzeugstandzeiten,
- Vorschub f bzw. Vorschubgeschwindigkeit v_f – möglichst groß wählen und auf Schnitttiefe abstimmen,
- Schnitttiefe a_p – geeignete Schnittaufteilung wählen, möglichst wenige Einzelschnitte durchführen,
- Bearbeitungsweg L,
- Bearbeitungsablauf – kurze Verfahrwege und wenige Werkzeugwechsel,
- Schneidstoff – verschleißfeste Werkzeuge verwenden,
- Form des Werkzeugs – mehr Bearbeitungsoperationen mit einem Werkzeug ausführen.

Die **Hauptnutzungszeit** t_h berechnet sich:

$$t_h = L / v_f$$

L Bearbeitungsweg (in mm) (wird im Arbeitsvorschub zurückgelegt, Sicherheitszuschläge berücksichtigen)

v_f Vorschubgeschwindigkeit (in mm/min)

Die **Vorschubgeschwindigkeit** v_f berechnet sich:

$$v_f = f_z \cdot z \cdot n$$

f_z Vorschub pro Zahn (in mm)

z Zähnezahl (Drehen: $z = 1$)

n Drehzahl (in min^{-1})

Die **Drehzahl** n berechnet sich:

$$n = v_c / (\pi \cdot d)$$

d Durchmesser des Werkstücks oder des Werkzeugs [mm]

v_c Schnittgeschwindigkeit [m/min]

Berechnung des Vorschubwegs *L* beim Fräsen (Schruppen/Schlichten)

Beim Fräsen ergeben sich, im Gegensatz zu anderen spanenden Verfahren, durch die Rotation des Werkzeugs erhebliche Zuschläge für den Anlauf und Überlauf des Werkzeugs über das Werkstück (siehe auch Formelsammlung)

- beim Umfangs-Planfräsen mit Walzenfräser,
- beim Stirn-Planfräsen mit Walzenstirnfräser und
- beim Stirn-Umfangs-Planfräsen mit Walzenstirnfräser oder Scheibenfräser.

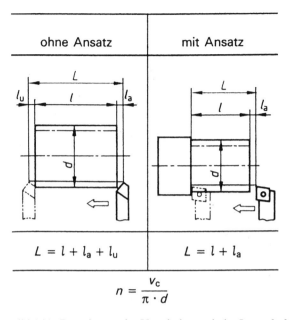

$$n = \frac{v_c}{\pi \cdot d}$$

Bild 4.31: Berechnung des Vorschubwegs beim Längsdrehen einer Welle, ohne und mit Ansatz

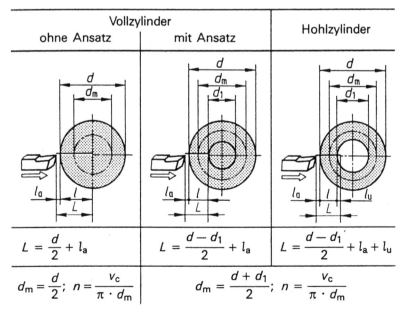

Bild 4.32: Berechnung des Vorschubwegs beim Plan- oder Querdrehen eines Voll- und Hohlzylinders

4.2.4 Schneidstoffe und Kühlschmierstoffe

Ziele des wirtschaftlichen Einsatzes geeigneter Schneid- und Kühlschmierstoffe sind

- kurze Stückzeiten durch hohe Schnittgeschwindigkeiten,
- lange Standzeiten der Werkzeugschneide(n) trotz hoher Schnittgeschwindigkeiten,
- Zeit und Kosten für Werkzeugwechsel einsparen zur Reduzierung von Nebenzeiten und
- Erzeugung gleich bleibend guter Werkstückoberflächen.

Als **Schneidstoff** bezeichnet man das Material der Werkzeugschneiden.

- Die Werkzeugschneiden sind Teil des Werkzeugs oder einer Schneidplatte.
- Die Schneidplatte wiederum ist auf einem Werkzeughalter befestigt.
- Der Werkzeughalter ist häufig Teil eines modular aufgebauten Werkzeugsystems.

Die Schneidstoffe sind hohen Belastungen ausgesetzt, vor allem durch

- unterbrochene oder ununterbrochene Schnittkräfte,
- hohe Zerspanungstemperaturen und Temperaturwechsel sowie
- Reibung bei der Zerspanung.

Die wichtigsten Eigenschaften von Schneidstoffen sind deshalb Härte und Zähigkeit:

- Je härter der Schneidstoff, desto größer ist die Verschleißfestigkeit.
- Je größer die Zähigkeit, desto haltbarer ist er gegenüber Wechselbelastungen während der Bearbeitung.

Da es den idealen Schneidstoff nicht gibt, sind Kompromisse für die speziellen Anwendungen erforderlich:

- Harte Schneidstoffe werden bevorzugt eingesetzt für:
  - Schlichtbearbeitung,
  - ununterbrochenen Schnitt (z. B. Drehen) und
  - hohe Schnittgeschwindigkeiten.
- Zähe Schneidstoffe eignen sich für:
  - Schruppbearbeitung,
  - unterbrochenen Schnitt (z. B. Fräsen) und
  - niedrige Schnittgeschwindigkeiten (z. B. Gewindebohren).

Schneidstoffgruppen

Die wichtigen Schneidstoffgruppen, sortiert nach zunehmender Härte (Verschleißfestigkeit) und abnehmender Zähigkeit (Haltbarkeit bei Wechselbelastungen):

- Werkzeugstahl (WS),
- Hochleistungsschnellstahl (HSS) oder Schnellarbeitsstahl,
- Hartmetall und Cermets,
- Schneidkeramik,
- Kubisches Bornitrid (CBN) und
- Diamant (MKD und PKD).

Bild 4.33: Aufbau von Drehwerkzeugen für verschiedene Zerspanungsaufgaben (*Walter*)

Bild 4.34: Werkzeuge bei der Dreh- und Fräsbearbeitung (*Walter*)

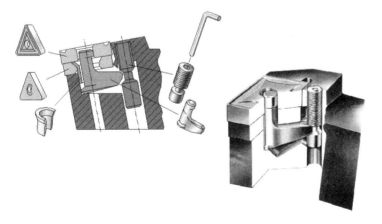

Bild 4.35: Klemmhalter für Schneidplattenwerkzeug für das Drehen (*Walter*)

Werkzeugstähle (WS) sind niedriglegierte Stähle (bis 5 % Legierungsbestandteile), sie werden wegen ihrer niedrigen Warmhärte von ca. 400 °C nur für einfachste Werkzeuge (z. B. Heimwerkerwerkzeuge) eingesetzt.

Hochleistungsschnellstähle (HSS) sind hochlegiert (W-, Mo-, V-, Co-Karbide), zäh, haben eine Warmhärte von ca. 600 °C und lassen deshalb Schnittgeschwindigkeiten bis 60 m/min zu. Beispiele sind: Fräser, Bohrer, Räumwerkzeuge. Komplizierte Werkzeuge werden komplett aus HSS hergestellt.

Hartmetalle sind gesinterte Legierungen auf W-, Ti- oder Ta-Carbidbasis mit Binde-metall (meist Co, Ni). Hartmetalle weisen große Härte, Verschleißfestigkeit und Warmfestigkeit (bis 1000 °C) auf. Sie werden in die Zerspanungshauptgruppen P, M und K eingeteilt und sind empfindlich gegenüber Temperaturschwankungen. Kühl-schmierung wird deshalb nur selten eingesetzt, Schnittgeschwindigkeiten bis 350 m/min. Beispiele sind: Bohrer, Fräser und Räumwerkzeuge.

Cermets sind Hartmetalle mit geringer Oxidationsneigung und geringem Verschleiß. Sie eignen sich besonders für kleine Spanungsquerschnitte und hohe Schnittge-schwindigkeiten bis 450 m/min. In der Praxis werden sie vor allem für „near net shape"-Teile (Rohlingsbearbeitung mit nur geringer Fertigbearbeitungszugabe) und für Schlichtbearbeitung eingesetzt.

Schneidkeramik ist ein naturharter Sinterwerkstoff auf Al_2O_3-Basis ohne Bindeme-tall. Schneidkeramik hat eine noch größere Warmhärte und allerdings auch eine hö-here Sprödigkeit. Es sind Schnittgeschwindigkeiten beim Schruppen bis 500 m/min und beim Schlichten über 1000 m/min möglich.
Man unterscheidet Oxid-, Misch- und Nitridkeramik.
Einsatzbereich: Drehen und Fräsen in der Massenproduktion.

Durch eine **Beschichtung mit Hartstoffen** lassen sich die Verschleißeigenschaften der Schneidplatten wesentlich verbessern. Mit chemischem und physikalischem Auf-dampfen (CVD- und PVD-Verfahren) werden Schneidplatten und komplette Werk-zeuge beschichtet. Zähe/weiche Werkzeugschneiden werden so verschleißfest ge-macht. Es lassen sich mehrlagige Schichten (aus TiC, TiN) aufbringen, z. B. eine harte Schicht auf eine zähe Schicht. Schichtdicke 3 bis 15 μm.

Kubisch kristallines Bornitrid (CBN) wird aus synthetischem Korn unter hohem Druck und hoher Temperatur hergestellt. Dieser Schneidstoff wird meist in dünnen Schichten auf Hartmetallplatten aufgebracht. Schnittgeschwindigkeiten bis 350 m/min. Geeignet für die Zerspanung harter Materialien mit kleinem Vorschub.

Diamant, als der härteste Schneidstoff, wird als monokristalliner (MKD) und poly-kristalliner Diamant (PKD) zum Feinbearbeiten (Drehen, Fräsen, Abrichten von Schleifscheiben und Bearbeitung von Kunststoff, Glas, Keramik, NE-Metall) einge-setzt. Stahlbearbeitung ist nicht möglich, da Affinität zum Element Fe vorhanden. Schnittgeschwindigkeiten bis 2000 m/min.

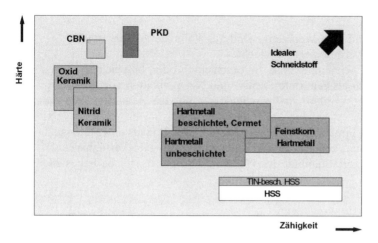

Bild 4.36: Einordnung der Schneidstoffe bezüglich Härte (Verschleißfestigkeit, Schnittge-schwindigkeit) und Zähigkeit (Biegefestigkeit, Vorschub) (*Walter*)

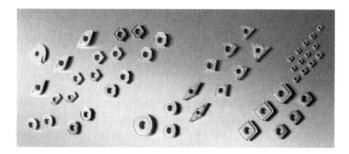

Bild 4.37: Auswahl von Schneidstoffplatten für unterschiedliche Zerspanungsaufgaben (*Walter*)

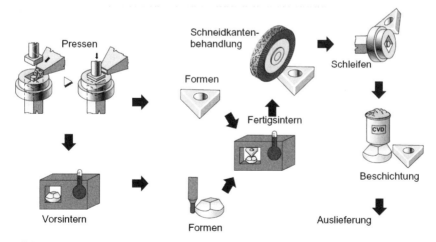

Bild 4.38: Ablauf der Hartmetallplattenerzeugung (*Walter*)

Schneidstoffformen

- Werkzeugstahl- und HSS-Werkzeuge sind aus Vollmaterial hergestellt.
- HSS-Werkzeuge werden meist beschichtet.
- Hartmetalle und Schneidkeramik (unbeschichtet oder beschichtet) liegen beinahe ausschließlich als genormte Positiv- und Negativplatten vor.
- Diamantwerkzeuge werden „maßgeschneidert" für den geplanten Verwendungszweck hergestellt.
- Werkzeugsysteme einschließlich Schneidplatten sind Baukastenwerkzeuge.
  - − Vorteil: einfacher, keine extra Werkzeugschleiferei, gute Verfügbarkeit.
  - − Nachteil: geringere Stabilität des Werkzeugs durch zusätzliche Fügestellen.

Kühlschmierstoffe

Wegen der gleichzeitig vorhandenen Doppelwirkung − Kühlen und Schmieren − wird zur Abgrenzung gegenüber Schmierstoffen der Ausdruck Kühlschmierstoffe verwendet.

Die **Kühlschmierung** muss folgende Aufgaben erfüllen:

- Kühlung von Werkzeug und Werkstück,
- Standzeiterhöhung des Werkzeugs,
- Schmierung zur Minderung der Schnittkräfte und Reduzierung des Verschleißes, insbesondere in der Massenfertigung,
- Reinigung der zu bearbeitenden Werkstücke und Wegspülen der Späne und
- Korrosionsschutz für Werkstücke.

Kühlschmierstoffe kommen als wassermischbare und nicht wassermischbare Flüssigkeiten (Öle) zum Einsatz. Kühlschmierstoffe entfalten ihre Wirkung nur, sofern sie in ausreichender Menge und mit optimalem Druck an die Wirkstelle gelangen. Bei Bohrern z. B. wird der Kühlschmierstoff oft durch das Werkzeug direkt zur Wirkstelle gebracht.

Die Zusammensetzung des anzuwendenden Kühlschmierstoffs richtet sich nach

- Werkstückstoff, Schneidstoff, Schnittgeschwindigkeit,
- Zeitspanungsvolumen und Umweltverträglichkeit.

Kühlschmierstoffe erfordern erhebliche Zusatzeinrichtungen an den Werkzeugmaschinen. Die Kühlschmierstoffe müssen von Zeit zu Zeit ausgetauscht und als Sondermüll entsorgt werden.

Man versucht deshalb in der Praxis, den Kühlschmierstoffeinsatz zu reduzieren oder zu vermeiden und die aufwändigen Kühlschmiereinrichtungen zu ersetzen.

- Mit **Minimalmengenschmierung** werden sehr geringe Ölmengen an die Wirkstelle gebracht und dort vollständig verbraucht.
- Zuführung des Kühlschmiermittels als **Sprühnebel**
- Mit Verfahrenssubstitution, z. B. Gewindefräsen statt Gewindeschneiden, kann auf **Trockenbearbeitung** bzw. **Kühlung durch Luft** umgestellt werden.

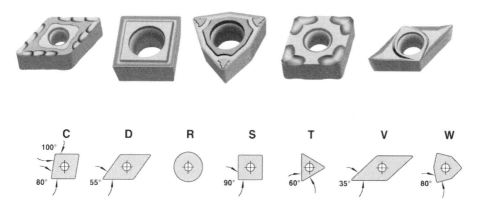

Bild 4.39: Einige Wendeschneidplatten nach ISO-Norm (unten: Plattenformen mit Eckenwinkeln) (*Walter*)

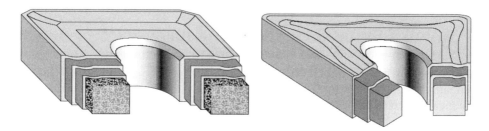

Bild 4.40: Mehrfach beschichtete Schneidplatten (weich-hart-weich-hart) (*Walter*)

Bild 4.41: Einsatz von Kühlschmierstoff beim Fräsen (*Bosch*)

4.2.5 Werkzeugverschleiß und Werkstückoberfläche

Die Schnittleistung beim Zerspanen wird bis zu 90 % in Wärme umgesetzt. Obwohl der größte Anteil dieser Wärme von Spänen und vom Werkstück abgeführt wird, ist die Werkzeugschneide hohen thermischen und mechanischen Belastungen ausgesetzt.

Daraus resultiert eine kontinuierliche Abnutzung des Werkzeugs oder ein plötzliches Abbrechen von Werkzeug- oder Schneidenteilen.

Verschleißursachen

Folgende Verschleißursachen treten auf:

- Reibung,
  - Reibung des Werkstücks an der Freifläche des Werkzeugs,
  - Reibung des Spans auf der Spanfläche,
- Temperaturerhöhung, führt zum Erweichen des Schneidstoffs,
  - Plastische Verformung, Kantenbruch,
- chemische Reaktionen im Schneidstoff (z. B. bei Hartmetall),
  - Diffusion (Kolkung) und Oxidation (Verzunderung).

Die Schnittgeschwindigkeit ist der Spanungsparameter, der den Verschleiß infolge zunehmender Scherreibung und nachfolgender Erwärmung, bis zum Kantenbruch, am meisten beeinflusst. Abhilfe durch Kühlen und Schmieren mit Kühlschmiermittel.

Verschleißformen (einzeln und gemeinsam auftretend):

- Freiflächenverschleiß – Abrasion und Reibung als häufigste Ursache,
- Kolkung (auf Spanfläche, hinter Schneide) – bei hohen Temperaturen und Drücken durch Spanreibung,
- Kantenbruch – zu hohe Temperaturen und Drücke,
- Ausbröckelungen – Schneidstoff zu spröde, Spanwinkel zu groß,
- Kammrisse – Ermüdungserscheinungen, bei unterbrochenem Schnitt und Temperaturwechseln,
- Aufbauschneide (besondere Form der Schneidenveränderung).

Aufbauschneide

Aufbauschneiden entstehen durch Aufschweißen von Werkstoffteilchen auf der Werkzeugschneide. Dies wird begünstigt durch eine raue Oberfläche des Schneidstoffs, weiche/zähe Werkstoffe des Werkstücks und zu geringe Schnittgeschwindigkeiten.

Die Aufbauschneide ist kein Verschleiß im Sinn einer Abnutzung, wirkt aber wie Verschleiß, infolge

- Veränderung der Schneidengeometrie und
- Veränderung der Reibungsverhältnisse (z. B. kleinerer Neigungs- und Spanwinkel, höhere Schnittkraft).

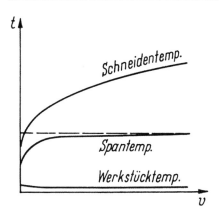

Bild 4.42: Entstehende Temperaturen beim Zerspanungsprozess [*Bruins/Dräger*]

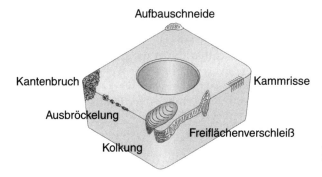

Bild 4.43: Verschleißformen an Werkzeugschneide (*Walter*)

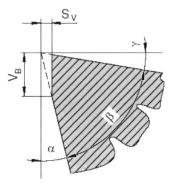

Bild 4.44: Freiflächenverschleiß und Verschleißmarkenbreite V_B an einer Werkzeugschneidplatte (V_B ca. 0,2 mm beim Schlichten; bis 0,8 mm beim Schruppen), S_V Schneidkantenversatz (*Walter*)

Durch fortwährendes Abbrechen und Einklemmen der Aufbauschneiden zwischen Werkstück und Schneide entsteht so eine schlechtere Oberfläche des Werkstücks.

Verschleißauswirkung und -messung

Verschleiß und Aufbauschneidenbildung bewirken hauptsächlich

- eine Erhöhung der Schnittkraft,
- eine Verschlechterung der Werkstückoberfläche und
- Maß- und Formungenauigkeiten des Werkstücks.

Der Verschleiß wird entweder direkt am Werkzeug oder über seine Auswirkungen gemessen.

- Messung am Werkzeug:
  - Verschleißmarkenbreite – vom Verschleiß veränderte Fläche an Span- und Freifläche,
  - Kolkbreite und Kolktiefe.
- Messung am Werkstück:
  - Maßveränderungen am Werkstück – sichtbar durch die Entwicklung der Istwerte im SPC-Chart (z. B. Durchmesservergrößerung bei Wellen),
  - Schnittkraftänderung – höhere Leistungsaufnahme der Werkzeugmaschine,
  - Oberflächenverschlechterung – meist sogar sichtbar oder fühlbar.

Werkstückoberfläche

In der Praxis werden für den Schlichtvorgang meist Schlichtwerkzeuge eingesetzt, die keine vorangegangenen Schruppvorgänge durchgeführt haben.

Zur Erzeugung guter Oberflächen und geringer Fertigungstoleranzen werden die Schnittgrößen so eingestellt, dass sich bei kleinen Spanungsquerschnitten nur geringe Schnittkräfte einstellen:

- Schnitttiefe a_p ca. 0,2 mm,
- Vorschub f 0,3 bis 0,05 mm und
- hohe Schnittgeschwindigkeit v_c.

Zusätzlich sollte beim Schlichtdrehen gewählt werden:

- Eckenradius r der Werkzeugspitze groß und
- Eckenwinkel ε klein, um mit einem schlanken Werkzeug die gesamte Kontur in einem Arbeitsgang fertig bearbeiten zu können. Vorteilhaft für die Schlichtbearbeitung ist z. B. eine Breitschlichtplatte, die einen großen Planfasenradius aufweist.

Berechnung der **Oberflächenrauigkeit** mit Näherungsformel:

$R_\mathrm{th} \approx f^2/8\,r$ (in mm);   für $f \leq 0{,}3$ mm

R_th theoretische Rautiefe (in mm)

r Eckenradius (in mm)

f Vorschub (in mm)

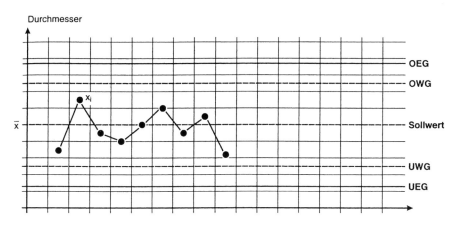

Bild 4.45: SPC-Chart in einem Fertigungsbereich (Beispiel)

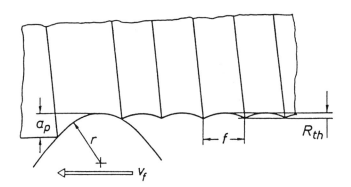

Bild 4.46: Werkzeugform
und theoretische Rautiefe

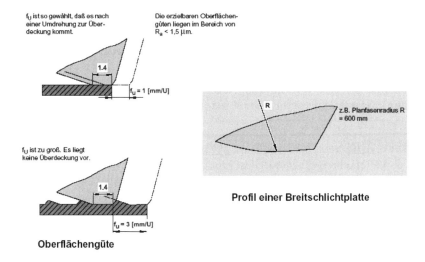

Bild 4.47: Breitschlichtplatte für Schlichtbearbeitung (*Walter*)

4.2.6 Standzeit eines Werkzeugs

> Die Standzeit eines Werkzeugs ist die Zeit, die das Werkzeug bis zu seiner Un-
> brauchbarkeit schneidend im Eingriff ist. Sie wird meist als **Verschleißmarken-**
> **breite** angegeben und ist erreicht, wenn die geforderte Maß- und Oberflächento-
> leranz des Werkstücks nicht mehr eingehalten werden kann.

Wichtige Einflüsse für die Standzeit sind:

- Schnittgeschwindigkeit v_c,
- Werkzeug-Werkstück-Paarung,
- Vorschub f und Schnitttiefe a_p und
- Kühlschmierung.

Die Standzeit eines Werkzeugs (genauer einer Werkzeugschneide) wird angegeben,
z. B. $T_{VB\ 0,4;\ 120} = 50$ min. Das bedeutet:

- Standzeit der Werkzeugschneide 50 Minuten,
- bei einer erreichten Verschleißmarkenbreite von 0,4 mm
- und einer Schnittgeschwindigkeit von 120 m/min.

In der betrieblichen Praxis werden auch Kriterien, analog zur Standzeit verwendet:

- Standweg, z. B. 2500 mm (bei langen Bearbeitungswegen) und
- Standmenge, z. B. 80 Werkstücke.

Standzeiten (auch Standwege, Standmengen) werden in der Praxis mit Zerspanungs-
versuchen ermittelt. Um günstige Werte zu erreichen, müssen Werkzeug, Werkstück, Werkzeugmaschine und die Umgebung aufeinander abgestimmt werden.

Zur rechnerischen Ermittlung der Standzeit wird eine mathematische Beziehung herangezogen:

- $v_c = C \cdot T^{1/k}$
  - C Achsenabschnitt der Standzeitgeraden mit der Schnittgeschwindigkeit, bei
    der die Standzeit 1 Minute erreicht wird.
  - k Steigung der Standzeitgeraden
  - T Standzeit; die Bearbeitungszeit, bis ein bestimmtes Verschleißkriterium
    (z. B. Verschleißmarkenbreite) erreicht ist.

Diese mathematische Kurve wird im doppelt logarithmischen Maßstab zur Geraden
(Taylorgeraden) aufgetragen. Sie berechnet sich aus:

- $\log v_c = \log C + 1/k \cdot \log T$.

Die Werte k und C müssen experimentell ermittelt werden.

Diese Formel bietet ein mathematisches Modell, das die Zusammenhänge nicht
exakt, aber für die Praxis einfach und ausreichend genau darstellt. Die ermittelten
Werte gelten nur in einem eingegrenzten Schnittgeschwindigkeitsbereich.

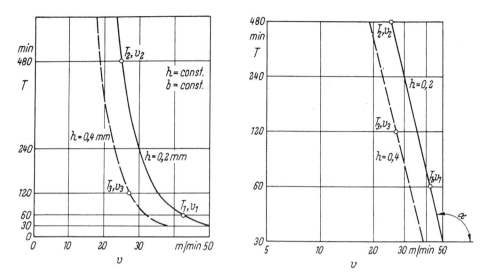

Bild 4.48: Schnittgeschwindigkeit (v_c) und Standzeit (T) im dezimalen (links) und logarithmischen (rechts) Diagramm (b Spanungsbreite, h Spanungsdicke) [*Bruins/Dräger*]

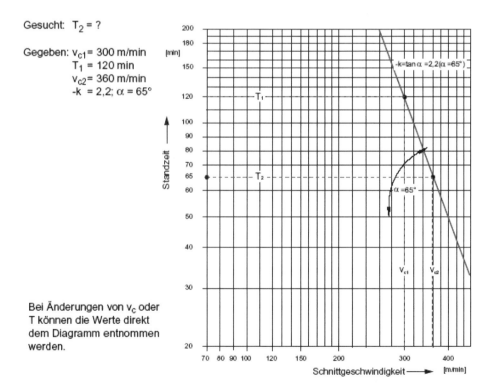

Bild 4.49: Abhängigkeiten von Schnittgeschwindigkeit (v_{c1}) und Standzeit (T_1) für einen Werkstoff mit Steigungsfaktor ($-k$) an einem Beispiel (*Walter*)

4.2.7 Optimierung der Zerspanung

Ziel der Optimierung ist die Abstimmung der Prozessparameter, sodass ein zeitlich oder wirtschaftlich optimales Ergebnis des Fertigungsprozesses erzielt wird. Voraussetzung ist in jedem Fall, dass die geforderte Oberflächenqualität und die Abmessungen des Werkstücks eingehalten werden.

Für die Optimierung der Zerspanung ist vorrangig die Haupt- und die Nebennutzungszeit wichtig, deren Grenzen für die Minimierung sind:

- hohe Schnittgeschwindigkeit – zu Lasten der Standzeit pro Werkzeugschneide,
- volle Ausnutzung der Antriebsleistung – große Schnitttiefe bzw. Schnittkraft,
- geforderte Oberfläche – geeigneten Vorschub auf Schnitttiefe abstimmen.

Die **Optimierungsstrategie in der Fertigung** orientiert sich an folgenden beiden Zielsetzungen:

- Optimierung der Zerspanung zur Erreichung kürzester Durchlaufzeiten (zeitoptimale Standzeit T_{ot}),
- Optimierung der Zerspanung zur Erreichung geringster Kosten (kostenoptimale Standzeit T_{ok}).

Zeitoptimale Standzeit T_{ot}

- Ist ein bestimmter Zerspanungsvorgang bzw. Fertigungsauftrag der aktuelle Engpass, so erhöht jedes zusätzlich fertig gestellte Werkstück das Ergebnis im Betrieb.
- Ziel ist es deshalb, die Grundzeit $t_g = t_h + t_n$ zu minimieren. Die Nebenzeit t_n enthält die Zeiten zum Auswechseln der verschlissenen Werkzeugschneiden.
- Die folgende Formel berechnet die zeitoptimale Standzeit unter Berücksichtigung der Unterbrechungen durch das Auswechseln der Werkzeugschneiden.

Die zeitoptimale Standzeit T_{ot} berechnet sich:

$$T_{ot} = (-k - 1) \cdot t_w$$

$-k$	Steigung der Standzeitgeraden
$(-k - 1)$	Verschleißfaktor
t_w	Werkzeugwechselzeit

Die entsprechende zeitoptimale Schnittgeschwindigkeit v_{cot} errechnet sich mit Hilfe der Gleichung $v_{cot} = C \cdot T_{ot}^{1/k}$

Kostenoptimale Standzeit T_{ok}

Sofern keinerlei Engpässe vorliegen, werden alle Kosten für eine wirtschaftlich optimale Standzeit berücksichtigt:

- Maschinenstundensatz incl. Lohnkosten,
- Werkzeugkosten.

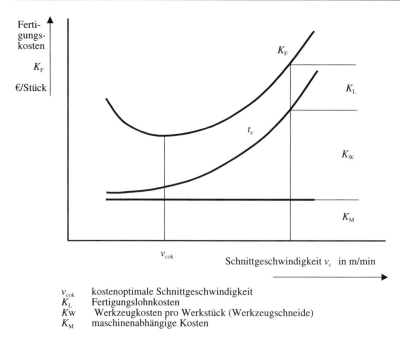

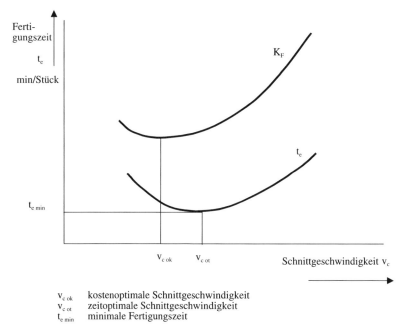

v_{cok} kostenoptimale Schnittgeschwindigkeit
K_L Fertigungslohnkosten
Kw Werkzeugkosten pro Werkstück (Werkzeugschneide)
K_M maschinenabhängige Kosten

Bild 4.50: Abhängigkeit der Fertigungskosten K_F je Werkstück von der Schnittgeschwindigkeit v_c

v_{cok} kostenoptimale Schnittgeschwindigkeit
v_{cot} zeitoptimale Schnittgeschwindigkeit
t_{emin} minimale Fertigungszeit

Bild 4.51: Abhängigkeit der Fertigungszeit t_e und der Fertigungskosten K_F je Werkstück von der Schnittgeschwindigkeit v_c

Die kostenoptimale Standzeit T_{ok} berechnet sich:

$T_{ok} = (-k - 1) \cdot [t_w + (60 \cdot K_W / K_{ML})]$

K_W Werkzeugkosten je Werkstück

K_{ML} Maschinen- und Lohnkosten pro Stunde

Die entsprechende kostenoptimale Schnittgeschwindigkeit v_{cok} errechnet sich mit Hilfe der Taylorgleichung $v_{cok} = C \cdot T_{ok}^{1/k}$

Bei dieser Optimierung sind z. B. nicht berücksichtigt:

- Losgrößen, Durchlaufzeiten,
- Gestaltung des Werkzeugwechsels, Voreinstellung und
- fertigungsgerechte Konstruktion.

Der wirtschaftliche Einsatz heutiger, meist teurer, Bearbeitungszentren erfordert eine hohe Mengenleistung und damit hohe Schnittgeschwindigkeiten. Damit ergeben sich oft nur kurze Werkzeugstandzeiten.

4.2.8 Zerspanbarkeit von Werkstoffen

Eine gute Zerspanbarkeit ist die Eigenschaft eines Werkstoffs, sich unter gegebenen Bedingungen vorteilhaft spanend bearbeiten zu lassen.

Man spricht von einer **guten Zerspanbarkeit**, wenn

- die Zerspankraft und damit die erforderliche Antriebsleistung klein ist,
- die Schneide eine lange Standzeit aufweist,
- sich eine geeignete Spanform ergibt,
- die erzielte Oberfläche gut ist und
- in kurzer Zeit ein großes Materialvolumen zerspant werden kann.

Zerspanungsbedingungen, resultierend **aus den Eigenschaften des Werkstücks**:

- Chemische Zusammensetzung (Spanbruch),
- Wärmebehandlung (Gefügeart),
- Festigkeit und Härte (Korngröße und Form),
- Walzrichtung (Faserorientierung) und
- Oberflächenzustand (verzundert, verfestigt).

Zerspanungsbedingungen, resultierend **aus dem Zerspanungsprozess**:

- Schneidengeometrie und Schneidstoff,
- Schnittgeschwindigkeit, Vorschub und Schnitttiefe,
- Kühlschmierung und Einspannung von Werkzeug und Werkstück.

Je nach Einsatzfall hat das eine oder andere Merkmal eine höhere Bedeutung. Beim Schlichten z. B. interessiert mehr die Oberfläche, beim Schruppen mehr das Zeitspanungsvolumen, bei Drehautomaten mehr die Spanform und damit der sichere Späneabtransport und die Standzeit.

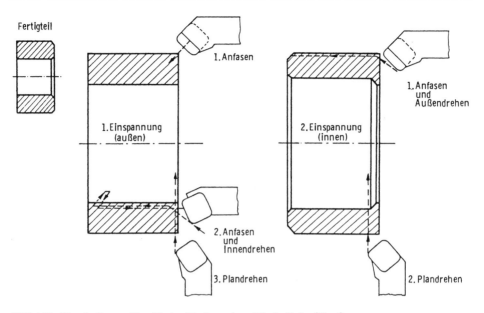

Bild 4.52: Bearbeitungsablauf beim Drehen eines Werkstücks (*Ford*)

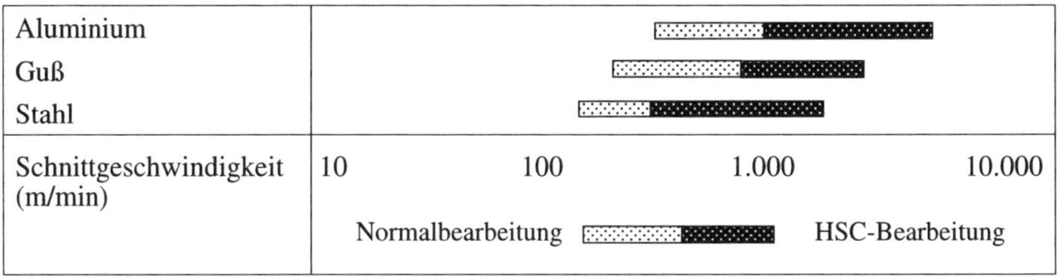

Aluminium				
Guß				
Stahl				
Schnittgeschwindigkeit (m/min)	10	100	1.000	10.000
	Normalbearbeitung		HSC-Bearbeitung	

Bild 4.53: Schnittgeschwindigkeiten bei der Normal- und Hochgeschwindigkeitsbearbeitung (HSC) [*Garant Zerspanungshandbuch*]

4.2.9 Trends in der spanenden Fertigung

Die Trends im Bereich der spanenden Fertigung liegen neben der Verkürzung der Hauptzeiten und der Verlängerung von Standzeiten bei der

- Hochgeschwindigkeitszerspanung,
- Hochleistungszerspanung,
- Hartzerspanung,
- Trockenzerspanung und
- Zerspanung mit Minimalmengenschmierung.

Hochgeschwindigkeitszerspanung (HSC – High Speed Cutting) ist ein Arbeiten mit deutlich erhöhten Schnittgeschwindigkeiten bei relativ geringen Schnitttiefen. Die Schnittgeschwindigkeiten sind stets in Verbindung mit dem Bearbeitungsverfahren, aber auch mit dem zu bearbeitenden Werkstoff zu sehen. Durch die geringere Scherung des zu zerspanenden Werkstoffs entsteht in der Scherzone weniger Wärme. Außerdem kann durch die hohen Schnittgeschwindigkeiten mehr Wärme über die Späne abgeführt werden.

Vorteile der hohen Schnittgeschwindigkeiten sind:

- erhebliche Reduzierung der Hauptzeiten,
- höheres Zeitspanungsvolumen um ca. 30 %,
- Erhöhung der Vorschubgeschwindigkeit bis 120 m/min,
- Reduzierung der Zerspankraft um mehr als 30 %,
- schwingungsarme Bearbeitung geometrisch komplizierter Bauteile möglich,
- spanende Endbearbeitung durch HSC möglich (Oberflächenqualität nahezu Schleifqualität, verzugsfreie Bearbeitung durch Abführung der Prozesswärme vorwiegend über die Späne).

Nachteile dagegen sind:

- Reduzierung der Werkzeugstandzeit mit zunehmender Schnittgeschwindigkeit,
- Schneidstoffe und Beschichtungen sind den Gegebenheiten anzupassen,
- optimale Parameter sind noch nicht umfassend bekannt.

Für den optimalen Einsatz des Gesamtsystems Werkzeugmaschine-Werkzeug-Werkstück sind folgende Voraussetzungen zu schaffen:

- spiel- und schwingungsarme Arbeitsweise,
- hohe Steifigkeit des Gesamtsystems,
- Leichtbau der bewegten Massen,
- hohe Drehzahlen und höchste Rundlaufgenauigkeit der Spindel, Werkzeugaufnahmen und Werkzeuge (z. B. Schrumpftechnik)
- Realisierung hoher Vorschübe (Linearantriebe),
- hohe Standzeiten (spezielle Schneidengeometrien und Beschichtungen).

Besonders bei der HSC-Bearbeitung sind die Fliehkräfte von besonderer Bedeutung. Sie belasten die Spindellagerung (Zerstörung der Spindel), verursachen Vibrationen, die die Oberflächenqualität negativ beeinflussen, verschlechtern die Fertigungsgenauigkeit und verkürzen die Werkzeugstandzeit.

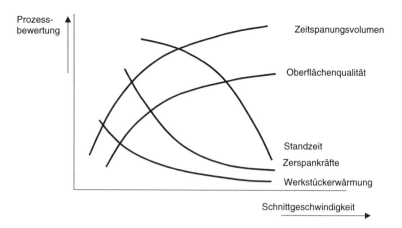

Bild 4.54: Prozessanforderungen bei der HSC-Bearbeitung (*Hoffmann*)

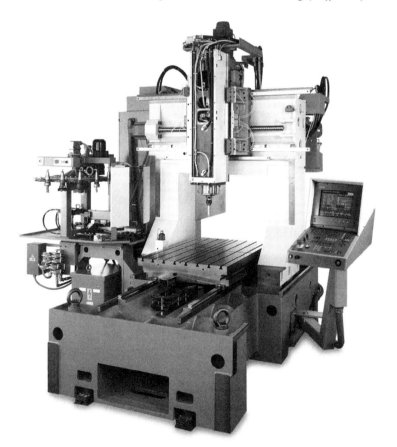

Bild 4.55: Vertikalfräsmaschine für HSC-Bearbeitung (Spindeldrehzahlen bis 42000 min^{-1}, Vorschubgeschwindigkeit bis 120 m/min) (*DMG*)

Hochleistungszerspanung (HPC – High Performance Cutting). Hier steht im Gegensatz zur Hochgeschwindigkeitszerspanung die Optimierung des Zeitspanungsvolumens im Vordergrund, um eine Hauptzeitreduzierung zu erreichen.

HPC schließt auch den Bereich niedriger Schnittgeschwindigkeiten bei deutlich höheren Vorschubwerten mit ein, da auch hier sehr hohe Zeitspanvolumina erreicht werden können.

Hartzerspanung ist gekennzeichnet durch besondere Spanbildungsmechanismen. Harte Werkstoffe (über 60 HRC) sind bei normalen Temperaturen und Drücken mit der Schneidkante plastisch nicht verformbar. Somit bildet sich bei der Spanbildung bei Normalzerspanung auch keine Scherzone heraus.

Hartzerspanung erfordert ein sehr steifes Maschine-Werkzeug-System, das über die Werkzeugschneide sehr hohe Drücke auf das Werkstück ausüben kann. Vor der Werkzeugschneidkante bildet sich ein Riss in der Werkstückoberfläche, der sich fortsetzt. Es entstehen Spansegmente, die überwiegend wieder zusammenbacken und abbrechen. Bei der Hartzerspanung entstehen im Vergleich zur Normalzerspanung sehr hohe Schnittkräfte und -temperaturen.

Trockenzerspanung ermöglicht es, wirtschaftliche Vorteile (Entfall von Reinigungsarbeiten und Kühlschmierstoffanlage) mit ökologischen Zielstellungen (Entfall der Entsorgung) zu kombinieren. Die Realisierung setzt sehr gute Kenntnisse über das komplexe Zusammenwirken von Werkstück, Werkzeug, Bearbeitungsverfahren und Bearbeitungsbedingungen voraus.

Ziel der Trockenbearbeitung ist es, die Grundfunktionen des Kühlschmierstoffes geeignet zu substituieren, um die Werkstücke in der geforderten Qualität und unter der gesetzten Kostenvorgabe herzustellen.

Aufgrund der hohen Warmhärte und Warmverschleißfestigkeit eignen sich vor allem beschichtete Hartmetalle, daneben aber auch Schneidkeramiken, CBN- und Diamantwerkzeuge für die Trockenbearbeitung.

Mit geeigneten Schichtsystemen können auch HSS-Werkzeuge in der Trockenbearbeitung wirtschaftlich eingesetzt werden. Hierbei handelt es sich um eine Zerspanung mit niedrigen Schnittgeschwindigkeiten und mit hohen Anforderungen an die Zähigkeit der Werkzeuge, z. B. beim Gewindebohren.

Zerspanung mit Minimalmengenschmierung. Da eine reine Trockenbearbeitung aufgrund unzureichender Arbeitsergebnisse oft nicht durchführbar ist, wird als Kompromiss in der Praxis häufig die Minimalmengenschmierung eingesetzt. Geringe Mengen an Kühlschmierstoff verbessern das Arbeitsergebnis erheblich und sind eine Möglichkeit zur Reduzierung des Kühlschmiermittelverbrauchs.

Für die Zuführung der äußerst geringen Mengen an Kühlschmiermittel haben sich in der Praxis durchgesetzt:

- Minimalmengenschmierung (Schmierstoffmenge kleiner 50 ml/h),
- Mindermengenschmierung (Schmierstoffmenge kleiner 120 l/h).

Bild 4.56: HSC-bearbeitete Kunststoffspritzform für eine Zahnbürste (Bearbeitungzeit 3,2 Stunden; teilweise fertig gestellt) (*DMG*)

Bild 4.57: HSC-bearbeitetes Umformwerkzeug für eine Aluminiumfelge (Bearbeitungszeit ca. 10 Stunden) (*DMG*)

4.3 Spanende Fertigungsverfahren mit geometrisch bestimmten Schneiden

> Beim Spanen mit geometrisch bestimmten Schneiden werden Werkzeuge verwendet, deren Schneiden und Schneidenanordnungen – Formen, Abmessungen und Winkel – geometrisch bestimmt sind. Es werden dazu Werkstoffschichten in Form von Spänen vom Werkstückrohling mechanisch abgetrennt.

4.3.1 Drehen

> **Drehen** ist Spanen mit geschlossener, meist kreisförmiger Schnittbewegung und beliebiger, quer zur Schnittrichtung liegender Vorschubbewegung.
>
> Die Drehachse der Schnittbewegung behält ihre Lage zum Werkstück, unabhängig von der Vorschubbewegung bei. Das einschneidige Werkzeug ist fest eingespannt und wird an der zu bearbeitenden Fläche entlang geführt. Die Schnittbewegung führt das rotierende Werkstück oder ein umlaufendes Werkzeug aus.

Typische Drehteile: Wellen, Flanschteile, Bremsscheiben
Einsatzbereich: Einzel- bis Massenfertigung

Verfahren

Die Drehverfahren unterscheidet man nach Form, Lage und Oberflächengüte der zu bearbeitenden Werkstücke sowie nach der Kinematik der Schnittbewegungen:
- nach Form der Oberfläche
  - **Längs-/Runddrehen** – Erzeugung einer kreiszylindrisch zur Drehachse des Werkstücks orientierten Fläche,
  - **Plandrehen** – Erzeugung einer ebenen senkrecht zur Drehachse des Werkstücks orientierten Fläche,
  - **Formdrehen** – Werkstückform wird durch Steuerung der Vorschubbewegung erzeugt,
  - **Profildrehen** – hierbei wird das Profilwerkzeug im Werkstück abgebildet,
  - **Schraubdrehen** – Erzeugung von Schraubflächen mit einem Profilwerkzeug,
- nach Lage der Oberfläche
  - **Außen-/Innendrehen** – Außen-/Innenbearbeitung von Werkstücken,
- nach Oberflächengüte
  - **Schruppen/Schlichten** – Schrupp- und Schlichtdrehen,
- nach Kinematik der Schnittbewegungen
  - **Unrunddrehen** – in einer Aufspannung lassen sich Rotations- und Mehrkantflächen herstellen durch mehrere rotierende Werkzeugschneiden,
- nach Lage der Spindelachse
  - **Waagerechtdrehen** – vorwiegend angewendetes Verfahren,
  - **Senkrechtdrehen** – Spindel kann zusätzlich Werkstückhandhabung ausführen oder für schwere und große Werkstücke.

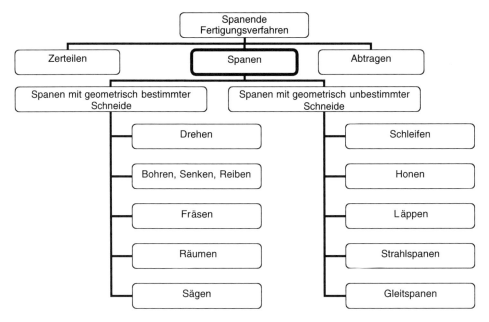

Bild 4.58: Gliederung der spanenden Fertigungsverfahren

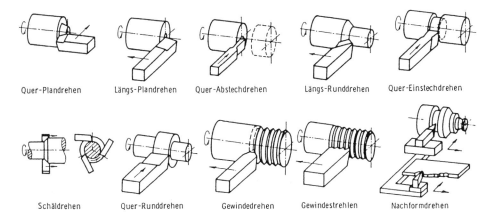

Bild 4.59: Wichtige Drehverfahren [*Westkämper/Warnecke*]

Maschinen und Werkzeuge

Zum Einsatz kommen Außen- und Innendrehwerkzeuge aus Hochleistungs-schnellstahl oder auf den Werkzeugschaft geklebte, gelötete oder geklemmte Schneidplatten aus Hartmetall, Oxidkeramik und CBN. Teilweise werden auch Di-amantwerkzeuge verwendet. Die Schnittgeschwindigkeiten liegen meist zwischen 40 und 1000 m/min.

Die Spannkraft der **Drehmaschinenfutter** mit zwei, drei oder vier Backen, für In-nen- oder Außenspannung muß groß genug sein, um das Werkstück sicher zu span-nen und das erforderliche Drehmoment für die Schnittkraft übertragen zu können. Längere Werkstücke ($L/D > 3$) werden mit einer **Zentrierspitze** abgestützt. Werk-stücke, die nach dem Umspannen genau rundlaufen müssen, werden zwischen Zen-trierspitzen gespannt. Zur geeigneten Aufnahme des Werkstücks dienen **Zentrier-bohrungen**. Zum Abstützen sehr schlanker Drehteile werden **Lünetten** ($L/D > 10$) verwendet.

Spannzangen spannen blanke oder bearbeitete runde Teile zentrisch. Sie sind für höchste Drehzahlen und große Durchmesser geeignet. Spannzangen ermöglichen das Drehen von der Stange. Zusammen mit Vorschubeinrichtungen läßt sich die Materialversorgung automatisieren.

Das **Maschinenbett** dient zur Aufnahme und Führung von Antrieb, Arbeitsspindel, Haupt- und Vorschubgetriebe, Werkzeugschlitten und sonstigen Zusatzeinrichtun-gen. Die **Arbeitsspindel** mit der Spanneinrichtung dient zur Aufnahme des Werk-stücks und zur Erzeugung der Schnittbewegung. Der **Werkzeugschlitten** dient zur Aufnahme des Werkzeugs und zur Erzeugung der Vorschub- und Zustellbewegung. Der Drehzahlbereich liegt häufig zwischen 50 und 5000 min^{-1}. Die Drehzahlen sind meist stufenlos einstellbar.

Drehmaschinen mit senkrechter Arbeitsspindel ermöglichen ein seitliches Verfahren der Spindel, um Fertigwerkstücke abzulegen und Rohlinge aus einem Magazin zu entnehmen. Die Von-Span-zu-Span-Zeiten sind sehr kurz.

Ein oder zwei **Werkzeugrevolver** nehmen die Drehwerkzeuge auf. Moderne Dreh-maschinen ermöglichen mit angetrieben Bohr- und Fräswerkzeuge und **Gegenspin-del** meist eine Komplettbearbeitung der Werkstücke.

Wirtschaftlichkeit

Für kleine Losgrößen und eine werkstattorientierte Fertigung eignen sich Univer-saldrehmaschinen. Für größere Stückzahlen kommen Revolverdrehmaschinen und Ein- oder Mehrspindelautomaten mit automatischem Arbeitsablauf in Betracht.

Mit angetriebenen Bohr- und Fräswerkzeugen können Werkstücke in einer Aufspan-nung fertigbearbeitet werden. Unrund- und Mehrkantprofile lassen sich ebenso her-stellen. Meist werden CNC-Steuerungen verwendet (vgl. auch Kap. 8 Steuerung).

Erreichbare Maß- und Formgenauigkeit:	IT 7 ... 8	Schlichten
(...) mit Zusatzaufwand erreichbar	(IT 5 ... 6	Feinschlichten)
Erreichbare Oberflächenqualität:	$R_z = 4 ... 40\,\mu m$	Schlichten
(...) mit Zusatzaufwand erreichbar	($R_z = 1 ... 2{,}5\,\mu m$	Feinschlichten)

| Hydraulik-aggregat | Spann-zylinder | Kraftspannfutter mit/ohne Durchgang | Angetriebene Werkzeuge | Lünet-ten | Mitlaufende Spitze | Pinole |

Bild 4.60: Schrägbettdrehmaschine mit Ausrüstungskomponenten für wellenförmige Werkstücke (*Röhm*)

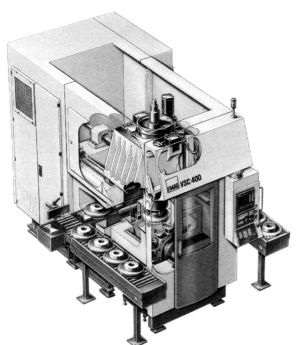

Bild 4.61: Senkrechtdrehmaschine mit Werkstückhandhabung für Bremsscheiben (*EMAG*)

4.3.2 Bohren, Senken und Reiben

Bohren ist Spanen mit kreisförmiger Schnittbewegung, bei dem die Drehachse des Werkzeugs und die Achse der zu erzeugenden Innenfläche identisch sind und die Vorschubbewegung in Richtung dieser Achse verläuft.

Senken ist Bohren zur Erzeugung von senkrecht zur Drehachse liegenden Planflächen oder symmetrisch zur Drehachse liegenden Kegelflächen, bei meist gleichzeitiger Erzeugung von zylindrischen Innenflächen.

Reiben ist Aufbohren mit geringer Spanungsdicke zur Herstellung passgenauer Bohrungen mit hoher Oberflächengüte und Formgenauigkeit.

Typische Teile: Lochplatten, Befestigungsteile, Lagerbohrungen
Einsatzbereich: Einzel- bis Massenfertigung

Verfahren

Bohrungen sind die häufigsten Geometrien in Werkstücken

- **Bohren ins Volle** – zur Erzeugung zylindrischer Innenflächen. Insbesondere bei größeren Bohrerwerkzeugen ist zu beachten, daß die Schnittgeschwindigkeit in der Bohrermitte gleich null ist, der Vorschub bleibt jedoch konstant. Es findet hier praktisch kein Schneiden mehr statt, sondern ein Abscheren des Spans.
- **Aufbohren** – ein Vorgang, der zur Durchmesservergrößerung vorgefertigter Löcher dient. Bohren und Aufbohren sind Bearbeitungsverfahren mit nur geringer Oberflächengüte ($R_z = 30 \dots 100$ µm) und großen Toleranzen.
- **Reiben** – Herstellung maßgenauer Innenflächen mit hoher Oberflächengüte und Formgenauigkeit/Rundheit ($R_z = 1 \dots 10$ µm).
- **Plansenken** – ist Bohren mit einem Senkwerkzeug zur Herstellung senkrecht zur Drehachse der Schnittbewegung liegender oder kegeliger Flächen, z. B. für das Versenken von Schraubenköpfen.
- **Schraubbohren** – dient zur Erzeugung von Innenschraubflächen (z. B. Gewinden). Hierbei ist die Vorschubgeschwindigkeit gleich der Gewindesteigung.
- **Profilbohren** – ein Verfahren zur Erzeugung rotationssymmetrischer Innenflächen, die durch das Hauptschneidenprofil des Werkzeugs bestimmt sind. Hierzu gehört das Zentrieren, Stufenbohren und Senken.
- **Kernbohren** – zur Herstellung tiefer Durchgangsborhungen mit innerer oder äußerer Kühlschmiermittelzufuhr. Der Werkstoff wird dabei nur ringförmig zerspant.
- **Tiefbohren** – zur Erzeugung tiefer Bohrungen mit Einlippenbohrern oder Bohrrohrköpfen (BTA-Verfahren).

Die Schnittgrößen Schnittgeschwindigkeit, Vorschub, Schneidstoff und Kühlschmiermittel bestimmen wesentlich die Arbeitsergebnisse.

Werkzeuge

Handelsübliche Bohrwerkzeuge unterscheiden sich nach:

- Art der Einspannung (Kegel- oder Schaftaufnahme),

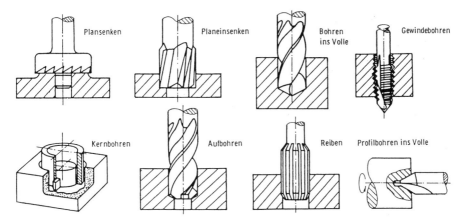

Bild 4.62: Wichtige Bohrverfahren [*Warnecke*]

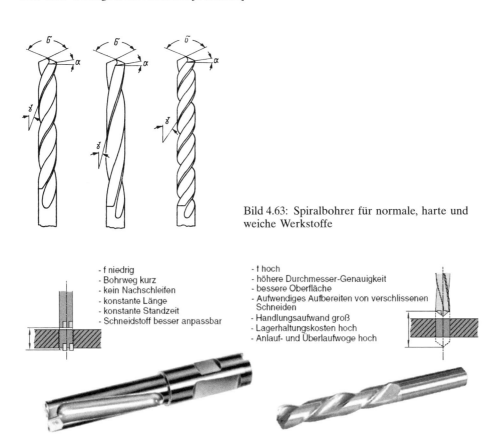

Bild 4.63: Spiralbohrer für normale, harte und weiche Werkstoffe

- f niedrig
- Bohrweg kurz
- kein Nachschleifen
- konstante Länge
- konstante Standzeit
- Schneidstoff besser anpassbar

- f hoch
- höhere Durchmesser-Genauigkeit
- bessere Oberfläche
- Aufwendiges Aufbereiten von verschlissenen Schneiden
- Handlungsaufwand groß
- Lagerhaltungskosten hoch
- Anlauf- und Überlaufwoge hoch

Bild 4.64: Vergleich Wendeschneidplattenbohrer (kurzer Bearbeitungsweg, hohe Schnittgeschwindigkeit, niedriger Vorschub) mit Vollhartmetallbohrer (langer Bearbeitungsweg, niedrige Schnittgeschwindigkeit, großer Vorschub) (*Walter*)

- Größe des Spitzenwinkels σ und Seitenspanwinkels (Drallwinkel) γ
  - Typ N für normale metallische Werkstoffe $\sigma = 118°$, $\gamma = 18 \ldots 30°$,
  - Typ H für harte, kurzspanende Werkstoffe $\sigma = 118°$, $\gamma = 10 \ldots 15°$,
  - Typ W für weiche, langspanende Werkstoffe $\sigma = 140°$, $\gamma = 35 \ldots 45°$,
- Drallrichtung (links- oder rechtsschneidend),
- Schneidstoff (Werkzeugstahl, HSS, Hartmetall).

Je nach Bohrverfahren und Verwendungszweck haben die Bohrwerkzeuge unterschiedlichste Formen:

- **Spiralbohrer** – für das Bohren ins Volle, fürs Vor- und Aufbohren,
- **Kleinstbohrer** – für Bohrungen bis 0,1 mm Durchmesser,
- **Zentrierbohrer** – zum Erzeugen von Zentrierungen,
- **Tieflochbohrer** – für Bohrlängen bis zum 200-fachen des Bohrerdurchmessers, mit innerer oder äußerer Kühlschmierstoffzufuhr und geeigneter Späneabfuhr und
- **Reibahlen** – mehrschneidig oder mit aufgelöteten Hartmetallschneiden, zur Verbesserung der Schnittflächen.

Maschinen

Für die schnelle und wirtschaftliche Herstellung von Bohrungen eignen sich:

- **Handbohrmaschinen**
  - häufig verwendete Bohrmaschinenausführungen, für kleinere Bohrungen und für Montagearbeiten.
- **Stationäre Bohrmaschinen**, als
  - Tisch-, Säulen- oder Radialbohrmaschinen (bis ca. 90 mm Bohrdurchmesser in Werkstoff St 60),
  - Bohr- und Fräswerke (für schwere Werkstücke),
  - Mehrspindelbohrmaschinen (für die Bearbeitung mehrer Bohrungen nacheinander oder gleichzeitig).

Der Hauptantrieb der Maschinen besteht meist aus einem stufenlosen Getriebe, gekoppelt mit einem Vorschubantrieb. Die Drehzahlen liegen bei 50 bis 6000 min^{-1}.

Bohrarbeiten können auch auf Drehmaschinen ausgeführt werden, falls es sich um zentrische Bohrungen von Rotationskörpern handelt, insbesondere, wenn Dreharbeiten am gleichen Werkstück durchzuführen sind.

Wirtschaftlichkeit

Bohr-, Dreh- und Fräsvorgänge werden zunehmend auf einer Maschine, z. B. Bearbeitungszentrum, durchgeführt mit dem Ziel, das Werkstück komplett fertigzustellen. Der Zeitanteil der Bohroperationen liegt durchschnittlich bei 30 \ldots 35 % der Bearbeitungszeit der Werkstücke.

Die Bohrerstandzeiten lassen sich durch Einsatz beschichteter Werkzeuge verlängern.

Erreichbare Maß- und Formgenauigkeit:	IT 10 \ldots 13	mit Spiralbohrer
(\ldots) mit Zusatzaufwand erreichbar	(IT 6 \ldots 9	mit Reibahlen)
Erreichbare Oberflächenqualität:	$R_z = 30 \ldots 100 \, \mu m$	mit Spiralbohrer
(\ldots) mit Zusatzaufwand erreichbar	($R_z = 1 \ldots 10 \, \mu m$	mit Reibahlen).

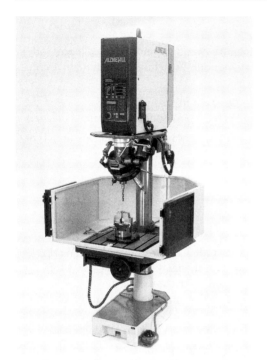

Bild 4.65: Säulenbohrmaschine mit Revolverkopf (*Alzmetall*)

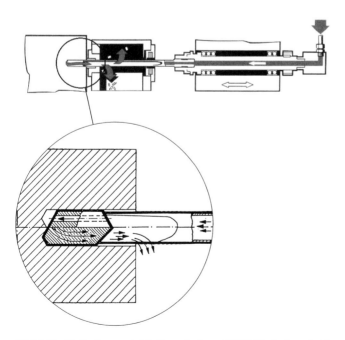

Bild 4.66: Tiefbohren mit Einlippenbohrer (*TBT Tiefbohrtechnik*)

4.3.3 Fräsen

Fräsen ist Spanen mit kreisförmiger Schnittbewegung und mit senkrecht oder schräg zur Drehachse des Werkzeugs verlaufender Vorschubbewegung zur Erzeugung beliebiger Werkstückoberflächen.

Das meist mehrzahnige Werkzeug führt die Schnittbewegung aus und/oder das Werkstück die Vorschubbewegung. Es entstehen ebene oder gekrümmte Flächen.

Durch den unterbrochenen Schnitt beim Fräsen schwanken Schnittkraft und Temperatur an den Schneiden erheblich.

Typische Teile: Getriebegehäuse, prismatische Teile
Einsatzbereich: Einzel- bis Großserienfertigung

Verfahren

Aufgrund der zu bearbeitenden Werkstücke werden Fräsverfahren und Werkzeuge ausgewählt. Die Schnittgeschwindigkeit wird in Abhängigkeit vom Schneidstoff, dem zu zerspanenden Werkstoff und der geforderten Arbeitsqualität gewählt. Um hohe Maß- und Oberflächenqualitäten zu erzielen, wählt man hohe Schnittgeschwindigkeiten. Hohe Schnittgeschwindigkeiten erzeugen kleine Zerspanungskräfte, was bei dünnwandigen Werkstücken oder bei schlanken Fräswerkzeugen vorteilhaft ist.

Nach der zu erzeugenden Werkstückgestalt unterscheidet man:

- **Planfräsen** – mit geradliniger Vorschubbewegung zur Erzeugung ebener Flächen (Umfangsfräsen und Stirnfräsen),
- **Rundfräsen** – mit kreisförmiger Vorschubbewegung zur Erzeugung kreiszylindrischer Flächen,
- **Wälzfräsen** – bei dem ein rotierendes Fräswerkzeug eine mit der Vorschubbewegung simultane Wälzbewegung ausführt (zur Herstellung von Zahnrädern und Gewinden),
- **Profilfräsen** – hierbei bildet sich das Profil des Fräsers im Werkstück ab (z. B. Nutherstellung mit Nutenfräser),
- **Formfräsen** – die Vorschubbewegung wird anhand eines schichtweise abgetasteten Modells auf das Werkstück übertragen.
- **Hochgeschwindigkeitsfräsen** (HSC High Speed Cutting) – mit kleinen Spantiefen, Spindeldrehzahlen über $10000\,min^{-1}$, hohen Vorschubgeschwindigkeiten $50 \ldots 120\,m/min$ und nur geringer Wärmeübertragung auf das Werkstück; meist im Formenbau eingesetzt.

Beim Planfräsen werden je nach Lage der Werkzeugachse das **Umfangsfräsen** (mit Walzenfräser) oder das **Stirnfräsen** eingesetzt. Das Umfangsfräsen erfolgt im Gleich- oder im Gegenlauf.

Beim **Gleichlauf-Fräsen** sind Schnittrichtung des Fräsers (Drehrichtung) und Vorschubrichtung des Werkstücks gleichgerichtet. Die Zerspanung beginnt stets mit der maximalen Spanungsdicke des entstehenden Kommaspans („dick nach dünn"). Es erzeugt gute Oberflächen und wird zur Bearbeitung auch dünnwandiger Werkstücke verwendet. Der Vorschubantrieb muß spielfrei sein.

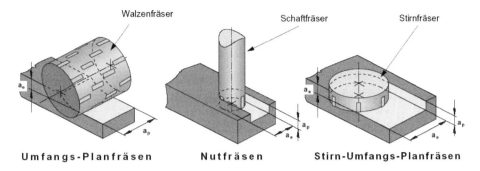

Bild 4.67: Einige Fräsverfahren mit unterschiedlichen Fräswerkzeugen (*Walter*)

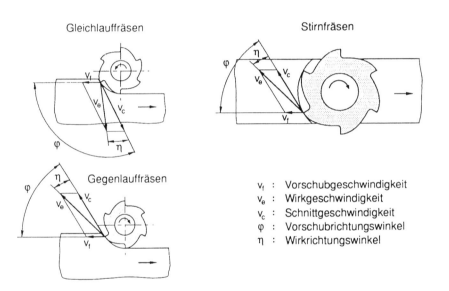

Bild 4.68: Planfräsverfahren zur Herstellung ebener Flächen [*Westkämper*]

Bild 4.69: AlTiN-beschichte Schaft- und Wälzfräser (links), Wälzfräsen (rechts) (*Index*)

Beim **Gegenlauffräsen** sind Schnittrichtung und Vorschubrichtung entgegengesetzt. Der Kommaspan wird am dünnen Ende angeschnitten („dünn nach dick"), dies führt zu erhöhtem Verschleiß. Der Fräser versucht außerdem, das Werkstück vom Maschinentisch abzuheben. Das Gegenlauffräsen wird bevorzugt beim Schruppen harter Guss- oder verzunderter Schmiedeoberflächen eingesetzt.

Beim **Stirnfräsen** sind Gleich- und Gegenlauffräsen kombiniert. Die Maschinenbelastung ist gleichmäßiger als beim Umfangsfräsen. Vorteilhaft beim Stirnfräsen ist, dass mehrere Schneiden gleichzeitig im Eingriff sind und sich die Spanungsdicke während des Eingriffs nur wenig ändert.

Werkzeuge

- **Walzenfräser** – sie haben nur Umfangsschneiden.
- **Walzenstirnfräser** – Fräser mit Schneiden am Umfang und an einer Stirnseite.
- **Scheibenfräser** – zum Fräsen schmaler Einschnitte oder Nuten.
- **Gewindefräser** – für Innen- und Außengewinde.
- **Schaftfräser, T-Nutenfräser** – z. B. für Langlöcher, T-Nuten.
- **Fräswerkzeugköpfe** – mit auswechselbaren Wendeschneidplatten, als Aufsteckfräser und Schaftfräser.
- **Satzfräser** – durch Kombination mehrerer Aufsteckfräser lässt sich ein Fräsersatz zusammensetzen zur Erzeugung vorgegebener Werkstückprofile (Formfräsen).

Schnellarbeitsstähle werden häufig als Vollstahlwerkzeuge eingesetzt. Schaftfräser weisen ungleiche Wendelsteigungen auf, um die Gefahr des Ratterns zu minimieren. Bei Hartmetallwerkzeugen liegt der Schneidwerkstoff meist in Form von auswechselbaren Schneidplatten vor, die auf einen Werkzeuggrundkörper geschraubt sind.

Maschinen

- Bei **Konsolfräsmaschinen** ist die Frässpindel fest angeordnet, und der Tisch führt alle translatorischen Bewegungen aus. Konsolmaschinen werden als Horizontal-, Vertikal- und Universalfräsmaschinen angeboten.
- Bei **Bettfräsmaschinen** wird die Vertikalbewegung durch die Spindel ausgeführt. Sie werden meist für große und schwere Werkstücke eingesetzt.

In der Produktion werden die Maschinen meist mit CNC-Mehrachsensteuerungen, Werkzeug- und Werkstückmagazinen ausgerüstet, um einen personalarmen Betrieb zu ermöglichen.

Wirtschaftlichkeit

Es wird angestrebt die Werkstücke in einer einzigen Aufspannung fertig zu bearbeiten. Stirnfräsen ist wirtschaftlicher als Umfangsfräsen.

Durch Hochgeschwindigkeitsfräsen ($v_c = 500 \ldots 1500$ m/min) kann meist das Schleifen ersetzt werden, wodurch sich die Gesamtbearbeitungszeiten erheblich reduzieren.

Erreichbare Maß- und Formgenauigkeit:
IT 6 Stirnfräsen, IT 8 Umfangsfräsen, IT 7 Formfräsen
Erreichbare Oberflächenqualität (…) mit Zusatzaufwand erreichbar:
$R_z = 10\,(1)$ μm Stirnfräsen, $R_z = 40\,(10)$ μm Umfangsfräsen, $R_z = 25\,(4)$ μm Formfräsen.

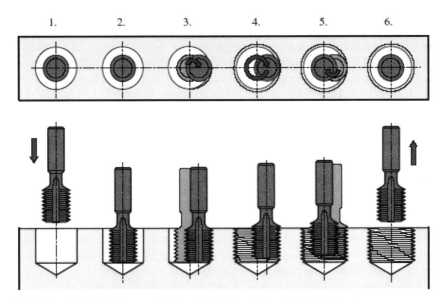

Bild 4.70: Gewindefräsen, wobei Gewindetiefe = Schneidtiefe (*Walter*)

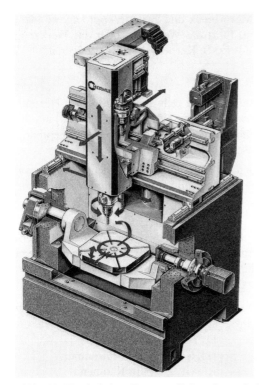

Bild 4.71: Fünfachsiges Fräsen – links schematisch, rechts Motorblockbearbeitung (*Hermle*)

4.3.4 Räumen

> **Räumen** ist Spanen mit einem mehrzahnigen Werkzeug, dessen Schneidzähne hintereinander liegen und jeweils um eine Spanungsdicke gestaffelt sind. Die Vorschubbewegung wird durch die Staffelung der Schneidzähne ersetzt. Die letzten Zähne stellen das am Werkstück gewünschte Profil her. Der Arbeitsvorgang ist nach einem Durchlauf des Räumwerkzeuges beendet und die Werkstückoberfläche fertig bearbeitet.

Typische Teile: Innenvielzahnprofile, Außenplanflächen
Einsatzbereich: Mittel- bis Großserienfertigung

Verfahren

- Beim **Innenräumen** wird das Werkzeugprofil vom Werkstück umschlossen. Ausgangsform ist meist eine Bohrung, durch die das Räumwerkzeug mit geradliniger Schnittbewegung gezogen wird. Nach dem Räumvorgang wird das Werkstück entnommen und das Werkzeug in die Startposition zurückgefahren. Das Räumwerkzeug (Räumnadel) führt sich bei symmetrischen Profilen selbst.
- Beim **Außenräumen** werden nicht geschlossene Außenflächen bearbeitet. Bei feststehendem Werkzeug können die Werkstücke auch kontinuierlich vorbeigeführt werden (Kettenräumen).
- Das **Außenplanräumen** ist das einfachste Räumverfahren. Es wird z. B. häufig zum Planieren der Trennflächen zwischen Motorblock und Zylinderkopf angewendet.
- Beim **Außenrundräumen** (Drehräumen) führt das Werkstück oder das Werkzeug noch eine zusätzliche Drehbewegung aus (z. B. Kurbelwellen-Hauptlagersitze).

Maschinen und Werkzeuge

Räumwerkzeuge sind meist aus Schnellstahl gefertigt. Teilweise werden auch Hartmetallschneiden verwendet. Die Schnittgeschwindigkeiten betragen 1 bis 30 (60) m/min. Räumwerkzeuge für das Innenräumen sind stabförmige Werkzeuge (Räumnadeln), mit denen in einem Fertigungsvorgang geschruppt und geschlichtet wird.

Die Spanungsdicke beträgt beim Schruppen 0,05 mm und beim Schlichten 0,005 mm. Nach Größe der Werkzeuge setzt man Waagerecht- und Senkrechträummaschinen ein.

Wirtschaftlichkeit

Die Vorteile des Räumens liegen in der hohen Zerspanleistung und der Möglichkeit, Werkstücke mit einem Werkzeug fertig zu bearbeiten. Bearbeitungstoleranzen lassen sich gut einhalten. Wegen der hohen Werkzeugkosten und der geringen Flexibilität des Verfahrens sind große Stückzahlen erforderlich.

Für schwierige Innen- und Außenformen kann das Räumen auch schon bei kleinen und mittleren Serien wirtschaftlich sein.

Erreichbare Maß- und Formgenauigkeit:	IT 7 ... 8	Räumen
(...) mit Zusatzaufwand erreichbar	(IT 6	Feinräumen)
Erreichbare Oberflächenqualität:	$R_z = 4 \ldots 25$ μm	Räumen
(...) mit Zusatzaufwand erreichbar	($R_z = 1 \ldots 4$ μm	Feinräumen)

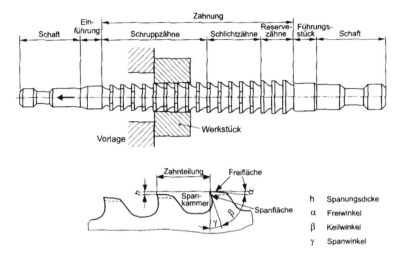

Bild 4.72: Räumwerkzeug für das Innenräumen [*Fritz/Schulze*]

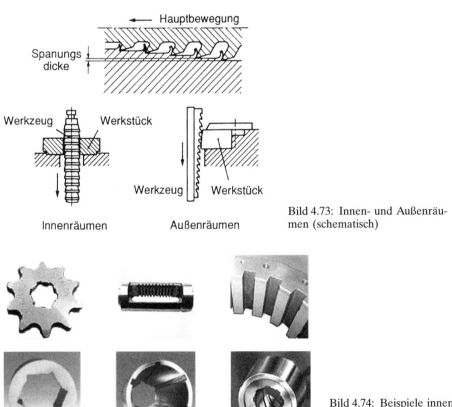

Bild 4.73: Innen- und Außenräumen (schematisch)

Bild 4.74: Beispiele innen- und außengeräumter Werkstücke (*Frömag*)

4.3.5 Sägen

> **Sägen** ist Spanen mit kreisförmiger oder gerader Schnittführung, mit einem vielzahnigen Werkzeug von geringer Schnittbreite, wobei die Schnittbewegung vom Werkzeug ausgeführt wird. Das Sägen wird zum Trennen von Halbzeugen und Werkstücken und zum Einschneiden von Nuten und Schlitzen angewandt.

Typische Teile: Profile, Stangen, Blöcke
Einsatzbereich: Einzel- bis Großserienfertigung

Verfahren (nach der Art und Bewegung des Werkzeugs)

- **Hubsägen** (Bügel-, Stichsägen),
- **Bandsägen**,
- **Kreissägen** und
- **Kettensägen**.

Beim Hubsägen wirken sich der Leerhub und die ungleiche Belastung auf das Sägeblatt ungünstig aus.

Werden Endlossägebänder für Bandsägen oder Kreissägen verwendet, so sind eine kontinuierliche Schnittbewegung ohne Leerhub und damit eine höhere Zerspanungsleistung möglich. Es entsteht ein nur dünner Schnittspalt.

Werkzeuge

Die Sägeblätter sind häufig mit Hochleistungsschnellstahl-Zähnen oder hartmetallbestückten Werkzeugen ausgerüstet.

Sägeblätter werden für Hand- und Maschinensägen eingesetzt. Die Zahnteilung ist für weiche Werkstoffe, die zu trennen sind, größer als für harte Werkstoffe, da hierbei ein größeres Spänevolumen je Schnitt aufgenommen werden muß. Damit ein Festklemmen der Sägeblätter vermieden wird, werden die Zähne geschränkt, d. h. abwechselnd nach rechts und links ausgebogen.

Maschinen

Für das Maschinensägen werden meist eingesetzt:

- **Metallkreissägen** – bis ca. 300 mm Werkstückdurchmesser,
- **Bügelsägen** – bis ca. 600 mm Werkstückdurchmesser und
- **Metallbandsägen** – über 1000 mm Werkstückdurchmesser.
- Für **Handsägen** werden Bügelsägen mit gewellten Sägeblättern eingesetzt.

Wirtschaftlichkeit

Moderne Sägemaschinen werden im industriellen Vorfertigungsbereich mit automatischen Lagereinrichtungen kombiniert. Das Material kann stab- oder bündelweise der Sägemaschine zugeführt und mit geringem Personalaufwand bearbeitet werden. Eine automatische Rückführung des Restmaterials an den Lagerplatz ist möglich. Dadurch wird sogar eine dreischichtige Bearbeitung (dritte Schicht ohne Personal) möglich.

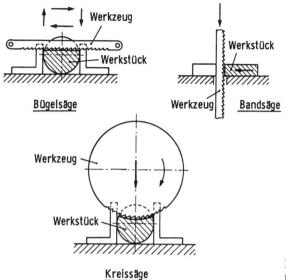

Bild 4.75: Maschinelle Sägeverfahren [*Betriebshütte*]

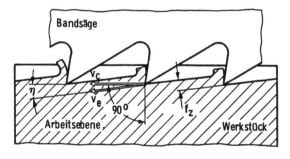

v_c Schnittgeschwindigkeit
v_e Wirkgeschwindigkeit
f_z Zahnvorschub

Bild 4.76: Schnittgrößen am Sägewerkzeug

Bild 4.77: Horizontal-Bandsägeanlage mit Späneförderer (*Kasto*)

4.4 Spanende Fertigungsverfahren mit geometrisch unbestimmten Schneiden

> Spanen mit geometrisch unbestimmten Schneiden ist ein Spanen, bei dem ein Werkzeug verwendet wird, dessen Schneidenanzahl, Geometrie der Schneidkeile und Lage der Schneiden zum Werkstück unbestimmt sind.

Spanen mit geometrisch unbestimmten Schneiden wird meist für die Nach- oder Fertigbearbeitung eingesetzt. Es ermöglicht sehr gute Oberflächenqualitäten und meist auch sehr gute Form- und Maßgenauigkeiten.

Die Verfahren mit geometrisch unbestimmten Schneiden erreichen nur geringe Zeitspanvolumen und sind deshalb auch nur für geringe Spanabnahmen einzusetzen. Es wird also meist eine Zugabe (z. B. Schleifzugabe) abgespant. Zur Vorbearbeitung der Werkstücke werden Verfahren mit großen Zeitspanvolumen (Verfahren mit geometrisch bestimmten Schneiden, z. B. Drehen) eingesetzt.

Die Schneidkeile der Werkzeuge bei Verfahren mit geometrisch unbestimmten Schneiden sind unregelmäßige Schneidkörner:

- **Gebundene Schneidkörner** – fest im Werkzeug eingebettet (z. B. Schleifscheiben, Honsteine),
- **Lose Schneidkörner** – als Suspension oder Paste (z. B. Läppen, Strahlspanen).

Die **Schneidstoffe** haben große Härte und kommen als Naturstoffe oder synthetische Stoffe vor:

- Quarz, Korund und Diamant (natürliche Schneidstoffe) und
- Elektrokorund, Siliziumkarbid oder kubisches Bornitrid (synthetische Schneidstoffe).

Abhängig vom Fertigungsverfahren liegen die mittleren **Korndurchmesser** beim

- Schleifen bei 80...380 μm (Körnung 30...60),
- Honen bei 30...280 μm (Körnung 70...220),
- Läppen bei 5...60 μm (Körnung 230...1200).

Die Körnung entspricht der Maschenzahl je 1 inch Maschenweite.

Die Schneidkörner werden im Werkzeug (z. B. Schleifscheibe) mit einem Bindemittel zusammengehalten. Aufgabe des Bindemittels ist es, die Schneidkörner bis zu ihrer Abstumpfung oder ihrem Bruch festzuhalten. Die Bindungsarten können an den Praxisfall angepasst werden:

- Metallische Bindungen – für schwer zerspanbare Werkstoffe,
- Organische Bindungen – für Schrupp- und Trennschleifarbeiten,
- Kautschukartige Verbindungen – für Schlicht- und Gewindeschleifen.

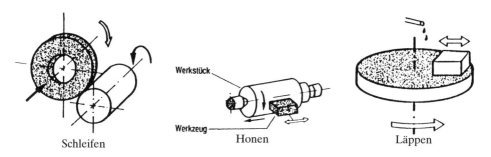

Bild 4.78: Einige Fertigungsverfahren mit geometrisch unbestimmten Schneiden

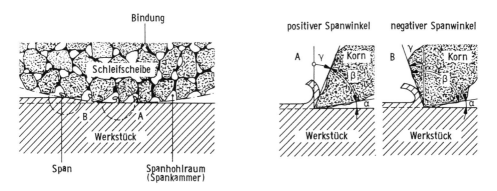

Bild 4.79: Schleifwerkzeug mit geometrisch unbestimmten Schneiden (schematisch)

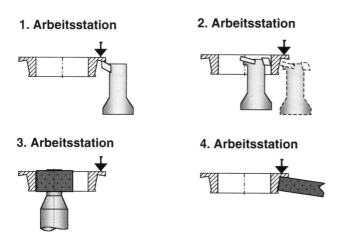

Bild 4.80: Komplettbearbeitung eines Werkstücks mit Drehen und Schleifen (*Schleifring*)

4.4.1 Schleifen

> **Schleifen** ist Spanen mit vielschneidigen Werkzeugen (Schleifkörpern), deren geometrisch unbestimmte Schneiden aus einer Vielzahl gebundener Schleifkörner bestehen. Mit hoher Schnittgeschwindigkeit und unter meist nichtständiger Berührung zwischen Werkstück und Schleifkorn wird der Werkstoff abgetrennt.

Schleifen wird für die Fertigung von Werkstücken mit eng tolerierten Maßen, die durch Drehen oder Fräsen nicht herstellbar sind, eingesetzt. Vorteilhaft sind die gute Bearbeitbarkeit harter Werkstoffe, eine hohe Maß- und Formgenauigkeit und eine gute Oberflächengüte.

Neben der Verbesserung der Form und Oberfläche von Werkstücken wird Schleifen auch zum Trennen (Trennschleifen), zum Entgraten von Werkstücken und zum Scharfschleifen von Werkzeugen eingesetzt.

Typische Teile: Stifte, Kolbenbolzen, Wellen, Zahnräder
Einsatzbereich: Einzel- bis Großserienfertigung

Verfahren

Die Schleifverfahren lassen sich unterscheiden nach der:

- Werkzeugart
  - **Schleifen mit starren**, schnell rotierenden **Schleifscheiben** (25 … 60 m/s) – zur Oberflächen- und Toleranzverbesserung (z. B. Getriebewellen),
  - **Hochgeschwindigkeitsschleifen**,
  - **Bandschleifen** – nur zur Oberflächenverbesserung (z. B. Gussarmaturen, Holzteile).
- Werkstückgestalt
  - **Planschleifen** – zur Erzeugung ebener Flächen. Wie beim Fräsen kann es als Umfangs- oder Stirnschleifen ausgeführt werden.
  - **Rundschleifen** – zur Erzeugung kreiszylindrischer Außen- und Innenflächen.
  - **Profilschleifen** – bildet mit zusammengesetzten Einzelschleifscheiben die Außenkontur des Werkstücks ab.
- Genutzte Schleifscheibenfläche
  - Beim **Umfangsschleifen** wird der Umfang der Schleifscheibe genutzt; ausgeführt durch Pendelschleifen mit geringer Schleiftiefe oder durch Tiefschleifen mit großer Schleiftiefe und kleinem Vorschub.
  - Das **Stirnschleifen** wird häufig bei Werkstücken mit unregelmäßigen Unterbrechungen eingesetzt.
- Werkstückeinspannung
  - **Rundschleifen** zwischen Zentrierspitzen eingespannter Werkstücke,
  - **Spitzenlosschleifen** ist ein Rundschleifen, wobei die rotationssymmetrischen, zylindrischen Werkstücke, ohne feste Einspannung in einem System, bestehend aus Schleifscheibe, Auflage und Regelscheibe, bearbeitet werden.

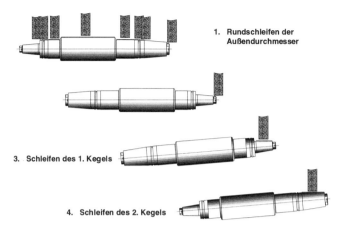

Bild 4.81: Außenrundschleifen einer Welle – Komplettbearbeitung (*Schleifring*)

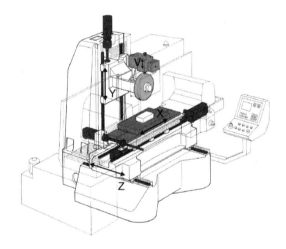

Bild 4.82: Horizontal-Flachschleifmaschine mit Schleifscheibenabrichtung (*Schleifring*)

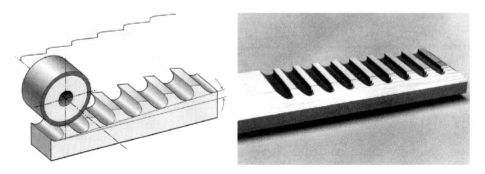

Bild 4.83: Schleifen eines Räumwerkzeugs (*Schleifring*)

Die Schrägstellung der Regelscheibe erzeugt eine axiale Vorschubbewegung der Werkstückrohlinge. Die Werkstücke benötigen keine Zentrierbohrungen. Das Spitzenlosschleifen ist einfach zu automatisieren.

- Schnitttiefe und Schnittgeschwindigkeit
  - Das **Tiefschleifen** weist ein vier- bis fünfmal höheres Zeitspanungsvolumen auf. Infolge der Tiefbearbeitung können in der Praxis größere Schleifzugaben bearbeitet und somit Komplettbearbeitungen durchgeführt werden (z. B. Tiefschleifen, ohne vorherige Drehbearbeitung).
  - Beim **Hochgeschwindigkeitsschleifen** (Schnittgeschwindigkeiten bis 200 m/s) kann die Bearbeitungszeit verkürzt werden. Die hohen Schleifgeschwindigkeiten erfordern geeignete Schleifscheiben, verstärkte Schleifspindellagerungen und verbesserte Schutzmaßnahmen im Falle von Schleifscheibenbrüchen.

Werkzeuge

Die rotierenden Werkzeuge bestehen aus Schneidkörnern, Bindungsmaterial und Poren. Sie werden meist ausgeführt als gerade Schleifscheiben, zylindrische Topfscheiben, Tellerschleifscheiben oder Schleifstifte.

Da die Schleifwerkzeuge durch das Ausbrechen der Körner aus der Schleifscheibe einem ständigen Verschleiß unterliegen, werden die Schleifscheiben mit einem Diamantwerkzeug abgerichtet, d.h. wieder in die gewünschte Form gebracht und griffig gemacht.

Maschinen

Die zum Schleifen geeigneten Maschinen sind auf die zu erzeugenden Flächen am Werkstück ausgelegt, z. B.

- **Flachschleifmaschinen** für horizontale und vertikale Bearbeitung mit Längs- oder Drehtischen,
- **Rundschleifmaschinen** für die Bearbeitung von Werkstücken zwischen mitlaufenden Zentrierspitzen und spitzenloses Rundschleifen,
- **Bandschleifmaschinen** mit flexibel umlaufenden Schleifbändern dienen lediglich der Oberflächenverbesserung.

Die Arbeitsspindeln von Schleifmaschinen, insbesondere Hochgeschwindigkeitsschleifmaschinen, werden mit Hilfe hydrostatischer Gleitlagerungen ausgeführt.

Wirtschaftlichkeit

Das Schleifen wird dort eingesetzt, wo Genauigkeiten und Oberflächen durch die Vorbearbeitungsverfahren nicht erreicht werden. Das Zeitspanungsvolumen ist klein.

Erreichbare Maß- und Formgenauigkeit:	IT 6 . . . 8	Flachschleifen
	IT 4 . . . 5	Profilschleifen
	IT 4 . . .6	Spitzenloses Schleifen
Erreichbare Oberflächenqualität:	$R_z = 1 . . . 6,3\ \mu m$	Flachschleifen
	$R_z = 0,25 . . . 4\ \mu m$	Profilschleifen
	$R_z = 0,25 . . . 4\ \mu m$	Spitzenloses Schleifen

Bild 4.84: Rundschleifen einer
Nockenwelle (*Schleifring*)

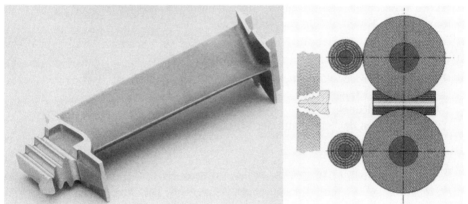

Bild 4.85: Formschleifen einer Turbinenschaufel bei gleichzeitiger Abrichtung der Schleifscheibe (*Schleifring*)

Bild 4.86: Verzahnungsschleifen eines Kfz-Lenkungsritzels (*Schleifring*)

4.4.2 Honen

Honen ist Spanen mit geometrisch unbestimmten Schneiden. Die vielschneidigen Werkzeuge führen eine aus zwei Komponenten bestehende Schnittbewegung aus.

Beim Honen sind alle Werkzeuge gleichzeitig im Eingriff. Infolge der ziehenden und drehenden Bewegungen zwischen Honsteinen und Werkstück weisen die gehonten Flächen kreuzende Bearbeitungsriefen auf und sind matt bis glänzend.

Durch die niedrigen Schnittgeschwindigkeiten, bis ca. 30 m/min, findet nur eine geringe Randzonenerwärmung statt. Das Honen wird meist zum Fertigbearbeiten von einzelnen Funktionsflächen am Werkstück, wie Bohrungen und Wellenabschnitten, verwendet. Die Werkstücke sollen möglichst formgenau und mit geringen Bearbeitungszugaben (0,05 ... 0,1 mm) vorbearbeitet werden.

Typische Teile: Zylinderlaufbuchsen, Pleuelbohrungen, Wälzlager
Einsatzbereich: Klein- bis Großserienfertigung

Verfahren

* Einteilung nach der Werkstückgestalt in
  – **Außen- und Innenhonen,**
  – **Plan- und Rundhonen.**
* Einteilung nach der Kinematik der Maschine in
  – **Langhubhonen** und
  – **Kurzhubhonen.**

Beim **Langhubhonen** (z. B. Zylinderhonen für Motoren) führt das Werkzeug die erforderliche Rotations- und Translationsbewegung aus. Die dabei entstehenden Riefen sind erwünscht, da sie das Haften eines Schmierfilms begünstigen.

Beim **Kurzhubhonen** (Feinhonen, Superfinishen) wird der rotierenden und translatorischen Bewegung noch eine Schwingbewegung mit Frequenzen bis 250 Hz und geringer Amplitude überlagert. Mit dem Kurzhubhonen werden z. B. Gleitlagerzapfen, Dichtflächen und Wälzlagerteile bearbeitet.

Die **Honwerkzeuge** (Honsteine) sind kraft- oder formschlüssig mit dem Werkzeugkörper (Honahle) verbunden. Zur Form- und Oberflächenverbesserung werden die Honsteine formschlüssig in einem nachstellbaren Spreizkegel befestigt. Messdüsen in der Honahle können den Honvorgang bei Sollmaßerreichung beenden. Mit den kraftschlüssig angeordneten Honsteinen wird nur eine Oberflächenverbesserung erreicht.

Wirtschaftlichkeit

Der Nachteil des geringen Zeitspanungsvolumens beim Honen kann aufgehoben werden durch die gleichzeitige Bearbeitung mehrerer Werkstücke mit Hilfe von Mehrfachaufnahmen. Der Personalkostenanteil ist gering.

Erreichbare Maß- und Formgenauigkeit: IT 3
Erreichbare Oberflächenqualität: $R_z = 0,1 ... 10\ \mu m$ Langhubhonen
                                            $R_z = 0,1 ... 1\ \mu m$ Kurzhubhonen.

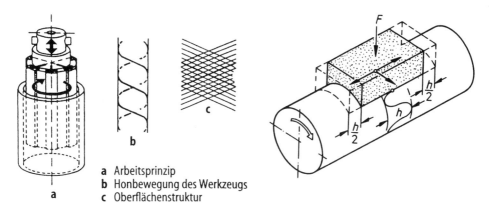

a Arbeitsprinzip
b Honbewegung des Werkzeugs
c Oberflächenstruktur

Bild 4.87: Innen-Langhubhonen (links) und Außen-Kurzhubhonen (rechts) [*Westkämper*]

Bild 4.88: Horizontalhonen (links) und Vertikallaserhonen (rechts) (*Gehring*)

4.4.3 Läppen

> **Läppen** ist Spanen mit losem, in einer Flüssigkeit oder Paste verteiltem Korn, dem Läppgemisch, bei dem mit einem formübertragenden Gegenstück, dem Läppwerkzeug, das Werkstück in unregelmäßigen Bahnen fein bearbeitet wird.

Der Werkstoffabtrag beruht auf einem Zerspanungs- und Verfestigungsprozess, bei dem die Läppkörner aus dem Läppgemisch den Werkstoff des Werkstücks zerspanen und bei ihrem Abrollen auch verfestigen und verspröden. Weiteres Abrollen der Läppkörner führt dann zu Mikroausbrüchen aus der Werkstückoberfläche.

Typische Teile: Hydrauliksteuerkolben, keramische Dichtungen, Waferscheiben
Einsatzbereich: Klein- bis Großserienfertigung

Verfahren

Nach der Gestaltung der Läppwerkzeuge unterscheidet man:

* **Planläppen** – mit Einscheiben- und Zweischeiben-Läppmaschinen,
* **Rundläppen** – an Innen- und Außenflächen,
* **Kugelläppen** – Verfahren mit Zweischeiben-Läppmaschinen, bei dem die obere Läppscheibe plan und die untere mit einer kegeligen Nut versehen ist,
* **Druckfließläppen** – zur Innenbearbeitung enger Bohrungen. Hierbei wird das Läppmittel in einem Arbeitszylinder von zwei Kolben wechselseitig durch die Bohrungen hindurchgepresst.
* **Schwingläppen** – Sonderverfahren, beim dem das Werkzeug Ultraschallschwingungen ausführt.

Maschinen und Werkzeuge

Meist kommen **Einscheiben-** und **Zweischeiben-Läppmaschinen** zum Einsatz. Durch die Drehbewegung der Läppscheibe bewegen sich die Läppkäfige und in ihnen die Werkstücke. Bei der Zweischeiben-Läppmaschine werden die Werkstücke beidseitig zwischen den Läppscheiben bearbeitet.

Die **Läppmittel** bestehen aus natürlichen und synthetischen Schneidstoffen.

Das **Läppwerkzeug**, das Gegenstück zum Werkstück, besteht meist aus Grauguss oder Kupfer mit waffelförmiger Oberfläche.

Das **Läppgemisch** verwendet als Trägermedium Öl, Petroleum, Benzin oder Mischungen daraus. Die Schnittgeschwindigkeiten sind niedrig, 4 m/min beim Feinläppen und 150 m/min beim Schruppläppen.

Wirtschaftlichkeit

Aufmaße zwischen 0,2 und 0,5 mm werden mit modernen Läppanlagen realisiert, sodass trotz geringem Zeitspanungsvolumen auch spanlos umgeformte Teile direkt weiter bearbeitet werden können. Erreichbare Oberflächenqualität: 0,06 ... 1 µm.

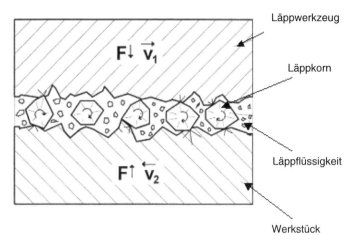

Bild 4.89: Läppvorgang (*Wolters*)

Bild 4.90: Zweischeiben-Läppmaschine mit Läppkäfigen (*Wolters*)

4.4.4 Strahlspanen, Strahlen und Reinigen

> Unter **Strahlspanen** und **Strahlen** versteht man Fertigungsverfahren, bei denen ein beschleunigtes Strahlmittel (fest, flüssig oder gemischt) auf das Werkstück auftrifft und dadurch die Werkstückoberfläche verändert. Die Beschleunigung des Strahlmittels erzeugt ein Strahlsystem mittels Druckluft oder Wasser.

Die kinetische Energie des Strahlmittels bewirkt dass:

- kleine Späne abgetrennt werden oder
- die Werkstückoberfläche örtlich verbessert wird oder
- Schmutzpartikel von der Oberfläche beseitigt werden.

Typische Teile: Schaumstoffe trennen, Oberflächen verfestigen, Profile entrosten
Einsatzbereich: Klein- bis Mittelserienfertigung

Verfahren

- **Trennstrahlen** (Wasserstrahlschneiden; siehe Kap. 4.5 Abtragende Verfahren),
- **Entgratstrahlen** (Entgraten; siehe nächster Abschnitt),
- **Verfestigungsstrahlen** (Strahlen mit Kugeln),
- **Oberflächenveredelungsstrahlen** (Glätten, Mattieren),
- **Reinigungsstrahlen** (Putzen, Entrosten).

Bedeutung hat das Reinigungsstrahlen als universelles Verfahren in der Vorfertigung und in der Vorbereitung zur Oberflächenbehandlung.

Beim **Ultraschallreinigen** (kein Strahlverfahren) erzeugen Schwingplatten in einem Medium Mikro- und Makroturbulenzen, die eine bessere Durchdringung der Öl- und Festrückstände auf der Werkstückoberfläche bewirken. Feste Partikel werden hierdurch von der Oberfläche entfernt, schwer zugängliche Vertiefungen, z. B. Bohrungen werden ebenfalls erreicht. Anwendung in der feinmechanischen Industrie.

Maschinen und Werkzeuge

Im Strahlgerät werden die Strahlmittel meist durch Druckluft beschleunigt

- zur Oberflächenverbesserung infolge Verfestigung,
  mit verfestigenden bzw. glättenden Kugeln (aus Gusseisen oder Stahl), bei einer Austrittsgeschwindigkeit von ca. 100 m/s und
- zur Oberflächenreinigung und Trennung infolge Spanung,
  mit Strahlmitteln (aus Siliziumkarbid, Aluminiumoxid, Elektrokorund oder Quarzsand), bei einer Austrittsgeschwindigkeit von ca. 800 m/s.

Wirtschaftlichkeit

Der Anlagenaufwand ist nicht groß. Je nach Werkstück- und Seriengröße werden angepasste Anlagen eingesetzt.

Die verbesserten der Oberflächen der Werkstücke verbessern meist auch die Produktivität nachfolgender Arbeitsschritte.

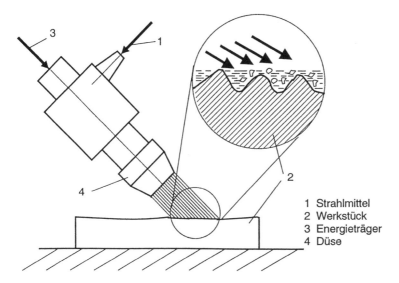

1 Strahlmittel
2 Werkstück
3 Energieträger
4 Düse

Bild 4.91: Strahlspanen (schematisch) (*Reichard*)

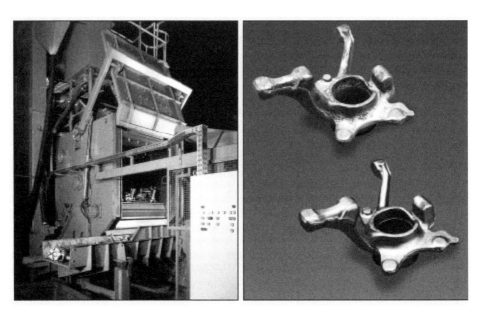

Bild 4.92: Strahlanlage zur Entzunderung von Schmiedeteilen, Schmiedeteil vor und nach der Entzunderung (*Verband Deutsche Schmiedetechnik*)

4.4.5 Entgraten

Beim **Entgraten** werden störende Werkstoffgrate am Werkstück abgetrennt, die durch spanlose oder spanende Vorbearbeitungen entstanden sind. Grobe Grate spanloser Fertigungsverfahren (z. B. Grate von Guss- oder Umformwerkstücken) werden meist schon in einem Folgearbeitsgang beseitigt. Kleinere Grate, entstanden durch Sägen, Bohren oder Fräsen müssen vor der Weiterbearbeitung durch geeignete Entgratverfahren ebenfalls sicher entfernt werden.

Typische Teile: Profilstahlteile, Gussteile, Ventilgehäuse
Einsatzbereich: Klein- bis Großserienfertigung

Verfahren

Die Verfahren werden zumeist auf die zu entgratenden Werkstücke abgestimmt. Für das Außenentgraten kleiner Werkstücke eignen sich z. B.

- **Trommelgleitspanen** – Werkstücke befinden sich, meist zusammen mit Gleitspanmitteln, in einem Arbeitsbehälter. Unregelmäßige Relativbewegungen bewirken ein Gleiten und dadurch eine Spanabnahme. Die Oberfläche wird verbessert, Grate beseitigt und Kanten abgerundet. Die Werkstücke dürfen nicht sperrig sein und sich nicht verhaken.
- **Vibrationsgleitspanen** – Arbeitsbehälter ist ein offener Topf oder ein schneckenförmiger Behälter. Die Werkstücke bewegen sich schraubenförmig infolge eines unwuchtigen Antriebs.

Für das Innenentgraten (z. B. Grate von Bohrungsverschneidungen) eigenen sich z. B.

- **Thermisches Entgraten** – zu entgratende Teile werden in eine Entgratkammer gelegt. Nach dem Schließen der Kammer wird Knallgas zugeführt und entzündet. Die Verbrennungswärme brennt Grate und scharfe Kanten ab.
- **Elektrochemisches Entgraten** (ECM) – werkstückspezifische Elektroden werden in unmittelbare Nähe der Werkstückgrate (auch Bohrungsinnengrate) gebracht. Mittels Stromquelle werden die Grate anodisch aufgelöst. Werkstück und Elektroden liegen in einer Elektolytlösung (z. B. NaCl) vor.

Werkzeuge und Maschinen

Die Gleitspanmittel sind lose Schleifkörper, so genannte **Chips**. Formen und Größen der Chips müssen den Werkstücken angepasst sein, damit ein Verklemmen vermieden wird und auch kleinste Innenradien der Werkstücke bearbeitet werden können.

Wirtschaftlichkeit

Das Gleitspanen ist ein sicheres Verfahren zur Verbesserung der Außenoberflächen von kleineren Werkstücken. Gleitschleifabwässer enthalten oft problematische Abfallstoffe und müssen entsorgt werden.

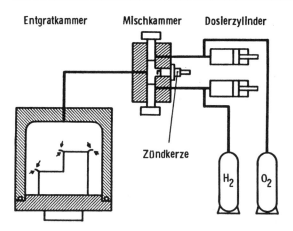

Bild 4.93: Aufbau einer thermischen Entgratanlage (*Reichard*)

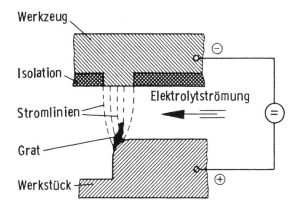

Bild 4.94: Elektrochemisches Entgraten (*AEG-Elotherm*)

Bild 4.95: Beladen einer Zweistationen-Anlage zur elektrochemischen Entgratung (*VMB*)

4.5 Abtragende Verfahren

> **Abtragen** ist Fertigen durch Abtrennen von Stoffteilchen von einem festen Körper durch physikalische und chemische Vorgänge in der Wirkzone.
>
> Das Abtragen bezieht sich sowohl auf das Entfernen von Werkstoffschichten als auch auf das Abtrennen von Werkstückteilen.

Nach den Vorgängen in der Wirkzone unterscheidet man:

- **thermisches Abtragen** – durch das Einbringen konzentrierter Wärme in die Wirkzone des Werkstücks schmilzt oder verdampft das Material (z. B. Erodieren),
- **elektrochemisches Abtragen** (Electro Chemical Machining, ECM) – mit einem Elektrolyten und elektrischem Strom wird Material des Werkstücks anodisch aufgelöst (z. B. Entgraten),
- **chemisches Abtragen** – durch chemische Reaktionen wird das Material des Werkstücks örtlich aufgelöst (z. B. Ätzen),
- **mechanisches Abtragen** – kinetische Energie eines Energiestrahls ermöglicht die Trennung von Werkstücken (z. B. Wasserstrahlschneiden).

4.5.1 Erodieren

Erodieren beruht auf der erodierenden Wirkung rasch wiederkehrender, örtlich und zeitlich getrennter, elektrischer Entladungsvorgänge zwischen Elektrode und Werkstück in einer dielektrischen Flüssigkeit. Dazu wird in einem Behälter mit einer elektrisch nichtleitenden Flüssigkeit (Dielektrikum) Werkzeug und Werkstück einander so weit angenähert, bis durch die angelegte Spannung eine Entladung zwischen Werkzeug (Elektrode) und Werkstück ausgelöst wird:

- Bei Temperaturen bis 12000 °C schmilzt und verdampft der Werkstoff.
- Das abgetragene Material wird durch das Dielektrikum herausgespült und über einen Filterkreislauf gefiltert.
- Die Entladungsstrecke entsteht durch Ionenkonzentration an der engsten Stelle.

Es können alle elektrisch leitenden Werkstoffe, unabhängig von ihrer Härte und Zerspanbarkeit, bearbeitet werden. Wegen des geringen Zeitspanungsvolumens ist dieses Verfahren besonders für die Einzelfertigung geeignet.

Typische Teile: schwierig herstellbare Senkungen in gehärteten Stählen
Einsatzbereich: Werkzeugbau, Kleinserienfertigung

Die wichtigsten Verfahrensparameter einer Funkenerosionsanlage sind:

- pulsierende Gleichspannung 60 ... 300 V,
- Entladungsstrom bis 400 A,
- Impulsfrequenz der einzelnen Entladungen 0,2 ... 500 kHz.
- Der Arbeitsspalt zwischen Elektrode und Werkstück beträgt 0,005 ... 0,5 mm und wird durch den Werkzeugvorschub geregelt.

Schrupperodieren wird mit großen Spannungen, Strömen, Arbeitsspalten und kleinen Frequenzen erreicht. Beim **Schlichterodieren** ist es umgekehrt.

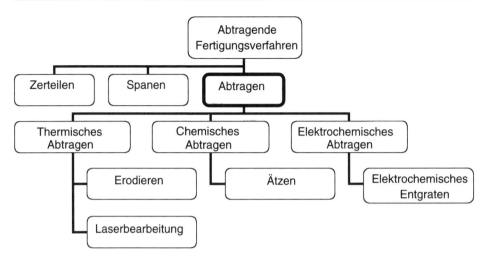

Bild 4.96: Gliederung der abtragenden Fertigungsverfahren

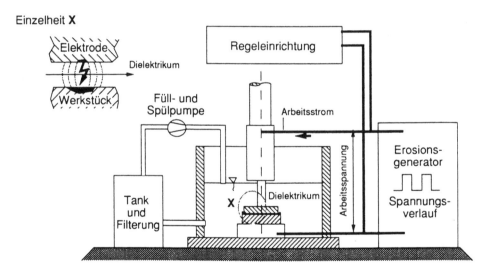

Bild 4.97: Schematischer Aufbau einer Senkerodieranlage [*Westkämper*]

Verfahren

- funkenerosives Senken – z. B. zur Herstellung von Innenkonturen für Spritzgießwerkzeuge für Kunststoffteile,
- funkenerosives Schneiden – z. B. für die Herstellung konisch geschnittener Schneidplatten für das Scherschneiden,
- funkenerosives Schleifen und Bohren – z. B. für kleine tiefe Bohrungen.

Beim **funkenerosiven Senken** (Senkerodieren) wird die Elektrode (Erodierwerkzeug) sehr langsam in das Werkstück eingesenkt und so die gewünschte Innenform erzeugt. Die Werkzeugelektrode stellt ein Gegenstück zur geforderten Werkstückform dar. Hauptanwendung ist der Formenbau. Vorteilhaft ist hierbei, dass gehärtete Werkstücke genau so wie weiche bearbeitet werden können.

Das **funkenerosive Schneiden** (Drahterodieren) nutzt einen 0,01 ... 0,25 mm dicken Messing- oder Kupferdraht als Elektrode, der von einer Spule über Rollen und Führungen straff gespannt abläuft. Mit einer CNC-Steuerung kann der Maschinentisch geführt und auch geschwenkt werden, sodass sich mit der Drahtelektrode vielfältige Innen- und Außenkonturen herstellen lassen. Der Drahtverschleiß (Elektrodenverschleiß) ist unbedeutend, da die gesamte Drahtlänge nur einmal verwendet wird.

Die Oberflächenrauigkeit kann zusätzlich zum Schlichterodieren (Senkerodieren) noch weiter verbessert werden. Dazu muss die senkrechte Vorschubbewegung der Elektrode mit einer wagrechten Bewegung oder Drehung der Elektrode kombiniert werden. Dadurch ergibt sich das **funkenerosive Schleifen**.

Maschinen und Werkzeuge

Eine **Erodier-Anlage** besteht aus einer Maschine mit Vorschub- und Lageregelung, einem Generator zur Stromerzeugung und einem Behälter mit Pumpe, Kühlung und Filter für die Spülung. Als Steuerung wird meist eine CNC-Bahnsteuerung mit drei oder vier Achsen verwendet.

Bei **Senkerodiermaschinen** mit CNC-Bahnsteuerung lassen sich mit einfachen Elektrodenformen, in Kombination mit der mehrdimensionalen Steuerung der Elektrode, vielfältige Werkstückformen herstellen. Mit Hilfe der Steuerung kann hierbei auch der Elektrodenverschleiß ausgeglichen werden.

Die **Elektroden** werden aus leicht bearbeitbaren Materialien, wie Kupfer oder Graphit gefertigt. Die Größe des Funkenspalts und der Elektrodenverschleiß müssen bei der Elektrodenfertigung berücksichtigt werden.

Als **Dielektrikum** werden Mineralöle oder synthetische Kohlenwasserstoffe verwendet. Wegen der entstehenden Dämpfe aus dem Dielektrikum sind Absaugungen und Brandschutzvorkehrungen notwendig.

Wirtschaftlichkeit

Maß- und formgenaue Herstellung von Werkstücken mit gleichmäßiger Oberflächengüte und guter Haftung für Schmierstoffe ist durch Schrupp- und Schlichterodieren möglich.

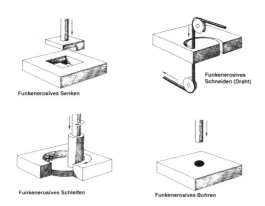

Bild 4.98: Anwendungen funkenerosiver Verfahren (*Matra*)

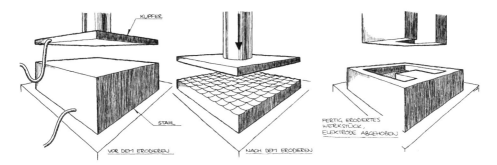

Bild 4.99: Zustände vor, während und nach dem Erodieren (*Matra*)

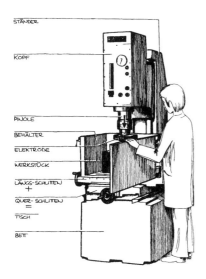

Bild 4.100: Erodiermaschine (schematisch) (*Matra*)

4.5.2 Verfahrensvergleich Erodieren — Fräsen

Verfahrensvergleich		
	Erodieren	**Fräsen**
Herstellbare Werkstückform und **Werkstückeigenschaften**	• Werkstücke mit Innenkonturen und unregelmäßigen Formen • Bearbeitung mit speziell gefertigten Werkzeugen (Elektroden) • gute Oberflächen • geringe Toleranzen • auch härteste Stahlwerkstoffe und Hartmetalle bearbeitbar	• Werkstücke mit Außen- und Innenkonturen, • Bearbeitung mit rotierenden Werkzeugen • gute Oberflächen • mittlere Toleranzen • Werkstoffe sollen gut zerspanbar sein
Erforderliche Werkzeuge und Maschinen	• Spezialwerkzeuge • teurere Anlagen • sehr niedrige Zeitspanungsvolumen	• Standardwerkzeuge und Spezialwerkzeuge • Universalmaschinen sollen zur Komplettbearbeitung geeignet sein • hohe Zeitspanungsvolumen
Stückkosten Stückzeiten Rüstzeiten	• hoch • sehr hoch • mittel	• niedrig • niedrig bis mittel • niedrig bis mittel
Wirtschaftliche Stückzahlen	• Einzelfertigung bis Kleinserienfertigung	• Einzel- bis Großserienfertigung
Energiekosten Emissionen	• mittel • Absaugung entstehender Dämpfe und Filterung des Dielektrikums erforderlich	• niedrig • Dunstbildung aus Kühlschmierstoffen
Werkstoffausnutzung	• niedrig	• niedrig, in besonderen Fällen nur 5 %

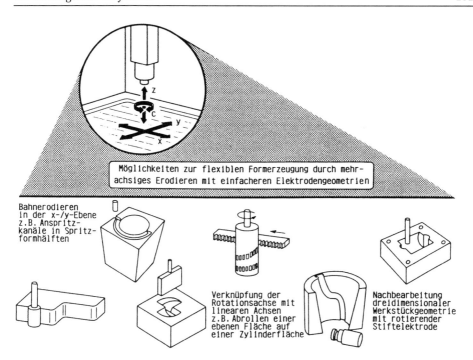

Bild 4.101: Breites Anwendungsspektrum des Senkerodierens (*AEG, Charmilles*)

Bild 4.102: Teilespektrum unterschiedlicher Fräs-Dreh-Teile (*Chiron*)

4.5.3 Laserbearbeitung

Der Laserstrahl (**L**ight **A**mplification by **S**timulated **E**mission of **R**adiation) ist ein gerichteter Lichtstrahl. Der Laserstrahl wird durch elektrische Anregung einer Lasersubstanz, z. B. Rubin, Nd-YAG oder CO_2, erzeugt. Über Umlenkspiegel wird der Laserstrahl zum Werkstück geführt und durch eine Linse zum Brennfokus von etwa 0,2 mm Durchmesser gebündelt. Die im Fokus entstehende sehr hohe Energiedichte bringt den zu bearbeitenden Werkstoff schnell auf Schmelz- oder Verdampfungstemperatur und kann zur Bearbeitung eingesetzt werden.

Typische Teile: beschriftete Typenschilder, unregelmäßig geschnittene Blechteile
Einsatzbereich: Klein- bis Großserienfertigung

Verfahren

Der CO_2-Laser eignet sich für fertigungstechnische Anwendungen, die hohe Leistungen benötigen, wie das Schneiden, Schweißen (siehe Kap. 5), Härten oder Beschichten. Der Laserstrahl ermöglicht Anwendungen des Trennens, Abtragens und des Fügens. Die Strahlquerschnittsfläche im Fokus lässt sich der Anwendung anpassen. Der Laserstrahl muss vom Werkstoff absorbiert werden, ansonsten erfolgt Reflexion des Strahls (Glas z. B. lässt sich nicht bearbeiten).

Beschriften − häufigste Anwendung für Typenschilder oder Tastaturtasten. Ein CNC-gelenkter Ablenkspiegel steuert den Laserstrahl. Die Schreibgeschwindigkeit beträgt mehrere Zeichen pro Sekunde.

Impulsschweißen − feinmechanische Teile können aus unterschiedlichen Metallen gefügt werden. Schweißen von Stahl bis zu 20 mm Dicke ist möglich.

Laserschneiden − trennt Bleche bis 20 mm, Kunststoffe bis 40 mm Dicke und Keramik. Bei geschnittenen Acrylglasplatten ergeben sich glasklare Schnittkanten.

Bohren − mit gepulsten Lasern für alle Werkstoffe möglich. Bohrdurchmesser von 10 µm und Bohrtiefen bis zum 10-fachen Durchmesser in Metall sind möglich.

Fräsen − mit Hilfe des Laserstrahls wird Material aus dem Werkstück „herausgeschossen" und mit einem Gasstrahl weggeblasen.

Maschinen

Laserschneidmaschinen sind eine Art Feinbrennmaschinen. Stanz-/Nibbelmaschinen werden deshalb teilweise mit Laserschneideinrichtungen kombiniert. Schneiden von Blechen mit komplizierten Innenkonturen ist auch in Serien wirtschaftlich.

Wirtschaftlichkeit

Bei Blechen sehr schmale Schnittfugen von ca. 0,2 mm; wärmebeeinflusste Zone: ca. 0,1 mm.

Keine Kantenrundung an der Oberseite des Werkstücks, keine Tropfnase an der Unterseite; keine speziellen Werkzeuge erforderlich, kein Werkzeugverschleiß.

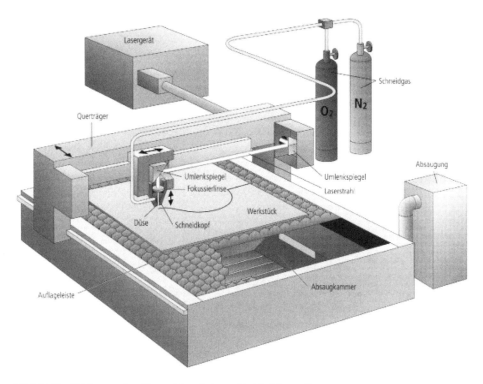

Bild 4.103: 2D-Laserschneidmaschine (schematisch) (*Trumpf*)

Bild 4.104: Laserhärten von Getriebeteilen (*Trumpf*)

4.5.4 Verfahrensvergleich Laserbrennschneiden — Nibbeln

Verfahrensvergleich		
	Laserbrennschneiden	**Nibbeln**
Herstellbare Werkstückform und **Werkstückeigenschaften**	• aus ebenen und umgeformten Blech- und Rohrwerkstücken • sehr komplexe Formen • sehr präzise Schnittkanten • geringe Toleranzen • Werkstoffeigenschaften durch Wärmeeinwirkung des Lasers beeinträchtigt • insbesondere Metallbleche und Kunststoffe werden geschnitten und bearbeitet	• aus ebenen Blechwerkstücken • komplexe Formen • gute bis präzise Schnittkanten • geringe Toleranzen • Werkstoffeigenschaften werden nicht beeinträchtigt • insbesondere Metallbleche werden bearbeitet
Erforderliche Werkzeuge und Maschinen	• Laserstrahl universell einsetzbar • kein Werkzeugverschleiß • teuere Maschinen • Komplettbearbeitung möglich • zur Kostenminimierung weisen Maschinen auch Laser- zusammen mit Nibbeleinrichtungen auf	• meist Standardwerkzeuge – Werkzeugmagazin vorhanden • Maschinen billiger • Komplettbearbeitung möglich • zur Kostenminimierung weisen Maschinen auch Laser- zusammen mit Nibbel-einrichtungen auf
Stückkosten Stückzeiten **Rüstzeiten**	• mittel • niedrig, Komplettfertigung wird angestrebt • niedrig, da universeller Einsatz des Lasers	• niedrig • niedrig, Komplettfertigung wird angestrebt • niedrig, da Werkzeugmagazin die gängigen Werkzeuge enthält
Wirtschaftliche Stückzahlen	• kleinere Serien wirtschaftlich herstellbar, • jedoch hohe Auslastung erforderlich	• kleinere Serien wirtschaftlich herstellbar, • jedoch hohe Auslastung erforderlich
Energiekosten Emissionen	• niedrig • Absaugung der Brenngase und Schutz vor Laser notwendig	• niedrig • keine
Werkstoffausnutzung	• mittel • Schachtelprogramme erforderlich	• mittel • Schachtelprogramme erforderlich

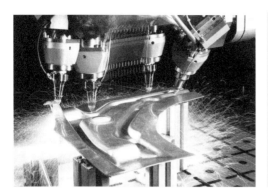

Bild 4.105: 3-D-Laserschneiden, tiefgezogenes Blech und Vierkantrohr (*Trumpf*)

Bild 4.106: Einige Stanzwerkzeuge für das Nibbeln (*Trumpf*)

4.5.5 Wasserstrahlschneiden

Beim **Wasserstrahlschneiden** wird die Energie eines beschleunigten Wasserstrahls zum Schneiden genutzt. Dabei wird Wasser mit sehr hohem Druck (bis 4000 bar) durch spezielle Düsen gepresst. Die Austrittsgeschwindigkeit beträgt 800 m/s. Auf das zu schneidende Material gerichtet wirkt dieser Strahl wie ein dünnes unsichtbares Messer.

Mit Wasserstrahlschneiden sind alle Materialien bearbeitbar.

Typische Teile: schwierig herstellbare Schnitte bei Weichstoffen, Präzisionsteile
Einsatzbereich: Klein- bis Mittelserienfertigung

Verfahren

Man unterscheidet das

- **Wasserstrahlschneiden** − beim Trennen von weichen Werkstoffen, wie Gummi, Leder, Papier, Schaumstoff, erzeugen herkömmliche Trennwerkzeuge nur unzureichende Schnittflächen und -kanten.
- **Abrasiv-Wasserstrahlschneiden** − zum Trennen von harten Werkstoffen, z. B. Stahl bis ca. 100 mm, Titan, Marmor und Glas. Ist der Wasserstrahl allein nicht intensiv genug, dann führt man diesem ein Abrasivmittel (Quarzsand, Granat, Korund) feinster Körnung zu. Das Abrasivmittel wird per Injektor oder als Suspension beigefügt. Der Strahldurchmesser beträgt 0,5 . . . 1,5 mm, die Vorschubgeschwindigkeiten je nach Material und Materialdicke bis 500 m/min.

Die geringen Reaktionskräfte und der scharfe Wasserstrahl lassen die Bearbeitung weicher und dünner Werkstückstrukturen zu. Der kalte Wasserstrahl erzeugt außerdem keine Erwärmung durch das Schneiden. Eine Gefügeveränderung, z. B. bei Stahl, wie bei anderen Trennverfahren kann im Werkstück nicht stattfinden.

Maschinen

Die zum Wasserstrahlschneiden erforderlichen hohen Drücke werden überwiegend mit Druckübersetzerpumpen erzeugt. In einem offenen Ölkreislauf wird durch eine Kolbenpumpe abwechselnd Drucköl den beiden Seiten eines Stufenkolbens zugeführt. Je nach Druckübersetzung wird dort das drucklos angesaugte Wasser auf den hohen Arbeitsdruck verdichtet. Die von der nicht gleichförmigen Kolbenbewegung hervorgerufenen Druckunterschiede werden mit einem Druckspeicher geglättet. Die im Wasser gespeicherte Druckenergie wird über die Düse in kinetische Energie, als Strahl, umgewandelt. Der Wasserverbrauch liegt bei ca. 1,5 l/min.

Wirtschaftlichkeit

Vorteilhaft bei diesem Verfahren sind die niedrigen mechanischen und thermischen Belastungen des Werkstücks beim Trennvorgang. Vorteilhaft sind insbesondere die sauberen Schnittkanten ohne Grat, ohne Späne und ohne Staubentwicklung.

Wasserstrahlschneiden wird in der Papier-, Holz- und Textilindustrie, im Automobil-, Flugzeug- und Anlagenbau, auch in Kleinbetrieben, eingesetzt. Es werden nur natürliche Betriebsstoffe eingesetzt.

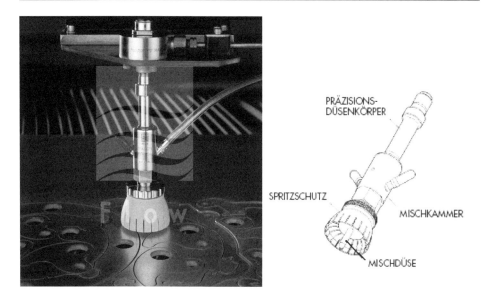

Bild 4.107: Schneidstation einer Abrasiv-Wasserstrahlschneidanlage (*Flow-Waterjet*)

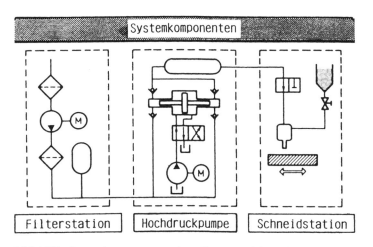

Bild 4.108: Systemkomponenten einer Wasserstrahlschneidanlage

5   Fügende Fertigungsverfahren

> Die **Hauptgruppe Fügen** der Fertigungsverfahren beschreibt nach DIN 8580 „das Zusammenbringen von zwei oder mehr Werkstücken geometrisch bestimmter fester Formen oder von solchen Werkstücken mit formlosem Stoff.

Die DIN 8593 gliedert und beschreibt eine Vielzahl von **Fügeverfahren**, zu denen z. B. auch die große Gruppe der Verfahren zur Textilherstellung gehört. Fügeverfahren werden von der Produktkonstruktion nach den Kriterien

- Festigkeit,
- Oberfläche,
- Dichtheit,
- Korrosion

festgelegt (Bild 5.1). Weiterhin sind wirtschaftliche Anforderungen zu erfüllen wie z. B.

- Montage- und Fügekosten,
- Automatisierbarkeit,
- Demontage für Reparaturen.

Die folgende Darstellung beschränkt sich auf die wichtigsten Fügeverfahren in der industriellen Metallbearbeitung. Neben der DIN 8593 bietet die Literatur einen vollständigen Überblick, z. B. [*Matthes/Riedel*] und [*Matthes/Richter*].

5.1   Montage

Fügen ist die wesentliche Aufgabe der Montage und ist damit Kernprozess fast jedes Produktionsbetriebes. In der Montage entsteht (von Rohmaterial- oder Halbzeugherstellern abgesehen) das verkaufsfertige Produkt mit all seinen kundenrelevanten Eigenschaften. Montage wird deshalb nur in Ausnahmefällen von Zulieferbetrieben zugekauft; in der Automobilindustrie können z. B. Nischen- und Exotenfahrzeuge von Lieferanten montiert werden, während die Serienfahrzeuge selbst montiert werden.

In der Teilefertigung ist die Aufgabe des Fertigungsplaners, durch Auswahl geeigneter Fertigungsverfahren einen qualitätssicheren und kostenminimalen Fertigungsprozess zu planen. Der Montageplaner hat diese Freiheit nur ausnahmsweise, denn das einzusetzende Fügeverfahren wird i. d. R. durch den Konstrukteur festgelegt (Bild 5.2). Aufgaben des Montageplaners sind lediglich, für das Fügeverfahren die Parameter und den Grad der Mechanisierung zu planen und den Konstrukteur über Kosten und Qualitätssicherung der Fügeverfahren zu beraten.

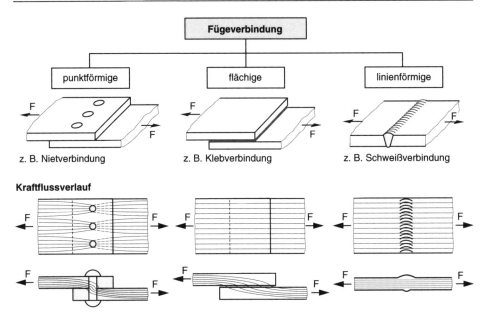

Bild 5.1: Spannungsverteilung in Fügeverbindungen [*Matthes/Riedel*]

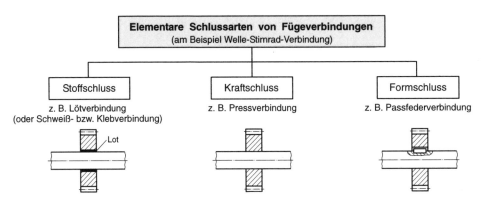

Bild 5.2: Elementare Schlussarten von Fügeverbindungen für den gleichen praktischen Einsatz [*Matthes/Riedel*]

Jeder Produktionsprozess muss

- **Fertigungstechnik** (Bearbeitungsverfahren, Verfahrensparameter, Bearbeitungsmaschinen),
- **Logistik** (Verfügbarkeit des zu bearbeitenden Materials und der benötigten Fertigungskapazität) und
- **Personal** (Qualifikation, Organisation)

zusammenführen.

In der Montage sind die Logistik- und Organisationsaufgaben besonders anspruchsvoll. Um ein verkaufsfähiges Produkt zu montieren, müssen alle Einzelteile in den benötigten Varianten bereitstehen. Wegen der großen Vielfalt der Montageteile ist es meist nicht wirtschaftlich, die zu fügenden Teile automatisch zu handhaben. Montage ist deshalb auch in einem Hochlohnland sehr personalintensiv (Bild 5.3), sodass die Montage häufig einen Anteil von 20 bis 40 % (oder mehr) der Fertigungskosten verursacht.

5.2 Schweißen

Schweißen ist (Bild 5.4)

- das Vereinigen oder Beschichten von Werkstücken,
- in flüssigen oder plastischen Zustand an der Fügestelle,
- unter Anwendung von Wärme (Schmelzschweißen) und/oder Kraft (Pressschweißen),
- ohne oder mit Zusatzwerkstoff.

Schweißverbindungen sind als stoffschlüssige Verbindungen wegen der festen und dichten Vereinigung der Fügeteile **unlösbare Verbindungen**. Die Vorteile von Schweißverbindungen sind:

- Werkstoff- und Gewichtseinsparung, keine Überlappungen,
- freie Gestaltung und einfache Ausführung,
- keine Schwächung durch Bohrung (wie bei Niet- oder Schraubverbindungen).

Nachteile sind dagegen:

- Gefügeänderung in der Schweißzone,
- Verzug und Schrumpfungen am Bauteil durch örtliche Erwärmung,
- nicht alle Metalle sind zum Schweißen geeignet,
- aufwändige Qualitätssicherung manuell geschweißter Nähte durch visuelle Kontrolle ggf. mit Hilfe von Röntgenstrahlung.

Bild 5.3: Ergonomische Gestaltung der Arbeitsplätze in einer Automobil-Endmontage (*BMW*)

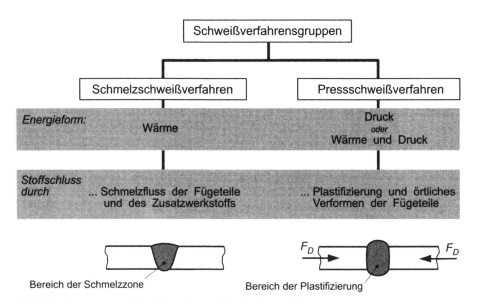

Bild 5.4: Gruppen von Schweißverfahren [*Matthes/Richter*]

Industrielles Schweißen erfordert Vorrichtungen (Bild 5.5). **Heftvorrichtungen** fixieren die Einzelteile. **Spannvorrichtungen** zwingen die Teile in die richtige Passung der Schweißstöße und spannen die Teile vor, um Schweißverzug oder Schrumpfwirkung auszugleichen. **Wendevorrichtungen** drehen das Werkstück, um in waagerechter Position (Wannenlage) schweißen zu können, damit keine Schmelze verläuft oder abtropft.

Die typische **Arbeitsfolge** beim Schweißen ist:

- Einlegen und Spannen der Teile in die Heft- oder Spannvorrichtung,
- *Heftschweißen*: Schweißen von einem Teil der Schweißverbindungen oder einem Teil der Nahtlänge, um dem Werkstück eine gewisse Stabilität zu geben; die vom Werkstück geforderte endgültige Stabilität ist noch nicht erreicht,
- Entnahme aus der Heft- oder Spannvorrichtung; die teure Spannvorrichtung ist damit frei für das nächste Werkstück,
- ggf. Übernahme in eine Wendevorrichtung,
- ausschweißen (fertig schweißen) der Verbindungen und Nähte ohne störende Spanner, um dem Werkstück die endgültige Stabilität zu geben.

5.2.1 Autogenschweißen

Beim Autogenschweißen wird die Hitze, mit der die Schweißstelle aufgeschmolzen wird, mit einer Gasflamme erzeugt (Bild 5.6). Brennergas ist eine Mischung von Acetylen C_2H_2 und Sauerstoff O_2 im Verhältnis $1:1$ bis $1:1,2$. Bild 5.7 zeigt den Aufbau eines **Injektorbrenners**. Im Griffstück werden die beiden Schweißgase zugeführt und im Brennereinsatz gemischt.

Vorteile des Autogenschweißens sind:

- *Mobilität*: Durch die Gasspeicherung in Druckflaschen und die Versorgung des Schweißbrenners über Schlauchleitungen kann unabhängig von einer zentralen oder leitungsgebundenen Energieversorgung geschweißt werden.
- *Schweißen an schwer zugänglichen Stellen*: durch biegsame Anbauten an den Schweißbrenner und Einsicht an die Schweißstelle mit einem Spiegel,
- Schweißen auch dünnwandiger Bleche möglich,
- geringe Anforderungen an die Vorbereitung der Schweißnaht,
- *geringe Oxidation der Schweißnaht*: die Schweißflamme schirmt die Schweißstelle von der Umgebung ab,
- *wenig Schweißverzug*: geringe Wärmekonzentration der Schweißflamme, breite Wärmeeinflusszone, lange Einwirkdauer der Flamme,
- einfache visuelle Kontrolle des Schweißbades, trotzdem hoher und regelmäßig kontrollierter Ausbildungsstand des Schweißers erforderlich;
- *Flexibilität*: durch einfache Umbauten lassen sich die Geräte auch zum thermischen Trennen oder zum Hartlöten einsetzen.
- geringe Investitionen und Anlagenkosten.

Bild 5.5: Füge-, Heft- und Wendevorrichtung zum Schweißen einer PKW-Hinterachse (*Schulz Engineering*)

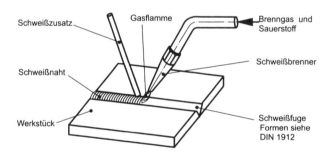

Bild 5.6: Prinzip des autogen Schweißens [*Matthes/Richter*]

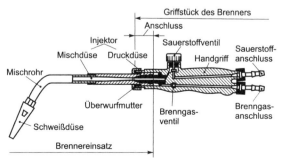

Bild 5.7: Aufbau eines Injektorbrenners [*Matthes/Richter*]

Typische Anwendungen sind deshalb:

- Schweißen von niedrig legierten Stählen,
- Installations- und Rohrleitungsbau sowie Reparaturarbeiten.

Hoch legierte Stähle, Aluminium oder Kupfer lassen sich mit entsprechenden Fluss-
mitteln autogen schweißen, in der Praxis wird dies aber kaum angewendet. In der
industriellen Fertigung wurde das Autogenschweißen vom Lichtbogenschweißen mit
Schutzgas (Kap. 5.2.2) weitgehend verdrängt.

5.2.2 Lichtbogenschweißen

Beim Lichtbogenschweißen brennt der Lichtbogen zwischen dem Werkstück und
der abschmelzenden Stabelektrode, die gleichzeitig den Schweißzusatzstoff bildet.
(Bild 5.8). Die Energie und Temperatur (3000 bis 12000 °C) des Lichtbogens
schmilzt das Werkstück an der Schweißstelle auf. Das zu schweißende Werkstück
und die Schweißelektrode sind unterschiedlich elektrisch geladen. Der Lichtbogen
kann durch einen hochfrequenten Wechselstrom oder durch Kurzschluss gezündet
werden. Zur Kurzschlusszündung berührt die Elektrode zunächst das Werkstück.
Dadurch fließt Strom, der sich zu einem Lichtbogen ausbildet, wenn die Schweißelektrode wieder vom Werkstück abgehoben wird (Bild 5.9). Schlacke und/oder
Schutzgas verhindern die Oxidation der Schweißstelle.

Die **Stabelektroden** haben im Schweißprozess folgende Aufgaben:

- Erzeugen und Leiten des Lichtbogens,
- Bilden der Schlacke: Schutz der Schweißnaht vor Luft, dadurch Schutz vor Oxi-
  dation und langsames Abkühlen der Schweißnaht,
- Bilden eines Schutzgasstroms zur Verhinderung von Oxidation durch Abbrennen
  von Carbonaten (CO_2-Schutzschicht) in der Umhüllung der Schweißelektrode.
  (Bild 5.10).

Das **Schweißaggregat** ist eine kompakte Einheit und über ein Schlauchpaket mit
dem Schweißbrenner verbunden. Aggregat und Schlauchpaket erfüllen die Funktionen (Bild 5.11):

- Transformieren und Gleichrichten der Netzspannung und Aufrechterhalten des
  Schweißstroms,
- Bereitstellen und Zuführen des Schutzgases,
- Bereitstellen und Zuführen des Schweißdrahtes (Elektrode),
- Steuerung der Schutzgaszuführung, des Stroms und Drahtvorschubs,
- Wasserkühlung mit Wasserzu- und Rücklauf bei größeren Brennern (Schweiß-
  strom > 250 A).

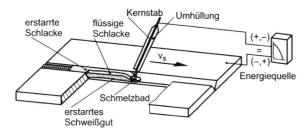

Bild 5.8: Verfahrensprinzip des Lichtbogenhandschweißens [*Matthes/Richter*]

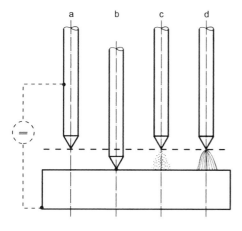

Bild 5.9: Ablauf des Zündvorgangs beim Lichtbogenschweißen [*Matthes/Richter*]
a) Elektrode hat Werkstück noch nicht berührt, b) Elektrode berührt Werkstück,
c) Elektrode hat die Lichtbogenlänge erreicht, Kathode emittiert Elektronen,
d) emittierte Elektronen werden durch angestiegene Spannung beschleunigt

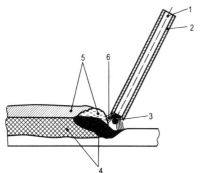

Bild 5.10: Schmelzvorgang beim Lichtbogenhandschweißen [*Matthes/Richter*]
1 Kernstab, 2 Umhüllung, 3 Tropfen, 4 Schweißgut, 5 Schlacke, 6 Gasschutz

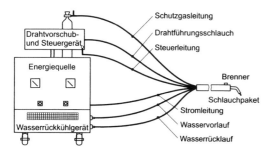

Bild 5.11: Schweißaggregat und Schlauchpaket [*Matthes/Richter*]

Beim **Lichtbogenhandschweißen** wird die Elektrode von Hand geführt. Anwendungen sind Einzel- und Kleinserienfertigung, z. B. im:

- Stahlbau,
- Großgeräte- und Anlagenbau,
- Behälter-, Apparate- und Rohrleitungsbau.

Beim **Unterpulverschweißen** wird eine Drahtelektrode kontinuierlich unter einer Schicht körnigen Schweißpulvers abgeschmolzen (Bild 5.12). Der Lichtbogen ist unsichtbar. Das Schweißpulver vermeidet die Oxidation der Schweißnaht und konzentriert die Wärmemenge (Bild 5.13), sodass die Abschmelzleistung und damit die Schweißgeschwindigkeit weit über der beim Lichtbogenhandschweißen liegen.

Da die Schweißstelle nicht einsehbar ist, wird Unterpulverschweißen automatisiert durch eine automatische Zuführung der Drahtelektrode und ein automatisches Aufbringen und Absaugen des Pulvers.

Hauptanwendungsfelder sind gerade, lange Nähte und dicke Bleche, z. B.

- im Stahlbau,
- in der Rohrfertigung, im Behälter- und Anlagenbau,
- im Schiffbau, in der Stahlindustrie und im Fahrzeugbau.

Beim **Lichtbogenbolzenschweißen** wird ein Befestigungsbolzen auf ein ebenes Blech aufgeschweißt. In der Automobilindustrie werden an diesen Bolzen z. B. Kabelbäume oder Bremsleitungen befestigt. Zwischen Bolzen und Werkstück wird ein Lichtbogen gezündet, der Bolzen und Werkstück aufschmilzt. Anschließend wird der Bolzen in die erstarrende Schmelze gedrückt. Nach Abkühlung erreicht die Festigkeit der Verbindung die des Grundwerkstoffes (Bild 5.14).

Unter dem Begriff **Schutzgasschweißen** werden die Lichtbogenschweißverfahren zusammengefasst, bei denen ein Schutzgas die Schmelze vor Oxidation durch Luftsauerstoff schützt und gleichzeitig den Lichtbogen stabilisiert.

Das **Metall-Schutzgas-Schweißen** ist das am weitesten verbreitete Schweißverfahren. Eingesetzt werden zwei Verfahrensvarianten: Das **Metall-Aktivgas-Schweißen MAG** und das **Metall-Inertgas-Schweißen MIG.** MAG wird neben dem dort vorherrschenden Punktschweißen (vgl. Kap. 5.2.3) im Automobil- und Fahrzeugbau eingesetzt, wenn die Schweißverbindung höhere Festigkeit erreichen muss, z. B. an Karosserieteilen, an Bremsen, Rädern, Motoraufhängungen oder Sitzbeschlägen. Es wird auch in der Automobilreparatur angewendet. Im Stahlbau, Brückenbau oder Maschinenbau, z. B. für die Herstellung von Maschinenbetten oder Pressenständern (vgl. Kap. 7.2), werden mindestens 50 % der Schweißverbindungen mit Schutzgas geschweißt. Die untere Grenze der schweißbaren Blechstärke liegt bei Stahl bei 0,7 mm, bei rostfreiem Stahl bei ca. 1 mm.

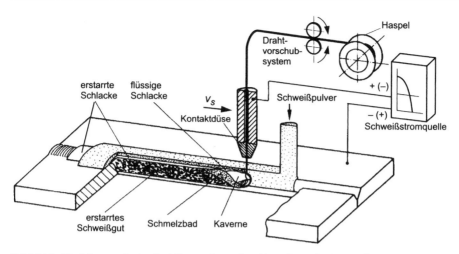

Bild 5.12: Verfahrensprinzip des Unterpulverschweißens [*Matthes/Richter*]

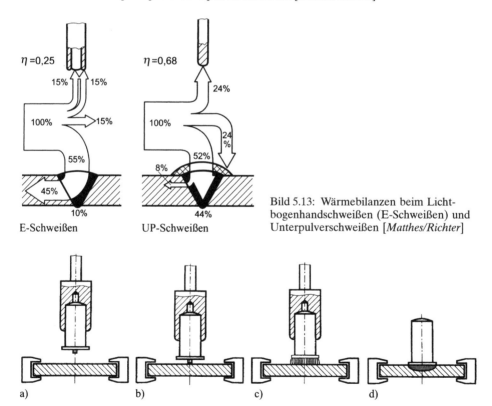

Bild 5.13: Wärmebilanzen beim Lichtbogenhandschweißen (E-Schweißen) und Unterpulverschweißen [*Matthes/Richter*]

Bild 5.14: Phasen des Lichtbogenbolzenschweißens mit Spitzenzündung [*Matthes/Richter*]
a) Bolzen in Ausgangsstellung, b) Bolzen mit Zündspitze auf Bauteiloberfläche aufgesetzt,
c) Verdampfen der Zündspitze, Zünden des Lichtbogens und Eindrücken des Bolzens,
d) Erstarren der Schmelze

Wenn die Qualität des MAG-Schweißens nicht ausreicht, wird das teurere Inertgas verwendet (MIG), z. B. wenn Aluminium oder austenitische Stähle zu verschweißen sind. Aluminium und Al-Legierungen von mehr als 1 mm Stärke können geschweißt werden; Kupfer ab 5 mm Stärke und Nickel ab ca. 1,5 mm Stärke können ebenfalls MIG-geschweißt werden. Nach oben sind die Blechstärken nicht begrenzt, doch ist es wirtschaftlicher, sehr dicke Bleche (> 30 mm) mit langen Schweißnähten vollmechanisch unter Pulver zu schweißen.

Das Schutzgas umströmt die Elektrode aus einer konzentrischen Düse und schützt so den Lichtbogen und die Schweißschmelze vor der Atmosphäre (Bild 5.15). Beim **MAG-Verfahren** ist das Schutzgas ein aktives Gas wie O_2, CO_2 oder ein Gemisch aus beiden Gasen. Das inerte Gas beim **MIG-Schweißen** ist Argon, Helium oder ein Gemisch von beiden.

Beim Metall-Schutzgas-Schweißen ist (im Gegensatz zu WIG) die Elektrode gleichzeitig der Schweißzusatz, der beim Schweißen abschmilzt. Die Elektrode wird deshalb als „endloser" Draht von der Rolle kontinuierlich zugeführt.

Mit Industrierobotern (Kap. 9) wird auch automatisch geschweißt. Dabei hält entweder der Roboter den Schweißbrenner und führt diesen über das gespannte oder geheftete Werkstück oder der Roboter führt das geheftete Werkstück unter einem ortsfesten Brenner. Bei Werkstücken mit geringem Gewicht kann auch ein Roboter die Aufgabe der Schweißvorrichtung übernehmen und das Werkstück halten, während ein zweiter Roboter den Brenner führt.

Beim **Wolfram-Inertgas-Schweißen (WIG)** (Bild 5.16) wird die Schweißschmelze von Argon und Helium umspült. Der Lichtbogen brennt zwischen der nicht abschmelzenden Wolframelektrode und dem Werkstück. Der Schweißzusatz wird über einen getrennten Zusatzstab zugeführt.

WIG-Schweißen ist ein weit verbreitetes Schweißverfahren, weil es die Beweglichkeit eines einfachen und handlichen Schweißgeräts mit der hohen Leistungsdichte des elektrischen Lichtbogens verbindet. Die Anwendungsflexibilität entsteht durch:

- in weiten Grenzen regelbare Lichtbogenleistung,
- Einsatz für unterschiedliche Werkstoffe durch breite Auswahl an Schweißzusatzstoffen.

Das WIG-Schweißen ist deshalb geeignet zum Schweißen

- fast aller Metalle, insbesondere auch von Aluminium und Buntmetallen,
- von Werkstücken mit Blechstärken von 0,1 mm (Stahl) bis mehrere Zentimeter,
- bei hohen Qualitätsanforderungen.

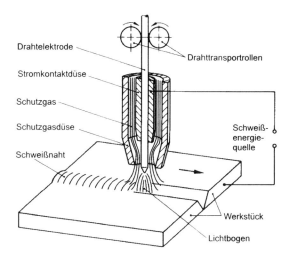

Bild 5.15: Schematische Darstellung des Metall-Schutzgasschweißens (MIG/MAG) [*Matthes/Richter*]

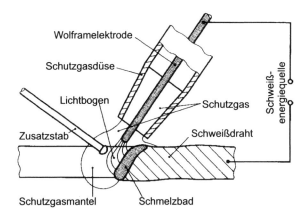

Bild 5.16: WIG-Schweißen – Manuelles Zuführen des Schweißstabes [*Matthes/Richter*]

WIG-Schweißen wird im Apparate- und Behälterbau und für Herstellung geschweißter Rohre aus rostfreiem Stahl oder Aluminium, z. B. in der Luft- und Raumfahrtindustrie, eingesetzt (Bild 5.17).

Plasmaschweißen ist eine Variante des WIG-Schweißens. Das Plasmagas besteht aus neutralen Atomen und Molekülen sowie aus Ionen und freien Elektronen und ist deshalb elektrisch leitfähig. Beim Schweißen wird Plasmagas aus gewöhnlichen Gasen erzeugt, indem durch einen Lichtbogen elektrische Energie zugeführt wird. Die mechanische Einschnürung, die Kühlwirkung der Plasmadüse und seitliches Anblasen des Lichtbogens begrenzen die Ausweitung des Lichtbogens (Bild 5.18). Durch die Bündelung des Lichtbogens werden eine hohe Energiedichte am Werkstück und eine höhere „Steifigkeit" des Lichtbogens erreicht. Damit ergeben sich folgende Vorteile gegenüber dem WIG-Schweißen:

- geringer Einfluss der Schweißparameter auf die Formen des Lichtbogens und des Einbrandes,
- gute Entgasung des hoch erhitzten Schweißbades,
- geringer Wärmeeinfluss auf das Werkstück,
- weniger Spannungen und Verzug am geschweißten Werkstück,
- hohe Schweißgeschwindigkeit,
- glatte Oberfläche der Schweißnaht.

Plasmaschweißen wird deshalb im chemischen Apparatebau und in der Luft- und Raumfahrtindustrie eingesetzt, wo häufig hochlegierte Stähle und NE-Metalle verarbeitet werden, z. B. beim Einschweißen von Turbinenschaufeln in Flugzeugtriebwerke.

5.2.3 Laserstrahlschweißen

Laserstrahlschweißen gehört zur Gruppe der Schweißverfahren mit Strahlen. Laserlicht ist besonders intensiv und eng gebündelt. Laserquellen und physikalische Grundlagen werden im Kap. 4.4 erläutert. Mit Lasern können (wie mit Elektronenstrahlen) deshalb sehr schmale Nähte (Tiefe : Breite ca. 10 : 1) durch Nutzung des **Tiefschweißeffekts** verbunden werden: Es bildet sich ein schmaler Kanal verdampfenden Werkstoffs ungefähr mit dem Durchmesser des Laserstrahls. Durch die Bewegung zwischen Laserstrahl und Werkstück bewegt sich der Dampfkanal entlang der Fügelinie. Der Werkstoff wird in Vorschubrichtung vor dem Dampfkanal aufgeschmolzen und erstarrt und verschweißt dahinter (Bild 5.19). Stahlbleche bis 25 mm Stärke können so verschweißt werden. Da Elektronenstrahlschweißen nur im Vakuum möglich ist, ist Laserschweißen wesentlich einfacher und schneller (Evakuierzeit entfällt) in der Handhabung.

Bild 5.17: WIG-Schweißen eines Edelstahlbauteils (*Reis Robotics*)

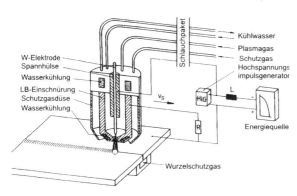

Bild 5.18: Plasmaschweißbrenner,
Schlauchpaket und Energiequel-
len [*Matthes/Richter*]

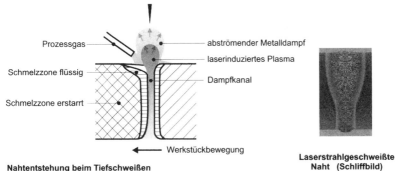

**Laserstrahlgeschweißte
Naht   (Schliffbild)**

Bild 5.19: Laserstrahltiefschweißen [*Matthes/Richter*]

Der Metalldampf, der aus dem Dampfkanal entweicht, initiiert ein Plasma, das als Flamme über dem Werkstück beobachtet werden kann. Damit das Plasma den einfallenden Laserstrahl nicht abschirmen und den Schweißprozess stören kann, wird inertes Gas (He, CO_2, Ar, N_2 oder Mischungen davon) als **Prozessgas** zugeführt. Das Prozessgas schützt weiterhin das Schmelzbad gegenüber der Umgebungsatmosphäre und die Fokussieroptik vor Schweißspritzern und -dämpfen.

Zum Schweißen werden Laser mit höherer Leistung als beim Schneiden eingesetzt, weil ein größeres Werkstoffvolumen pro Zeit aufgeschmolzen werden muss. Im industriellen Einsatz finden sich

- ND:YAG Festkörperlaser mit bis zu 6 kW Schweißleistung,
- CO_2-Gaslaser mit bis zu 45 kW Schweißleistung

Da Laser so hoher Leistung nicht mobil sein können, müssen die Laserstrahlen durch optische Systeme zur Wirkstelle gebracht werden. Eingesetzt werden:

- Lichtleiter für ND:YAG Festkörperlaser oder
- Spiegelsysteme für CO_2-Laser

Lichtleiter gleichen flexiblen Kabeln (Bild 5.20) und stören den Schweißprozess nicht. Sogar handgeführte Schweißwerkzeuge werden entwickelt, um auch Musterteile, kleine Serien und Reparaturwerkstücke mit dem Laser schweißen zu können. Spiegelsysteme müssen dagegen in beweglichen (ausziehbaren und drehbaren) Rohren untergebracht werden (Bild 5.21). Die Rohre können den Bewegungsraum einschränken. Die Fokussieroptik wird deshalb maschinell, durch Roboter oder durch kartesische Anlagen (rechtwinklige CNC-Achsen) geführt.

Mit Lasern können schmale, saubere Nähte verzugsfrei geschweißt werden. Bevorzugtes Einsatzgebiet ist deshalb die Automobilindustrie, z. B. bei Getriebeteilen (Bild 5.21), Karosserien und Karosserieteilen (Bild 5.22) oder Längsnähten in Edelstahlrohren für Abgasanlagen. Daneben werden z. B. in der Medizintechnik, im Feingerätebau und neuerdings auch im Flugzeugbau Werkstücke mit Lasern verschweißt.

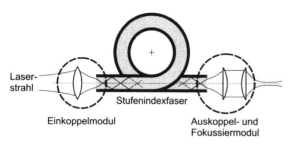

Bild 5.20: Glasfaser mit Fokussieroptik für Laseranwendungen (*Trumpf*)

Bild 5.21: Laserschweißen eines Getriebeteils (*Trumpf*)

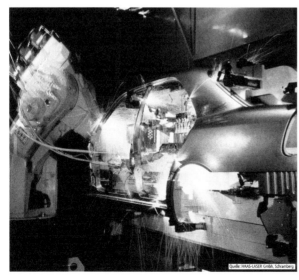

Bild 5.22: Laserschweißen an einer PKW-Karosserie (*HAAS-LASER*)

5.2.4 Widerstandspressschweißen

Die zu verbindenden Teile werden durch zwei Elektroden zusammengepresst. Zwischen den beiden Elektroden fließt durch das Werkstück ein Strom, der durch den Ohm'schen Widerstand Wärme erzeugt. Durch richtige Abstimmung der Prozessparameter

- Schweißstrom,
- Schweißzeit,
- Schweißkraft

wird die richtige Wärmemenge zum Verschweißen der beiden Werkstücke erzeugt Bild 5.23). Bei den meisten Pressschweißverfahren müssen sich die zu verschweißenden Teile überlappen. Materialbedarf und Gewicht des Werkstücks sind daher höher als bei den bisher genannten Schweißverfahren.

Beim **Punktschweißen** werden die beiden Werkstücke punktuell (genauer linsenförmig) geschweißt. Je nach Auslegung der Werkzeuge können ein Punkt, zwei Punkte oder mehrere Punkte gleichzeitig geschweißt werden. Da die Teile nur punktuell verbunden werden, sind punktgeschweißte Verbindungen nicht dicht.

Die Punktschweißeinrichtung besteht aus den drei Hauptgruppen (Bild 5.24):

- **elektrischer Teil**: Stromquelle und schweißtechnisches Zubehör,
- **mechanisches System**: Schweißzangen und Maschinen zur Positionierung der Schweißzangen incl. CNC-Steuerung,
- **Schweißsteuerung**: Kontrolle und Regelung von Kraft- und Stromverlauf über der Zeit.

In der Schweißzange sind Kupfer- oder Kupfer-Chrom-Elektroden befestigt, welche die Presskraft und den Schweißstrom übertragen. Sie sind Verschleißteile und müssen daher regelmäßig gewechselt werden. In der Serienfertigung müssen die Elektroden mit Wasser gekühlt werden. Damit die Elektroden die zu verschweißenden Stellen des Werkstücks erreichen, muss ihre Geometrie der Schweißzange an die Werkstückgeometrie angepasst sein.

Punktschweißen wird vorzugsweise in der Dünnblech verarbeitenden Industrie eingesetzt. Überragende Bedeutung hat dieses Verfahren für die Automobilindustrie: Die Blechteile aller Pkw-Karossen und Lkw-Fahrerhäuser werden mit jeweils ca. 5000 Schweißpunkten verbunden (Bild 5.25). Etwa 70 % der Industrieroboter arbeiten in den Rohbaubereichen der Automobilindustrie, sodass Punktschweißen gleichzeitig das größte Anwendungsgebiet für Industrieroboter ist. Außer in der Fahrzeugindustrie findet sich Punktschweißen z. B. in der Bauindustrie (Verschweißen von Stahlmatten) oder in der Elektro- und Hauhaltsgeräteindustrie.

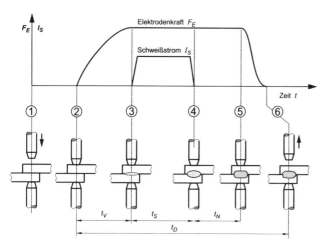

Bild 5.23: Ablauf einer Punktschweißung [*Matthes/Richter*]
t_v Vorhaltezeit, t_s Schweißzeit, t_N Nachhaltezeit, t_P Druckzeit

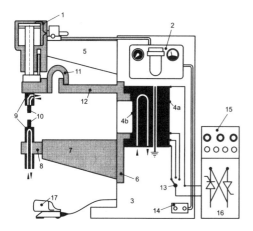

1 Elektrodenkraftzylinder; 2 Druckluftwartungseinheit; 3 Maschinengestell; 4 Schweißtransformator, a Primärspule, b Sekundärspule; 5 Oberarm; 6 Stromplatte zur Unterarmhalterbefestigung; 7 Unterarmhalter; 8 Unterarm; 9 Elektrodenhalter mit Wasserkühlung; 10 Elektroden; 11 Stromfeder; 12 Stromschiene; 13 Stufenschalter; 14 Druckluftanschluss; 15 Steuerteil; 16 Leistungsteil; 17 fußbetätigter Startschalter

Bild 5.24: Aufbau einer Punktschweißmaschine [*Matthes/Richter*]

Bild 5.25: Fertigungsstraße für eine Karosserie-Bodengruppe (*Schulz Engineering*)

Beim **Rollnahtschweißen** wird ein Rollenpaar als Elektroden verwendet (Bild 5.26). Gegenüber dem Punktschweißen kann die Schweißgeschwindigkeit erhöht werden, weil die Positionier- und Schließbewegung der Schweißzange entfällt. Außerdem ist der Elektrodenverschleiß geringer. Die Rollen erfordern aber eine gute Zugänglichkeit der Schweißnaht. Mit diesem Verfahren können dichte Nähte und mit einem Zusatzstoff auch Stumpfnähte verschweißt werden. Rollnahtschweißen wird deshalb für Massenproduktion eingesetzt, z. B. zum Verschweißen von Kraftstofftanks oder Fahrwerksträgern, zur Herstellung von Konservendosen, Schalldämpfern, Rohren oder Behältern.

Beim **Buckelschweißen** berühren sich die Teile an den Stoßflächen vorgefertigter Buckel. Strom und Kraft werden durch Universalelektroden übertragen. Über die Buckel fließt der Strom und verschweißt die Teile an dieser Stelle. Die Buckel werden dabei ganz oder teilweise eingeebnet (Bild 5.27). Wie beim Punktschweißen ist die Verbindung nicht dicht. Schweißbuckel können sich aus der Geometrie der Werkstücke auch natürlich ergeben, z. B. bei Bewehrungsmatten für die Bauindustrie. Ansonsten ist Buckelschweißen für tiefgezogene Massenteile aus dünnen Blechen häufig das wirtschaftlichste Verfahren und wird z. B. in der Automobilindustrie oder zur Herstellung von Haushaltsgeräten eingesetzt.

Zum **Abbrennstumpfschweißen** werden die Werkstücke durch Kurzschluss an den Stoßflächen erwärmt, schlagartig zusammengedrückt, gestaucht und dadurch verschweißt (Bild 5.28). Der Stauchgrat muss nach dem Schweißen entfernt werden. Getriebeteile, Gelenkwellen, Zugstangen, Achsteile oder Kettenglieder werden mit diesem Verfahren verschweißt.

5.2.5 Ultraschallschweißen und Reibschweißen

Die Kombination aus Bewegung und mechanischer Reibung ist die Wärmequelle für Ultraschallschweißen und Reibschweißen.

Beim **Ultraschallschweißen** entsteht die Relativbewegung durch Ultraschall, der ein Werkstück in Resonanz vibrieren lässt, sodass es an der Fügestelle am Fügestück reibt. Soll ein Bauteil an mehreren Stellen gleichzeitig verschweißt werden, sind Formwerkzeuge nötig, bei denen die Sonotrode (die den Ultraschall auf das Werkstück überträgt) an Gewicht und Geometrie der Bauteile angepasst sind.
Verschweißt werden in der Metallbearbeitung dünne Bleche (0,05 bis 3 mm Blechstärke Al), Elektronikbauteile oder pharmazeutische Verpackungen. Ein wichtiges Einsatzgebiet ist auch das Verschweißen von Kunststoffteilen.

Häufigste Anwendung beim **Reibschweißen von Metallen** ist das Verschweißen rotationssymmetrischer Werkstücke wie z. B. Wellen oder Stangen. Verschweißt werden Wellen mit Durchmessern zwischen 0,7 und 200 mm, Rohre bis 400 mm. Durch die Verbindung von Rohren und umgeformten Näpfen können Hohlteile hergestellt werden, die bei gleicher Festigkeit erhebliche Gewichtsreduzierung gegenüber Wellen aus Vollmaterial bieten. Einsatzgebiete sind z. B. Automobilindustrie und Maschinenbau.

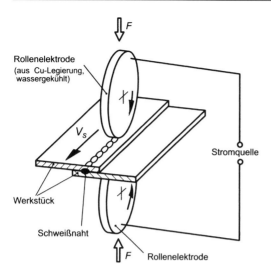

Bild 5.26: Verfahrensprinzip beim Rollnahtschweißen [*Matthes/Richter*]

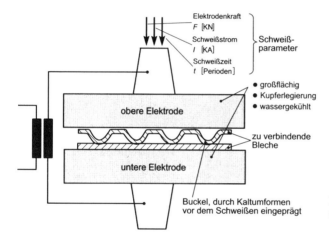

Bild 5.27: Schematische Darstellung des Buckelschweißens [*Matthes/Richter*]

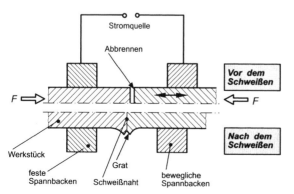

Bild 5.28: Schematische Darstellung des Abbrennstumpfschweißens [*Matthes/Richter*]

Zum Reibschweißen wird ein Teil zunächst beschleunigt und an das andere, stillstehende Teil angedrückt, sodass durch die Reibung Wärme an der Stoßstelle entsteht. Bei Erreichen der Schweißtemperatur wird das rotierende Teil gebremst und gleichzeitig an das stehende Teil angepresst. Beide Teile verschweißen und schieben (wie beim Abbrennstumpfschweißen) einen Stauchgrad nach außen (Bild 5.29).

5.3 Löten

> **Löten** ist ein thermisches Verfahren zum stoffschlüssigen Fügen und Beschichten von Werkstoffen, wobei eine flüssige Phase durch Schmelzen eines Lotes (**Schmelzlöten**) oder durch Diffusion an den Grenzflächen (**Diffusionslöten**) entsteht. Die Solidustemperatur des Grundwerkstoffes wird nicht erreicht (DIN 8505).

Die Werkstücke werden durch Adhäsionskräfte verbunden, sodass die Bindung von der Benetzung der Werkstücke mit dem Lot abhängt. Gegenüber Schweißverbindungen bieten Lötverbindungen folgende **Vorteile**:

- Verbindungen auch unterschiedlicher Werkstoffe, z. B. auch nichtmetallischer Werkstoffe wie Glas oder Keramik,
- geringer Verzug und geringe Gefügeänderung des Werkstücks durch geringe Wärmeeinbringung,
- plastische Verformbarkeit der Lötstelle,
- gute elektrische Leitfähigkeit,
- gleichzeitige Herstellung mehrerer Lötstellen.

Lötverbindungen sind dicht und können Festigkeiten wie die Grundwerkstoffe erreichen, allerdings verringert sich die Festigkeit bei hohen Einsatztemperaturen. **Nachteilig** sind weiterhin:

- hohe Genauigkeit der zu verbindenden Werkstücke (genaues Spaltmaß für die Kapillarwirkung) nötig (Bild 5.30),
- Vorbereitung der zu verbindenden Werkstücke (Sauberkeit, Benetzbarkeit),
- Korrosionsgefahr durch Potenzialunterschiede zwischen Lot und Grundwerkstoff,
- Kosten für Lot (Silber, Kupfer, Zinn).

Die Verbindung und damit die **Lötbarkeit** hängen ab

- von der Konstruktion des Werkstücks,
- von den Werkstoffen der Fügestücke,
- vom Lot,
- von den Hilfsstoffen (Flussmittel, Schutzgas),
- vom Verfahren und seinen Parametern (Zeit, Temperatur).

Phase 1: Ausgangssituation

Feste Einspannung zweier Werkstücke
Rotation eines Werkstückes (n)

Phase 2: Erwärmung

Aneinanderdrücken der Werkstücke mit Kraft
(F1)
Rotation (n) und Kraft (F1) erzeugen Reibung.
Erwärmung der Schweißflächen

Phase 3: Schweißvorgang

Abbremsen des drehenden Werkstücks
Verschweißen durch erhöhte Kraft (F2)

Bild 5.29: Verfahrensablauf beim Reibschweißen (*KUKA Schweißanlagen*)

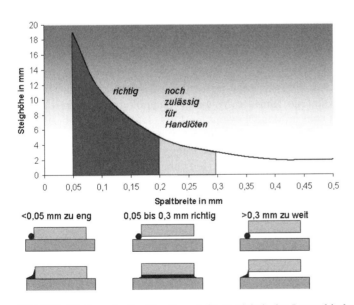

Bild 5.30: Einfluss der Spaltbreite auf die Festigkeit der Lötverbindung (*Koether*)

Um die Benetzung des Werkstücks mit dem Lot zu ermöglichen und zu verbessern, wird auf die gereinigte und entfettete Oberfläche **Flussmittel** aufgebracht. Flussmittel sind i. d. R. äuren oder Substanzen, die bei Erhitzung Säuren abspalten, die

- die Oberfläche der Lötstelle von Oxiden befreien und deren Neubildung verhindern,
- bei ca. 50 °C unterhalb des Lotes schmelzen,
- einen gleichmäßigen, zähen Überzug gewährleisten, der auch bei Löttemperatur und an senkrechter Wand erhalten bleibt.

Nach dem Löten müssen die Reste der Flussmittel entfernt werden, um Korrosion zu vermeiden.

5.3.1 Weichlöten

Durch **Weichlöten** werden vor allem elektrisch leitende Verbindungen hergestellt. Höhere Festigkeitsanforderungen können durch entsprechende zusätzliche konstruktive Maßnahmen (z. B. Falzen oder Bördeln, vgl. Kap. 5.5.3) erfüllt werden. Verwendet werden normalerweise Lote auf der Basis von Zinn und Blei, deren Liquidustemperatur unter 450 °C liegt. Weichlöten ist die wichtigste Technik, um in der Elektro- und Elektronikindustrie die Bauteile auf Flachbaugruppen elektrisch leitend zu befestigen (Bild 5.31).

Für Einzelfertigung, Musterbau oder Reparatur wird mit dem meist elektrisch beheizten Handlötkolben gelötet (Bild 5.32). Für die Serienfertigung wird dagegen eine **Lötwelle** (Bild 5.33), ein **Tauchbad** (Bild 5.34) oder ein **Lötschwall** eingesetzt.

Beim **Tauchbadlöten** wird das Werkstück unter leichter Neigung in ein flaches Bad mit flüssigem Lot getaucht und durchgezogen. Da die Oberfläche des Lotbades oxidiert, wird das Bad häufig mit Schutzgas abgedeckt sein. Ohne Schutzgas muss die Oxidschicht (sog. Krätze) mit Schiebern oder Löffeln vor dem Löten beseitigt werden. Beim Schwalllöten kann sich keine Krätze bilden, denn in der Lötanlage wird das flüssige Lot permanent umgepumpt, sodass eine stehende, haut- und oxidfreie Welle entsteht.

Elektronische Bauteile mit Anschlussdrähten werden von der Unterseite der Flachbaugruppe verlötet. SMT-Bauteile (Surface Mounted Technology) werden auf die Flachbaugruppe aufgeklebt und an der Oberseite verlötet. Dazu wird die bestückte Flachbaugruppe leicht geneigt zunächst durch eine Schaumwelle mit Flussmittel, anschließend durch die Lötwelle gezogen. Die Durchzugsgeschwindigkeit muss einerseits eine sichere Benetzung garantieren, andererseits aber eine zu hohe thermische Belastung der Bauteile vermeiden.

Temperaturempfindliche SMT-Bauteile, die nicht durch das Lötbad gezogen werden können, werden auf eine mit Lötpaste bedruckte Leiterplatte geklebt. Durch Wärmestrahlung (Infrarot) oder Konvektion (Ofen) schmilzt die Lötpaste und verlötet die Bauteile mit den Leiterbahnen (**Reflowlöten**).

Bild 5.31: Elektronische Flachbaugruppe mit gelöteten Bauteilen (*Koether*)

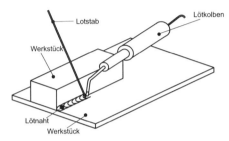

Bild 5.32: Kolbenlöten [*Matthes/Riedel*]

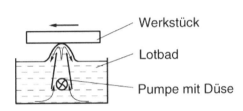

Bild 5.33: Wellenlöten [*Matthes/Riedel*]

senkrechtes Tauchen | gewinkeltes Tauchen | Wischlöten | Löten mit rotierender Lötwalze | Schlepplöten

Bild 5.34: Tauchbadlöten [*Matthes/Riedel*]

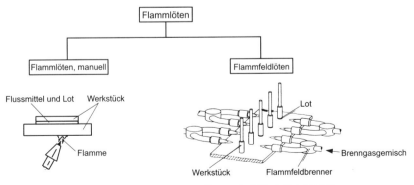

Brenner fest, Werkstück bewegt

Bild 5.35: Flammlöten [*Matthes/Riedel*]

5.3.2 Hartlöten

Zum Hartlöten werden Lote verwendet, die zwischen 450 und 900 °C schmelzen. Legierungsbestandteile sind Kupfer, Zink und Silber. Eine Aluminium-Silizium-Legierung wird zum Löten von Aluminium verwendet. Die Lötverfahren werden nach den Energieträgern benannt, die Lot und Werkstück erwärmen.

Lötverfahren	Kennzeichen und Eigenschaften	Mechanisierung/ Automatisierung	Stückzahlbereich, Beispiele
Flammlöten (Bild 5.35)	• Erwärmung der Lötstelle durch Brenner • Gefügeänderung des Werkstücks an der Lötstelle (Anlaufen) • teilweise Schutzgasatmosphäre	• Handlöten • mechanisierter Werkstückdurchlauf (z. B. Rundtaktmaschine)	• Einzelfertigung (Installation, Rohrleitungsbau) • mittlere Serien (Armaturen, Wärmetauscher, Stahlrohrmöbel)
Induktionslöten	• Erwärmung durch Induktion • Induktor an Werkstückform angepasst (Bild 5.36) • Energie auf Lötstelle konzentriert • Aufwändige Anlagentechnik	• mechanisiert	• Großserienfertigung
Widerstandslöten	• Verfahren analog zum Widerstandsschweißen (Punktschweißen) • Formelektroden	• Widerstandslötmaschine (Transformator) • mechanische oder automatische Werkstückzuführung (z. B. Vibrationsförderer)	• große Serien und Massenfertigung (Hartmetallplättchen auf Schnittwerkzeuge (Bild 5.37), Bremsleitungen)
Löten im Kammerofen (Bild 5.38 und 5.39)	• Diskontinuierliche Fertigung (Beschicken – Löten – Entnehmen) • teilweise Schutzgasatmosphäre	• manuelle oder teilmechanisierte Beschickung und Entnahme	• Einzelfertigung, Kleinserien, mittlere Serien
Löten im Vakuum	• Keine Oxidation, • Keine Flussmittel oder Schutzgase nötig • Qualitativ hochwertige Verbindung	• mechanisierte-Bestückung • automatischer-Ofenprozess	• Einzelfertigung bis Großserienfertigung (z. B. Automobilkühler, Wärmetauscher (Bild 5.40)
Löten im Durchlaufofen (Bild 5.41)	• Kontinuierlicher Prozess • teilweise Schutzgasatmosphäre	• automatische Werkstückhandhabung	• Massenfertigung (Haushaltsgeräte, Kühlanlagen, Wärmetauscher)

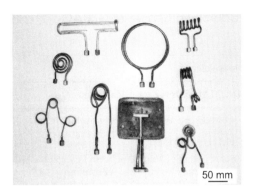

Bild 5.36: Wassergekühlte Induktoren zum Induktionslöten [*Matthes/Riedel*]

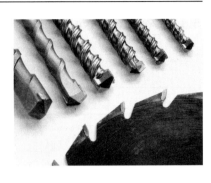

Bild 5.37: Schnittwerkzeuge mit aufgelöteter Hartmetallschneide (*Koether*)

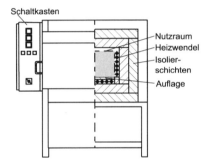

Bild 5.38: Kammerofen [*Matthes/Riedel*]

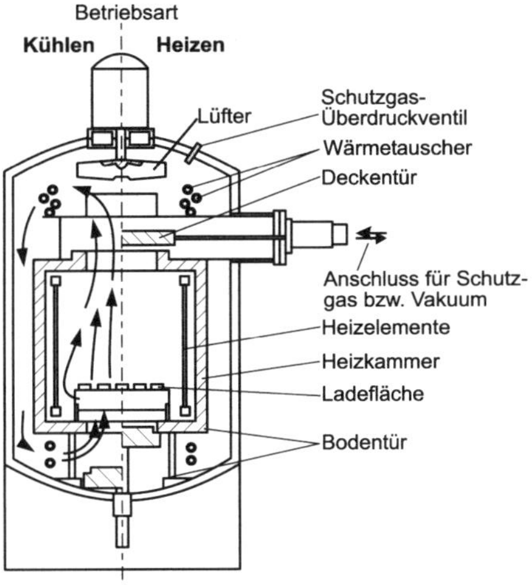

Bild 5.39: Schachtofen [*Matthes/Riedel*]

Bild 5.40: Multilayer-Wärmetauscher im Vakuum gelötet [*Matthes/Riedel*]

5.3.3 Verfahrensvergleich Laserstrahlschweißen — MIG/MAG-Schweißen — Hartlöten

Verfahrensvergleich			
	Laserstrahlschweißen	**MIG/MAG-Schweißen**	**Hartlöten**
Herstellbare Werkstückform und Werkstückeigenschaften	• schweißbare Werkstoffe • Nahttiefe bis 80 mm • sehr hohe Festigkeit der Verbindung • glatte Naht • feines Schweißgefüge, große Aufhärtung	• schweißbare Werkstoffe • Nahttiefe bis 3 mm; tiefer nur mit Mehrlagentechnik • sehr hohe Festigkeit der Verbindung • raupenartige Naht • feines bis grobes Schweißgefüge, geringe Aufhärtung	• unterschiedliche, temperaturfeste Werkstoffe • hohe Festigkeit der Verbindung • lötgerechte Konstruktion (Überlappung, Spaltmaß) • glatte Naht • feines Gefüge, verzugsarm
Erforderliche Werkzeuge und Maschinen	• Laserresonnator, Strahlführung, Handhabungsgerät, Schutzgas • ca. 750.000 € Investition (10 kW CO_2 Laser incl. Kühlung) • mechanisierter oder automatischer Prozess	• Gleichstromquelle (Schweißtrafo), Schlauchpaket, Brenner, Schutzgas • ca. 75.000 € Investition (manueller Schweißplatz) • manuell oder stückzahlangepasste Mechanisierung/Automatisierung	Je nach Verfahren: • Brenner (wie MIG/MAG-Schweißen) • Induktor • Ofen • ggf. Schutzgas • Manuell oder stückzahlangepasste Mechanisierung/Automatisierung
Stückkosten **Stückzeiten** **Rüstzeiten**	• mittlere Stückkosten durch hohe Investition • kurze Stückzeiten, keine Nacharbeit (Schleifen, Verputzen) • Schweißgeschwindigkeit abhängig von Schweißtiefe und Leistung • geringe Rüstzeiten (CNC)	• mittlere Stückkosten durch Nacharbeit • kurze Schweißzeit, lange Nacharbeit (Schleifen, Verputzen) • Schweißgeschwindigkeit abhängig von Schweißtiefe und Leistung • geringe Rüstzeiten	• geringe Stückkosten • kurze Lötzeit, mehrere Lötstellen gleichzeitig löten • Keine Nacharbeit • geringe Rüstzeiten außer Austausch des Induktors beim Induktionslöten
Energiekosten **Emissionen**	• geringe Energiekosten • Absaugung • Augenschutz (Brille, Grenzen markieren)	• geringe Energiekosten • Absaugung • Augenschutz (Brille, Vorhang)	• geringe (Brenner) bis mittlere (Ofen) Energiekosten • Absaugung
Werkstoffausnutzung	100 %	100 %	100 % (incl. Überlappung)

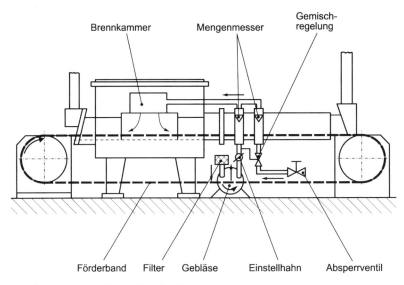

Bild 5.41: Durchlaufofen [*Matthes/Riedel*]

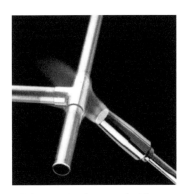

Bild 5.42: Hartlöten mit Flamme (*CFH Löt- und Gasgeräte*)

Bild 5.43: MIG/MAG-Schweißen (*Reis Robotics*)

Bild 5.44: Laserschweißen (*Trumpf*)

5.4 Kleben

Kleben ist das Verbinden gleicher oder verschiedenartiger nicht metallischer und metallischer Werkstoffe durch die **Oberflächenhaftung** geeigneter Klebstoffe (VDI Richtlinie 2229)

Beim Kleben hält die Verbindung durch (Bild 5.45):
- Adhäsion (Haften des Klebers auf den Fügeteilen),
- Kohäsion (Zusammenhalten des Klebers mit ausreichender Festigkeit).

Vorteile des Klebens sind:

- Verbindung unterschiedlicher Werkstoffe,
- keine thermische Beeinflussung der Fügeteile,
- hohe dynamische Festigkeit (jedoch geringer als bei Schweißverbindungen),
- gleichmäßige Spannungsverteilung,
- Schwingungsdämpfung,
- dichte Verbindung.

Dagegen stehen folgende **Nachteile**:

- große Klebeflächen erforderlich (Überlappung),
- aufwändige Vorbehandlung der Fügeteile,
- problematische thermische Beständigkeit und Alterungsbeständigkeit,
- schwierige Qualitätsprüfung häufig nur durch Zerstören einer Klebeprobe,
- schwierige Reparatur,
- manuelle Klebearbeitsplätze sehen nach kurzer Zeit sehr unordentlich aus, deshalb im industriellen Einsatz vorzugsweise automatisierte Verklebung,
- hohe Fügekosten (Vorbehandlung, Fügevorrichtung, automatische Handhabung und Dosierung, Trocknungs- und Prozesszeit) (Bild 5.46).

Das Verkleben läuft nach einem allgemeinen Schema ab (Bild 5.47). Dabei verfestigt sich der Kleber

- entweder durch einen physikalischen Vorgang, Verdunsten von Lösungsmitteln bzw. Erstarren durch Erkalten
- oder durch chemische Reaktion, die ausgelöst wird durch
  - Temperatur (Einkomponenten-Epoxidharz),
  - Zugabe eines Härters (Zweikomponenten-Polyurethan),
  - Luftfeuchtigkeit (feuchtigkeitsvernetzendes Silicon),
  - Feuchtigkeit auf Oberflächen (Cyanacrylat),
  - Strahlung (UV-härtendes Diacrylat),
  - Ausschluss von Sauerstoff (anaerob härtendes Diacrylat).

Damit der Kleber auf den Fügeteilen haftet, müssen diese sauber, trocken und fettfrei sein. Zu jeder industriellen Klebung gehört deshalb die Vorbereitung der Klebestelle, z. T. mit entsprechenden Chemikalien (**Primern**) zum Reinigen, Entfetten und mechanischen oder chemischen Entfernen der alten Oberfläche und Oxidschicht.

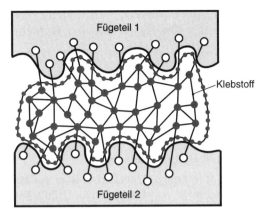

○——● Adhäsion
●——● Kohäsion

Bild 5.45: Adhäsions- und Kohäsionskräfte einer Klebeverbindung [*Matthes/ Riedel*]

Bild 5.46: Automatisches Einkleben der Frontscheibe in einer Automobil-Endmontage (*BMW*)

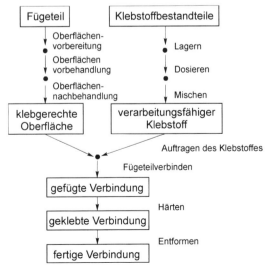

Bild 5.47: Herstellen einer Klebeverbindung [*Awiszus u.a.*]

Bild 5.48: Kleben einer Welle-Nabe-Verbindung (*Loctite*)

Bild 5.49: Nieten an einer Brücke (Hackerbrücke in München, Baujahr 1892) (*Koether*)

Bild 5.50: Vollnieten an einem Lkw-Fahrzeugrahmen und an einem Gartenstuhl [*Matthes/Riedel*]

Speziell das gleichzeitige Verpressen der Niete von beiden Seiten erfordert bei großen Werkstücken entweder zwei Arbeitskräfte auf beiden Seiten des Werkstücks oder sehr große Maschinengestelle mit C-Rahmen, um die notwendige Steifigkeit zu erreichen.

Im Fahrzeugbau kann mit einer hydraulischen Zange genietet werden, sodass die Handhabung einfach ist. **Nutzfahrzeugrahmen** werden vernietet,

- weil diese Verbindungen einfacher und sicherer als Schraub- oder Klebeverbindungen zu fügen sind,
- weil Nietverbindungen höher belastbar sind als Punktschweißverbindungen,
- weil keine Wärme eingebracht wird wie beim Schweißen und deshalb
  - beschichtete Bleche verarbeitet werden können und
  - das große Werkstück sich nicht verziehen kann;
- weil die große Vielfalt verschiedenster Fahrzeugrahmen (Nutzlast, Länge, Anzahl Achsen usw.) flexibel hergestellt werden kann.

Im **Flugzeugbau** sind Nietverbindungen der flächigen Rumpfteile dagegen sehr aufwändig herzustellen (Bild 5.51):

- große, teure Maschinen bohren und nieten Rumpfteile vollautomatisch,
- Überlappung der Fügeteile und Schwächung der Fügeteile durch die Bohrung (Kerbwirkung) fördert Leichtbau nicht;
- Nietverbindungen müssen wegen der Spaltkorrosion im laufenden Betrieb immer wieder sehr sorgfältig überprüft und gewartet werden.

Trotzdem werden Rumpfteile von Flugzeugen genietet, denn

- die Festigkeit der Fügeteile (Rumpfteile) und der Nieten ist definiert und nicht durch Wärmeeinflüsse verändert,
- unterschiedliche Werkstoffe können verbunden werden, sodass Werkstoffe beanspruchungsgerecht ausgewählt werden können.

Andere Nietverbindungen sind einfacher herzustellen. Beim **Blindnieten** wird nur von einer Seite gefügt. Der Blindniet wird dazu in die vorbereitete Bohrung gesteckt, bis der Setzkopf am Werkstück anliegt (Bild 5.52). Mit der Nietzange wird der Nietdorn aus der Nietbohrung gezogen. Dadurch verformt der Nietdorn die Niethülse und presst die Fügeteile aneinander. Die verformte Niethülse bildet den Schließkopf. Durch weiteren Zug am Nietdorn wird dieser an der Sollbruchstelle zerrissen. Sonderkonstruktionen, z. B. Blindnietmuttern, kombinieren Schrauben und Nieten, sodass die Nietverbindung auch wieder gelöst werden kann.

Mit Stanznieten können Fügeteile ohne vorheriges Lochen verbunden werden. Beim **Stanznieten mit Vollniet** ist der Niet das Stanzwerkzeug, das die Fügeteile locht und dann an Stelle des ausgeschnittenen Butzens die Fügeteile kraft- und formschlüssig verbindet (Bild 5.53). Dabei wird nicht der Niet verformt, sondern nur die gefügten Teile.

Bild 5.51: Anlage zum Nieten von Rumpfteilen eines Passagierflugzeuges (*EADS*)

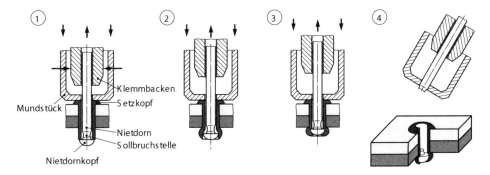

Bild 5.52: Verfahrensablauf beim Blindnieten [*Matthes/Riedel*]

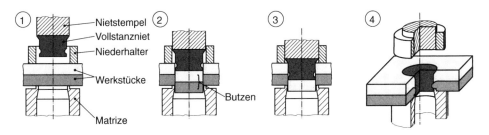

Bild 5.53: Prozessablauf beim Stanznieten mit Vollniet [*Matthes/Riedel*]

Stanznieten mit Halbhohlniet formen das Werkstück um, ohne es durchzustanzen. Der Stanzniet verklammert sich durch Hinterschnitt im Werkstück, sodass die Rückseite des Werkstücks (Matrizenseite) kaum geschädigt wird (Bild 5.54). Sonderformen der Niete können zusätzliche Funktionselemente wie z. B. Gewinde tragen.

Die Fügestelle muss wie beim Punktschweißen von beiden Seiten zugänglich sein. Gegenüber dem Punktschweißen bietet Stanznieten folgende Vorteile:

- keine Beschädigung der Oberfläche, fügen beschichteter Bleche möglich,
- wirtschaftlicher durch geringere Anlagenausstattung (15 bis 25 % von Punktschweißanlagen), Stromerzeugung entfällt.

Stanznieten werden z. B. in der Automobil- und in der Hausgeräteindustrie verwendet. Da die Bauteiloberfläche beeinflusst wird, findet man sie selten im Sichtbereich (Bild 5.55).

5.5.2 Clinchen oder Durchsetzfügen

Beim **Clinchen** werden überlappt angeordnete Bleche gemeinsam punktuell durchgesetzt, sodass durch Breiten und Fließpressen eine unlösbare, form- und kraftschlüssige Verbindung entsteht (Bild 5.56). Gegenüber Nieten und Stanznieten müssen die zu fügenden Werkstoffe gut umformbar sein. Dann lassen sich Werkstücke aus zwei oder mehreren Einzelteilen bis zu einer Gesamtdicke von 6 mm verbinden. Eine Verfahrensvariante ist das schneidende Durchsetzfügen, bei dem der Stempel das Werkstück partiell auftrennt.

Als Maschinen werden spezielle Clinchsysteme mit integrierter Prozessüberwachung des Umformweges und der Umformkraft (20 bis 300 kN) eingesetzt. Ansonsten ähnelt der Verfahrensablauf dem Stanznieten. Wie beim Stanznieten muss beim Clinchen das Werkstück von beiden Seiten zugänglich sein. Dafür entfallen die Zuführung des Niets und die Materialkosten der Verbindungselemente, sodass Clinchen ein besonders wirtschaftliches Verfahren darstellt.

Clinchen wird zur Herstellung von Haushaltsgeräten (z. B. Waschmaschinen oder Kühlschränke), Lüftungs- und Heizungsanlagen eingesetzt (Bild 5.57). In der Automobilindustrie werden mit diesem Verfahren z. B. unterschiedliche Werkstoffe, wie Stahl- und Aluminiumbleche, verbunden. Im Vergleich zum Punktschweißen sind Niet-, Clinch- und Klebeverbindungen im Automobilbau die Ausnahme, ihre Bedeutung nimmt jedoch wegen der größer werdenden Mischung unterschiedlicher Werkstoffe in Karosserien zu.

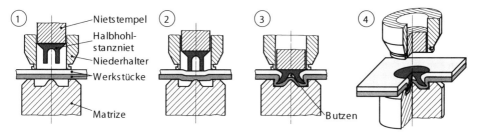

Bild 5.54: Verfahrensablauf beim Stanznieten mit Halbhohlniet [*Matthes/Riedel*]

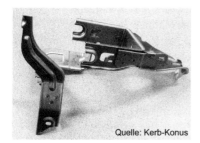 

Bild 5.55: Anwendungsbeispiele des Stanzens mit Halbhohlniet aus der Automobilindustrie [*Matthes/Riedel*]
a) ESP-Halterung, b) lackierter Pkw-Türausschnitt

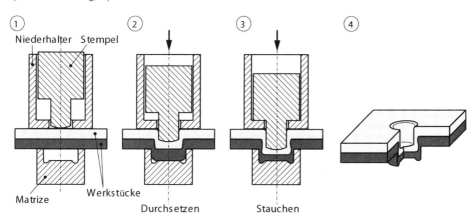

Bild 5.56: Verfahrensablauf beim Clinchen [*Matthes/Riedel*]

Bild 5.57: Anwendungsbeispiele für Clinchen [*Matthes, Riedel*]
a) Abfallbehälter,
b) Lüftungskanal

5.5.3 Falzen und Bördeln

Wie Stanznieten gehören auch Falzen und Bördeln zur Gruppe der Verfahren „**Fügen durch Umformen ohne Verbindungselemente**". Beim Falzen und Bördeln werden die Werkstückkanten der zu verbindenden Werkstücke (normalerweise Bleche) so umgeformt, dass ein gemeinsamer Form- und Kraftschluss entsteht. Beim **Bördeln** werden die Kanten von gekrümmten Werkstücken hoch oder winkelig gestellt. Beim Falzen dagegen wird eine aufrecht stehende Blechkante umgebogen und verpresst (Bild 5.58). Um Falzverbindungen abzudichten, müssen sie zusätzlich versiegelt, verklebt oder verlötet werden.

Falze werden in drei Stufen gebogen: Aufrichten, Falzen/Umbördeln und Nachsetzen. Im einfachsten Fall wird das Blech manuell mit Zangen umgebogen. Größere Mengen, z. B. Außenhautteile einer Fahrzeugkarosserie, Konservendosen oder Massenteile (Bild 5.59), werden mit roboter- oder maschinengeführten Rollwerkzeugen in mehreren Stufen umgeformt (Bild 5.60). Neben der höheren Fertigungsgeschwindigkeit bietet Rollfalzen auch bessere Fertigungsqualität:

- bessere Oberfläche durch optimierte Wirkrichtung und kleinere Fügekräfte,
- bessere Maßhaltigkeit durch reproduzierbare Roboterbewegungen,
- bessere Umformung ohne Zugspannungen im Werkstück.

5.6 Schrauben

> **Schrauben und Muttern** gehören wie Nieten zu den mechanischen Verbindungselementen. Fügeteile mit Gewinde werden durch Schrauben, Fügeteile ohne Gewinde durch gewindeschneidende, gewindeformende oder durch Schraube und Mutter form- und kraftschlüssig (Vorspannkraft) verbunden.

Die eigentliche Haltekraft, die Vorspannkraft der Schraube, wird in der Praxis über das Anzugsmoment bestimmt. Allerdings werden nur ca. 10 % des Anzugsmoments für die Vorspannkraft verwendet, ca. 50 % werden für die Reibung des Schraubenkopfes gebraucht und weitere 40 % für die Reibung am Gewinde. Die Reibkräfte sichern die Verschraubung, sie schwanken aber in einer großen Toleranzbreite.

Schrauben und Muttern sind genormt und in unübersehbarer Vielfalt (Art der Schraube, Länge, Durchmesser, Gewinde, Schraubenkopf, Festigkeit) als Massenprodukte erhältlich.

Schraubverbindungen können mit bekannten Berechnungsverfahren dimensioniert werden und sind auch für große Fügekräfte geeignet. Sie sind besonders populär, weil

- einfache Werkzeuge ausreichen,
- Schraubverbindungen mit dem selben Werkzeug montiert wie demontiert werden können,
- beliebige Werkstoffe verbunden werden können,
- die Fügeteile nicht thermisch belastet werden,
- die Verbindung sofort hergestellt wird (ohne Prozess- oder Abkühlzeiten).

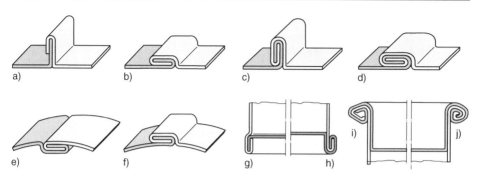

Bild 5.58: Beispiele verschiedener Falz- und Bördelverbindungen [*Spur*]
a) stehender Falz, b) liegender Falz, c) stehender Doppelfalz, d) liegender Doppelfalz, e) Innenfalz, f) Außenfalz, g) einfacher Bodenfalz, h) doppelter Bodenfalz, i) Trapezfalz, j) Spitzfalz

Quelle: Thomas-Magnete

Bild 5.59: Falzverbindung am Gehäuse eines Magnetschalters [*Matthes/Riedel*]

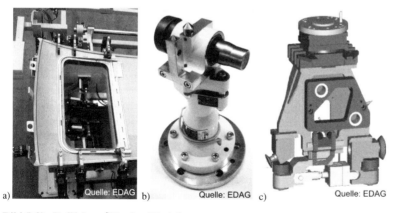

Bild 5.60: Rollfalzen [*Matthes/Riedel*]
a) Anwendung an Pkw-Schiebedächern, b) Rollfalzkopf, c) Rollfalzsystem (schematisch)

Trotzdem sind **Schraubverbindungen** nicht unproblematisch und teuer:
- Fügeteile müssen vorbereitet sein:
  - Fluchtung der Schraubenlöcher,
  - Gewinde,
  - Senkung für Schraubenkopf;
- aufwändige, zeitintensive und damit teure Fügebewegung:
  - Fügen der Schraube mit dem Werkstück sowie Fügen des Schraubers an die Schraube,
  - Anfädeln, Drehen, Festziehen bei Werkstücken mit Gewinde,
  - Durchstecken der Schraube, Anfädeln der Mutter, Drehen (dabei die Mutter festhalten) und Festziehen bei Werkstücken ohne Gewinde,
  - teilweise Handhabung weiterer Teile wie z. B. Scheiben oder Sicherungen (Bild 5.61);
- Gefahr des Losbrechens z. B. durch Vibrationen,
- aufwändige Qualitätssicherung bei kritischen Verschraubungen, z. B. Sicherheitsverschraubungen,
- hohe Reaktionskräfte bei Verschraubungen mit hohem Anzugsmoment erfordern besondere ergonomische Maßnahmen, z. B. Winkelschrauber, sanfter Motoranlauf, Abstützbügel oder Mehrspindelschrauber.

Gewindeschneidende oder -formende Schrauben sowie Schrauben mit unverlierbarer Scheibe oder Sicherungsscheibe erleichtern die Verschraubung.

Verschraubungen lassen sich auch automatisch herstellen, jedoch ist die Zuführung der Schraube problematisch, weil sie sich in der Zuführeinrichtung verklemmen kann (Bild 5.62).

Bei Verschraubungen unterscheidet man harte und weiche Schraubfälle. Nachdem bis zum Fügemoment angezogen wurde, wird im harten Schraubfall das Endanzugmoment nach einem Drehwinkel von ca. 30° erreicht, im weichen Schraubfall erst nach bis zu 720° (zwei Umdrehungen).

Nur in Ausnahmefällen, z. B. bei Reparaturen, werden manuelle Schraubendreher und Schraubenschlüssel verwendet. Angetriebene Schrauber können unterschieden werden nach ihrem Antrieb:
- **Druckluftschrauber:**
  - Drehschrauber,
  - Schlagschrauber;
- **Elektroschrauber:**
  - Drehschrauber mit Akku oder Netzversorgung,
  - Servoschrauber mit Netzversorgung.

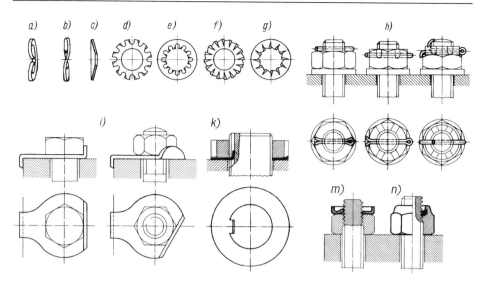

Bild 5.61: Auswahl genormter Schraubensicherungen [*Hering/Modler*]

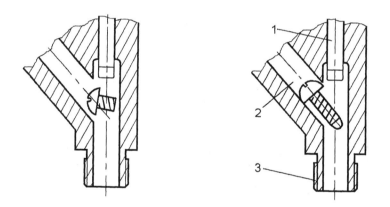

Bild 5.62: Gefahr des Verklemmens bei automatischer Schraubenzuführung [*Konold/Reger*]
1 Schraubendreher, 2 Zuführkanal, 3 Mundstückanschluss

Weitere Unterscheidungsmerkmale sind die Form:

- **Einspindelschrauber**:
  - Pistolenschrauber,
  - Gerade Schrauber,
  - Winkelschrauber (Bild 5.63);
- **Mehrspindelschrauber**, i. d. R. gerade Schraubspindeln (Bild 5.64),

und die Prozesssicherung:

- ohne Überwachung von Anzugsmoment oder Drehwinkel,
- mit Überwachung des Anzugsmoments durch
  - Rutschkupplung (Genauigkeit ca. 12 %),
  - Abschaltkupplung (Genauigkeit ca. 12 %);
- mit Überwachung von Anzugsmoment und Drehwinkel durch
  - elektronische Überwachung (Genauigkeit ca. 6 % bei Elektroschraubern)
  - elektronischer Überwachung, Dokumentation der Schraubparameter und Freigabe des Prozesses, nur wenn die Verschraubung in Ordnung war.

Die einfachsten Schrauber sind **Druckluftschrauber**, die bei kleinem Bauvolumen hohe Anzugsmomente erreichen. **Schlagschrauber** speichern die Energie periodisch und geben sie über ein Schlagwerk als tangentiale Drehschläge wieder ab. Das abgegebene Drehmoment liegt deshalb weit über dem maximalen Motormoment, sodass Schrauben bis M48 angezogen werden können. Mit hydraulischem Schlagwerk erreichen diese Schrauber eine Anzuggenauigkeit von ± 10 % des Anzugsmoments.

Akku-Elektroschrauber sind besonders flexibel einsetzbar, weil kein Kabel die Arbeit behindern könnte. Sie liefern kleinere Anzugmomente ohne besondere Prozesssicherung. Servo-Elektroschrauber beanspruchen durch eine spezielle Motorkonstruktion ebenso wenig Platz und Gewicht wie vergleichbare Druckluftschrauber. Durch Sensoren zur direkten Drehmomentmessung können sie sehr genau geregelt werden, sodass das Anzugsmoment bis ± 3 % genau eingehalten werden kann. Außerdem werden die Drehwinkel überwacht und die Schraubparameter dokumentiert. Der Preis dieser Schrauber beträgt zwar ca. das 10fache eines gleich großen Druckluftschraubers, dafür können auch Sicherheitsverschraubungen ohne Kontrolle mit Drehmomentschlüssel erstellt werden.

Bild 5.63: Manueller Winkelschrauber in der Automobilindustrie (*Atlas-Copco*)

Bild 5.64: Mehrspindelschrauber zur Rädermontage (*Atlas-Copco*)

5.7   Klipsen und Einrasten

Schnappverbindungen verbinden Fügeteile durch Formschluss. Um die Teile zu verbinden, muss zunächst der Rasthaken an der Verbindungsstelle eingefädelt werden. Anschließend wird beim weiteren Einschieben des Verbindungselements eine Federkraft überwunden, die den Haken elastisch verformt und den Haken während des weiteren Fügeweges schließlich einrasten lässt. Die Federkraft des Hakens verhindert ein unbeabsichtigtes Lösen der Verbindung.

Schnappverbindungen lassen sich in allen elastischen Werkstoffen realisieren, z. B. auch in Stahlblech (Bild 5.65). Die Verbindungselemente können in das Fügeteil bereits eingebaut sein, oder es werden gesonderte Fügeteile, z. B. Klipse montiert. Besonders häufig findet man Schnappverbindungen an Kunststoffteilen, weil hier das Fügeelement einfach in die Geometrie des Werkstücks zu integrieren ist, sodass für den Rasthaken keine zusätzlichen Herstellkosten anfallen.

Der wichtigste **Vorteil** von Schnappverbindungen ist die einfache Montage. Gegenüber einer Schraubverbindung beträgt der Montageaufwand nur ca. 20%. Außerdem lässt sich die Montage mit Schnappverbindungen einfach automatisieren. Gründe sind:

- einfache, lineare Fügebewegung,
- deutliche Reaktionskräfte, die das Herstellen der Verbindung rückmelden,
- grobe Fügetoleranz beim Anfädeln, Selbstzentrierung beim Fügen, weil der Rasthaken federt und mit einer Fügeschräge ausgestattet ist.

Schnappverbindungen können lösbar und unlösbar konstruiert sein. Auch bei lösbaren Schnappverbindungen ist die **Demontage kritisch**, weil die Schnappelemente bei der Demontage verbogen oder zerbrochen werden können und weil besonders bei verdeckter Montage der Schnappverbindung nicht einsehbar ist, wie die Schnappverbindung zu lösen ist. Bild 5.66 zeigt einige Beispiele für Schnappverbindungen.

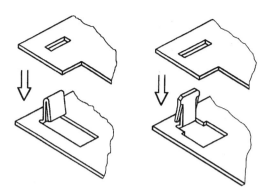

Bild 5.65: Montagefreundliche Schnappverbindung zweier Blechteile [*Konold/Reger*]

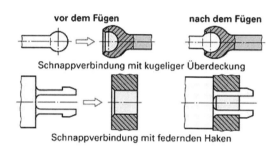

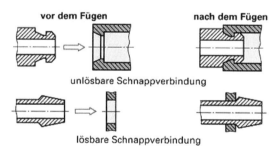

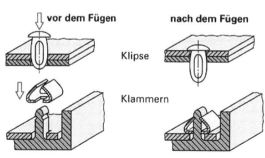

Bild 5.66: Beispiel für Schnappverbindungen [*Dobler u. a.*]

6 Beschichten

Beschichten ist das Aufbringen von fest haftenden Schichten aus formlosen Stoffen auf die Oberflächen von Werkstücken. Die Beschichtung von Bauteilen und Halbzeugen wird zumeist im Anschluss an Ur-, Umform- oder Trennprozesse durchgeführt.

Durch eine getrennte Aufbringung von Grund- und Beschichtungsmaterial wird das Bauteil deutlich verbessert. So kann z. B. das Grundmaterial aus einem zähen Werkstoff gefertigt sein, der Biege- und Torsionskräfte aufnimmt, hingegen die Beschichtung aus einem spröden, aber sehr harten Werkstoff bestehen, der den Verschleiß an der Oberfläche verringert.

Oberflächen von Werkstücken sind vielfältigen Beanspruchungen und damit Veränderungen ausgesetzt:

- Umwelt- und Klimabeanspruchung – Verschmutzung, Verwitterung,
- thermische Beanspruchung – Passivierung, Oxidation, Verzunderung,
- elektrochemische Beanspruchung – Korrosion bei Kontakt mit Flüssigkeiten,
- Reibbeanspruchung – Verschleiß, Deformation und
- Strömungsbeanspruchung – Erosion bei Kontakt mit strömenden Medien, z. B. in Rohrleitungen.

Die Beschichtungen machen die Produkte für die Anwender attraktiver und langlebiger. Sie stellen damit ein wichtiges Produktmerkmal dar und sparen Ressourcen – ca. 5 % des Bruttosozialprodukts in Industrieländern.

Die Aufgabe der Beschichtungstechnik besteht darin, geeignete Verfahren wirtschaftlich und umweltverträglich in der Praxis umzusetzen.

Einteilung der Beschichtungsverfahren

Nach dem Zustand des Beschichtungsstoffs vor der Beschichtung teilt man ein:

- Verfahren zum Beschichten aus dem gas- oder dampfförmigen Zustand – Deposition dünner Schichten, z. B. Hartstoffschichten auf Keramikschneidplatten
  - PVD-Verfahren (Physical Vapor Deposition)
  - CVD-Verfahren (Chemical Vapor Deposition)
- Verfahren zum Beschichten aus dem flüssigen, breiigen oder pastenförmigen Zustand – z. B. Lackieren von Fahrzeugen oder Emaillieren weißer Ware
  - Tauch- und Spritzlackieren,
  - elektrostatisches Spritzen,
  - Emaillieren,
  - Spachteln und Verputzen.
- Verfahren zum Beschichten aus dem ionisierten Zustand – z. B. das Aufbringen galvanischer Schichten zum Korrosionsschutz und zur Dekoration
  - Galvanisieren,
  - Oxidieren,
  - elektrolytische Tauchabscheidung.

Bild 6.1: Beschichten und Oberflächeneigenschaften

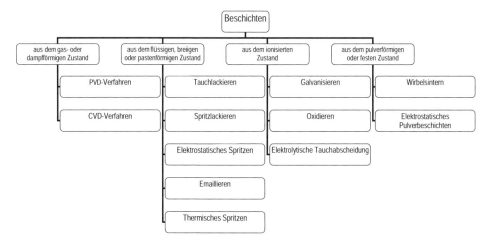

Bild 6.2: Gliederung der beschichtenden Fertigungsverfahren

- Verfahren zum Beschichten aus dem pulverförmigen oder festen Zustand – z. B. Erzeugen dicker Kunststoffschichten durch elektrostatisches Beschichten mit Pulverlacken
  - Wirbelsintern,
  - elektrostatisches Pulverbeschichten.

6.1 PVD- und CVD-Verfahren

Bei den PVD- und CVD-Verfahren wird aus dem gas- oder dampfförmigen Zustand beschichtet. Hierbei werden dünne Schichten durch Ablagerung atomarer Teilchen auf einem Substrat erzeugt.

Einsatzbereiche und typische Teile sind:

- Fahrzeugindustrie – Scheinwerferreflektoren, Spiegel,
- Elektronikindustrie – Herstellung von Halbleiterbauelementen,
- Werkzeugindustrie – Erzeugung von Verschleißschutzschichten und Schichten mit niedrigem Reibwert auf Werkzeugschneidplatten.

Verfahren

Die zahlreichen Beschichtungsverfahren lassen sich nach Art der Überführung des Schichtwerkstoffes in den gasförmigen Zustand, nach den Stofftransportvorgängen und nach dem Schichtbildungsmechanismus in zwei Gruppen einteilen:

- Bei den **PVD-Verfahren** (Physical Vapor Deposition) erfolgt die Beschichtung durch Verdampfung (Sublimation) eines in festem Zustand vorliegenden Werkstoffes und die anschließende Kondensation auf dem Werkstück. Der Vorgang des Aufdampfens findet in einem Behälter statt, der auf einen Druck von weniger als 10^{-3} Pa evakuiert wird. Der Schichtwerkstoff wird durch Widerstandsbeheizung auf eine Temperatur erhitzt, bei der er verdampft. Die thermisch erzeugten Atome bewegen sich geradlinig zum Substrat, an dem sie kondensieren und die Schichtung bilden. (Verdampfungstemperatur von Al bei Normaldruck 2450 °C und bei 0,1 Pa 1060 °C). Das Hochvakuum ist erforderlich, um Kollisionen der schichtbildenden Atome, die eine relativ niedrige kinetische Energie besitzen, mit Restgasatomen zu verhindern.
- Bei den **CVD-Verfahren** (Chemical Vapor Deposition) wird das Werkstück meist einem Metallhalogenid oder anderen Gasen ausgesetzt. Die Schicht bildet sich durch eine chemische Reaktion auf der Oberfläche des Werkstückes. Als Schichtwerkstoffe werden Metalle, Legierungen, Sulfide (z. B. MoS_2), Oxide (z. B. Al_2O_3), Karbide (z. B. TiC, SiC), Nitride (z. B. TiN) und andere hochschmelzende Verbindungen eingesetzt.

Bild 6.3: Beispiele für dekorative und reibarme Schichten (*Sulzer*)

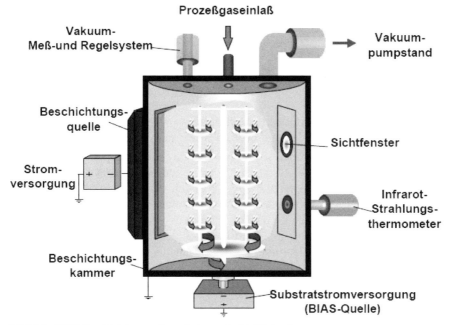

Bild 6.4: PVD-Beschichtungsanlage (schematisch) (*Sulzer*)

Die Beschichtungen lassen sich auf Metallen, Kunststoffen, Glas, Keramik und Halb-leiterwerkstoffen aufbringen. Zur Eigenschaftsverbesserung der Werkstücke werden auch mehrere Schichten aufgebracht. Beim CVD-Verfahren lassen sich Schicht-dicken bis ca. 20 μm, mit PVD von 1 bis 10 μm erreichen.

Maschinen und Anlagen

Es gibt Batch- und Inline-Anlagen. PVD-Anlagen werden bei ca. 500 °C, CVD-An-lagen bei ca. 1000 °C betrieben. Zumeist sind die Anlagen für kleinere Werkstücke und Serien ausgelegt. Es werden aber auch Tiefziehwerkzeuge beschichtet.

6.2   Lackieren und Lacksysteme

> Lackieren ist die Herstellung eines zusammenhängenden Lackfilms mit einem Beschichtungsstoff (Lack) mit Hilfe geeigneter Bindemittel.

Unterschiedliche zu beschichtende Grundwerkstoffe erfordern angepasste Lacke (Lacksysteme). Jeder Lack besteht aus einer Vielzahl von Komponenten, die sich in vier Gruppen einteilen lassen

- Filmbildner (meist Lackharze),
- Farbmittel (Pigmente, Farbstoffe) und Füllstoffe,
- Hilfsstoffe (Additive, flüchtige und nichtflüchtige) und
- Lösemittel (und/oder Wasser).

Filmbildner sind der wichtigste Bestandteil von Lacken. Sie bestehen hauptsächlich aus synthetischen Harzen, z. B. den Alkyd-, Polyamid- und Polyurethanharzen. Im flüssigen Lack können sie gelöst oder als fein verteilte (disperse) Phase vorliegen. Filmbildner bestimmen weitgehend das Verhalten des flüssigen Lacks, seinen Film-bildungsmechanismus (physikalische Trocknung oder chemische Vernetzung) und die Schichteigenschaften wie Haftung, Härte, Elastizität und Abriebfestigkeit. Mit den nichtflüchtigen Hilfsstoffen bilden die Filmbildner das Bindemittel.

Hilfsstoffe − z. B. Weichmacher − haben bereits bei kleinen Konzentrationen er-hebliche Wirkungen. Sie erleichtern das Dispergieren der Pigmente, unterdrücken ihre Neigung zum Absetzen, beeinflussen das Fließverhalten des Lackmaterials beim Auftragen, beschleunigen die Aushärtung und erhöhen den Glanz.

Farbmittel bestimmen Farbgebung und Deckkraft der Beschichtung. Dazu gehören: Pigmente (im Lack praktisch unlöslich) und Farbstoffe (löslich)

Füllstoffe sind unlösliche Substanzen des Lacks, die zur Veränderung des Volumens und zur Verbesserung technischer und optischer Eigenschaften dienen. Pigmente und Füllstoffe können bei Klarlacken entfallen.

Lösemittel lösen bzw. verteilen die Binde- und Farbmittel sowie die Hilfsstoffe. Sie sind für die Verarbeitungseigenschaften, den Verlauf und die Schichtdicke verant-wortlich und verdunsten größtenteils oder ganz bei der Filmbildung aus dem auf-getragenen Lackfilm.

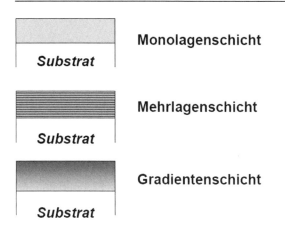

Bild 6.5: Möglichkeiten des Schichtaufbaus bei PVD-Verfahren (*Sulzer*)

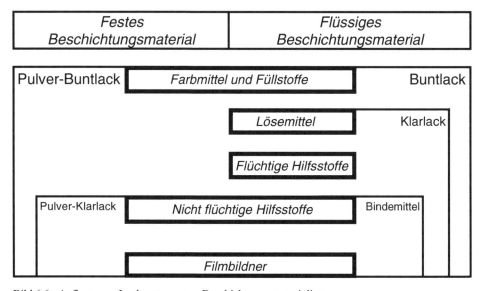

Bild 6.6: Aufbau von Lacksystemen − Beschichtungsmaterialien

Lacksysteme werden eingeteilt, z. B. nach:

- dem Auftragsverfahren (Spritzlack, Tauchlack),
- der Art der Zusammensetzung (nach Art des Bindemittels oder Lösemittels, z. B. Wasserlack),
- der Beschaffenheit (z. B. Pulverlack),
- der Filmbildung (Einbrennlack, Zweikomponenten-Reaktionslack),
- dem Glanzgrad (Hochglanzlack, Mattlack),
- der Anwendung (Vorlack, Decklack),
- der Verwendung (Holzlack).

Die Lacksysteme, die heute überwiegend zur Anwendung kommen, bestehen zu über 50 % aus Lösemitteln, der Rest besteht aus Bindemitteln, Farbmitteln und Hilfsstoffen. Durch Umweltschutzauflagen wird die Entwicklung neuer Lackmaterialien und Beschichtungsverfahren vorangetrieben. Man konzentriert sich zunehmend auf wässrige, festkörperreiche und lösemittelarme Lacksysteme.

Bekanntester Vertreter der wässrigen Lacksysteme (Wasserlacke) sind die Elektrotauchlacke. Die meisten Wasserlacke enthalten nur einen geringen Anteil organischer Lösemittel. Dabei können Probleme bei der Verarbeitung mit der Elektrostatik auftreten.

Festkörperreiche Lacke (High-Solid-Lacke) entstehen durch die Reduzierung des Lösemittelanteils der Harze. Sie werden als Einkomponenten- und Zweikomponenten-Lacke eingesetzt.

Lösemittelfreie Lacke sind Pulverlacke und strahlenhärtende Lacke. Bei strahlenhärtenden Lacken werden die als Monomere aufgebrachten Bindemittel durch UV-Strahlen oder Elektronenstrahlen polymerisiert.

6.3 Tauchlackieren

> Beim Tauchlackieren werden die Werkstücke in den Lack eingetaucht und nach dem Benetzen langsam wieder herausgezogen. Der Lack haftet an der gesamten Oberfläche, auch an offenen Innenflächen, und wird anschließend getrocknet.

Das Tauchlackieren eignet sich vorwiegend für die Lackierung von Massengütern mit eingeschränkten Oberflächenqualitäten.

Da die Werkstücke vollständig in einen mit Lack gefüllten Behälter eintauchen, müssen folgende Voraussetzungen erfüllt sein:

- Keinen Lack schöpfen beim Austauchen der Werkstücke – d. h. Auslauföffnungen vorsehen,
- keine Luftblasen in offenen Hohlräumen des Werkstücks – ansonsten kein Lackauftrag möglich,

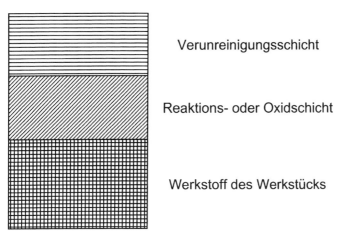

Verunreinigungsschicht

Reaktions- oder Oxidschicht

Werkstoff des Werkstücks

Bild 6.7: Struktur einer verunreinigten Werkstückoberfläche (schematisch)

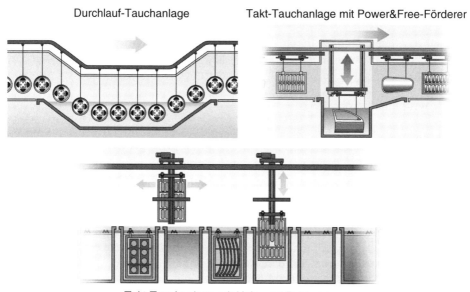

Durchlauf-Tauchanlage   Takt-Tauchanlage mit Power&Free-Förderer

Takt-Tauchanlage mit Hub- und Fahrwerk

Bild 6.8: Tauchanlagen und Fördertechnik der Werkstücke (*Eisenmann*)

- die Werkstücke müssen absolut sauber sein, da eingeschleppte Verunreinigungen den Lack schädigen,
- kein Aufschwimmen der Werkstücke – ansonsten müssen die Werkstücke fest mit der Halterung des Transportsystems verbunden sein.

Häufig angewendete Verfahren in der Praxis sind:

Konventionelles Tauchlackieren

Ein Tauchverfahren, bei dem keine Umwandlung des Bindemittels stattfindet. Nach Art der verwendeten Lacke bzw. der Art der Lösemittel wird unterschieden:

- Tauchen mit Lacken, die organische Lösemittel enthalten – Lackmaterialien müssen eine ausreichende Stabilität aufweisen; hohe Brandgefahr beachten.
- Tauchen mit Wasserlacken – Brandschutzmaßnahmen können entfallen. Die entstehenden Dämpfe (Wasser, geringe Mengen organischer Lösemittel) sind, verglichen mit organischen Lösemitteldämpfen, unbedenklich. Bei Umwälzung neigen sie zum Schäumen und sind nur in einem bestimmten pH-Bereich stabil.

Das Tauchlackieren bietet erhebliche Vorteile, wie hohe Wirtschaftlichkeit, einfache Automatisierung, geringe Lackverluste und vollständige Beschichtung der Werkstücke. Durch verfahrenstechnische Maßnahmen sind eine Nachdosierung, Verhinderung von Sedimentation durch Umwälzung und eine konstante Lacktemperatur sicherzustellen. Es sind allerdings keine hohen dekorativen Qualitäten erreichbar, so dass dieses Verfahren meist nur für Grundierungen eingesetzt wird.

Elektrotauchlackieren (ETL)

Beim Elektrotauchlackieren handelt es sich um eine Beschichtung aus dem ionisierten Zustand, da hier die Lackpartikel in Ionenform im Trägermedium vorliegen.

Die Lackabscheidung geschieht infolge chemischer Umsetzung des Bindemittels auf der Werkstückoberfläche. Die Umsetzung wird durch elektrischen Stromfluss von einer Elektrode über den leitfähigen Lack zum Werkstück bewirkt. Die eingesetzten Lacke sind wasserlösliche Suspensionen von Binde- und Farbmitteln.

Die ETL-Verfahren werden nach der Polung des Werkstücks in anodisches und katodisches Elektrotauchlackieren eingeteilt. Der Filmbildner ist entweder ein Anion, dann scheidet sich der Lack auf dem positiv gepolten Werkstück ab, oder ein Kation, dann scheidet sich der Lack auf dem negativ gepolten Werkstück ab. Wegen des besseren Korrosionsschutzes wird für hochwertige Grundierungen das katodische Tauchlackieren (KTL) bevorzugt eingesetzt.

Das Bindemittel eines KTL-Systems ist im Normalzustand nicht wasserlöslich und muss daher in einer Neutralisationsreaktion mit organischen Säuren ionisiert und in den wasserlöslichen Zustand überführt werden. Der abgeschiedene festhaftende Lackfilm wird anschließend in einem Trockner vernetzt und eingebrannt.

Eine Elektrotauchanlage besteht im Wesentlichen aus den Komponenten Tauchbecken mit verschiedenen Kreisläufen zur Aufrechterhaltung der Tauchbadstabilität, Spülung, Stromversorgung und Transportsystem.

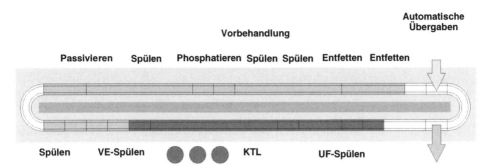

Bild 6.9: Durchlauf und Stationen einer katodischen Tauchanlage (*Eisenmann*)

Bild 6.10: Dreh-Kipp-Station (Varioshuttle) zur Vermeidung von Schöpfwirkung (*Eisenmann*)

6.4   Spritzlackieren

Spritzlackieren ist ein universelles, häufig eingesetztes Beschichtungsverfahren, mit dem sich gute Oberflächen erzielen lassen und das sich für kleine und große Stückzahlen wirtschaftlich eignet.

Die Verteilung der Lackmaterialien mit den Applikationsgeräten kann mit Hilfe verschiedener physikalischer Effekte erfolgen:

- Zerstäubung durch mechanische Kräfte (mechanische Spritzverfahren)
  - Druckluft-Spritzen (luftzerstäubend)
  - Airless-Spritzen (materialzerstäubend)
- Zerstäubung durch mechanische Kräfte, kombiniert mit elektrischen Feldkräften (elektrostatische Spritzverfahren),
  - elektrostatisches Spritzen
  - elektrostatisches Spritzen mit Rotationszerstäuber (rotationszerstäubend)

Bei den **mechanischen Spritzverfahren** beruht die mechanische Zerstäubung des Lackmaterials auf der Wirkung von Staudruckkräften auf die Flüssigkeitspartikel infolge Relativbewegung zwischen Lack und Umgebung. Die Relativbewegung kann durch eine Luftströmung (Druckluft-Spritzen), durch einen Lackstrahl hoher Geschwindigkeit in einer ruhenden Umgebung (Airless-Spritzen) oder durch auf das Lackmaterial wirkende Massenkräfte (Rotationszerstäuber) herbeigeführt werden.

- Beim **Druckluftspritzen** strömt die Zerstäubungsluft aus einer ringförmigen Öffnung, die durch eine Bohrung im Zerstäuberkopf und die darin zentrisch angeordnete Lackdüse gebildet wird. Weitere Luftstrahlen aus umliegenden Bohrungen unterstützen den Zerstäubungsvorgang. Zur Regulierung der Spritzstrahlform dienen Flachstrahlbohrungen. Die aus diesen Bohrungen ausströmende Luft formt einen Spritzstrahl mit annähernd kreisförmiger Grundfläche. Die Druckluft wird durch Kompressoren erzeugt. Das Lackmaterial wird je nach Mengenbedarf, Viskosität und Spritzgeräteart (hand- oder robotergeführte Pistole) durch unterschiedliche Fördersysteme zugeführt. Der Lackstrom kann durch eine Düsennadel von Hand oder automatisch gesteuert werden.

  Der Nachteil der Druckluftspritztechnik sind die hohen Lacknebelverluste durch Overspray. Bei filigranen Werkstücken können sie bis zu 95 % betragen, bei großen Flächen liegen sie bei etwa 50 %. Demgegenüber stehen Vorteile wie eine sehr gute Schichtqualität, einfache Handhabung und universelle Einsetzbarkeit.

- **Airless-Spritzen** bedeutet Spritzen mit Materialdruck. Für die Zerstäubung ist keine Druckluft erforderlich. Das Lackmaterial steht vor der Düse unter einem sehr hohen Staudruck, der bis zu 250 bar betragen kann. Beim Entspannen außerhalb der Hartmetalldüse zerstäubt es aufgrund der hohen Relativgeschwindigkeit zur ruhenden Umgebung.

Bild 6.11: Spritzverfahren mit mechanischer Zerstäubung (schematisch) (*ITW Oberflächentechnik*)

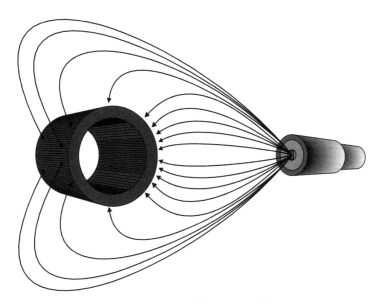

Bild 6.12: Elektrostatisches Spritzen (schematisch) (*ITW Oberflächentechnik*)

Die stationäre oder mobile Spritzausrüstung beim Airless-Spritzen umfasst neben der Pistole einen Lackbehälter, eine Pumpe zur Lackförderung und -verdichtung sowie hochfeste Lackmittelschläuche. Der Wirkungsgrad des Airless-Spritzens ist, insbesondere bei großflächigen Teilen, wesentlich höher als bei der Druckluftzerstäubung.

- Beim **Airless-Spritzen mit Luftunterstützung** kann mit niedrigerem Druck gearbeitet werden. Zur Homogenisierung des Spritzstrahls wirken zusätzlich unterstützende Luftstrahlen auf den Spritzstrahl ein.

Die **elektrostatischen Spritzverfahren** bieten gegenüber den Zerstäubungsverfahren durch mechanische Kräfte folgende Vorteile:

- Die versprühten Lacktröpfchen laden sich am Sprühgerät auf und folgen den zum geerdeten Objekt führenden Feldlinien. Der Beschichtungswirkungsgrad wird deutlich höher.
- Aufgrund des elektrostatischen Umgriffs werden auch vom Spritzorgan abgewandte Werkstückpartien beschichtet. Die damit verbundene Einsparung von Lackmaterial und die geringere Umweltbelastung haben zu einer weiten Verbreitung des elektrostatischen Spritzens geführt.
- Die elektrostatische Aufladung des Lackmaterials wird durch ein Hochspannungsfeld von ca. 100 kV erzeugt. Es handelt sich dabei um eine Leitungsaufladung des noch nicht zerstäubten Lackmaterials. Neben dem Umgriff entstehen auch unerwünschte Effekte, wie Überbeschichtung mit Läufergefahr an Kanten und unzureichende oder keine Beschichtung in Ecken durch Feldkonzentration elektrisch abgeschirmter Bereiche (Faraday-Käfig).
- Es kann mit niedrigem Betriebsdruck von ca. 1 bar lackiert werden.

Bei den rein **elektrostatischen Spritzverfahren** wird die Lackzerstäubung ausschließlich durch elektrische Feldkräfte erzeugt. Es lassen sich nur Lacke mit nicht zu hoher Viskosität und mit einer bestimmten elektrischen Leitfähigkeit verarbeiten. Der Wirkungsgrad der rein elektrostatischen Verfahren ist sehr hoch und kann bis zu 99 % betragen. Allerdings lassen sich nur einfache, flächige oder rotationssymmetrische Teile spritzen, z. B. Fässer, Metallmöbel, Kühlschränke.

Beim **elektrostatischen Spritzen mit Rotationszerstäuber** (Rotationsglocke oder -scheibe) wird das Lackmaterial aufgrund der hohen Fliehkräfte bei Drehzahlen zwischen 15000 und 60000 min^{-1} zerstäubt. An den Kanten der Glocke lösen sich feine Fäden ab, die in Lacktröpfchen zerfallen. Diese werden aufgeladen. Den Transport zum Werkstück übernehmen Feldkräfte und eine Ringluftströmung, die gleichzeitig die Breite und Homogenität des Sprühstrahls regulieren. Bei der Karosseriebeschichtung werden mehrere Zerstäuber angeordnet und pendelnd bewegt, so dass eine vollständige Beschichtung der passierenden Karosserie möglich ist.

Die wichtigsten elektrostatisch unterstützten Geräte sind Druckluftzerstäuber, die als Hand- und Automatikpistolen zum Einsatz kommen.

Als Kleber wird eine unüberschaubare Vielzahl von polymeren Werkstoffen (Thermoplaste, Duroplaste oder Elastomere) eingesetzt. Die Kleber sind i. d. R. Mehrstoffsysteme und bestehen aus

- Grundstoffen (Polymere),
- Füllstoffen,
- Flexibilisatoren (machen den Kleber pastös),
- Vernetzer (Härter, verfestigen den Klebstoff),
- Lösungsmittel (macht den Kleber pastös und verdunstet zur Aushärtung des Klebers),
- und weiteren Stoffe, die die Verarbeitung und Haftung verbessern.

Klebeverbindungen und Verkleben findet sich in fast allen Branchen, z. B. in der Papier- und Verpackungsindustrie, in der Möbelindustrie, im Maschinenbau (Bild 5.48), im Flugzeugbau, in der Konsumgüterindustrie. Im Automobilbau nehmen Klebeverbindungen zu, weil wegen des Leichtbaus immer mehr Werkstoffmischungen, z. B. Aluminiumbleche mit Stahlblechen, zu verbinden sind.

5.5 Fügen durch Umformen

Die Verbindungen beim **Fügen durch Umformen** entstehen

- durch Umformen des Werkstücks selbst (z. B. Bördeln) oder
- durch Umformen eines Verbindungselements (z. B. Nieten)

Verbindungen, die durch Umformen entstehen, finden sich in allen metallverarbeitenden Branchen und sogar in der Textil- und Bekleidungsindustrie: Nieten verstärken Jeans und verzieren Gürtel und Stiefel. Wegen der großen Vielfalt dieser Fügeverfahren, werden hier nur die wichtigsten dargestellt.

5.5.1 Nieten

Vollnieten, kraft- und formschlüssiges Fügen durch Umformen eines Verbindungselements, wurde bei großen Werkstücken, z. B. Brücken (Bild 5.49) oder Kesseln weitgehend durch Schweißen ersetzt. Große Bedeutung hat es heute noch zur Montage von Nutzfahrzeugrahmen (Bild 5.50) und im Flugzeugbau.

Die Nietverbindung ist bei großen Werkstücken, die nicht mit einer Zange oder Handpresse vernietet werden können, aufwändig herzustellen:

- Fügeteile bohren und ggf. von beiden Seiten ansenken,
- Fügeteile deckungsgleich platzieren,
- Niete einstecken,
- Niete von beiden Seiten gleichzeitig schließen (pressen oder schlagen).

Rotationsglocke, bis zu 60.000 min⁻¹

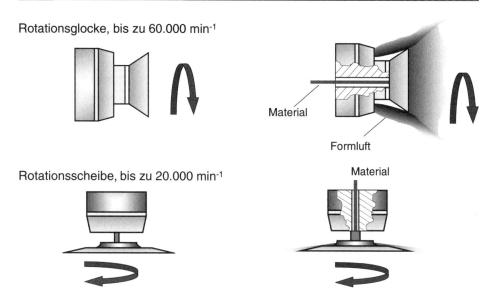

Material

Formluft

Rotationsscheibe, bis zu 20.000 min⁻¹

Material

Bild 6.13: Der Umgriff, Merkmal der elektrostatischen Spritzverfahren – auch der Spritzdüse abgewandte Seiten werden beschichtet, Problemzonen sind Innenseiten und Ecken (Faraday-scher Käfig) (*Wagner*)

Bild 6.14: Elektrostatisches Spritzen mit Rotationsscheibe (*Wagner*)

6.5   Emaillieren

Beim Emaillieren handelt es sich im Gegensatz zum Lackieren um das Aufbringen von nichtmetallischen anorganisch-oxidischen Schichten. Email ist ein glasig erstarrter Überzug, der in einer oder mehrfacher Schicht auf metallisch blanke Oberflächen aufgeschmolzen wird.

Die Emaillierung wird hauptsächlich im Bereich der Lebensmittel- und chemischen Industrie sowie im Haushalts- und Sanitärbereich eingesetzt. Die geschlossene, spröde und sehr korrosionsbeständige Beschichtung ist hitzebeständig und ermöglicht ein breites Einsatzgebiet. Hauptsächlich werden Stahloberflächen emailliert, seltener Grauguss oder Aluminium.

Zum Emaillieren wird der Beschichtungswerkstoff (Emailschlicker) auf die zu beschichtende Werkstückoberfläche aufgebracht. Nach dem Trocknungsprozess wird das Werkstück bei 750 bis 900 °C gebrannt.

Industriell eingesetzte Email-Beschichtungsverfahren sind:

* Nass-Spritzen,
* nass-elektrostatisches Spritzen,
* Elektrotauchemaillieren und
* elektrostatisches Pulverauftragen.

Der Aufwand in der Vorbehandlung ist jedoch umfangreicher. Für die Vorbehandlung bei Tauch- und Spritzverfahren sind mehr Zonen und Bäder als bei der Behandlung vor dem Lackieren notwendig. Darüber hinaus muss beim Entfetten mit wesentlich höheren Temperaturen gearbeitet werden als bei der Vorbehandlung zum Lackieren.

Neben einer sorgfältigen Entfettung ist auch ein Beizen erforderlich. Der Beizvorgang hat nicht nur die Aufgabe, Rost und Zunder von der Metalloberfläche zu entfernen, sondern fungiert auch als Abtragsbeizung. Eine Abtragsbeize hat eine genau definierte (Werkstoffmenge) Eisenmenge von der Oberfläche abzutragen, um ein gezieltes Aufrauen zu bewirken, damit ein sicherer Verbund zwischen Metalloberfläche und Email hergestellt wird. Nach dem Beizen ist wiederum ausreichend zu spülen, um Störungen bei der weiteren Behandlung zu vermeiden.

6.6   Thermisches Spritzen

Das thermische Spritzen umfasst Verfahren, bei denen Spritzzusätze innerhalb oder außerhalb von Spritzgeräten an-, auf- oder abgeschmolzen und auf vorbereitete Oberflächen aufgeschleudert werden. Die Oberflächen werden dabei nicht aufgeschmolzen.

Die Spritzschichten können im flüssigen oder plastischen Zustand aufgetragen werden. Die endgültigen Schichteigenschaften werden durch zusätzliche thermische oder mechanische Nachbehandlung oder durch Versiegeln erreicht. Die Dicke der Spritzschichten reicht von einigen Hundertsteln bis zu wenigen Millimetern.

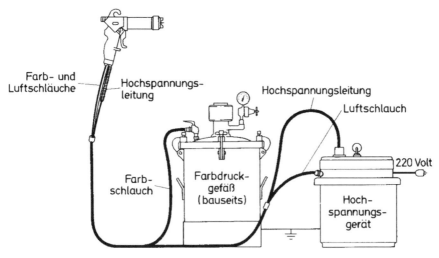

Bild 6.15: Elektrostatische Handspritzanlage mit Luftzerstäubung; Farbschlauch, Luftschlauch und Hochspannungsleitung müssen nachgezogen werden [*Bach*]

Bild 6.16: Durchlauf-Emaillieranlage für Backkästen (*Eisenmann*)

Typische Teile: Metallbeschichtungen für Gleitflächen, Keramikbeschichtungen als Verschleiß- oder Hitzeschutz.

Einsatzbereich: Oberflächenverbesserung von Werkstücken in Maschinenbau und Elektrotechnik.

Die hoch erhitzten Spritzzusätze werden meist durch Druckluft, aber auch durch andere Zerstäubergase oder die Gasströmung aus der Wärmequelle zerstäubt. Die Viskosität des aufgeschmolzenen Spritzzusatzes sowie der Druck und das Volumen des Zerstäubergases bestimmen den Grad der Zerstäubung der Spritzpartikel.

In der Bewegungsphase der Spritzpartikel kommt es trotz der hohen Partikelgeschwindigkeit zu Reaktionen mit dem Sauerstoff der umgebenden Atmosphäre, sofern die Prozesse nicht im Vakuum oder unter Schutzgas ablaufen. Die Partikel treffen mit sehr hoher kinetischer Energie auf die Substratoberfläche (Werkstückoberfläche) auf, werden deformiert, zerplatzen und kühlen sich auf dem relativ kalten Substrat sehr schnell ab. Es entsteht eine heterogene Schicht, die Oxide und Poren aufweist.

Die Haftung der Spritzpartikel auf der metallisch reinen, rauen und aktivierten Oberfläche übernehmen mechanische Verklammerungkräfte, physikalische Adhäsion und/oder metallurgische Wechselwirkungen. Welchen Anteil die verschiedenen Wirkmechanismen an dem einzelnen Haftungsvorgang haben, hängt von den jeweiligen Werkstoffen, der Haftgrundvorbereitung und den Prozessbedingungen ab.

Ob und in welchem Umfang Spritzzusätze an-, auf- oder abgeschmolzen werden, richtet sich vor allem nach Temperatur und Leistung der Wärmequelle (Flamme, Lichtbogen) sowie der Verweilzeit des Spritzzusatzes in den verschiedenen Temperaturzonen der Wärmequelle.

Verfahren (nach der Art des Energieträgers):

- Drahtflammspritzen,
- Pulverflammspritzen,
- Lichtbogenspritzen,
- Laserspritzen.

Drahtflammspritzen — Beim Drahtflammspritzen wird der drahtförmige Spritzzusatz in einer Brenngas-Sauerstoffflamme kontinuierlich abgeschmolzen und mit Hilfe eines Zerstäubergases — meist Druckluft — auf die vorbereitete Substratoberfläche geschleudert.

Als Brenngase kommen meist Acetylen, Propan oder Wasserstoff zur Anwendung. Aufgrund der hohen Flammtemperatur von Acetylen als Brenngas können alle Stähle, NE-Metalle und deren Legierungen, sofern ihr Schmelzpunkt 3200 °C nicht überschreitet, durch Drahtflammspritzen verarbeitet werden. Auch größere Auftragsleistungen sind möglich.

Bild 6.17: Drahtflammspritzen (*Leistner*)

Bild 6.18: Pulverflammspritzen (*Leistner*)

Pulverflammspritzen – Beim Pulverflammspritzen wird der pulverförmige Spritzzusatz in einer Brenngas-Sauerstoffflamme an- oder aufgeschmolzen und durch die expandierenden Verbrennungsgase auf die vorbereitete Substratoberfläche geschleudert.

Zur Unterstützung der Zerstäubung und Beschleunigung des Spritzpulvers kann ein zusätzliches Gas verwendet werden. Es beschleunigt die Spritzpartikel vor allem im Randstrahl, führt zu einer Strahleinschnürung und übt eine gewisse Kühlwirkung an der Substratoberfläche aus. Als Brenngase werden Acetylen, Propan oder Wasserstoff verwendet.

Die Verarbeitung von Pulver gestattet die freie Wahl von Grund- und Beschichtungswerkstoff. Durch entsprechende Pulvermischungen können Legierungen verschiedenster Zusammensetzung aufgetragen werden, auch nichtmetallischer Art.

Beim **Lichtbogenspritzen** werden zwei drahtförmige Spritzzusätze gleicher oder unterschiedlicher Art in einem Lichtbogen aufgeschmolzen und mittels eines Zerstäubergases – meist Druckluft – auf die zu beschichtende Substratoberfläche geschleudert. Der Lichtbogen brennt zwischen den beiden elektrisch leitenden und als Anode bzw. Katode geschalteten drahtförmigen Spritzzusätzen. Das Zünden erfolgt durch den Kontakt der beiden Drähte nach Einschalten des Drahtvorschubs. Der hervorgerufene Kurzschluss führt zum Schmelzen/Verdampfen der Elektrodenenden mit anschließender Ausbildung des Lichtbogens.

Zum thermischen Spritzen werden Spritzwerkstoffe in Form von Massivdrähten, Fülldrähten, Stäben, Schnüren und Pulvern eingesetzt.

Tauchen in Metallschmelzen

Metallische Überzüge können auch durch Eintauchen der Werkstücke in Metallschmelzen hergestellt werden, z. B. beim Feuerverzinken.

Hierzu eignen sich Metalle mit niedrigem Schmelzpunkt, wie Zinn, Zink, Blei, Aluminium. Die dabei erreichten Schichtdicken liegen meist zwischen 0,1 und 0,25 mm.

Durch **Feuerverzinken** (bei 450 °C) ergibt sich ein in der Praxis häufig eingesetzter Korrosionsschutz. Dieser Korrosionsschutz besteht hauptsächlich durch die sich nach kurzer Zeit bildende Zinkoxidschicht. Angewendet wird es meist für Stahlwerkstoffe.

Wirtschaftlichkeit

Der Vorteil des thermischen Spritzens gegenüber anderen Metallauftragsverfahren liegt in der universellen Anwendbarkeit. So können z. B. beliebig große Werkstücke ortsgebunden, zum Teil erst nach dem Zusammenbau ganzer Baugruppen, beschichtet werden. Die Erwärmung der Oberfläche hält sich in erträglichen Grenzen, sodass selten mit Verzug oder gar unerwünschten Gefügeveränderungen zu rechnen ist.

Es gibt vielfältige Anlagen von leichten, tragbaren Spritzgeräten bis zu vollautomatischen Spritzanlagen.

Bild 6.19: Metallbeschichtete Extruderschnecke (*Krauss Maffei*)

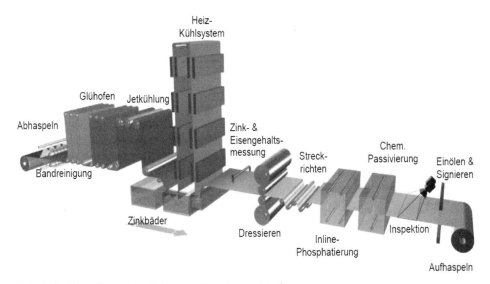

Bild 6.20: Schmelztauchverzinkungsanlage (*voestalpine*)

6.7   Galvanisieren, Oxidieren und elektrolytische Tauchabscheidung

Galvanisieren, Oxidieren und elektrolytische Tauchabscheidung sind Verfahren, die die Wirkung elektrischer Felder oder von Dissoziationsvorgängen nutzen, um Metallsalze oder Säuren in Ionen aufzuspalten. Die entstehenden Metallionen werden dann auf der zu beschichtenden Werkstückoberfläche elektrolytisch abgeschieden.

Bei allen Verfahren findet die Beschichtung der Werkstücke in Elektrolyten statt. Das sind elektrische Leiter (meist wässrige Metallsalzlösungen), deren Leitfähigkeit durch elektrolytische Dissoziation in Ionen zustande kommt.

Typische Teile: Dekorations-, Korrosions- und Verschleißschichten für hochwertigere Werkstücke.

Einsatzbereich: Klein- bis Großserien.

Die zu beschichtenden Werkstückoberflächen müssen elektrisch leitfähig und chemisch rein sein. Deshalb ist in den meisten Fällen eine Vorbehandlung, z. B. durch Strahlen, Schleifen, Bürsten, Polieren oder Entfetten, notwendig. Nach dem Beschichten müssen die Werkstücke gespült und getrocknet werden.

Galvanisieren

Beim Galvanisieren werden die als Katode geschalteten Werkstücke an Gestellen in ein elektrolytisches Bad (Metallsalzlösung) eingetaucht, in dem sich eine Anode befindet. Durch Anlegen einer elektrischen Spannung bildet sich im Elektrolyt ein elektrisches Feld, in dem sich die positiv geladenen Metallionen zum Werkstück bewegen und dort zu neutralen Metallatomen reduziert werden. Die Anionen, z. B. Säurerest, werden an der Anode oxidiert.

Da sich das elektrische Feld an Ecken und Kanten des Werkstücks konzentriert, kommt es dort zu Überbeschichtungen. Durch gezielte Anordnung der Elektroden und eine Abschirmung der gefährdeten Bereiche mit Blenden kann die Gleichmäßigkeit der Schichtdicken verbessert werden.

Galvanisch hergestellte Schichten werden für dekorative Zwecke, als Verschleiß- und Korrosionsschutz und in der Elektroindustrie eingesetzt. Im Karosseriebau finden elektrolytisch verzinkte Stahlbleche Verwendung. Sie werden in Durchlaufanlagen ein- oder beidseitig mit Schichtdicken von bis zu 15 μm beschichtet, bei maximalen Bandgeschwindigkeiten von 200 m/min.

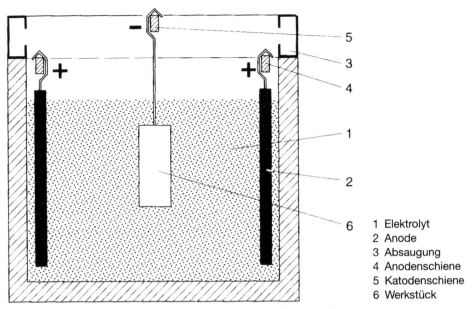

1 Elektrolyt
2 Anode
3 Absaugung
4 Anodenschiene
5 Katodenschiene
6 Werkstück

Bild 6.21: Aufbau eines galvanischen Bades (schematisch) [*Sautter*]

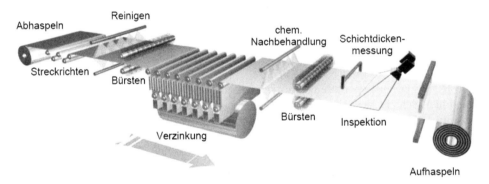

Bild 6.22: Galvanische Verzinkungsanlage für Blechcoils (*voestalpine*)

Oxidieren

Die anodische Oxidation dient zur Erzeugung von Oxidschichten und damit zum Schutz metallischer Werkstückoberflächen. Sie wird vorwiegend bei Aluminium zur Herstellung von Eloxalschichten (Eloxal, Elektrische Oxidation von Aluminium) angewendet. Dazu werden die Werkstücke in einen geeigneten Elektrolyten (z. B. Schwefelsäure) eingetaucht und mit dem positiven Pol einer Gleichstromquelle verbunden.

Durch die angelegte Spannung werden sauerstoffhaltige Anionen gebildet, mit denen sich das Aluminium zu Aluminiumoxid umsetzt. Das Schichtwachstum und die Abnahme der Dicke des Grundmaterials sind Vorgänge, die von den Anodisierbedingungen abhängen. Die Oxidschichten (bis ca. 30 μm) können durch Einlagerung von Eloxalfarben eingefärbt werden.

Mit Hilfe der anodischen Oxidation werden dekorative und schützende Schichten auf Gerätegehäusen in der Unterhaltungselektronik, auf Gebäudefassaden und Fahrzeugaufbauten erzeugt. Ein weiteres Anwendungsgebiet ist das Hartanodisieren von Maschinenteilen (z. B. Kolben, Zylindern und Getriebeteilen) zur Erhöhung der Verschleißfestigkeit.

Elektrolytische Tauchabscheidung

Bei der elektrolytischen Tauchabscheidung wird ein unedles Metall (z. B. Stahl) in eine Metallsalzlösung eines edleren Metalls (z. B. Kupfersalzlösung) getaucht. Dabei gehen aus dem eingetauchten Werkstoff positive Metallionen unter Elektronenabgabe in Lösung. Der eingetauchte Werkstoff besitzt nun einen Elektronenüberschuss, der für die Reduktion der edleren in Lösung befindlichen Metallionen notwendig ist. Diese edleren Metallionen werden nun auf dem unedlen Metall als Schicht abgeschieden.

Die Reaktion läuft spontan ab und kommt zum Stillstand, wenn das unedle Metall mit einer Schicht des edleren überzogen ist. Daher können nur dünne Schichten erzeugt werden, die meist als Zwischenschichten für weitere Beschichtungen dienen.

6.8 Wirbelsintern und elektrostatisches Pulverbeschichten

Bringt man pulvriges Kunststoffmaterial auf eine Werkstückoberfläche und erwärmt man diese anschließend bis zum Schmelzen des Pulvers, dann spricht man von Aufschmelzen bzw. -sintern. Diese Verfahren sind als Wirbelsintern und elektrostatisches Pulverbeschichten bekannt.

Beim **Wirbelsintern** wird ein erhitztes Werkstück in ein Becken mit fluidisiertem, meist thermoplastischem Pulver getaucht. Die Pulverteilchen haften an und schmelzen anschließend durch die Wärme des Werkstückes in einem Ofen zu einem geschlossenen Kunststofffilm. Das Wirbelsintern wird meist für kleinere Werkstücke eingesetzt.

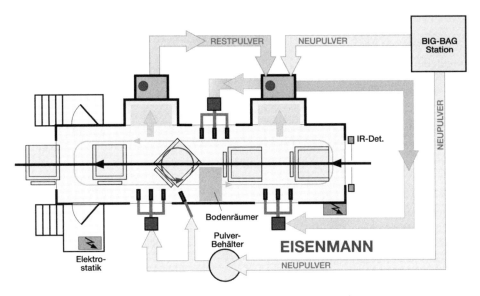

Bild 6.23: Pulverbeschichtungskabine mit Pulverkreislauf (*Eisenmann*)

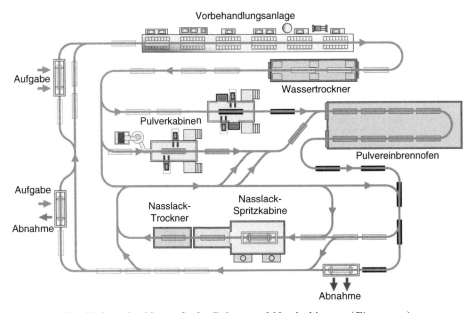

Bild 6.24: Kombinierte Lackierstraße für Pulver- und Nasslackierung (*Eisenmann*)

Das **elektrostatische Pulverbeschichten** hat als Beschichtungsverfahren aus dem festen Zustand die größte Bedeutung. Bei diesem Verfahren wird ein meist duroplastisches Pulver fluidisiert und einer Sprühpistole zugeführt, in der es elektrostatisch aufgeladen wird. Den Transport des Pulvers zum geerdeten Werkstück übernehmen elektrische Feldkräfte. Die Pulverschicht bleibt am Werkstück haften. Die beschichteten Werkstücke durchlaufen einen Ofen, wo die Pulverschicht zu einem Lackfilm verschmilzt und vernetzt wird.

Die **Vorteile** des Wirbelsinterns und der Pulverbeschichtung sind die hohe Umweltfreundlichkeit (keine Lösemittelemission, kein Abwasser und minimale Lackabfälle), die hohe Beschichtungsqualität, eine nahezu vollständige Materialausbeute durch Pulverrückführung, die hohen erreichbaren Schichtdicken im Einschicht-Auftrag und der hohe mögliche Automatisierungsgrad.

Nachteile sind der hohe Energieaufwand zum Vernetzen der Pulverschicht, der aufwendige Farbwechsel, die im Vergleich zum Nasslack geringere optische Qualität, die schwierige Beschichtung von Ecken (Faradayscher Käfig) und die hohe thermische Belastung der Werkstücke.

Typische **Einsatzbereiche** sind die Beschichtung von Gebäude-Fassadenteilen und -profilen, Automobilzubehör, Gartenmöbeln, Heizkörper.

6.9 Coil Coating

Coil Coating heißt ein Beschichtungsverfahren durch das bereits im Stahlwerk Speziallacke auf Stahl- und Aluminiumbänder (Coils) aufgewalzt und eingebrannt werden. Damit kann die nachträgliche Lackierung der Bleche eingespart werden.

Beim Coil Coating wird das Blech, das in der Regel aus feuer- oder elektrolytisch verzinktem Stahl besteht, vom Coil abgewickelt und in einer Beschichtungsanlage (Reinigen, Entfetten, Vorbehandlung, Grundierung und Decklackierung) in einem kontinuierlichen Prozess lackiert. Da zu diesem Zeitpunkt das Blech plan ist, kann der Lack mit hoher Geschwindigkeit im Walzverfahren aufgetragen und im Ofen ausgehärtet werden. Typisch sind Bandgeschwindigkeiten von 80 bis 100 m/min.

Aufgrund der äußerst leistungsfähigen Beschichtung können die Bleche gebogen oder tiefgezogen werden, ohne dass der Lack abplatzt, reißt oder sonst beschädigt wird.

Coil-Coating-Bleche werden erfolgreich eingesetzt, z. B. bei der Herstellung von Dachbelägen, für LKW-Aufbauten, Wohnwagen und Haushaltsgeräten. Die herstellenden Betriebe müssen sich allerdings umstellen, da die lackierten Bleche nicht mehr geschweißt werden können. Die Produktionsabläufe müssen sich deshalb teilweise grundlegend verändern. Eine der alternativen Möglichkeiten ist das Verkleben der Blechteile.

Bild 6.25: Pulverbeschichten mit Rotationszerstäubern (*Eisenmann*)

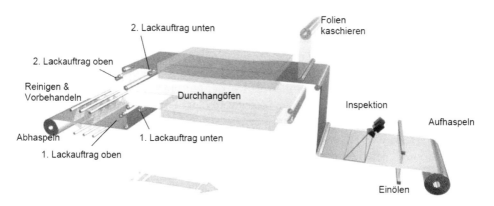

Bild 6.26: Coil Coating – Herstellung lackbeschichteter Bleche (*voestalpine*)

6.10 Prozesstechnische PKW-Serienlackierung

Die PKW-Industrie fordert höchste Qualität bzgl. Dekoration und Korrosionsbeständigkeit von Karosserien. Die Rohkarossen werden deshalb prozessgesteuert lackiert, damit die erlaubten Toleranzen sicher eingehalten werden, um eine hohe Betriebssicherheit des gesamten Lackierprozesses zu gewährleisten.

Eine **PKW-Lackieranlage** besteht aus Anlageteilen der Fördertechnik, Applikationsgeräten, Mess-, und Regeltechnik. Der Ablauf der Lackierung muss außerdem genügend Flexibilität für die Rückläufe fehlerhafter Karosserien ermöglichen.

Die **Vorbehandlung** umfasst eine sichere Entfettung und Konversionsschichtbildung. Die Entfettung besorgen organische Lösemittel oder wässrige Reinigungsmittel. Die Konversionsschicht ist in der Regel eine Zinkphosphatschicht. Diese verbindet sich vollständig mit dem metallischen Untergrund und gewährleistet eine gute Lackhaftung (Schichtdicke ca. 3 μm).

Als **Grundierung** wird eine katodische Tauchlackierung (KTL) angewendet. Bei der katodischen Tauchlackierung entsteht Wasserstoff (kein Sauerstoff wie bei der anodischen Tauchlackierung), der das Metall nicht angreift.

Nach dem Spülen wird bei ca. 170 °C getrocknet und die Grundierungsschicht vernetzt (Schichtdicke ca. 20 μm).

Das **Abdichten** und der **Unterbodenschutz** dient dazu, korrosionsgefährdete Fugen zu verschließen und Kontaktkorrosion zu vermeiden (Schichtdicke ca. 500 μm).

Die **Füllerapplikation** erfolgt ebenso wie das Abdichten und der Unterbodenschutzauftrag im Wesentlichen mit Robotern (Trockenschichtdicke des Füllers ca. 30 μm). Durch geeignete Farbgebung des Füllers kommt man dem nicht immer ausreichenden Deckvermögens des Decklacks entgegen. Die Aufbringung von Füller von Hand oder mit Robotern erfolgt meist elektrostatisch unterstützt.

Vor der **Decklackierung** erfolgt eine Überprüfung auf Fehlstellen. Häufigste Ursache hierbei sind Staubeinschlüsse. Es wird deshalb zunehmend Reinraumtechnik angewendet. Die Decklackierung besteht aus Decklack (Farbe) und Klarlack (Glanz).

Während der **Abdunstung** spielt die relative Luftfeuchtigkeit neben der Temperatur eine wichtige Rolle. Ein zu frühes Ansteigen der Temperatur kann zu Kochern (Wasser im Lack verdampft) führen.

Das **Einbrennen** geschieht im Karosserietrockner, der aus verschiedenen Trockenzonen besteht. Hierbei wird stufenweise aufgeheizt, die Temperatur gehalten und anschließend abgekühlt. Größere Materialquerschnitte erwärmen sich langsamer als dünne. Der Lack muss deshalb so konzipiert sein, dass sich daraus keine unterschiedlichen Vernetzungen der Lackierung ergeben.

Die Gesamtschichtdicke der Lackierung liegt normalerweise bei ca. 95 μm bei Einschichtlackierung und 110 μm bei Zweischichtlackierung.

Bild 6.27: Katodische Tauchlackierung mit Varioshuttle für Automobil-Karossen (*BMW*)

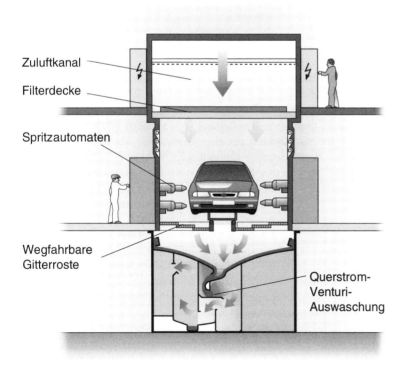

Bild 6.28: Spritzkabine in einer Lackieranlage (*Eisenmann*)

7 Werkzeugmaschinen

7.1 Einführung

Zielsetzung

Ziele dieses Kapitels sind:

- wichtige Elemente der Werkzeugmaschinen darzustellen (Gestelle, Tische und Schlitten, Führungen und Lagerungen, Antriebe und Getriebe sowie Beispiele),
- typische technische Lösungen vorzustellen,
- die Bedeutung der Werkzeugmaschine für die Fertigungsverfahren zu verdeutlichen.

Die Steuerungen von Werkzeugmaschinen, Elemente von Maschinen, welche die Produktivität und Flexibilität erhöhen, Industrieroboter und Automatisierungseinrichtungen werden in gesonderten Kapiteln dargestellt

Situation der deutschen Werkzeugmaschinenindustrie

Die Werkzeugmaschinenindustrie als klassische Investitionsgüterindustrie ist besonders **abhängig vom Verlauf der internationalen Konjunktur** (Bild 7.1). Kunden investieren nur bei Erwartung wachsender Umsätze. Nach einer schwierigen Situation in der Mitte der 1990er-Jahre hat sich auch die Werkzeugmaschinenbranche erholt. Erst die Konjunkturabkühlung ab 2002 hat die Umsätze wieder sinken lassen.

Die Werkzeugmaschinenindustrie steht im **weltweiten Wettbewerb** (Bild 7.2) und hält einen Weltmarktanteil von etwas über 20 %. Nettoexporteure sind Japan und Deutschland (in kleinem Umfang auch Italien), die führenden Länder in der mechanischen Produktion. Die großen Nettoimporteure sind USA und China. In den USA hat sich ein Strukturwandel weg von der mechanischen Produktion zur Elektronik und zu Dienstleistungen vollzogen, sodass die USA nur noch wenige Werkzeugmaschinen produzieren. China als Schwellenland mit großem Wirtschaftswachstum baut dagegen Produktionskapazitäten für den heimischen Markt und für den Exportmarkt auf. Wichtigste Wettbewerber für deutsche Werkzeugmaschinenbauer sind asiatische Produzenten. So hat der Produktionswert der Werkzeugmaschinen auch außerhalb Japans seit 1999 stark zugenommen, z. B. in China +61 % und in Südkorea +78 % zwischen 1999 und 2003. Ausgehend von einem großen Binnenmarkt, können asiatische Hersteller standardisierte Maschinen in großen Stückzahlen zu günstigen Preisen auf den Exportmärkten anbieten. Deutsche Hersteller spezialisieren sich auf innovative Maschinen und Anlagen, die maßgeschneidert die Kundenwünsche und -bedürfnisse erfüllen. Wichtigstes Kundensegment der deutschen Werkzeugmaschinenindustrie ist die Automobilindustrie, die ihrerseits mit Fahrzeugen der oberen Preis- und Leistungsklasse weltweite Reputation genießt.

> **Die Werkzeugmaschinenindustrie gilt als Schlüsselindustrie einer Volkswirtschaft.**
> *Begründung:* Die Werkzeugmaschine bestimmt das **Fertigungsverfahren** und damit die Kosten und Qualität der hergestellten Werkstücke. Werkzeugmaschinen bestimmen die **Wettbewerbsfähigkeit der Industrie.**

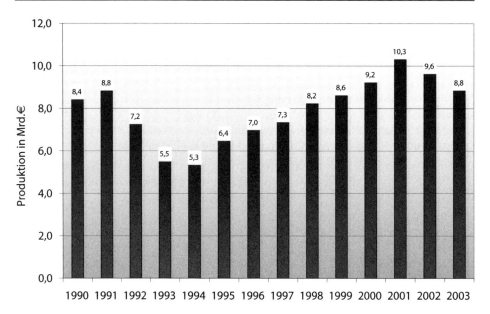

Bild 7.1: Produktionswert der deutschen Werkzeugmaschinenindustrie von 1990 bis 2003
(*Quelle: VDW Verein deutscher Werkzeugmaschinenfabriken e. V.*)

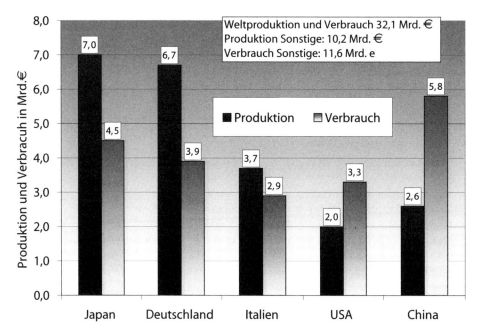

Bild 7.2: Produktions- und Verbrauchswerte für Werkzeugmaschinen im Jahr 2003
(*Quelle: VDW Verein deutscher Werkzeugmaschinenfabriken e. V.*)

Die deutsche Werkzeugmaschinenindustrie ist weitgehend **mittelständisch strukturiert**. Die Unternehmen sind **hoch spezialisiert und innovativ** und häufig **Familienbetriebe**. Typische Probleme von Familienbetrieben sind die Eigenkapitalausstattung und häufige Uneinigkeit in der Familie oder die Managementqualität in der Eigentümergeneration, die dem Gründer nachfolgt. Die Absatzkrise ab 1992 hat deshalb die Branche verändert. Unter Führung von Banken wurden Betriebe verkauft oder **fusionierten** zu neuen Gesellschaften (z. B. Deckel, Maho, Gildemeister oder Schleifring). **Branchenfremde Investoren**, z. B. aus der Stahlindustrie (wie ThyssenKrupp) kauften Werkzeugmaschinenhersteller und sanierten diese.

Die Krise wurde aber auch zu einer wesentlichen Verbesserung der Maschinen genutzt. So konnte das Preis-Leistungs-Verhältnis der Maschinen deutlich verbessert werden (Preisreduktion ca. 30 % bei gleicher Leistung) durch

- Maschinenkonstruktion mit Wertanalyse,
- Baukastenkonstruktion (Bild 7.3),
- Zukauf von Komponenten und Baugruppen (Antriebe, Getriebe, Steuerungen, Führungen, Spindeln),
- bessere Kundenorientierung mit verbessertem Serviceangebot.

7.2   Gestelle

Anforderungen an Werkzeugmaschinengestelle

Das Gestell ist das Rückgrat der Werkzeugmaschine. Wichtige **Anforderungen** an Werkzeugmaschinengestelle sind:

- hohe **Steifigkeit** (Aufnahme der Kräfte, geringe Verformung unter den Bearbeitungskräften),
- gute **Schwingungsdämpfung**
- **wirtschaftliche** Herstellung.

Weitere Anforderungen sind:

- einfache Montage der Maschinenelemente, Baukastenkonstruktion für Anbauteile (Bild 7.3),
- platzsparende Konstruktion,
- Arbeitssicherheit (z. B. durch Abdeckhauben),
- Transportfähigkeit (Gewicht, Kranösen, Zerlegbarkeit),
- geringe Wärmedehnung (ca. 1 μm pro Grad und Meter)
- gute Späneabfuhr (Erwärmung, Störung des Bearbeitungsprozesses), z. B. durch Schrägbett-Drehmaschinen (Bild 7.4),
- gute Bedienbarkeit, gute Ergonomie (Werkstückwechsel, Werkzeugeinbau und Werkzeugausbau, Zugänglichkeit der Steuerung),
- formschönes Design (Verkleidung, Farbgebung).

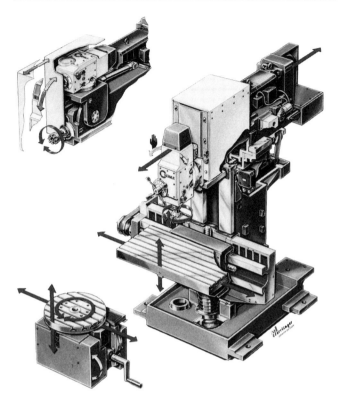

Bild 7.3: Mit einer Baukastenkonstruktion kann an
dieser Fräsmaschine ein
Drehtisch oder eine um-
schaltbare Horizontal-/Ver-
tikalspindel angebaut werden (*Hermle*)

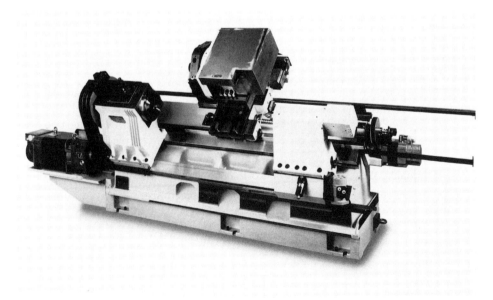

Bild 7.4: Schrägbett-Drehmaschine ohne Verkleidung (*Gildemeister*)

Gestellgeometrie

> **Die Gestellgeometrie entscheidet über Steifigkeit und Zugänglichkeit der Werkzeugmaschine.**

Folgende Gestellbauformen werden verwendet:

C-Gestell mit folgenden Ausführungen und Anwendungen:

- *Säulenbauweise*: Die Säule trägt einen Ausleger, der seinerseits die Werkzeugspindel trägt, z. B. bei Bohrmaschinen,
- *Rahmenbauweise*: fester, C-förmiger Rahmen, siehe z. B. Bild 7.5,
- *Konsolbauweise*: höhenverstellbare Konsole an einem senkrechten Ständer, z. B. bei Universalfräsmaschinen, Bild 7.3,
- *Ständerbauweise*: Am Ständer ist ein beweglicher Ausleger mit der Werkzeugspindel befestigt, z. B. bei größeren Fräsmaschinen.

Eigenschaften: gut zugänglich für Werkstückwechsel, wenig steif.

Bettkonstruktion

Das Maschinenbett ist das eigensteife, selbsttragende Grundelement der Maschine. An ihm sind bewegliche und unbewegliche Maschinenteile befestigt und es trägt das Werkstück. *Anwendungen* z. B. bei Drehmaschinen (Schrägbettmaschine, Bild 7.4) oder großen Bohr- und Fräswerken für große, schwere Werkstücke (Bild 7.6). Die *Eigenschaften* dieser Konstruktion sind gut zugänglich von oben (Kran!), schlechter von der Seite, steif; sie kann große Gewichte aufnehmen.

Portalgestell

Das Gestell ist als geschlossenes Portal ausgebildet, sodass große Kräfte aufgenommen werden können. Ausführungen sind: *Rahmenbauweise* (fester Portalrahmen, z. B. für Umformpressen) und *Zweiständergestell* (Ständer als Portal – Bild 7.10). *Eigenschaften:* schlecht zugänglich (vor allem von oben), besonders steif.

Gestelle mit **Stabkinematik**, z. B. „**Hexapoden**" (6-Füßler)

Sechs Streben halten eine dreieckige Platte mit dem Spindelkopf. Die Spindel wird durch Veränderung der Strebenlänge verfahren und geschwenkt (Bild 7.7). Die Streben sind in Längsrichtung beweglich. Durch kombinierte Bewegung der Streben bewegt sich die Plattform im Raum. An der Plattform ist die Spindel oder das Werkzeug befestigt.

Vorteile: einfache steife Konstruktion, kostengünstig durch baugleiche Teile.

Nachteile: komplizierte Bewegung und Steuerung; nichtlineare Steifigkeit, die durch die Steuerung kompensiert werden muss; Praxistauglichkeit ist weiterhin offen.

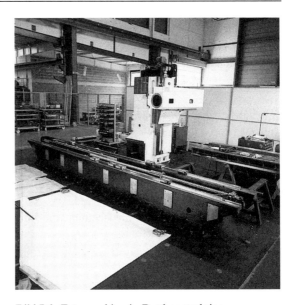

Bild 7.5: Pneumatische Tisch-
presse mit C-Gestell
(*DUNKES*)

Bild 7.6: Fräsmaschine in Bettkonstruktion
(*Huron Fräsmaschinen*)

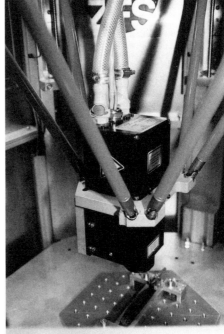

Bild 7.7: Werkzeugmaschine mit Stabkinematik. Links Gesamtansicht, rechts Bearbeitungsraum (*ZFS Stuttgart*)

Gestellbaustoffe und ihre wichtigsten Eigenschaften:

> Gestellbaustoffe für Werkzeugmaschinen sind **Stahl** (Schweißkonstruktion), **Polymerbeton** und **Guss** (Stahlguss oder Grauguss).

Kennzeichen einer **Stahlschweißkonstruktion** sind:

- hohe Festigkeit,
- schlechte Schwingungsdämpfung,
- geringes Gewicht,
- hohe Eigenfrequenz, Arbeit im unterkritischen Bereich (Erregerfrequenz < Eigenfrequenz).

Sie ist geeignet für Umformmaschinen, die hohen Kräften, aber wenigen Schwingungen Stand halten müssen.

Polymerbeton ist ein Kunststoff mit hohem Anteil an Zuschlagstoffen. Seine Eigenschaften sind:

- geringe Festigkeit,
- überragende Schwingungsdämpfung (Bild 7.8),
- hohes Gewicht,
- geringe Eigenfrequenz, Arbeit im überkritischen Bereich.

Polymerbeton ist geeignet für Maschinen für besonders schwingungsanfällige Fertigungsverfahren, z. B. Fräsen oder Schleifen (Bild 7.9).

Stahl- oder Grauguss bietet ähnliche, aber nicht so extreme Eigenschaften wie Polymerbeton. Die Anwendungen sind vergleichbar.

Durch **Verbundkonstruktionen** sollen die positiven Eigenschaften von Stahl (Festigkeit) mit denen von Guss oder Polymerbeton (Schwingungsdämpfung) kombiniert werden, z. B. bei Gestellteilen aus Guss oder Stahl, die mit Polymerbeton ausgegossen sind.

7.3   Schlitten und Tische

Tische und **Schlitten** sind die beweglichen Teile der Werkzeugmaschine. Tische und Schlitten werden nach ihrer Aufgabe unterschieden:

- Ein Schlitten trägt das Werkzeug,
- der Tisch trägt das Werkstück.

Die Anforderungen an Tische und Schlitten gleichen den Anforderungen an das Maschinengestell. Außerdem sollen die bewegten Massen klein sein, damit schnelle Bewegungen möglichst wenig Kraft erfordern (Bild 7.10).

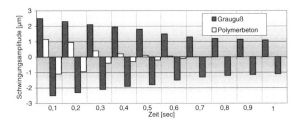

Bild 7.8: Schwingungsdämpfung von Grauguss im Vergleich zu Polymerbeton (*Hermle*)

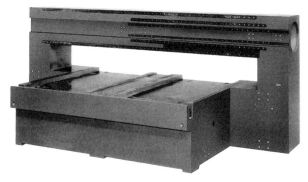

Bild 7.9: Portalgestell einer Leiterplattenbohrmaschine aus Polymerbeton (*Rhenocast*)

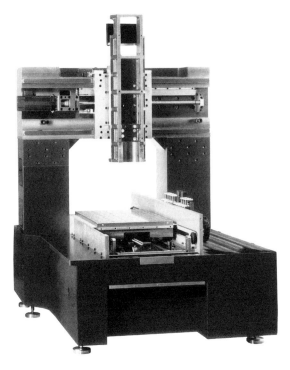

Bild 7.10: Portalgestell einer Hochgeschwindigkeitsfräsmaschine mit Aufspanntisch auf dem Maschinenbett und Schlitten am Portal (*Röders*)

7.4   Führungen

> Die **Führungen** bestimmen die **Genauigkeit der Bewegung von Schlitten und Tischen** und damit die erreichbare Genauigkeit der Werkzeugmaschine. Führungen werden durch die **Geometrie** der Führungsbahnen und durch die **Reibpaarung** beschrieben.

Abgrenzung Führung — Lagerung

Ein Körper im Raum kann sich grundsätzlich in sechs Freiheitsgraden (Achsen) bewegen, in drei Längsachsen und in drei Drehachsen. **Lagerungen** erlauben **eine Drehbewegung. Führungen** erlauben **eine Bewegung längs einer Achse.** Bewegungen in den fünf anderen Achsen erlauben die Führung oder Lagerung nicht.

Anforderungen an Führungen

Führungen sollen

- die Lage von Tisch oder Schlitten eindeutig bestimmen,
  - auch unter Krafteinwirkung die Lage behalten,
  - geringes Führungsspiel aufweisen (ideal: spielfreie Führung),
  - unter Last nicht kippen, ecken oder abheben,
- wenig verschleißanfällig sein und bei Verschleiß einfach nachzustellen sein,
- leicht vor Verschmutzung und Beschädigung zu schützen sein.

Geometrie von Werkzeugmaschinenführungen

Um ein Verkanten der Führung durch den „**Schubladeneffekt**" zu vermeiden, sollte die Länge der Führungen groß im Vergleich zum Abstand der Führungsbahnen sein. Zur Führung von Tischen und Schlitten sind mehrere Führungsflächen nötig, die miteinander kombiniert werden (Bild 7.11):

- **Flachführung** (Bild 7.12):
  - sechs Führungsflächen nötig; Umgriff, um Kippen des Tisches oder Schlittens zu vermeiden,
  - einfach herzustellen,
  - kleiner Bauraum,
  - geeignet für große Kräfte.

- **Kombinierte Flach-, Prismenführung**:
  - fünf Führungsflächen; Umgriff, um Kippen zu vermeiden,
  - nur *eine* Prismenführung, sonst statisch überbestimmt (Bild 7.13),
  - Dachprismenführung günstig gegen Verschmutzung,
  - Prisma ist schwieriger herzustellen als Flachführung,
  - größere Führungsflächen für Prismenführung, weil Kräfte nicht senkrecht eingeleitet werden.

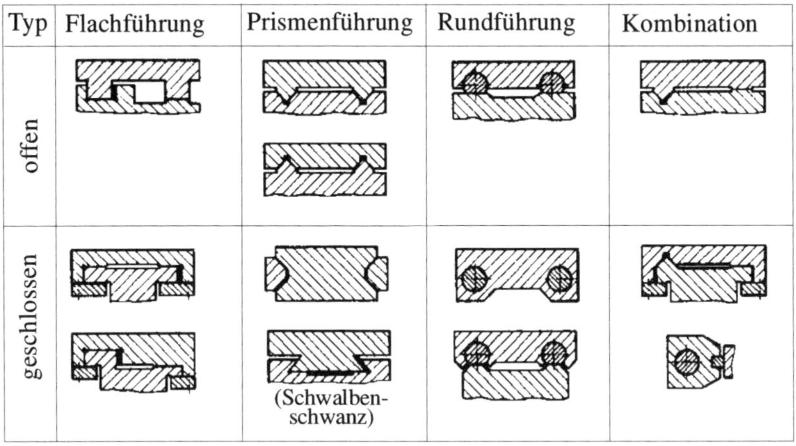

Typ	Flachführung	Prismenführung	Rundführung	Kombination
offen				
geschlossen		(Schwalben-schwanz)		

Bild 7.11: Mögliche Anordnung von Führungsflächen [*Conrad*]

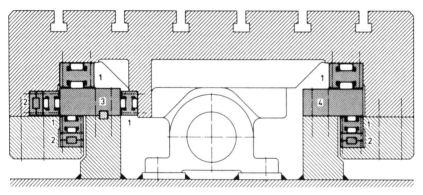

Bild 7.12: Wälzführung als Flachführungen eines Bohrmaschinentisches (*INA Industriewerk Schaeffler*)

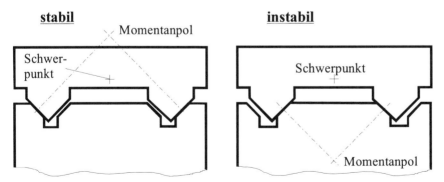

Bild 7.13: Bei der statisch überbestimmten Prismenführung können Herstellungsfehler, Verschleiß oder thermische Ausdehnung zu Verlagerung in Tragrichtung führen [*Conrad*]

- **Schwalbenschwanzführung** (Bilder 7.16 und 7.17):
  - vier Führungsflächen,
  - schwierig herzustellen wegen Hinterschneidung,
  - geringe Bauhöhe, weil kein Umgriff nötig ist,
  - große Führungsflächen, weil Kräfte nicht senkrecht eingeleitet werden.
- **Rundführung**
  - zwei Führungssäulen in zwei Bohrungen,
  - statisch überbestimmt, (Abhilfen: Ein Langloch, eine der Säulen zweiseitig abflachen oder statische Überbestimmung akzeptieren),
  - einfach herzustellen (Bohren, Drehen, Rundschleifen), aber
  - schwierige Verbindung zum Maschinenbett, deshalb
  - häufigste Anwendung: Führung von Presswerkzeugen.

Reibpaarung

Der Reibkoeffizient in Abhängigkeit der Geschwindigkeit (Bild 7.14) zeigt:

- **hydrodynamische Führung**
  - Erst bei größeren Geschwindigkeiten „schwimmt" die Führungsfläche auf den Schmierkeil auf.
    * *Festkörperreibung* bei geringer Geschwindigkeit,
    * *Mischreibung* (Stick-Slip-Effekt) bei mittlerer Geschwindigkeit,
    * *Flüssigkeitsreibung* bei hoher Geschwindigkeit.
  - Durch hohe Flüssigkeitsreibung gute Schwingungsdämpfung bei hohen Geschwindigkeiten (Flüssigkeitsdämpfung) bzw. durch Festkörperreibung bei geringen Geschwindigkeiten (Reibdämpfung).
  - Festkörperreibung kann durch Kunststoff-Führungsbahnen verringert werden.
  - Führungsspiel ist notwendig, damit die Festkörperreibung bei geringer Geschwindigkeit nicht zu groß wird.
- **hydrostatische Führung** (Bild 7.15)

Eine (oder mehrere) Hydraulikpumpe versorgt die Schmiertaschen permanent mit Öl, sodass der Schlitten oder Tisch immer auf dem Schmieröl aufschwimmt. Dadurch ergeben sich folgende **Vorteile:**

- immer Flüssigkeitsreibung,
- durch Vorspannung kann die Führung spielfrei eingestellt werden,
- sehr gute Schwingungsdämpfung (Flüssigkeitsdämpfung),
- sehr hohe Steifigkeit bei geregeltem Führungsspalt (Bild 7.15, Fall c).

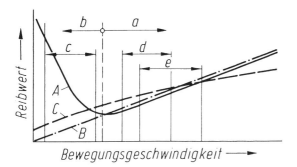

Bild 7.14: Stribeck-Kurve [*Bruins, Dräger*]
A hydrodynamische Führung, B hydrostatische Führung, C Wälzführung;
a rein hydrodynamische Schmierung, b Grenz- und Mischreibungsbereich, c Arbeitsbereich
von Werkzeugmaschinen mit drehender Schnittbewegung, d Arbeitsbereich von Werkzeugmaschinen mit geradliniger Schnittbewegung, e Arbeitsbereich von Lagerungen (vgl. Kap. 7.5)

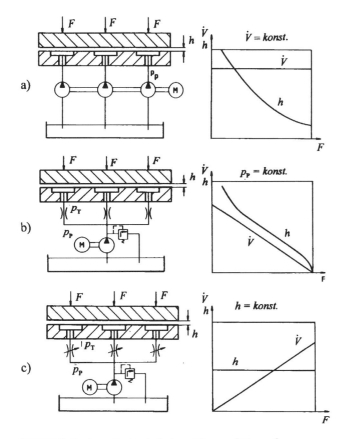

Bild 7.15: Systeme hydrostatischer Führung [*Conrad*]
a) eigene Pumpe je Tasche, b) gemeinsame Pumpe, eigene Drossel je Tasche, c) gemeinsame
Pumpe, geregelte Drossel je Tasche (höchste Steifigkeit)

- **Wälzführung**

Wälzkörper (Rollen oder Kugeln) rollen zwischen den Führungspaaren (Bilder 7.16 und 7.17). Die Wälzführung zeichnet die folgenden Eigenschaften aus:

- durch Wälzreibung geringe Reibkoeffizienten bei allen Geschwindigkeiten,
- spielfreie Führung durch Vorspannung möglich (die Vorspannung wird durch verschiebbare Keilleisten eingestellt),
- schlechte Schwingungsdämpfung durch geringe Reibung bei hoher Geschwindigkeit und durch Elastizität der Wälzkörper, die Schwingungen (fast) ungedämpft weitergeben.

- **Aerostatische Führungen**

Die Führungsflächen laufen auf einem Luftfilm, der extern durch einen Kompressor erzeugt wird (Luftkissen). Eigenschaften der aerostatischen Führung sind:

- minimale Reibung,
- geringe Traglasten,
- hohe Genauigkeit, weil (fast) reibungsfreie Bewegung möglich ist und deshalb keine Verspannungen auftreten,
- geringe Tragfähigkeit,
- ständiger Druckluftverbrauch.

Kosten der Führungen

Die Kosten für Führungen verhalten sich etwa wie $1 : 2 : 3$ für hydrodynamische Führung : Wälzführung : hydrostatische Führung.

- *Hydrodynamische Führung*: Einfach herzustellen.
- *Wälzführungen* sind als Standardbauteile günstig zu beschaffen.
- *Hydrostatische Führungen* erfordern zusätzlich ein Hydrauliksystem.

Einsatz von Führungen

- Die **hydrodynamische Führung** ist *die* Standardführung wegen der günstigen Kosten.
- **Wälzführungen** werden immer beliebter. Sie werden ständig weiterentwickelt und wegen der guten Eigenschaften zunehmend als Standardführung genutzt.
- **Hydrostatische Führungen** werden nur für extreme Genauigkeitsanforderungen eingesetzt, z. B. in Schleifmaschinen: Sie bieten die besten Eigenschaften (Reibung, Spielfreiheit *und* Dämpfung), sind jedoch durch ihre hohen Kosten belastet.
- **Aerostatische Führungen** werden vorwiegend in Messmaschinen verwendet. Wegen der geringen Tragfähigkeit sind sie nur für kraftlose Bearbeitung geeignet.

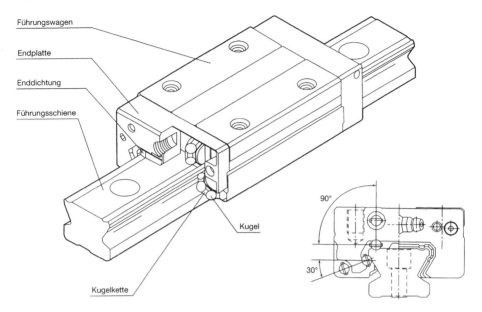

Führungswagen

Endplatte

Enddichtung

Führungsschiene

90°

30°

Kugel

Kugelkette

Bild 7.16: Wälzführung als Schwalbenschwanzführung (*THK*)

Bild 7.17: Wälzführung am Schlitten einer Hochgeschwindigkeitsfräsmaschine (*Albrecht Röders*)

7.5   Lagerungen

Das System **Spindel und Spindellager** ist entscheidend für die **Genauigkeit** der Werkzeugmaschine, weil das Werkstück oder das Werkzeug direkt an der Spindel befestigt ist.

System Spindel und Spindellager

Sowohl Spindel als auch Spindellager sind elastische Elemente. Durch Abstimmung von Spindel, Spindellagern und Lagerabstand kann die Auslenkung des Werkzeugs oder der Werkstückaufnahme unter Last minimiert werden (Bilder 7.18 und 7.19). Das Minimum ist jedoch größer als null.

Wälzlagerhersteller liefern Werkzeugmaschinenspindeln mit Lagerung als einbaufertige Einheiten (Bild 7.20).

An die Lagerung einer Werkzeugmaschinenspindel werden folgende **Anforderungen** gestellt:

* hohe Genauigkeit unter wechselnden Belastungen: Genau, steif, schwingungsdämpfend,
* geeignet für höhere Drehzahlen und höhere Schnittgeschwindigkeiten, die durch harte Schneidstoffe wirtschaftlich werden,
* geeignet für wechselnde Geschwindigkeiten und häufiges Anfahren,
* geeignet für wechselnde Drehrichtung.

Reibpaarung von Spindellagern

Die möglichen Reibpaarungen von Lagern entsprechen denen von Führungen (vgl. Kap. 7.4): hydrostatisch, hydrodynamisch, Wälzreibung und aerostatisch.

Einsatz von Spindellagern

Wegen der wechselnden Drehzahl und Drehrichtung von Werkzeugmaschinenspindeln sind **Spindellagerungen** in der Regel **Wälzlagerungen**.
Ausnahme: Schleifscheibenlagerung häufig als hydrodynamische Lagerung (gleichbleibende Drehzahl und Drehrichtung, hohe Dämpfung).

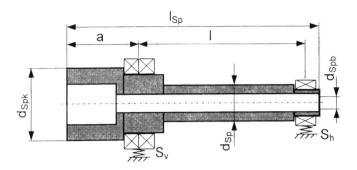

Bild 7.18: Geometriemodell einer Drehmaschinenspindel [*Conrad*]
d_{SP} Spindelaußendurchmesser, d_{SPk} Spindelkopfdurchmesser, d_{SPb} Spindelbohrungsdurchmesser; l Lagerabstand, l_{SP} Spindellänge, a Kragarmlänge, S radiale Lagerfederraten

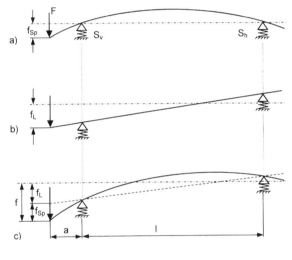

Bild 7.19: Steifigkeit einer Drehmaschinenspindel, kombiniert aus Lagerelastizität und Durchbiegung der Spindel [*Conrad*]

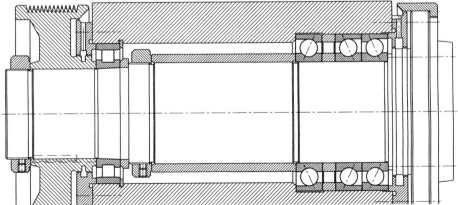

Bild 7.20: Einbaufertige Drehmaschinenspindel (*FAG*)

Hochgeschwindigkeitslagerung:

Durch leistungsfähige harte Schneidstoffe werden hohe Schnittgeschwindigkeiten wirtschaftlich. Hohe Schnittgeschwindigkeiten bei kleinen Durchmessern erfordern hohe Drehzahlen:

$$n = (v_c \cdot 1000)/(d \cdot \pi)$$

Dies betrifft z. B. die Fertigungsverfahren:

- Fräsen mit kleinen Radiusfräsern (Formenbau),
- Innenschleifen.

Konventionelle Wälzlager versagen bei hohen Drehzahlen wegen:

- Fliehkraft der Wälzkörper (Bild 7.21),
- Schwingungen der Wälzkörper.

Mögliche Abhilfe bieten:

- Kleine Wälzkörper (Bild 7.22),
- leichte Wälzkörper z. B. aus Keramik.

So ist z. B. bei einem Lagerinnendurchmesser von 100 mm eine maximale Drehzahl von $18\,000$ min^{-1} möglich (Beispiel aus einem Katalog eines Wälzlagerherstellers).

Hochgeschwindigkeitslager werden auch als komplette Baugruppen geliefert.

Für extrem hohe Drehzahlen ($> 100\,000$ min^{-1}) oder extreme Genauigkeitsanforderungen bei geringen Kräften (Bild 7.23) werden auch **aerostatische** oder **aerodynamische Lager** eingesetzt, häufig kombiniert mit Turbinenantrieb (wie Zahnarzt-Bohrer).

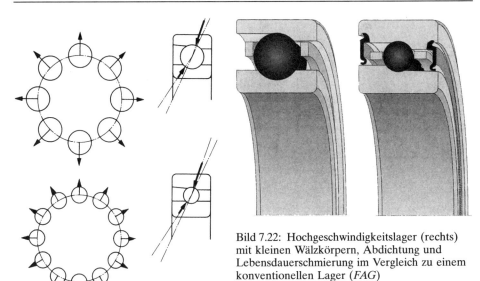

Bild 7.22: Hochgeschwindigkeitslager (rechts) mit kleinen Wälzkörpern, Abdichtung und Lebensdauerschmierung im Vergleich zu einem konventionellen Lager (*FAG*)

Bild 7.21: Die Fliehkraft der Wälzkörper begrenzt die Lagerdrehzahl (*FAG*)

Bild 7.23: Luftgelagerte Messeinrichtung für optische Komponenten, Positioniergenauigkeit in der Höhe < 1,5 μm auf 2 m Verfahrweg (*Kugler*)

7.6   Antriebe

Hauptantriebe erzeugen die Bewegung an der Hauptspindel, **Nebenantriebe** erzeugen die Vorschubbewegung. **Elektromotoren** sind die wichtigsten Antriebsmotoren für Haupt- und Nebenantriebe.

7.6.1 Hauptantriebe

Anforderungen an Hauptantriebe	Eigenschaften von Elektromotoren
hohe Kraft, Drehmoment und Leistung	
möglichst einfache Drehrichtungsumkehr	Drehrichtungsumkehr durch Leistungselektronik
möglichst einfache Verstellung der Drehzahl, möglichst großer Verstellbereich	stufenlose Drehzahlsteuerung ist mit Leistungselektronik einfach möglich, Verstellbereich bis 1 : 70
günstiger Preis, geringe Wartungs- und Betriebskosten	Strom ist problemlos und sauber verfügbar, Elektromotoren sind kostengünstig (wenig Bauteile, Fertigung in großen Stückzahlen, wenig Verschleißteile)
guter Wirkungsgrad	Wirkungsgrad des Elektromotors ca. 70 bis 90 %
wenig Schwingungen	rotierende Massen erzeugen wenig Schwingungen
schnelles Anlaufen	Anlaufen aus dem Stand ist ohne Kupplung möglich
hohe Steifigkeit, d. h. wenig Drehzahlabfall unter Last	durch elektronische Drehzahlregelung keine Veränderung der Drehzahl bei Belastung
kleines Bauvolumen	

Elektromotoren für Hauptantriebe

Für den Hauptantrieb von CNC-Maschinen werden häufig **Gleichstrommotoren** eingesetzt, weil die Drehzahl dieser Motoren sehr einfach und weit zu verstellen ist.

Beim **Gleichstrommotor** erzeugt ein Magnet (Permanent- oder Elektromagnet) im Stator ein stationäres Magnetfeld. Die stromdurchflossenen Wicklungen des Rotors (Anker) drehen den Rotor zum Statorfeld. Der mechanische Kommutator (Stromwender) sorgt mit seinen Kohlebürsten für die Aufrechterhaltung des erzeugten Drehmoments in jeder Rotorstellung (Bilder 7.24 bis 7.26).

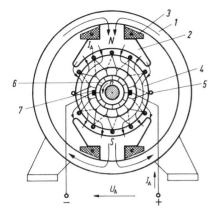

Bild 7.24: Prinzipieller Aufbau eines Gleichstrommotors [*Fischer*]
1 Jochring, 2 Hauptpol, 3 Erregerwicklung, 4 Ankerblechpaket, 5 Ankerwicklung, 6 Stromwender, 7 Kohlebürsten

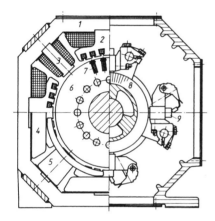

Bild 7.25: Querschnitt eines vierpoligen Gleichstrommotors mit 38 kW [*Fischer*]
1 Ständerblech, 2 Hauptpole, 4 Erregerwicklung, 6 Anker, 7 Ankerwicklung, 8 Stromwender, 9 Kohlebürsten

Bild 7.26: Ständer und Rotor eines vierpoligen Gleichstrommotors mit 12 kW [*Fischer*]

Beim **Drehstrom-Kurzschlussläufer (Drehstrom-Asynchronmotor)** ist der Rotor ein kurzgeschlossener Leiter in Form eines Käfigs (Bild 7.28). Ein Drehfeld im Stator (Bild 7.27) induziert Spannung und damit Strom in den kurzgeschlossenen Läufer (Rotor). Dadurch wird der Rotor zum Magneten und dreht mit dem Drehfeld des Stators mit. Damit Spannung in den Rotor induziert wird, muss eine Relativgeschwindigkeit zwischen Rotor und Drehfeld im Stator erhalten bleiben, d. h., der Rotor läuft langsamer (asynchron) als das Drehfeld des Stators. Da der Drehstrom-Kurzschlussläufer außer den Lagern der Rotorwelle keine Verschleißteile hat, ist dieser Motor das „Arbeitspferd" der Elektromotoren.

Besonders für die Hochgeschwindigkeitsbearbeitung werden Spindel, Spindellagerung und Antriebsmotor in einem Bauteil als **Motorspindel** zusammengefasst. Der Rotor des Asynchronmotors befindet sich auf der Spindel, der Stator im Spindelgehäuse. Die Wärme muss durch besondere Kühlungsmaßnahmen abgeführt werden (Bild 7.29).

Drehzahlsteuerung von Elektromotoren:

* Gleichstrommotoren:
  - Leistungselektronik zum Gleichrichten der Netzspannung,
  - Änderung des Magnetfeldes im Feld (Stator) und der Spannung am Anker (Rotor) verändern die Drehzahl,
  - Drehzahlstellbereich bis 1 : 70.
* Drehstrom-Kurzschlussläufer (Bilder 7.27 bis 7.29):
  - Frequenzversteller, der mit Netzspannung und damit fester Frequenz versorgt wird und die Speisefrequenz kontinuierlich verändert,
  - Drehzahlstellbereich bis 1 : 10.

Weitere Motoren für Hauptantriebe

Neben Elektromotoren werden in Sonderfällen weitere Motoren für Hauptantriebe von Werkzeugmaschinen eingesetzt:

* Hydraulik-Motor (Beispiel in Bild 7.30):
  - große Kraft bei kleinem Bauvolumen,
  - feinfühlige Steuerung mit Proportionalventilen oder Verstellpumpe
  - aber Gefahr von Leckagen.
* Pneumatik-Motor:
  - kleineres Bauvolumen als Elektromotor bei gleicher Leistung,
  - Explosionsschutz,
  - aber schlechter zu regeln als Elektromotor, hohe Energiekosten, Lärm (Pfeifen bei Leckagen),
  - Einsatzbeispiel: Handschrauber mit hohen Drehmomenten, Handschleifer zum Gussputzen.
* Andere Lösungen sind nicht (mehr) üblich:
  - Transmissionen (Riemenantrieb von einem zentralen Motor, meist einer Dampfmaschine): Unfallgefahr, Beschränkungen im Layout.
  - Verbrennungsmotor: Schwingungen, Lärm, Hitze, Größe, Abgase, Kupplung.

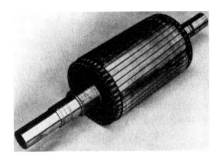

Bild 7.27: Stator eines Drehstrom-Asynchron-
Motors [*Fischer*]

Bild 7.28: Doppelstab-Käfigläufer eines
Drehstrom-Asynchron-Motors [*Fischer*]

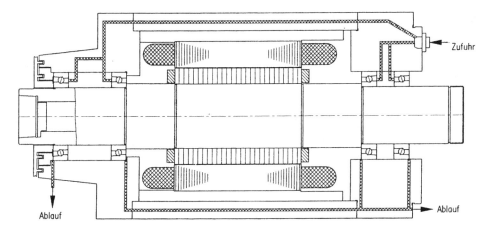

Bild 7.29: Motorspindel mit Asynchronmotor und Flüssigkeitskühlung [*Conrad*]

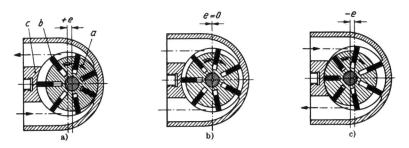

Bild 7.30: Flügelzellenpumpe (baugleich zum Flügelzellenmotor) mit stufenloser Verstellung
von Förderleistung und Förderrichtung [*Bruins, Dräger*]
a) größte Fördermenge nach oben, b) keine Ölförderung, c) größte Fördermenge nach unten;
a Rotor, b Flügel, c Gehäuse

7.6.2 Nebenantriebe

Anforderungen an Nebenantriebe

> Die wichtigsten Anforderungen an Nebenantriebe sind **Genauigkeit** und **Dynamik**.

- Genaue Drehzahl muss eingehalten werden,
- Drehwinkel muss genau erreicht werden (Positioniergenauigkeit),
- schnelles Beschleunigen und Abbremsen ohne Überschwingen (hohe Dynamik),
- erreichte Achsposition mit hoher Steifigkeit halten.

Gängige Lösungen für Vorschubantriebe

Bei **konventionellen Werkzeugmaschinen** wird der Vorschubantrieb über ein Vorschubgetriebe vom Hauptantrieb, der mit konstanter Drehzahl läuft, abgezweigt.

Für **CNC-Maschinen** werden vier verschiedene Lösungen eingesetzt:

- Schrittmotor (nur für einfache Maschinen),
- dynamischer Gleichstrommotor, die hohe Dynamik wird erreicht durch:
  - kleines Trägheitsmoment,
  - geringe Induktivität,
  - starkes Erregerfeld;
- *Drehstrom-Synchronmotor* (Rotor ist ein Permanent-Magnet), häufig bezeichnet als „bürstenloser Servomotor" oder als „Drehstrom-Servoantrieb",
- *Linearmotoren:* Ein Wanderfeld im Stator (am Maschinenbett) bewegt sich in Längsrichtung, der Magnet am beweglichen Tisch oder Schlitten wandert mit diesem Statorfeld (Bilder 7.31 und 7.32).
  - *Vorteile:* Durch Wegfall von Getriebe und Kugelgewindespindel hohe Beschleunigungen, hohe Eilganggeschwindigkeit, spielfrei.
  - *Nachteile:* aufwändigere Abdeckung der magnetischen Längsführungen, Späne haften an Magneten, Erwärmung erfordert zusätzliche Kühlmaßnahmen.

Vorschubantriebe von CNC-Maschinen bestehen meist aus drehzahlgeregelten Gleichstrommotoren, Kugelgewindespindel (Bild 7.34) mit Wegmesssystem und Lageregelung (vgl. Kap. 8.2) (Bild 7.33).

Die Vorteile geregelter Gleichstrommotoren gegenüber Schrittmotoren sind:
- kürzere Verfahrzeiten durch schnellere Geschwindigkeit und höhere Dynamik.
- bessere Positioniergenauigkeit, denn mit dem Längenmesssystem können Getriebefehler des Vorschubantriebs ausgeregelt werden.

Gegenüber Linearmotoren sind Gleichstrommotoren mit Gewindespindel kostengünstiger, aber langsamer.

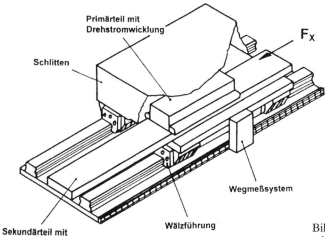

Bild 7.31: Prinzip des elektrischen Linearmotors [*Conrad*]

Bild 7.32: Vorschubeinheit mit Linearmotor [*Conrad*]

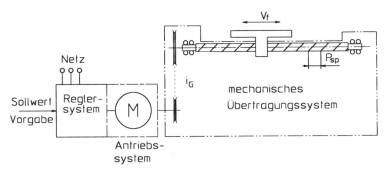

Bild 7.33: Struktur des Vorschubantriebs mit Motor und Gewindespindel [*Conrad*]

7.7 Getriebe

7.7.1 Translationsgetriebe

Translationsgetriebe wandeln Drehbewegungen in Längsbewegungen um.

Bekannte Translationsgetriebe, wichtige Eigenschaften und ihre Anwendungen

Translationsgetriebe mit Einsatzbeispiel	Eigenschaften	Anwendungsbeispiele in Werkzeugmaschinen
Gewindespindel z. B. Wagenheber	• sehr genau • sehr fein dosierbare Längsbewegung • große Untersetzung	• Vorschubantrieb für CNC-Maschinen mit Kugelgewindetrieb (Bild 7.34) • Spindelpressen (Kap. 7.8.2)
Pneumatikzylinder oder Hydraulikzylinder z. B. Bagger	• große Kräfte (bei kleinem Bauvolumen) • Bewegungsdämpfung einfach zu realisieren • einfaches Bauteil • einfach zu steuern durch Proportionalventile	• Pressenantrieb für Pneumatikpressen (Bild 7.35) • Pressenantrieb für Hydraulikpressen • Spannzylinder
Zahnrad (bzw. Schneckenrad) und Zahnstange z. B. Zahnradbahn	• „unbegrenzt" lange Wege	• Pinolenverstellung einer Säulenbohrmaschine • Portalroboter (Bild 7.36) • Dreibackenfutter der Bohrmaschine
Kurbeltrieb oder Excenter z. B. Fahrrad-Kurbel	• schnelle Bewegungsumkehr • hohe Drehzahlen • begrenzter Hub • ungleichmäßiger Kraftverlauf während des Hubes	• Pressenantrieb von Schnellläuferpressen zur Blechbearbeitung (Bild 7.37), • Hauptantrieb für Stoßmaschinen
Nocken, Kurvenscheibe z. B. Nockenwelle eines Verbrennungsmotors	• schnelle Bewegungen • begrenzter Hub • durch Nockenform Steuerung der Bewegung (Beschleunigung, Geschwindigkeit)	• Kurvenscheibe für Vorschubbewegung von konventionell gesteuerten Werkzeugmaschinen (vgl. Kap. 8.4.1) oder Werkstücktransport (Bild 7.37)
Kniehebel z. B. menschliches Kniegelenk	• hohe Last im Totpunkt • große Öffnungsbewegung	• Schließeinheit von Spritzgussmaschinen • Münzprägepresse (Bild 7.38) • Schnellspanner
Seil und Seiltrommel oder Zahnriemen z. B. Fensterheber für Autofenster	• Platz sparend • nur Zugkräfte • kostengünstig • schlupffrei	• Portalroboter • Pendelvorschub einer Flachschleifmaschine • Riemenfallhammer

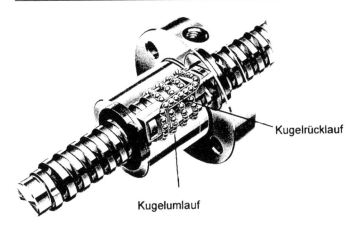

Bild 7.34: Kugelgewindespindel [*Conrad*]

Bild 7.35: Lufthammer zur Massivumformung; die Umformenergie wird durch einen
Pneumatikzylinder erzeugt: (*SMS Eumuco*)

Bild 7.36: Portalroboter mit Zahnstange und
Zahnradantrieb für Palettieraufgaben (*Reis
Robotics*)

7.7.2 Rotationsgetriebe

Rotationsgetriebe wandeln Drehbewegungen und Drehmomente um. **Nicht schaltbare Rotationsgetriebe** bieten ein festes Drehzahlverhältnis, **schaltbare Getriebe** erlauben verschiedene Abtriebsdrehzahlen.

Anforderungen an Getriebe

Rotationsgetriebe in Werkzeugmaschinen werden für Haupt- und Nebenantriebe gebraucht. Dabei sind Anforderungen an die Rotationsgetriebe:

- kleines Bauvolumen,
- günstige Herstellkosten,
- guter Wirkungsgrad,
- geringe Lärmentwicklung,
- große Toleranz des Achsabstands zwischen Antrieb und Abtrieb.

Zusätzliche **Anforderungen an schaltbare Rotationsgetriebe** sind:

- breiter Drehzahlbereich,
- enge Drehzahlabstufung (enger Stufensprung),
- möglichst auch unter Last schaltbar.

Ausführung von Getrieben

Das Drehmoment kann durch **Formschluss** oder durch **Reibschluss** übertragen werden.

Formschlüssige Übertragung bietet

- eine schlupffreie, genaue Übertragung der Drehbewegung,
- mit hohem Wirkungsgrad (bis 98 %).

Reibschlüssige Übertragung der Drehbewegung ist dagegen nur mit Schlupf möglich, so dass der Wirkungsgrad niedriger ist als bei Formschluss (ca. 70 bis 80 %). Dafür bietet Reibschluss:

- Reibungsdämpfung von Schwingungen,
- geringe Lärmentwicklung,
- stufenlose Verstellung von Drehzahl und Drehmoment,
- Verstellung auch unter Last.

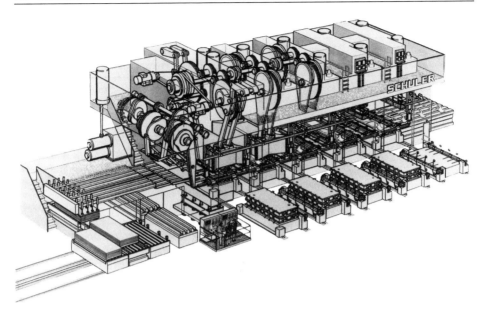

Bild 7.37: Antrieb einer Großraumstufenpresse: Kurbeltrieb zum Antrieb der Presse, Steuer-scheiben zum Antrieb des Werkstücktransportsystems (*Schuler*)

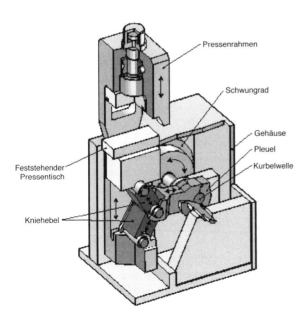

Bild 7.38: Kniehebelpresse [*Conrad*]

Nicht schaltbare Rotationsgetriebe

Nicht schaltbare Rotatationsgetriebe	Eigenschaften	Anwendungsbeispiel in Werkzeugmaschinen
Schneckengetriebe	• große Untersetzung (1 : 50) • Selbsthemmung möglich dann keine Bremse nötig • geringer Wirkungsgrad (50 % bis 95 %)	• Drehvorschub einer Zahnradstoßmaschine (Bild 7.39)
Kegelradgetriebe	• Umlenkung der Drehachse, • hoher Wirkungsgrad (ca. 98 %) • mittlere Übersetzung (1 : 7)	• Vertikalkopf einer Fräsmaschine (Bild 7.40)
Zahnriemen	• kostengünstig • formschlüssig • Übersetzungsverhältnis bis 1 : 40	• Vorschubantrieb: Vom Vorschubmotor zum Kugelgewindetrieb (Bild 7.41)

Schaltbare Rotationsgetriebe

Da Elektromotoren mit Drehzahlverstellung einige Anforderungen an schaltbare Getriebe ideal erfüllen, haben schaltbare Rotationsgetriebe in Werkzeugmaschinen an Bedeutung verloren.

Elektromotoren mit Drehzahlverstellung erzeugen jedoch ein konstantes Drehmoment und geben deshalb bei geringen Drehzahlen wenig Leistung ab ($P = \omega \cdot M$). Da mit Rotationsgetrieben die Leistung (fast) erhalten bleibt, haben Getriebe auch weiterhin ihre Berechtigung.

$$P = \omega_{ein} \cdot M_{ein} = \omega_{aus} \cdot M_{aus} / \eta$$

P Leistung, ω Winkelgeschwindigkeit, M Drehmoment, η Wirkungsgrad

Stufensprung von Zahnradgetrieben

Arithmetische Stufung: Die realisierbaren Drehzahlen n_i folgen einer *arithmetischen* Zahlenfolge:

$$n_{i+1} = n_i + a \quad \text{für alle } i \quad \text{z. B. } 100, 150, 200, \ldots 1000, 1050, 1100 \ldots$$

Die arithmetische Stufung wird für konventionelle Vorschubantriebe (nicht CNC) eingesetzt, weil Gewindesteigungen arithmetisch gestuft sind; sie wird z. B. durch Schwenkradgetriebe realisiert.

Bei geometrischer Stufung folgen die realisierbaren Drehzahlen n_i einer *geometrischen* Zahlenfolge:

$$n_{i+1} = n_i \cdot \varphi \quad \text{für alle } i \quad \text{z. B. } 45, 90, 180, \ldots (\varphi = 2) \qquad \varphi \text{ Stufensprung}$$

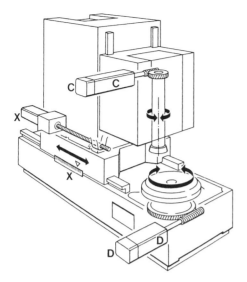

Bild 7.39: Schneckengetriebe an einer Zahn-
rad-Stoßmaschine (*Lorenz*)

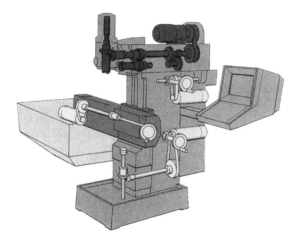

Bild 7.40: Getriebe an einer Fräsmaschine: Kegelradgetriebe am
Vertikalkopf der Hauptspindel,
schaltbares Zahnradgetriebe am
Hauptgetriebe, Riementriebe an
den Vorschubantrieben und am
Hauptgetriebe, Kugelgewindetriebe
für die Vorschubantriebe (*Deckel
Maho*)

Bild 7.41: Riementrieb im Vorschubantrieb einer Fräsmaschine: Übertragung
der Antriebsleistung vom Vorschubmotor
zum Kugelgewindetrieb (*Deckel Maho*)

Die **geometrische Stufung** wird für Hauptantriebe verwendet, weil die prozentuale Abweichung von einer Soll-Drehzahl im gesamten Drehzahlbereich konstant ist.

Stufensprünge sind nach DIN 323 **Normzahl-Reihe** genormt. Aufbauend auf dem Normsprung $\varphi = 1,12$ der Grundreihe R20 folgen nach DIN 804 die Lastdrehzahlen der Reihe R20/2 ($\varphi = 1,25 \approx 1,12^2$): ..., 140, 180, 224, 280, 355, 450, ..., 1400, 1800, 2240, 2800, 3550, ...

Die Drehzahl 2800 min^{-1} entspricht auch der Lastdrehzahl des Drehstrom-Asynchronmotors bei der Netzfrequenz 50 Hz (= Synchrondrehzahl 3000 min^{-1}).

Bekannte schaltbare Rotationsgetriebe, wichtige Eigenschaften und ihre Anwendungen in Werkzeugmaschinen

Schaltbare Rotationsgetriebe mit Einsatzbeispiel	Eigenschaften	Anwendungsbeispiel in Werkzeugmaschinen (auch nicht schaltbare Getriebe)
Zahnradgetriebe (Stirnradgetriebe) z. B. Autoschaltgetriebe	• schlupffrei durch Formschluss • hohe Drehmomente • hoher Wirkungsgrad (ca. 98 %), • mittlere Übersetzung (1 : 5 je Stufe)	• Vorschub- und Hauptantriebe (Bilder 7.42 und 7.43) • Wechselradgetriebe konventioneller Drehmaschinen
Planetengetriebe z. B. Fahrrad-Nabenschaltung	• große Untersetzung • kompakte Bauweise • teuer wegen Innenverzahnung und hohen Genauigkeitsanforderungen	• Armbewegung von Knickarmrobotern
Keilriemengetriebe	• reibschlüssig • kostengünstig • hohe Drehmomente erfordern großen Einbauraum • Übersetzungsverhältnis ca. 1 : 8, • lange Verstellzeiten bei stufenlosem Getriebe (ca. 20 ... 40 s)	• Hauptantrieb von Dreh- und Fräsmaschinen: Vom Motor zum Hauptgetriebe • Hauptantrieb mit gestufter oder stufenloser Drehzahlverstellung für kleinere Leistungen z. B. von Bohrmaschinen (Bild 7.44)
Kettentrieb z. B. Fahrrad, Nockenwellenantrieb im Verbrennungsmotor	• schlupffrei durch Formschluss • große Einbautoleranzen • Wirkungsgrad ca. 98 % • schaltbare Getriebe mit schräg laufender Kette	• Kettensäge • Kettenräummaschine • Spindelantrieb bei kurvengesteuerten Automaten
Reibradgetriebe z. B. Fahrraddynamo	• kostengünstig • Übersetzungsverhältnis ca. 1 : 5, • stufenloses Getriebe möglich	• Tacho einer Bohrmaschine • Antrieb einer Spindelpresse

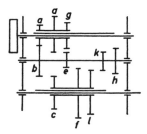 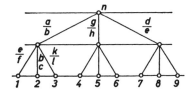

Bild 7.42: Getriebeplan und Drehzahlbild eines 3 × 3-Zahnrad-Getriebes [*Bruins, Dräger*]

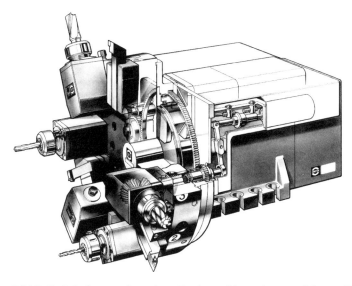

Bild 7.43: Scheibenrevolver einer Drehmaschine mit angetriebenen Werkzeugen. Antrieb der Werkzeuge mit schaltbarem Zahnradgetriebe [*Conrad*]

Bild 7.44: Bohrmaschinenantrieb mit sechsfach gestuften Riemenscheiben und dreifach gestuftem Vorgelege (*Koether*)

7.8   Beispiele für Werkzeugmaschinen

Die wichtigsten Werkzeugmaschinen (gemessen am Produktionswert) sind spanende Werkzeugmaschinen, die ca. 70 % der Produktion der deutschen Werkzeugmaschinenindustrie repräsentieren. Die am weitesten verbreiteten Maschinen werden im Folgenden beispielhaft vorgestellt. Eine ausführlichere Übersicht findet sich z. B. bei [Conrad].

7.8.1 Spanende Werkzeugmaschinen

Drehmaschinen

Der am häufigsten verwendete Aufbau einer Drehmaschine besteht aus (vgl. Bild 7.4):

- Bettkonstruktion, wegen des Spänefalls meist als Schrägbettkonstruktion,
- horizontaler Spindel,
- Reitstock gegenüber der Spindel,
- Werkzeugrevolver hinter der Drehmitte.

Höhere Produktivität bieten weitere Ausbaustufen (vgl. Kap. 10):

- angetriebene Werkzeuge für leichte Fräsarbeiten und außermittige Bohrungen,
- zweiter Werkzeugrevolver,
- Gegenspindel (zweite Spindel auf der Reitstockseite oder im Werkzeugrevolver) für Rückseitenbearbeitung,
- Stangenlademagazin zur Drehbearbeitung von der Stange.

In **Mehrspindeldrehmaschinen** sind mehrere Werkstückspindeln in einer Trommel zusammengefasst. Die Trommelbewegung ist getaktet. Die Drehbearbeitung ist also in möglichst gleich lange Teilabschnitte aufgeteilt und wird nach dem Fließprinzip verkettet (Bild 7.46). Mehrspindelautomaten werden ausschließlich für die Massenfertigung eingesetzt.

Bei einer **Langdrehmaschine** werden die Werkzeuge nur in Querrichtung (X-Achse) zur Drehachse bewegt. Die Vorschubbewegung in Längsrichtung (Z-Achse) wird von der Werkstückspindel erzeugt. Das lange Werkstück ($l/d > 10$) wird während der Bearbeitung von einer Führungshülse abgestützt.

Vertikaldrehmaschinen (Drehmaschinen mit senkrecht stehender Spindel) werden in zwei Ausführungen gebaut:

- Karusselldrehmaschine mit stehendem Werkstück für besonders große Drehteile, die mit einem Kran gehandhabt werden müssen,
- Pick-up-Drehmaschine mit nach unten gerichtetem Spannfutter (Bild 7.47).

Die in zwei oder drei Achsen bewegliche Spindel der Pick-up-Drehmaschine führt nicht nur die Vorschubbewegungen aus, sondern kann auch liegend bereitgestellte Drehteile direkt aufnehmen. Sie bietet damit für Futterdrehteile (Drehteile mit $d > 100$ mm, Sägeabschnitte oder vorgeformte Drehteile) eine einfache Möglichkeit zum automatischen Werkstückwechsel (vgl. Kap. 10.3.1).

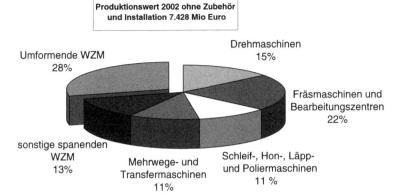

Bild 7.45: Produktionswert deutscher Werkzeugmaschinen im Jahr 2002, gegliedert nach Maschinengruppen (*Quelle: VDW Verein deutscher Werkzeugmaschinenfabriken e.V.*)

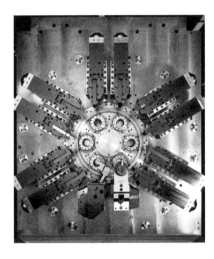

Bild 7.46: Mehrspindeldrehmaschine mit 12 Werkzeugträgern auf Querschlitten [*Conrad*]

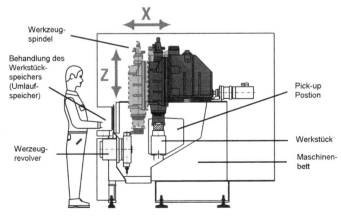

Bild 7.47: Pick-up-Vertikaldrehmaschine (*EMAG*)

Fräsmaschinen und Bearbeitungszentren

Auf Fräsmaschinen und Bearbeitungszentren werden **prismatische Werkstücke** bearbeitet. Die Maschinen werden nach Lage der Werkzeugspindel und nach der Gestellgeometrie unterschieden:

Bei **Horizontalfräsmaschinen** liegt die Spindel waagerecht. Vorteile sind:

• direkter Kraftfluss der Zerspankraft in das Maschinengestell,
• freier Spänefall.

Nachteilig ist die schlechtere Einsehbarkeit der bearbeiteten Fläche. Die einfachere Einsehbarkeit und Kontrolle der Zerspanung ist der wichtigste Vorteil der **Vertikalfräsmaschine**. Die Spindel von **Universalfräsmaschinen** lässt sich mit einem Winkelkopf von vertikaler Spindellage auf horizontale Spindellage umbauen oder durch eine entsprechende Mechanik gesteuert umstellen.

Fräsmaschinen werden in den meisten der aufgelisteten **Gestellgeometrien** (Kap. 7.2) angeboten:

• *Konsolbauweise* (Bild 7.3) für kleinere Werkstücke und leichte Bearbeitung,
• *Ständerbauweise* für mittelgroße Werkstücke,
• *Bettkonstruktionen* für die Bearbeitung großer Werkstücke, die mit dem Kran auf den Maschinentisch geladen werden (Bild 7.6),
• *Portalgestelle* für sehr genaue Maschinen (Bild 7.10) oder für besonders große Bearbeitungskräfte, z. B. beim Fräsen sehr großer Werkstücke wie z. B. Großwerkzeuge für die Automobilindustrie (Bild 7.48).

Schleifmaschinen

Schleifmaschinen werden nach der Form der bearbeiteten Flächen unterteilt in

• Flachschleifmaschinen und
• Rundschleifmaschinen

Die Gestellgeometrien von **Flachschleifmaschinen** ähneln denen von Fräsmaschinen: Konsolbauweise, Ständerbauweise, Bettkonstruktion (Bild 7.49) und Portalbauweise werden auch hier eingesetzt. Besonderheit ist der Vorschubantrieb: In X-Richtung ist eine relativ schnelle, aber nicht sehr genaue, pendelnde Vorschubbewegung auszuführen. In Z-Richtung wird der Maschinentisch intermittierend oder kontinuierlich vorgeschoben.

Rundschleifmaschinen ähneln Drehmaschinen. Die Werkstückspindel führt aber nicht die Hauptschnittbewegung, sondern den Drehvorschub aus. Die Schleifspindel wird am Maschinenbett befestigt (Bild 7.50). Besondere Anforderung an die Werkzeugspindel stellt das Innenschleifen: Wegen der hohen Schnittgeschwindigkeit der kleinen Schleifkörper müssen die Schleifspindeln für sehr hohe Drehzahlen (über $50\,000\ \text{min}^{-1}$) ausgelegt werden. Innenschleifspindeln werden häufig auf einem Revolver auf dem Kreuzschlitten der Maschine montiert.

Bild 7.48: Bearbeitungszentrum in Portalbauweise für Werkzeug- und Formenbau [*Conrad*]

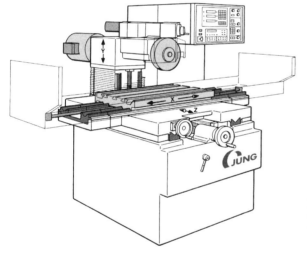

Bild 7.49: Flachschleifmaschine, der Ständer taucht in *Y*-Richtung in das Maschinenbett [*Conrad*]

Bild 7.50: Bearbeitungsraum einer Rundschleifmaschine, das Werkstück ist zwischen Spitzen gespannt [*Conrad*]

7.8.2 Werkzeugmaschinen für die Umformung und das Zerteilen

Systematisierung der Maschinen nach dem Kraft-Weg-Verlauf

- **Weggebundene Maschinen** (z. B. Excenter- oder Kurbelpressen, Bild 7.51):
  - begrenzter Hub,
  - hohe Frequenz, schnelle Schlagzahl
  - Kraft-Weg-Verlauf hängt ab vom Kurbelwinkel,
  - Nennkraft wird erreicht im unteren Totpunkt der Kurbel;
- **Kraftgebundene Maschinen** (z. B. Hydraulische Pressen, Bild 7.52):
  - gleiche Kraft über den gesamten Wirkweg,
  - einfache und feinfühlige Steuerung der Stempelbewegung durch Proportional-ventile;
- **Arbeitsgebundene Maschinen** (z. B. Hämmer oder Spindelpressen – Bild 7.53):

Das Arbeitsvermögen ist definiert, sodass die Umformkraft mit geringerer Formänderung bei zunehmender Umformung wächst.

Grundlage: Potentielle Energie $m \cdot g \cdot h$ wird umgewandelt in kinetische Energie $m/2 \cdot v^2$. Diese kinetische Energie wird durch Abbremsen des Hammers auf dem Werkstück zur Umformkraft: $F = m \cdot a$; die Beschleunigung a ist um so höher, je kleiner der Umformweg ist.

- **Bauformen:**
  - *Hämmer* (Fallhämmer, Oberdruckhämmer)
  - *Gegenschlaghämmer* – mechanisch oder hydraulisch gekoppelt verringern sie die Schläge ins Fundament, weil die Auftreffgeschwindigkeiten von Hammer und Amboss sich gegenseitig kompensieren.
  - *Spindelpressen* – Drehenergie wird in einem Schwungrad durch Trägheitsmoment gespeichert. Die Drehenergie wird durch eine Gewindespindel in eine Längsbewegung umgewandelt. Vorteil: Ruhiges Arbeiten durch geringe Auftreffgeschwindigkeit des Hammers auf dem Werkstück.

Systematisierung der Maschinen nach Anzahl der Wirkbewegungen

- **Einfachwirkende Pressen**
  Nur eine Stempelbewegung, z. B. Pressen zum Strangpressen
- **Doppeltwirkende Pressen**
  Bewegung von Stempel und Gegenstempel, z. B. Gegenschlaghämmer
- **Zweifachwirkende Pressen**
  Bewegung von Stempel und Niederhalter, z. B. Tiefziehpressen
- **Dreifachwirkende Pressen**
  Bewegung von Stempel, Niederhalter und Gegenhalter, z. B. Feinschneidpressen

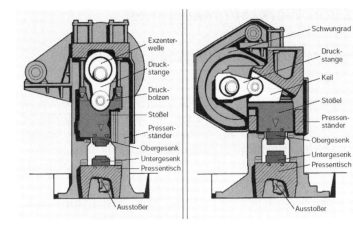

Bild 7.51: Exzenter-
pressen (links) und
Keilpressen (rechts)
werden bevorzugt
zum Gesenkschmie-
den von Großserien
verwendet (*Verband
Deutsche Schmiede-
technik*)

Bild 7.52: Hydraulische Pressen (*Müller Weingarten*)

 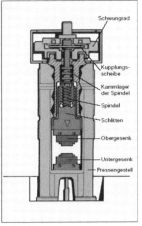

Bild 7.53: Spindelpressen sind die
wichtigsten Maschinen zum Gesenkformen (*SMS Eumuco*)

8 Steuerung von Werkzeugmaschinen

8.1 Aufgaben von Steuerungen in Werkzeugmaschinen

Mit **Programmsteuerungen** von Werkzeugmaschinen werden Werkzeugbewegungen gespeichert und später automatisch abgearbeitet. Sie sind Voraussetzung für eine automatische Bearbeitung und damit der **Schlüssel zur Produktivität**. **Numerische Steuerungen ermöglichen eine flexible Automatisierung,** die auch für kleine Losgrößen wirtschaftlich ist. Sie haben deshalb überragende Bedeutung erlangt.

Eine **Logiksteuerung** bildet Bedienfunktionen in einer **Wenn-Dann-Struktur** ab, um die Arbeit zu erleichtern und um Bedienungsfehler zu vermeiden.

Befehle in Programmsteuerungen werden als **Schaltbefehle** (z. B. Spindel ein, Rechtslauf mit $4000\,\text{min}^{-1}$) und als **Wegbefehle** (z. B. Verfahre das Werkstück auf einem Kreisbogen mit Radius 50 mm und mit Vorschubgeschwindigkeit 200 mm/min) codiert.

Zur **Programmierung einer Programmsteuerung** für die automatische Bearbeitung eines Werkstücks sind folgende Schritte nötig:

1. **Arbeits- oder Fertigungsplan erstellen**: Festlegen einer Folge von Bearbeitungsschritten mit Bearbeitungsparametern (= Werkzeugbewegungen) (Bild 8.1).
2. **Fertigungsplan detaillieren:** Festlegen der Bearbeitungsschritte und Werkzeugwege
3. **Programm erstellen**: Codieren dieser Bearbeitungsschritte im Steuerungscode.
4. **Programm speichern**: Speichern auf einem Datenträger.

Das Programm kann dann die Bearbeitungsfolge beliebig häufig wiederholen und automatisch abarbeiten.

Logiksteuerungen fragen Eingangsinformationen ab und schalten Ausgänge entsprechend der programmierten Bedingungen (z. B.: Wenn Abdeckung geschlossen und Schalter auf „ein" steht, Spindelmotor einschalten).

Das Programm oder die Logik können analog oder digital auf verschiedenen Medien gespeichert sein. Wie in anderen Maschinen und Anwendungen wächst auch in Werkzeugmaschinen die Bedeutung der Digitaltechnik. Sie bietet folgende wichtige Vorteile:

- verlustfreies Speichern und Kopieren,
- hohe Speicherdichte,
- schnelle Informationsübertragung,
- Weiterverarbeitung mit Computer.

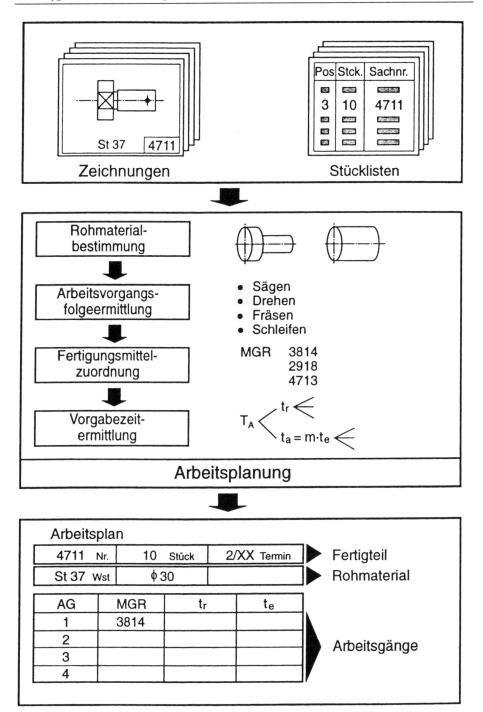

Bild 8.1: Ablauf zur Arbeitsplanerstellung [*Wiendahl*]

Die Tabelle zeigt Beispiele für Speichermedien und Codierung (Beispiele aus Werkzeugmaschinensteuerungen sind *kursiv* dargestellt):

Speichermedium	Digital	Analog
Optisch	CD	*Kopiersteuerung für Brennschneiden*
Elektrisch	*Relaissteuerung, Speicherprogrammierbare Steuerung (SPS), CNC*	Analogrechner
Magnetisch	Floppy Disk	Musik-Kassette
Mechanisch	*Steuernocken*	*Kurvensteuerung*
Fluidisch	*Wegventile*	*Proportionalventile, z. B. für Kopiersteuerung*

8.2 Numerische Steuerung (NC)

8.2.1 Grundlagen der numerischen Steuerung (NC)

In einer numerischen Werkzeugmaschinensteuerung sind alle **Schalt- und Wegbefehle (alpha-)numerisch codiert.** Die Bewegung des Werkzeugs im Bearbeitungsraum wird über **Koordinaten** beschrieben.

Die CNC-Steuerung ist die wichtigste Werkzeugmaschinensteuerung: 88 % der spanenden und 49 % der umformenden Werkzeugmaschinen (*Produktionswert deutscher Werkzeugmaschinen im Jahr 2002*) waren CNC-gesteuert.

Begriffe

NC   **Numerical Control**, Numerische Steuerung

CNC   **Computerized Numerical Control**, Numerische Steuerung mit Computer für die Speicherung der Programme und für Berechnungen zu ihrer Ausführung; alle modernen NC-Steuerungen sind CNC-Steuerungen (Bild 8.2).

DNC   **Direct NC**: CNC-Steuerungen sind über ein Kommunikationsnetz (LAN, Local Area Network) mit einem Host (Zentralrechner) verknüpft; Aufgaben des Host: Archivierung, Übersetzen von Programmen in maschinenspezifische Sprachen, Bereitstellung und Verarbeitung von logistischen Daten zur Auftragsabwicklung.

CAM   **Computer Aided Manufacturing**: Geometriedaten werden aus der CAD-Konstruktion übernommen, Technologiedaten (z. B. Schnittwerte) werden ergänzt.

CIM   **Computer Integrated Manufacturing**: Alle zur Fertigung notwendigen und alle während der Fertigung anfallenden Informationen werden in Rechnern bereitgestellt und automatisch verarbeitet.

Dateneingabe und
-speicherung

Programm- und Dateneingabe
Programm- und Datenspeicherung
Erzeugen von Schaltbefehlen, z.B.
- Spindel ein/aus
- Werkzeugwechsel
Erzeugen von Wegbefehlen z.B.
- Kreisvorschub
- Eilgang
Ansteuerung von Vorschubmotoren
   und Hauptantrieb
Regelung der Vorschubmotoren
   berwachung durch SPS und
   Sensoren, z.B.
- Endschalter
- Drucksensor
- Sicherungen

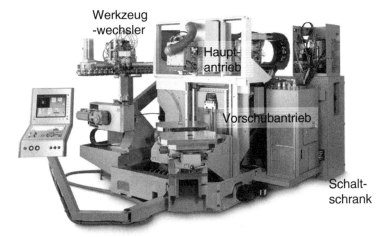

Bild 8.2: Prinzip der CNC-gesteuerten Werkzeugmaschine (*Heidenhain* und *Deckel Maho*)

Historische Entwicklung der NC-Steuerung

1950–1960   **Erste Entwicklungen**, um komplizierte, mathematisch beschreibbare Formen herzustellen (Flugzeugbau)

1960–1970   **Lochstreifen als Speichermedium**: NC-Maschinen für Sonderanwendungen; komplizierte Formen

1970–1980   **CNC**: Mikroprozessoren revolutionieren die NC-Technik, Werkzeug- und Werkstückwechsler steigern die Automatisierung

1980–1990   **C-Techniken**: CNC wird in der Breite populär; große Hoffnung in CIM

Seit 1990   **CAD/CAM** ist **Standard**. CNC-Steuerungen und CAD/CAM-Kopplung sind zu einer Standardtechnologie geworden

Besondere Vorteile der CNC-Steuerung

> Die **CNC-Steuerung** von Werkzeugmaschinen hat überragende Bedeutung errungen, denn sie bietet **Programmiererleichterung, Qualitätsverbesserungen** und **flexible Automatisierung.**

- **Programmiererleichterung:**
  - einfache Programmierung schwieriger Konturen, z. B. Radien, Diagonalen und Radiuskorrektur (programmiert wird die Kontur, nicht die Werkzeugbahn, die Steuerung berechnet die Werkzeugbahn selbständig, besonders wichtig beim Fräsen).
  - einfache Programmänderung mit Textverarbeitungsfunktionen (Editor), z. B. Zeilen löschen, verschieben und kopieren.
  - Zyklen: Einfach aufzurufende Unterprogramme für Standardbearbeitungen (z. B. Schruppen, Taschen fräsen (Bild 8.3), Gewinde schneiden).
  - Programmierhilfen, z. B. grafische Simulation (Bild 8.4), Werkzeugdatenbanken, Werkstoff- und Schnittwertdatenbanken.

- **Qualitätsverbesserung**
  - einfache Überprüfung von Programmen durch grafische Simulation,
  - einfache Maßkorrektur (Verschleißausgleich, Radiuskorrektur),
  - hohe Genauigkeit durch digitale Wegmesssysteme,
  - zusätzliche Sonderfunktionen möglich, z. B. Kollisionskontrolle oder Werkzeugvermessung und Verschleißausgleich.

- **Flexible Automatisierung**: Auch für kleine Stückzahlen lohnt sich eine Automatisierung:
  - einfache (d. h. schnelle, billige) Programmerstellung und -änderung,
  - günstige Preise für CNC-Steuerung durch ständigen Preisverfall und Leistungssteigerung von Computern.

Im Formenbau mit schwierigen Werkstückgeometrien ist durch CAD/CAM auch Einzelfertigung wirtschaftlich. Auch für normale Konstruktionswerkstücke ist die CNC-Fertigung ab einem Stück, spätestens ab fünf Stücken wirtschaftlich.

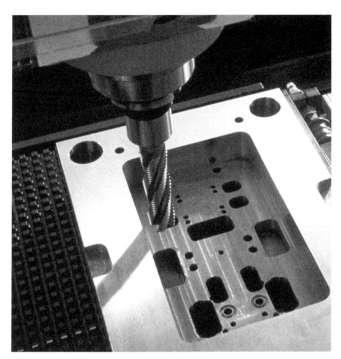

Bild 8.3: Mit einem Zyklus können Rechtecktaschen in einer einzigen Programmzeile programmiert werden (*Heidenhain*)

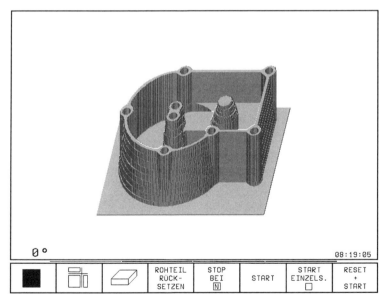

Bild 8.4: Die grafische Simulation zeigt die programmierte Bearbeitung, bevor der erste Span fällt. (*Heidenhain*)

Planen — Steuern — Regeln bei CNC-Bearbeitung

Alle drei Begriffe beschreiben das gedankliche Vorwegnehmen eines Ablaufs oder Systemzustandes. Alle drei Funktionen finden sich auch in der NC-Steuerung (Bild 8.5). Moderne CNC-Steuerungen bieten umfangreiche Funktionen dieser drei Ebenen, um Programmierkomfort und Bearbeitungsgenauigkeit zu verbessern.

Grund-funktion	Definition und Beispiel	Unterstützung durch moderne CNC-Steuerungen
Planen	Gegenstand ist ein offenes System, die Aufgabe ist normalerweise schlecht strukturiert und es existiert ein großer Lösungsraum. z. B.: Arbeitsplan erstellen	*Arbeitsplan erstellen:* • Werkzeugdatenbank • Schnittwerte-Datenbank • Geometriedaten für Passungen und Gewinde *CNC-Programm erstellen:* • Berechnung von Geometriedaten • Unterprogramme (Zyklen) für Normgeometrien (z. B. Freistich) • Unterprogramme (Zyklen) für Standardaufgaben (z. B. Schruppen) • Automatische Koordinatenumrechnung für Spiegeln oder Maßstabsänderung • Automatische Korrektur von Schruppschnitten bei fallenden Konturen • Kollisionskontrolle für Spannmittel • Ausgabe einer bemaßten Kontrollgraphik in 2D- oder 3D-Darstellung
Steuern	Gegenstand ist ein offenes System, das Problem ist gut strukturiert und in einem kleinen Lösungsraum zu lösen; die Lösung ist als Vorgehensweise (Heuristik oder Algorithmus) codierbar und automatisch bearbeitbar. z. B.: Ablauf eines CNC-Programms	• Minimale Werkzeugwechselzeiten durch Vorbereitung des Werkzeugwechsels während der Bearbeitung • Automatische Werkzeugvermessung, Aktualisierung der Werkzeugkorrekturdaten, Eliminierung des Umkehrspiels in den Gewindespindeln der Vorschubantriebe • Kompensation von Wärmedehnung • Kompensation von Steigungsfehlern in der Gewindespindel des Vorschubantriebs • Werkzeugbruchüberwachung • Automatische Werkstückvermessung in der Maschine
Regeln	In einem geschlossenen System werden Soll- und Ist-Werte einer Zielgröße ständig verglichen; der Regler entscheidet selbständig, um den Ist- an den Sollwert anzugleichen. z. B.: Lageregelung des Vorschubantriebs	*Ansteuerung der Vorschubmotoren:* • Ständiger Soll-Ist-Vergleich zwischen Soll- und Ist-Wert jeder Koordinate, • Look ahead zur Vermeidung von Schleppfehlern: Kontur wird vorausberechnet und die Achsgeschwindigkeit an die Kontur angepasst • Vermeidung von Schwingungen durch den Regelzyklus • Ruckfreie Beschleunigungen der Achsantriebe

Planen:

- Eingangsinformationen:
  - o Zeichnung
  - o Werkzeugliste
  - o Schnittwert-Tabelle
  - o Maschinendaten
- Ergebnisse: Arbeitsplan mit
  - o Werkzeugeinstellblatt
  - o Vorrichtungskonstruktion
  - o CNC-Programm

Steuern:

- CNC-Programm speichern
- CNC-Programm simulieren
  - o Koordinaten berechnen
  - o Graphikdaten erzeugen
  - o Fehlermeldungen erzeugen
  - o Graphik ausgeben
- CNC-Programm ausführen
  - o Schaltinformationen
  - o Weginformationen:
    Koordinaten berechnen
  - o Soll-Koordinaten an Regler
    melden
  - o Fehlerkontrolle, ggf.
    Fehlermeldung erzeugen

Regeln:

- Eingangsinformationen:
  - o Ist-Position jeder
    gesteuerten Achse
  - o Sollkoordinaten jeder
    gesteuerten Achse
- Ausgangsinformation:
  - o Steuerinformation für
    Vorschubmotoren
    (Drehzahl) jeder
    gesteuerten Achse

Bild 8.5: Informationsfluss einer NC-Steuerung: Planen bei der Arbeitsplanerstellung, Steuerung durch Abarbeiten des NC-Programms, Regeln durch Soll-Ist-Vergleich und Lageregelung der Vorschubantriebe (*Heidenhain*, *Siemens* und *Deckel Maho*)

8.2.2 Wegmesssysteme

Bauarten digitaler Wegmesssysteme

Um für die Lageregelung die Ist-Position des Schlittens (oder Tisches) im Bearbeitungsraum zu erkennen, werden Wegmesssysteme eingesetzt (Bild 8.6). Der wichtigste **Vorteil direkter Messung** gegenüber indirekter Wegmessung ist die höhere Genauigkeit. Ausgeregelt werden Messfehler durch

- Steigungsfehler der Gewindespindel,
- Spindeltorsion,
- Wärmedehnung der Gewindespindel und (teilweise) der Maschine (die Wärmedehnung des Glasmaßstabs ist vernachlässigbar).

Allerdings sind direkte Wegmesssysteme durch den langen Glasmaßstab aufwändiger und teurer.

> Wegen der höheren Genauigkeit bei akzeptablen Kosten wird in Werkzeugmaschinen die **direkte, inkrementale** Längenmessung am häufigsten eingesetzt (Bild 8.7).

Genauigkeit der Wegmessung und Genauigkeit der Werkzeugmaschinen

Digitale Wegmesssysteme bieten eine Auflösung und Messgenauigkeit von 1/1000 mm oder genauer. Diese Genauigkeit lässt sich an den Werkzeugmaschinen in der Praxis jedoch nicht erreichen. Sie ist geringer durch

- elastische Verformung von Maschine und Werkzeug durch Bearbeitungskräfte,
- Führungs- und Lagerspiel,
- Verschleiß von Führungen und Lagerungen,
- Ungenauigkeiten und Verschleiß des Werkzeugs,
- Wärmedehnung der Maschine,
- Schwingungen.

8.2.3 Koordinatensysteme, Achsen und Nullpunkte

Gesteuerte Achsen

Ein Körper im Raum, z. B. ein Fräser kann sich in sechs Achsen (sechs Freiheitsgraden) bewegen: Seine Lage wird durch drei Linearachsen (X, Y, Z) und drei Drehachsen (A, B, C) beschrieben bzw. gesteuert.

Jede gesteuerte Achse bedeutet Aufwand für

- Führung oder Lagerung,
- Vorschubantrieb,
- Wegmesssystem,
- Lageregelung.

Bauarten	Direkte Wegmessung	Indirekte Wegmessung
	Längenmessung	**Winkelmessung**, mit der Steigung der Vorschubspindel wird eine Position auf der Längsachse errechnet
Inkremental Eine Messzeile, nur eine Spur, Zähler, zweite Spur für Referenzpunkt		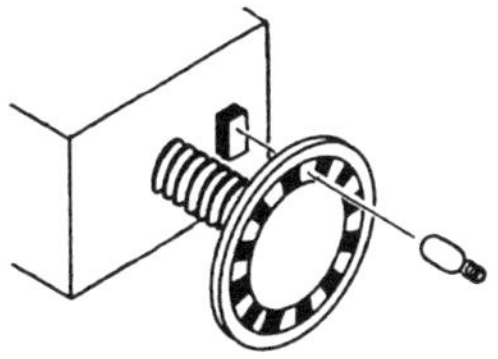
Absolut Mehrere Messspuren, Binärcode für jede Position	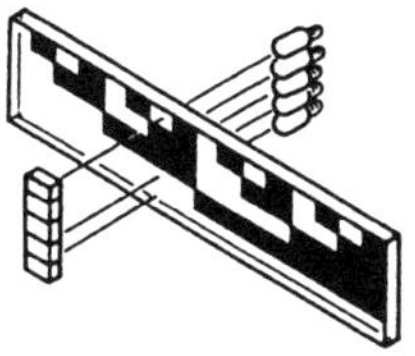	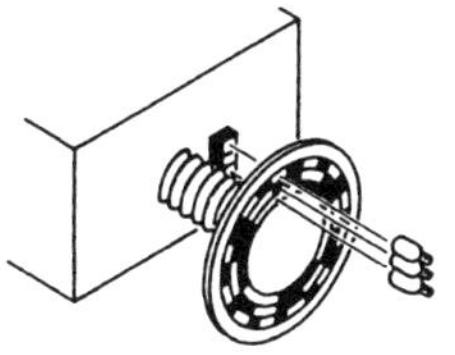

Bild 8.6: Bauarten digitaler Wegmesssysteme

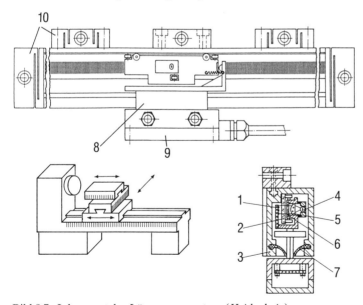

Bild 8.7: Inkrementales Längenmesssystem (*Heidenhain*)
1 Fotoelement, 2 Glasmaßstab, 3 Aluminiumgehäuse, 4 Glühlampe in schwingungsdämpfender Fassung, 5 Linse, 6 Abtastplatte, 7 Dichtlippen, 8 Schwert, 9 Montagefuß für Ankoppelung an Maschinenschlitten, 10 Maßstabsbefestigung

Deshalb werden möglichst wenige Achsen gesteuert. Bei einfachen CNC-Werkzeug-maschinen sind folgende Achsen NC-gesteuert:

- Drehen: zwei Achsen,
- Fräsen: drei Achsen.

Andererseits erweitern mehrere gesteuerte Achsen die Bearbeitungsmöglichkeiten oder verkürzen die Hauptzeit (vgl. Beispiel Formenfräsen, Bild 8.8) und die Durch-laufzeit:

Werkzeug-maschine	Bearbeitungsaufgabe	Gesteuerte Achsen
Drehzelle	Außermittiges Bohren und leichte Fräsarbeiten mit angetriebenen Werkzeugen auf einer Dreh-maschine erfordern einen definierten Drehwin-kel des Werkstücks mit einer gesteuerten C-Achse	Drei
Mehrschlitten-drehmaschine	Drehen: Bearbeitung mit zwei unabhängig gesteuerten Werkzeugen zur Verkürzung der Hauptzeit	Vier
Fräsmaschine	Formenfräsen: Die Fräserachse wird senkrecht zur Werkstück-oberfläche geführt, um mit weniger „Höhen-linien" die gewünschte Oberflächengüte zu er-reichen	Fünf (die Drehach-se des Fräsers wird nicht ge-steuert)

Punkt-, Strecken- oder Bahnsteuerung

Bei der **Punktsteuerung** werden nur die Bearbeitungspunkte angefahren. Die Wege, Geschwindigkeiten und Beschleunigungen zwischen den Zielpunkten werden nicht gesteuert (Bild 8.9).

Die **Streckensteuerung** erlaubt nur eine definierte Bearbeitungsbewegung mit kon-stanter Geschwindigkeit entlang ihrer Achsen. Geschwindigkeitsänderungen (Be-schleunigungen) der Achsen auf dem Weg zum Zielpunkt (und damit z. B. Bearbei-tung von Radien) sind nicht möglich.

Nur die **Bahnsteuerung** ermöglicht Kreisbögen, denn nur sie lässt Beschleunigungen der Vorschubachsen auf dem Weg zum Zielpunkt zu.

Heutiger Standard ist die Bahnsteuerung, Eilgänge werden allerdings mit Stre-ckensteuerung zurückgelegt.

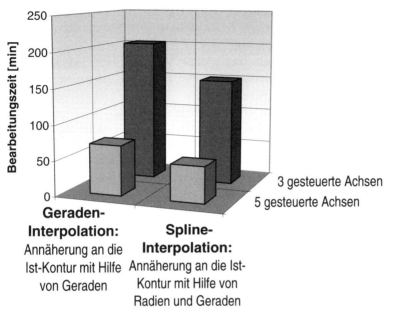

Bild 8.8: Bearbeitungszeit beim Formenfräsen (Beispiel): Durch 5-Achs-Bearbeitung wird die Bearbeitungszeit auf ca. 35 % reduziert.

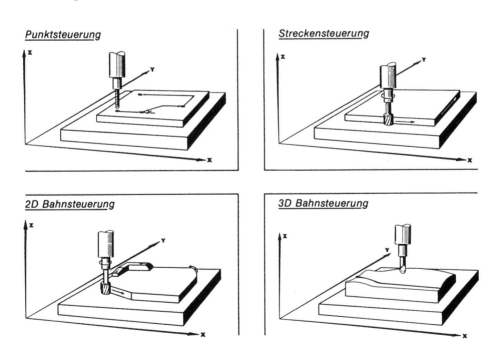

Bild 8.9: Punkt-, Strecken- und Bahnsteuerung bei der NC-Bearbeitung (nach *Kief*)

Die **Leistungsfähigkeit einer NC-Steuerung** hängt von der Anzahl der Regelzyklen pro Zeiteinheit ab. Dadurch werden drei Anwendungsgrößen bestimmt:

- Anzahl gesteuerter Achsen (Bild 8.10);
- zulässige Vorschubgeschwindigkeit (bei großer Vorschubgeschwindigkeit muss die Lageregelung schneller reagieren, um keine zu großen Abweichungen von der Soll-Kontur zuzulassen);
- Genauigkeit (zulässige Abweichung von der Soll-Kontur).

Mit der Leistungsfähigkeit der Steuerung steigt auch ihr Preis. Allerdings werden durch den allgemeinen Preisverfall der Mikroelektronik auch CNC-Steuerungsrechner billiger. Die Steuerungsrechner werden deshalb häufig schon standardmäßig für fünf Achsen ausgelegt, auch wenn an der Maschine weniger als fünf Vorschubachsen installiert sind.

Lage der Achsen

Die **Linearachsen** *X, Y* und *Z* bilden ein rechtwinkliges Koordinatensystem. Achswerte beschreiben die absolute Position (= Entfernung vom Nullpunkt). Sollen die Achswerte **inkremental** (= Entfernung vom letzten Punkt) angegeben werden, kann man häufig die Achsenbezeichnungen **U, V und W** finden. Dabei beschreibt U den inkrementalen Verschiebungswert auf der *X*-Achse.

Die *Z-Achse* ist normalerweise als Achse der **Hauptspindel** besonders ausgewiesen.

Die **Drehachsen A, B und C** beschreiben Winkelpositionen um die *X*-, *Y*- und *Z*-Achse (Die Drehachse um die Hauptspindel ist deshalb die C-Achse). Die Drehachsen sind rechtsdrehend definiert (Korkenzieherregel). Bild 8.11 zeigt ein Anwendungsbeispiel für eine gesteuerte C-Achse einer Drehzelle.

Bezugssysteme und Nullpunkte

Zur Bearbeitung mit CNC-gesteuerten Werkzeugmaschinen wird die Werkstückkontur aus der Konstruktionszeichnung in Werkzeugbewegungen der Maschine umgesetzt. Entsprechend gibt es drei Sichtweisen mit drei Bezugssystemen:

- das Konstruktionssystem,
- das Programmierersystem,
- das Maschinensystem.

Bild 8.10: Mit einer 5-Achsen-Fräsmaschine können auch
komplizierte Geometrien gefräst werden (*Deckel Maho*)

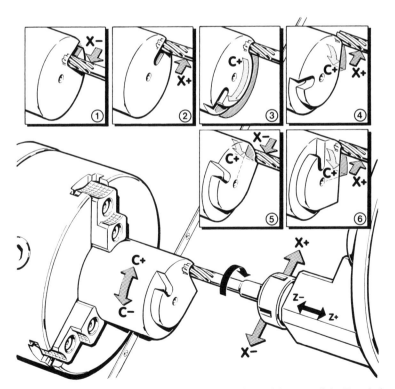

Bild 8.11: Durch eine gesteuerte C-Achse eröffnen sich zusätzliche Bearbeitungsmöglichkeiten
auf Drehzellen mit angetriebenen Werkzeugen (*TRAUB Drehmaschinen*)

Die wichtigen Punkte dieser drei Systeme zeigt die folgende Tabelle und Bild 8.12.

Punkt	Beschreibung	Bezugssystem
Werkstück-Nullpunkt	Ursprung des Koordinatensystems in der Konstruktionszeichnung des Werkstücks	Konstruktionssystem
Programm-Nullpunkt	im NC-Programm aktuell gültiger Ursprung der programmierten Koordinaten; kann im Programm geändert werden; sinnvollerweise wird der Werkstück-Nullpunkt als Programm-Nullpunkt gewählt	Programmierersystem
Werkzeugspitze	programmiert wird die Bewegung der Werkzeugspitze	Programmierersystem
Referenzpunkt	ein Punkt auf den Längsmaßstäben, mit dem bei inkrementalen Wegmesssystemen die Position des Schlittens nach dem Einschalten der Maschine ermittelt wird.	Maschinensystem
Maschinen-Nullpunkt	Ursprung des maschineninternen Koordinatensystems	Maschinensystem
Schlittenbezugspunkt	der Punkt des Werkzeugschlittens, dessen Position das Wegmesssystem misst	Maschinensystem

Eine **NC-gerechte Konstruktionszeichnung** hat einen ausgewiesenen Werkstück-Nullpunkt. Um unbeabsichtigte Toleranzketten zu vermeiden, sollte vom Werkstück-Nullpunkt absolut bemaßt werden (Bilder 8.13 und 8.14).

Die Umsetzung der Konstruktionszeichnung in das Werkstück vollzieht sich in zwei Schritten:

- Vom Konstruktions-System in das Programmierer-System durch die NC-Programmierung:
  - Festlegen des Programm-Nullpunktes (möglichst Übernahme des Werkstück-Nullpunktes)
  - Festlegen der programmierten Maße, Anpassung der konstruierten Maße um Toleranzangaben und Beschreibungen (z. B. Schleifaufmass 0,2 mm) nach Erfordernissen der Fertigung.
- Vom Programmierersystem in das Maschinensystem: Programmiert wird die Bewegung der Werkzeugspitze relativ zum Programm-Nullpunkt; die Maschine bewegt jedoch i. d. R. den Werkzeugschlitten relativ zum Maschinen-Nullpunkt. Zur Transformation der programmierten Koordinaten in die Maschinenkoordinaten muss die NC-Steuerung die Lage des Programm-Nullpunktes und die Werkzeugmaße kennen. Dies wird erreicht durch:

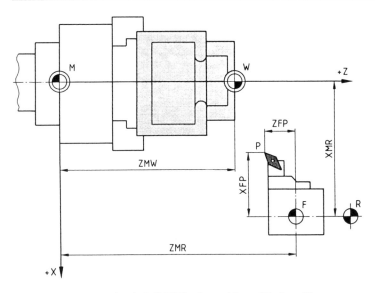

Bild 8.12: Bezugspunkte bei CNC-Drehmaschinen [*Tschätsch*]
M Maschinen-Nullpunkt; W Werkstück-Nullpunkt hier gleich Programm-Nullpunkt; F Schlittenbezugspunkt; R Referenzpunkt; P Werkzeugspitze.

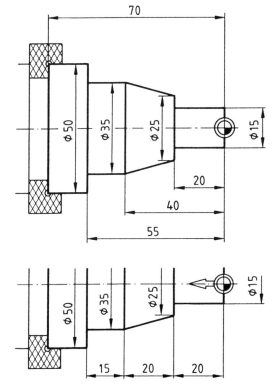

Bild 8.13: Werkstück mit absoluter Bemaßung (Bezugsmaße) [*Tschätsch*]

Bild 8.14: Werkstück mit incrementaler Bemaßung (Kettenmaße) [*Tschätsch*]

– **Werkstück vermessen**: Bestimmen der Lage des Programm-Nullpunkts im Bearbeitungsraum durch

  * Ankratzen mit einem Referenzwerkzeug,
  * Antasten mit einem Messtaster oder
  * genaue Positionierung der Werkstückeinspannung.

– **Werkzeug vermessen**: Bestimmung der Lage der Werkzeugspitze relativ zum Schlittenbezugspunkt (Bild 8.15) durch

  * Ankratzen an eine in der Lage definierte Werkstückkante,
  * optische Vermessung (Messmikroskop mit Fadenkreuz) der Werkzeugspitze in der Maschine (Bild 8.16),
  * Vermessung des Werkzeugs außerhalb der Maschine (vgl. Kap. 10.4).

> Werkzeuge und Werkstücke müssen vermessen werden, bevor das NC-Programm automatisch ablaufen kann.

Die Messwerte (z. B. Fräserdurchmesser und Fräserlänge) werden für jedes Werkzeug im **Werkzeugkorrekturspeicher** der Steuerung hinterlegt und beim Werkzeugwechsel entsprechend aufgerufen.

Die Werkzeugvermessung wird häufig als **Werkzeugvoreinstellung** bezeichnet, weil bei konventionell gesteuerten Maschinen (vgl. Kap. 8.4) die Werkzeuge tatsächlich mit Mikrometerschrauben am Halter auf ein Sollmaß eingestellt werden müssen. Für die NC-Bearbeitung können lediglich Bohrstangen und Wendeplattenbohrer auf einen Solldurchmesser *eingestellt* werden.

8.2.4 NC-Programmierung

Schritte zum Erstellen eines NC-Programms:

1. **Rohteil** festlegen
2. Bearbeitungsfolge festlegen und beschreiben durch Einspannung, Werkzeuge, Schnittwerte, Arbeitsfolgen (= **Arbeitsplan**)
3. **NC-Programm** erstellen: Nullpunkte festlegen, Bearbeitungsfolgen codieren
4. **Testen und Korrigieren**:
   4.1. grafische Simulation
   4.2. Probebetrieb ohne Werkstück
   4.3. Einzelsatzbetrieb mit Werkzeug und Werkstück (die Ausführung jeder Programmzeile muss einzeln bestätigt werden)
   4.4. Probeablauf mit reduziertem Vorschub
   4.5. Probelauf unter normalen Bedingungen, Kontrolle von Maßen und Oberflächen
   (Schritte 4.2 und 4.3 entfallen häufig)
5. **Serienfertigung**
6. **Archivierung** des getesteten Programms

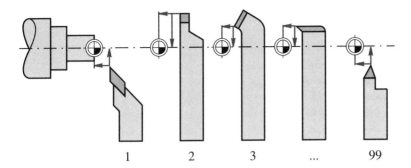

Bild 8.15: Im Werkzeugkorrekturspeicher werden die Maße der Werkzeugspitze im Vergleich zu einem Referenzwerkzeug hinterlegt; die Werkzeugkorrekturwerte werden durch Vermessung der Werkzeuge ermittelt. (*Heidenhain*)

Bild 8.16: Werkzeugvermessung in der Maschine kostet Maschinenkapazität, vereinfacht aber die Fertigungsorganisation (*TRAUB Drehmaschinen*)

Schalt- und Wegbefehle werden mit Buchstaben und Zahlenkombinationen beschrieben. Dabei bedeuten:

F   Vorschubwert „Feed"
G   Wegbefehl „Go"
M   Maschinenbefehl „Machine"
N   Satz-Nr. Zeilen-Nr. „Number"
S   Drehzahl, Schnittgeschwindigkeit „Speed"
T   Werkzeug „Tool"

A, B, C, X, Y, Z Achs-Koordinaten (Bild 8.17)

Ein typischer NC-Satz, eine Zeile eines NC-Programms lautet z. B.:

N10   G0   X50 Z-30

und bedeutet:

Satz-Nr. 10 Fahre im Eilgang auf die Zielkoordinaten X 50 Z-30

Der NC-Code ist nach DIN 66 025 genormt. Die einzelnen Steuerungen unterscheiden sich jedoch im Detail, so dass NC-Programme normalerweise nicht direkt zwischen Maschinen portiert werden können. Fertigungsbetriebe versuchen daher nur einen Steuerungstyp an ihren Maschinen einzusetzen.

Programmierregeln

Programmiert wird immer

* die **Bewegung der Werkzeugspitze** (mit Radiuskorrektur wird beim Fräsen die Kontur programmiert),
* der **Zielpunkt**, wohin sich das Werkzeug von der gegenwärtigen Position bewegen soll,
* die Werkzeugbewegung in einem **Koordinatensystem mit dem Programm-Nullpunkt** als Ursprung.

Normalerweise wählt man ein kartesisches (rechtwinkliges) Koordinatensystem, möglich sind aber auch Polarkoordinaten. Die Nullpunkte und Achswerte wählt man so, dass sie möglichst direkt aus der Zeichnung übernommen werden können.

Das Programm besteht aus **Programmanfang**, **Bearbeitungsschritte** und **Programmende** (Bild 8.18). Im Programmanfang werden die Rahmenbedingungen für die Bearbeitung definiert und das Programm identifiziert (z. B. Programm-Nummer, Vorschub in mm/U oder mm/min und Rohteilkontur). Mit dem Programmende wird das Werkzeug zurückgezogen, die Spindel angehalten und das NC-Programm beendet.

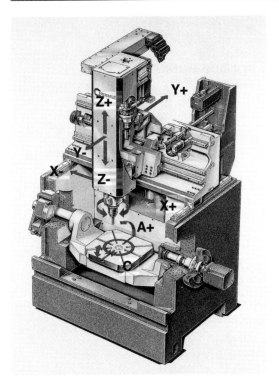

Bild 8.17: Achsen und Achsbezeich-
nungen im kartesischen 3D-Koordina-
tensystem an einer 5-Achsen-Maschine
(*Hermle*)

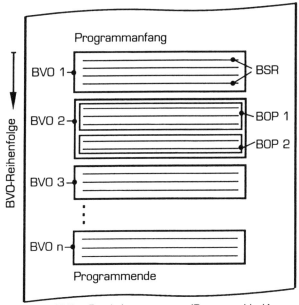

BVO = Bearbeitungsvorgang (Programmblock)
BOP = Bearbeitungsoperation
BSR = Programmschritt (Programmsatz)

Bild 8.18: Grundsätzlicher Aufbau eines NC-Programms
[*Benkler*]

8.2.5 Programmiermethoden

Programmierverfahren

NC-Programme werden mit folgenden Verfahren erstellt:

- manuelle Programmierung,
- Editor-Programmierung,
- Teach-in Programmierung,
- höhere Programmiersprache,
- grafische Programmierung,
- CAD/CAM.

Bei den ersten vier der genannten Programmiermethoden wird die Werkzeugbewegung direkt programmiert. Bei grafischer Programmierung und CAD/CAM wird zunächst die Geometrie erstellt oder übernommen, anschließend wird die Technologie (Schnittbedingungen) ergänzt. Bei der Technologieauswahl helfen Werkzeug- und Schnittwertdatenbanken, die im Programmiersystem integriert sind.

Manuelle Programmierung

- Programm wird auf Papier erstellt und von einer Schreibkraft eingetippt.
- Nachteil: Umständliche Änderung,
- → Anfänge der NC-Steuerung, Lochstreifenära.

Editor-Programmierung

- Das Programm wird am Bildschirm alphanumerisch erstellt und eingetippt,
- Textverarbeitungsfunktionen (Editor) erleichtern Programmänderung und Programmanpassung (Bild 8.19),
- meist kombiniert mit grafischer Simulation der Abläufe (Bild 8.20).
- → einfache Programmiertechnik am PC oder an der Maschine, geeignet für einfache Konstruktionswerkstücke, wenn die Konstruktionszeichnung oder Skizze nicht als CAD-Zeichnung vorliegt.

Teach-in Programmierung

- Der Programmierer bewegt das Werkzeug mit einem elektronischen Handrad oder direkt mit Muskelkraft.
- Die Wegmesssysteme der Werkzeugmaschine messen die Bewegungen; die Koordinaten werden gespeichert.
- Die gespeicherten Verfahrbewegungen können von der NC-Steuerung reproduziert werden.
- → Für Teilefertigung meist zu ungenau, Anwendung vorwiegend zur Programmierung von Lackierrobotern.

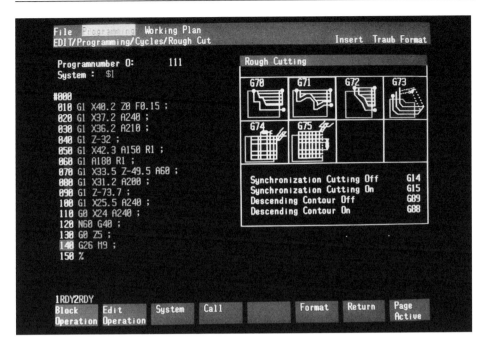

Bild 8.19: Bildschirmdarstellung bei Editor-Programmierung (*TRAUB Drehmaschinen*)

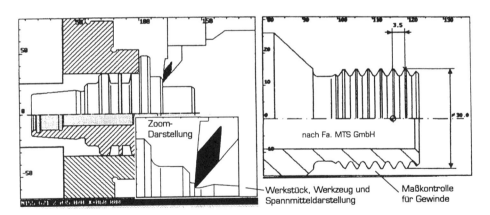

Bild 8.20: Grafische Simulation der Bearbeitung eines Drehteils [*Benkler*]

Höhere Programmiersprache

- Verständliche Befehle, die mehrere NC-Sätze ersetzen,
- maschinenneutrale Programmierung,
→ hat sich als Sackgasse erwiesen.

Grafische Programmierung

- Die Kontur (Geometrie) wird getrennt von den Schnittbedingungen (Technologie) durch Kombination von Standardgeometrien wie Kreis oder Gerade erstellt. Durch auswählen der benötigten Konturteile, zusammenfügen zu einem Konturzug und durch grafische Manipulation der Kontur (Spiegeln, Rotieren, Verzerren) entsteht die zu bearbeitende Kontur.
- Schnittbedingungen (Vorschub, Schnittgeschwindigkeit) werden zusammen mit den Werkzeugen (Werkzeug-Datenbank) ergänzt.
- Wenn das NC-Programm maschinenneutral erstellt wird, passen es steuerungsspezifische Postprozessoren an die Maschinensteuerung an.
→ Stand der Technik für PC-gestützte Programmiersysteme und für Maschinenprogrammierung mit werkstattorientierter Programmierung (WOP) (Bild 8.21); Anwendung für Werkstücke mittlerer Komplexität.

2D-CAD/CAM

- Kontur wird aus der CAD-Konstruktion übernommen (Bild 8.22),
- Schnittbedingungen und Werkzeuge werden ergänzt.
→ Die Schnittstellen sind weitgehend genormt, trotzdem sind beim Übergang von der CAD-Konstruktion in die CNC-Fertigung einige **Detailprobleme** zu lösen:
  - Fehler durch nicht geschlossene Konturzüge,
  - Auswahl relevanter Layer des CAD-Satzes,
  - eine CAD-Ansicht für jede zu bearbeitende Werkstückseite erforderlich,
  - Toleranz-Beschreibung und -Verrechnung,
  - beschreibende Attribute („... Passung nach DIN...", „Aufmaß 0,2 mm ...").

3D-CAD/CAM

- 3D-CAD-Volumenmodelle (Solid) müssen zunächst in 3D-Flächenmodelle umgerechnet werden.
- Flächengrenzen, die sich durch die Konstruktion ergeben, müssen für eine produktive spanende Bearbeitung aufgehoben werden; dazu wird häufig die Oberfläche des Werkstücks als zusammenhängende Fläche neu berechnet.
- Schnittbedingungen und Werkzeuge werden ergänzt, Unterstützung durch Programmiersystem.
→ Für die NC-Programmierung komplizierter Oberflächen im Formenbau die einzige produktive Programmiermethode.

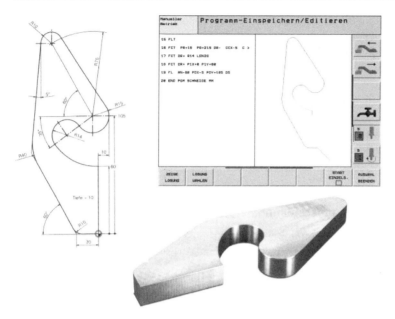

Bild 8.21: Erstellung eines NC-Programms mit einem grafischen Programmiersystem (WOP) (*Heidenhain*)

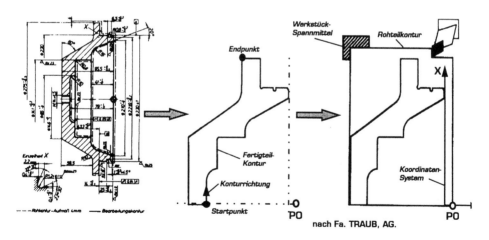

Bild 8.22: Geometrieaufbereitung bei CAD-NC-Kopplung [*Benkler*]

Extreme Anwendungen im Formenbau und mit Hochgeschwindigkeitsbearbeitung erzeugen einen extrem hohen und schnellen Datenbedarf. Durch den gleichzeitig verstärkten Einsatz von CAD-Systemen entwickelt sich ein Trend zur direkten Verwendung der vom CAD-System erzeugten Datenformate. Daraus entstehen folgende Vorteile:

- wesentliche Reduzierung der Datenmenge,
- ruhigeres Maschinenverhalten,
- höhere Geschwindigkeiten,
- höhere Genauigkeit,
- einfachere Anwendung, weil die Umsetzung der Geometriedaten in Postprozessoren entfällt.

Kompetenz zur Programmerstellung

NC-Programme können zusammen mit dem Arbeitsplan in der Arbeitsvorbereitung (AV) oder zusammen mit der Bearbeitung in der Werkstatt erstellt werden.

Für **AV-Programmierung** (Bild 8.23) spricht:

- bessere Produktivität der Werkzeugmaschinen, kein Kapazitätsverlust durch Programmierung,
- Nähe zur Konstruktion, bei komplexen Formen kann der Konstrukteur mit entsprechender EDV-Unterstützung auch selbst programmieren (CAD/CAM),
- Nutzung umfangreicherer NC-Archive oder Programmierhilfen,
- Unterstützung der Arbeitsplanerstellung durch das NC-Programmiersystem (Schnittwerte, Werkzeugauswahl, Vorgabezeitberechnung).

Für **Werkstattprogrammierung** spricht:

- kürzere Durchlaufzeit, durch Vermeidung organisatorischer Schnittstellen,
- Prozessverantwortung in der Fertigung, dadurch
- Unterstützung von Gruppenarbeit,
- anspruchsvollere Arbeitsplätze und Nutzung der Erfahrung in der Fertigung,
- keine Ansprüche an NC-Organisation,
- kein Kapazitätsverlust bei Parallelprogrammierung (während die Maschine ein Teil bearbeitet kann ein weiteres Werkstück programmiert werden).

Durch die anwenderfreundliche Benutzeroberflächen moderner CNC-Steuerungen mit Parallelprogrammierung und wegen der Unterstützung der Gruppenarbeit wird **Werkstattprogrammierung** im Normalfall bevorzugt (Bild 8.24).
Bei Fertigung großer Stückzahlen mit angelernten Arbeitskräften und bei NC-Programmierung mit CAD/CAM werden die NC-Programme meist in der **Arbeitsvorbereitung** erstellt.

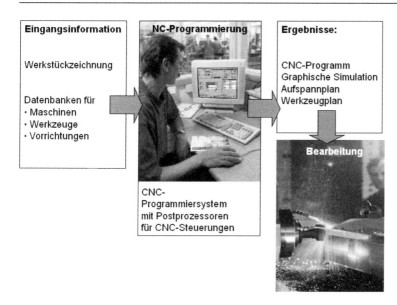

Bild 8.23: Vorgehensweise bei AV-Programmierung (*Heidenhain*)

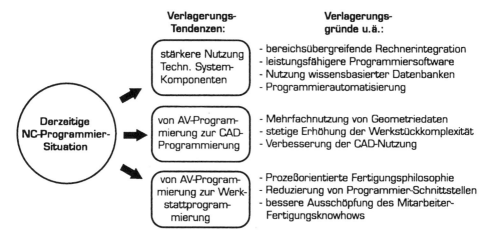

Bild 8.24: Veränderungstendenzen der NC-Programmierung [*Benkler*]

8.3   Logik- und Servosteuerungen

Mit einer **Logiksteuerung** lassen sich die gesteuerten Abläufe in Wenn-Dann-Strukturen abbilden (**IF — THEN — ELSE**). Damit wird die Arbeit der Werkzeugmaschine von definierten Betriebsbedingungen abhängig gemacht. In der Steuerungshierarchie ist die Logiksteuerung meist der Programmsteuerung (z. B. NC-Steuerung) übergeordnet. **Beispiel**: *Wenn* die Schutzhaube geöffnet ist *und* die Hauptspindel gestoppt ist, *dann* startet die Bewegung des Entnahmeroboters.

Die Logik wird durch Leitungen (Drähte, Rohre) und Schalter (Ventile, Schütze) abgebildet. Die physikalische Ausführung der Logiksteuerung richtet sich nach der Physik der zu steuernden Bewegungselemente. So werden Elektromotoren durch Schalter, Relais oder Schütze gesteuert, Hydraulikzylinder und Hydraulikmotoren durch Hydraulikventile.

Bei elektrischen Steuerungen können die Drähte und Schalter des Bedienkreises durch eine **speicherprogrammierbare Steuerung (SPS)** (Bild 8.26) nachgebildet werden. Signale, z. B. von Tastern oder Endschaltern, werden an den Eingängen der Steuerung abgefragt. Die programmierte Logik verarbeitet diese Signale, schaltet die Ausgänge und steuert damit den Leistungskreis. Die Programme der SPS lassen sich auch in Stromlaufplänen, die aus der konventionellen Relais- oder Schützsteuerung bekannt sind, darstellen. Gegenüber der konventionellen Relais- oder Schützsteuerung müssen zur Programmänderungen jedoch nicht mehr Kabel und Schalter umgebaut werden, sondern nur neue Programmzeilen in den Programmspeicher eingelesen werden.

Mit einer **Servosteuerung** werden zwei Steuerkreise installiert (Bild 8.25):

- Im Leistungskreis werden die Bewegungselemente (Zylinder und Motoren) gesteuert.
- Im Bedienkreis werden mit schwachen Steuerströmen Leistungsschalter oder Leistungsventile bewegt, die ihrerseits den Leistungskreis schalten.

Vorteile des **Servoprinzips** sind:

- Optimierung von Leistungskreis nach Energie-Kriterien (z. B. Widerstand, kurze Wege, kurze Leitungen),
- Optimierung des Bedienkreises nach ergonomischen Kriterien (z. B. Zugänglichkeit, Sicherheit, Übersicht).
- Für Leistungskreis und Bedienkreis können unterschiedliche Medien eingesetzt werden. Der Bedienkreis wird häufig elektrisch ausgeführt, weil hier programmierbare Steuerungen (SPS) schnelle Änderungen der programmierten Logik ermöglichen. Ein hydraulischer Leistungskreis wird dann z. B. durch Magnetventile angesteuert.

Der wichtigste Nachteil des Servoprinzips ist, dass für den Bedienkreis zusätzlicher Aufwand getrieben werden muss.

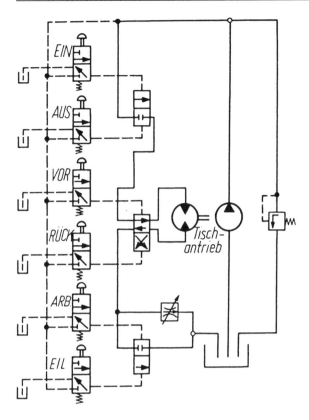

Bild 8.25: Hydraulische Servosteuerung für einen Tischantrieb;
die Leitungen des Bedienkreises
sind gestrichelt gezeichnet, der
Bedienkreis kann auch elektrisch
realisiert werden mit Magnetven-
tilen im Leistungskreis [*Bruins/
Dräger*]

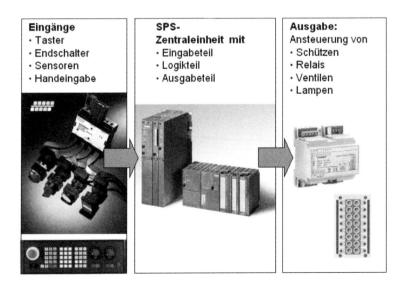

Eingänge
· Taster
· Endschalter
· Sensoren
· Handeingabe

**SPS-
Zentraleinheit mit**
· Eingabeteil
· Logikteil
· Ausgabeteil

Ausgabe:
Ansteuerung von
· Schützen
· Relais
· Ventilen
· Lampen

Bild 8.26: Prinzipielle Aufgaben einer speicherprogrammierbaren Steuerung (SPS) (*Siemens*)

8.4 Konventionelle Programmsteuerungen

Als **Anwendungsnischen für konventionelle Steuerungen** bleiben einfache Vorgänge, geringe Speicherinhalte, direkte Umsetzung der Bewegungen und Massenfertigung. Da CNC-Steuerungen eine *flexible* Automatisierung bieten und durch den Preisverfall der Mikroelektronik CNC-Steuerungen immer kostengünstiger werden, werden diese Anwendungsnischen immer kleiner.

8.4.1 Kurvensteuerung

Funktionsweise

Eine unrunde Steuerscheibe dreht sich mit konstanter Geschwindigkeit. Ein Taster wird durch die Veränderung des Durchmessers der Scheibe in radialer Richtung bewegt, er erzeugt somit eine Vorschubbewegung, die in Weg (Durchmesseränderung), Geschwindigkeit und Beschleunigung definiert ist (Bild 8.27).

Eigenschaften

Mehrere Steuerscheiben können mehrere Werkzeuge bewegen, auch gleichzeitig (Bild 8.28). Die analog codierten Bewegungen laufen gleichmäßig und frei von Beschleunigungsspitzen ab. Konventionell gesteuerte Werkzeugmaschinen sind einfacher und kostengünstiger, denn gegenüber CNC-Maschinen fehlen Wegmesssysteme, Vorschubantriebe und CNC-Rechner. Programmänderungen sind jedoch sehr schwierig, weil sie geänderte oder neue Steuerscheiben erfordern.

Einsatz

Steuerscheiben boten die ersten Möglichkeiten zur Automatisierung von Werkzeugmaschinen. Trotz der geringen Maschinenkosten eignen sie sich heute wegen der hohen Programmierkosten nur noch für Massenfertigung (z. B. Uhrenteile oder Fahrzeugteile).

8.4.2 Kopiersteuerungen

Funktionsweise

Eine Tasternadel fährt mit konstantem Längsvorschub an einer Schablone, einem Werkstück oder Modell entlang. Um die Schablone möglichst wenig abzureiben, sollte die Tasterkraft möglichst gering sein. Ein elektrisches oder hydraulisches System verstärkt die schwache Tasterkraft und überträgt die Tasterbewegung als Vorschubbewegung auf das Schnittwerkzeug.

a) b)

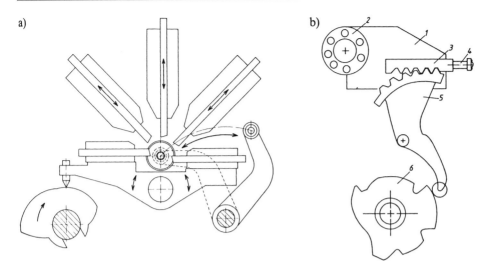

Bild 8.27: Antriebsschema einer Kurvensteuerung am Beispiel eines Drehautomaten [*Tschätsch*]
a) Vorschub der Querschlitten, b) Vorschub des Revolverschlittens;
1 Revolverschlitten, 2 Revolverkopf, 3 Zahnstange, 4 Stellschraube – Lageverstellung, 5 Segmenthebel, 6 Kurvenscheibe

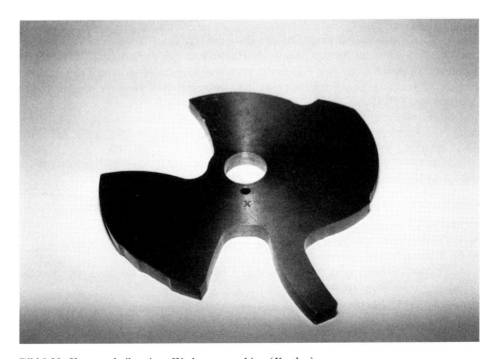

Bild 8.28: Kurvenscheibe einer Werkzeugmaschine (*Koether*)

Einsatz

Da leistungsfähige CNC-Steuerungen allgemein verfügbar sind, werden Kopiersteuerungen nur noch selten genutzt. Einsatzbeispiele sind:

- Drehen:
    - einfache Werkstücke ohne Werkzeugwechsel, ohne fallende Konturen,
    - Ersatzteile nach Muster,
    - Unrundkopieren eines Musterteils, das sich mit der Drehzahl des Werkstücks dreht (erfordert bei CNC-Steuerung eine gesteuerte C-Achse).
- Fräsen im Formenbau:
    - Gestaltung (Design) der Form als anschauliches Holz- oder Kunststoff-Modell, das zeilenweise abgetastet und gefräst wird,
    - Probewerkstücke aus CAD-Konstruktionen werden als Modell gefräst, überprüft und dann mit einer Kopierfräsmaschine in Stahl gefräst.

8.5   Digitalisieren

> Digitalisieren ist ein Konkurrenzverfahren zum Kopieren und wird vorwiegend im **Formenbau** (Bild 8.29) eingesetzt.

Ablauf

Die X, Y, Z-Koordinaten eines Punktenetzes auf der Oberfläche eines Design-Modells werden mit einer Messmaschine abgetastet und gespeichert (statt einer Messmaschine kann bei einfachen Systemen auch ein Messtaster in eine Fräsmaschine eingesetzt werden). Das Punktenetz wird weiterverarbeitet zu Regelflächen (Ebenen, Kreise, Zylinder, ...). Das Flächenmodell ist Basis für weitere Berechnungen und Modifikationen (Spiegeln, Verzerren, Positiv-Negativ-Umkehrungen, Schrumpfmaße für Formen, ...). Das so entstandene CAD-Flächenmodell wird auf einer CNC-Maschine gefräst.

Vor- und Nachteile

Gegenüber dem Kopierfräsen (Kap. 6.4.2) ergeben sich folgende **Vorteile**:
- höhere Genauigkeit (z. B. Symmetrie),
- verlustfrei und einfach zu lagern (Datensatz anstatt Modell),
- kein Modellverschleiß,
- CAE-Weiterbearbeitung möglich (CAE: Computer Aided Engineering: Berechnungen oder Simulationen).

Wesentlicher **Nachteil** ist die aufwändigere Maschinentechnik mit Messmaschine *und* CNC-Fräsmaschine. Die Bearbeitung in zwei Schritten (Abtasten (Bild 8.30) und Fräsen) führt auch zu längeren Bearbeitungszeiten, die allerdings kaum Personal erfordern.

Bild 8.29: Formenfräsen eines Tiefziehwerkzeugs (*Heyligenstaedt*)

Bild 8.30: Digitalisieren eines Stiefels (*Hermle*)

9 Industrieroboter

In der Industrie werden Roboter – Industrieroboter – überwiegend als flexibel einsetzbare und programmierbare Maschinen für die Handhabung von Werkstücken und Werkzeugen zur Bearbeitung und Montage eingesetzt. Der Arbeitsraum bei vielen Industrierobotern entspricht dem eines Menschen.

Mit Industrierobotern können Massen bis zu 300 kg gehandhabt werden. Die Arbeitsgeschwindigkeiten betragen etwa 1 m/s, deutlich schneller als bei manueller Arbeit. Um die einzelnen Gelenkbewegungen zu einer koordinierten Roboterbewegung umzusetzen, sind sehr schnelle Mikroprozessorsteuerungen notwendig.

Industrieroboter werden oftmals bei inhumanen Umgebungseinflüssen, wie Staub, Hitze und Dämpfe verwendet – der Mensch übernimmt dann nur noch Kontrollfunktionen. Selbstverständlich erfolgt der Einsatz auch bei sich häufig wiederholenden, einfach programmierbaren Abläufen.

9.1 Handhabungsmaschinen

Industrieroboter gehören zu den Handhabungsmaschinen. Die einzelnen Arten von Handhabungsmaschinen unterscheiden sich bezüglich ihrer Steuerung, der Programmierung und der Anwendungsmöglichkeiten. Man unterscheidet:

- Manipulatoren – manuell gesteuert, z. B. für schwere Werkstücke,
- Einlegegeräte – nur Endpositionen programmierbar, z. B. für einfache Be- und Entladevorgänge,
- Industrieroboter – frei programmierbar, für komplexere Arbeitsabläufe.

Manipulatoren sind von Hand gesteuerte Bewegungsgeräte zum Handhaben schwerer Werkstücke, z. B. beim Gesenkformen oder bei der Montage schwerer Werkstücke.

Fernbediente Manipulatoren nennt man auch Teleoperatoren. Hier wird der Bewegungsvorgang elektromechanisch gesteuert und über Fernsehmonitore kontrolliert. Die Verwendung solcher Manipulatoren erfolgt z. B. in strahlenbelasteten Räumen.

Einlegegeräte (Pick-and-Place-Geräte) verwendet man für gleichbleibende Bewegungsvorgänge, z. B. zum Beschicken von Pressen und Verpackungslinien. Die pneumatisch, elektrisch, hydraulisch oder mit Kurvensteuerungen betriebenen Geräte führen einfache Teilbewegungen aus. Die Speicherinhalte der Programme sind gering, so dass eine Umstellung auf andere Bewegungsabläufe ohne großen Aufwand möglich ist. Einlegegeräte führen meist folgenden Bewegungsablauf aus:

- Greifen eines Teils,
- Bewegen des Teils zur Zielposition,
- Greifer öffnen und Teil ablegen,
- in Ausgangsposition zurückfahren.

Punktschweißen   Handhaben   Montage   Fügen

Polieren   Beschicken   Palettieren   Bearbeiten

Bild 9.1: Einige Industrieroboteranwendungen (*Kuka*)

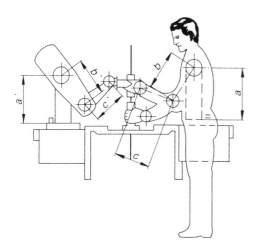

Bild 9.2: Vergleich der Gelenkabmessun-
gen – Industrieroboter und Mensch [*Hesse*]

Unterschiedliche Bewegungsfolgen werden durch angepasste Wegstrecken und Drehwinkel festgelegt. Weiterhin können Greifer und Bewegungsachsen ausgetauscht werden. Die Endlagen werden gedämpft angefahren. Die Genauigkeit liegt im Zehntel-Millimeterbereich und ist in der Regel für Beschickungs-, Entnahme- und Montagevorgänge ausreichend. Die bewegten Teile der Einlegegeräte sind massearm gestaltet, um hohe Verfahrgeschwindigkeiten und kurze Taktzeiten zu erreichen.

Mehrarmige Einlegeräte erlauben das zeitlich parallele Greifen und Ablegen mehrerer Werkstücke, z. B. bei der Beschickung von Pressen.

Neben fertigen Einlegegeräten lassen sich Einlegegeräte auch vorteilhaft aus Baukästen mit fertigen Linear- und Drehmodulen zusammensetzen.

Der Nachteil der Einlegegeräte besteht im Umrüstaufwand, der bei einer Veränderung des Ablaufs notwendig ist. Einlegegeräte sind vor allem in der Massenfertigung bzw. in der Variantenfertigung anzutreffen.

Industrieroboter sind mehrachsige und universell einsetzbare Bewegungsautomaten. Die Bewegungen sind frei programmierbar. Im Prinzip handelt es sich um Werkzeugmaschinen mit ausgeprägten Steuerungen, mindestens drei Achsen, großem Arbeitsbereich und mit Greifern oder Werkzeugen ausgerüstet. Die Arbeitsinhalte der Programme sind groß.

Industrieroboter sind teilweise mit Sensoren ausgerüstet, mit deren Signalen eine Anpassung an Werkstückungenauigkeiten selbsttätig möglich ist.

9.2   Aufbau von Industrieroboteranlagen

Der Aufbau eines Industrieroboters leitet sich aus der Aufgabe ab, ein Werkstück oder Werkzeug im Raum durch Bewegen und Drehen in eine andere Position oder Orientierung zu überführen. Der Aufbau wird damit bestimmt durch die Zahl und Ausführung der Bewegungsachsen, den möglichen Arbeitsraum, die Peripherie und den Einsatzbereich.

Die **Bewegungsachsen** sind Drehgelenke oder Linearführungen. Um verschiedene Punkte im Raum und auch orientiert zu erreichen, sind drei Hauptachsen (Linearoder Drehachsen) und meist drei weitere Handachsen (Drehachsen) erforderlich.

Zur Einstellung des **Greifers** oder **Werkzeugs** des Industrieroboters werden also meist sechs Achsen eingesetzt. Die Kombinationen der rotatorischen und translatorischen Achsen bestimmen den **Aufbau**, die äußere Gestalt und den möglichen **Arbeitsraum**.

Zur Positionierung der Werkstücke können zusätzliche **Peripheriegeräte** zum Drehen oder Schwenken der Werkstücke hilfreich sein. Diese Dreh- oder Schwenkbewegungen werden ebenfalls vom Roboter, als siebte oder achte Achse gesteuert. So ist es möglich, den Einsatzbereich der Roboter auf die Bearbeitungsaufgabe, z. B. Bahnschweißen großer Werkstücke, abzustimmen.

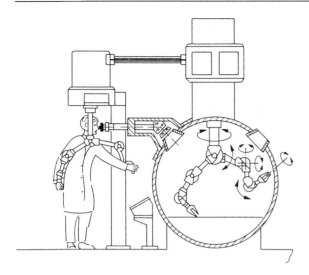

Bild 9.3 Fernbedienter Manipulator [*Hesse*]

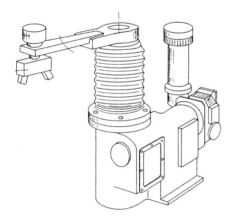

Bild 9.4: Einlegegerät (Pick-and-Place-Gerät) [*Hesse*]

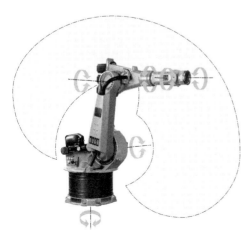

Bild 9.5: Sechsachsiger Knickarmroboter (*Kuka*)

9.3   Kenngrößen von Industrierobotern

Zur anwendungsspezifischen Auswahl von Industrierobotern können die folgenden Kenngrößen dienen:

- **Tragfähigkeit** – beschreibt die größten zu handhabenden Massen bei den angegebenen Bewegungsgeschwindigkeiten. Wird die Arbeitsgeschwindigkeit oder die Reichweite verringert, können auch größere Massen bewegt werden.
  - gültig über den gesamten Wirkungsbereich und mit voller Arbeitsgeschwindigkeit,
  - für viele Bearbeitungsaufgaben sind Tragfähigkeiten bis 10 kg ausreichend,
  - beinhaltet Greifer plus Teilemasse oder gesamtes Werkzeug, z. B. Schweißpistole, Winkelschleifer incl. Zuführungsleitungen.

- **Achsanzahl** – eine Kenngröße für die Bewegungsmöglichkeiten des Systems. Mit der Anzahl der Freiheitsgrade (Achsen) sinkt die Genauigkeit des Systems und steigen die Kosten. Daher ist man bestrebt, die Achsen auf die notwendige Zahl zu beschränken. Das Konzept verteilter Achsen sieht eine teilweise Verlagerung der Freiheitsgrade auf den Werkstückträger vor, z. B. beim Strahlschneiden mit Drehpositionierer.
  - Durch Verkürzen der kinematischen Kette werden höhere Genauigkeiten und größere Geschwindigkeiten erreicht.
  - Meist werden sechs numerisch gesteuerte Achsen eingesetzt.
  - Zusätzliche Achsen für die Peripheriegeräte sind möglich.

- **Arbeitsraum** – ergibt sich aus der Struktur der Kinematik und ihren Abmessungen. Seine Form hängt ferner von den Verfahrwegen und Drehwinkeln der einzelnen Achsen und Antriebe ab.
  - Konsol- oder Anbaugeräte bilden mit der Arbeitsmaschine eine Einheit, z. B. für die Beschickung von Drehmaschinen.
  - Verfahreinheiten oder Portale ermöglichen eine wesentliche Arbeitsraumerweiterung durch zusätzlich ein bis zwei translatorische Achsen.
  - Mobile Roboter entstehen durch Aufbau auf ein fahrerloses Transportsystem oder eine mobile Plattform.
  - Der Arbeitsbereich (Gefahrenbereich) muss abgesichert sein.

- **Verfahrgeschwindigkeit**
  - Problematisch sind hohe Verfahrgeschwindigkeiten im Eilgang; dabei sind meist simultane Bewegungen mehrerer Achsen und dadurch eine hohe Rechnerleistung notwendig.

Bild 9.6: Handhabung von Motor-
blöcken (*Kuka*)

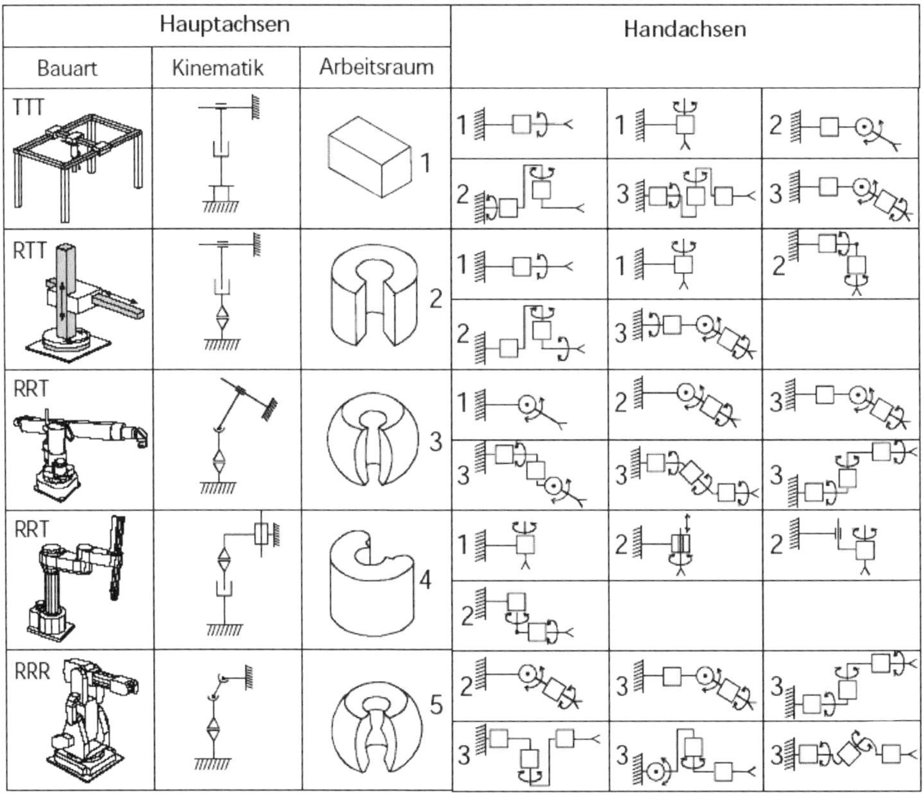

Hauptachsen			Handachsen		
Bauart	Kinematik	Arbeitsraum			
TTT		1	1 / 2	1 / 3	2 / 3
RTT		2	1 / 2	1 / 3	2
RRT		3	1 / 3	2 / 3	3 / 3
RRT		4	1 / 2	2	2
RRR		5	2 / 3	3 / 3	3 / 3

Bild 9.7: Arbeitsraum wichtiger Robotertypen mit Haupt- und möglichen Handachsen [*Schraft*]

- **Wiederholgenauigkeit**
  - maximale Abweichung beim wiederholten Anfahren einer Position 0,01 bis ±2 mm
  - große Wiederholgenauigkeiten erfordern z. B. spanende Bearbeitungsvorgänge
  - niedrige Wiederholgenauigkeiten reichen z. B. aus bei Spritzlackierbewegungen

9.4 Grundbauformen von Industrierobotern

Aus der Vielfalt der möglichen Bauformen haben sich in der Praxis drei Grundbauformen für Industrieroboter durchgesetzt:

- Linear- und Portalroboter,
- Vertikal-Knickarm-Roboter,
- Horizontal-Knickarm-Roboter (SCARA).

Linear- und Portalroboter

Vorteile:

- Verfahrwege in kartesischen Raumkoordinaten ohne Koordinatentransformation möglich, d.h. einfache Steuerung,
- keine großen Anforderungen an das räumliche Vorstellungsvermögen des Programmierers,
- steife Struktur, daher sehr große Arbeitsräume möglich (Portalroboter).

Nachteile:

- großer Kollisionsraum,
- große Stellfläche,
- niedrige Arbeitsgeschwindigkeit und
- Arbeitsraum innerhalb der Roboterabmessungen.

Einsatzgebiete:

- Palettieren, Kommissionieren,
- Betonteilfertigung für die Bauindustrie.

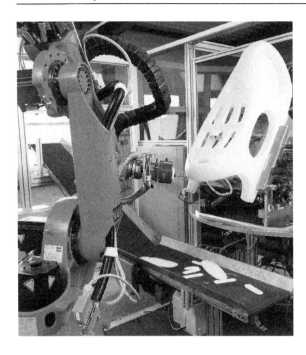

Bild 9.8: Spanende Bearbeitung eines Schlittens (*Kuka*)

Bild 9.9: Linearroboter beim Brenn-schneiden (*Reis Robotics*)

Vertikal-Knickarm-Roboter

Vorteile:

- kompakter Roboter, geringes Anlagenvolumen,
- Umgreifen von Hindernissen möglich,
- sehr breite Einsatzmöglichkeiten.

Nachteile:

- Belastung der Antriebe durch das Eigengewicht erfordert i. d. R. Gewichtsausgleich.

Einsatzgebiete:

- Werkstückhandhabung,
- Lackieren,
- Punkt- und Bahnschweißen,
- Entgraten, Schleifen.

Horizontal-Knickarm-Roboter (SCARA)

Bei Fügeprozessen und Palettieraufgaben im Rahmen von Montageaufgaben sind vor allem die Anforderungen geringe Werkstückmassen, sehr kurze Taktzeiten, hohe Positioniergenauigkeit und kleiner Arbeitsraum wichtig.

Eine günstige Lösung hierfür ist der SCARA-Roboter (Selective Compliance Assembly Robot Arm). Ein SCARA besteht aus zwei bis drei parallelen rotatorischen Achsen, die es ihm ermöglichen, sich in einer horizontalen, fächerförmigen Ebene zu bewegen. Eine weitere vertikale Linearachse, übernimmt die Fügebewegung.

Vorteile:

- hohe Steifigkeit in vertikaler Richtung,
- Eigengewicht des Roboters wirkt nicht auf die Antriebe,
- hohe Geschwindigkeit und Beweglichkeit auch bei großen Reichweiten.

Nachteile:

- Die Form des Arbeitsraums beschränkt die Anwendungsgebiete.

Einsatzgebiete:

- Montage
- Bestücken von Leiterplatten und Magazinen
- Löten

Bild 9.10: Vertikal-Knick-arm-Roboter beim Punkt-schweißen einer Autotür (*Kuka*)

Bild 9.11: Scara-Roboter bei Montage von Spulen (*Rexroth*)

Bei den **Antrieben für Industrieroboter** sind zu unterscheiden:

* Hydraulische Antriebe
  - Roboter mit sehr großer Tragfähigkeit und/oder großem Arbeitsraum,
  - hohe Energiedichte und sehr gute Dynamik,
  - umfangreiche Peripherie wie Hydraulikaggregat, Schläuche
* elektrische Antriebe
  - Standard für Roboter aller Leistungsklassen,
  - sehr gute Dynamik und gute Regelbarkeit,
  - großer Leistungs- und Drehzahlbereich,
  - Untersetzungsgetriebe notwendig.

Getriebe für rotatorische Achsen

Fast allen rotatorischen Roboterachsen ist ein Untersetzungsgetriebe aufgrund der hohen Nenndrehzahlen elektrischer Motoren vorgeschaltet. Gängige Typen der kompakten Getriebe (Untersetzungsverhältnis 80 bis 320) für rotatorische Achsen sind:

* Planetengetriebe – hoher Wirkungsgrad (80 ... 90 %), große Abtriebsmomente,
* Harmonic Drive Getriebe – mittlerer Wirkungsgrad (60 ... 70 %), sehr hohe Untersetzung in einer Stufe, kleine bis mittlere Abtriebsmomente.

9.5   Industrierobotersteuerung und -programmierung

Aufgabe einer **Industrierobotersteuerung** ist es, ein oder mehrere Geräte gemäß der im technologischen Prozeß geforderten Handhabungs- oder Bearbeitungsaufgaben zu steuern. Bewegungsfolgen und Aktionen sind in einem Anwenderprogramm festgelegt, das von der Steuerung abgearbeitet wird. Über Sensoren erhält die Steuerung Prozeßinformationen, um die definierten Abläufe, Bewegungen und Aktionen den sich ändernden oder unbekannten Gegebenheiten in gewissen Grenzen anzupassen.

Gegenüber CNC-Steuerungen von Werkzeugmaschinen gibt es einige Unterschiede:

* Die Bewegungen sind bedeutend schneller und weiträumiger.
* Es sind viele verschiedene Bewegungsmuster möglich.
* Es kann alternative Bewegungsbahnen geben, um einen Raumpunkt zu erreichen.
* Die Bewegungssequenzen können durch Teach-in vorgegeben werden.
* Die Bewegungen verlaufen meist in nicht-kartesischen Koordinatensystemen.

Steuerungsarten nach Bewegungsverhalten und Art der Bewegungsprogrammierung:

* **Punktsteuerung** (PTP, Point To Point) – gestattet das Abspeichern und Anfahren einer Folge von Raumpunkten. Die Bewegungsbahn des Greifers ist dabei nicht exakt festgelegt. Jede Achse führt dabei die für sie zum Erreichen des Zielpunktes notwendige Dreh- oder Linearbewegung aus. Die Achsen werden gleichzeitig und in der Regel zeitsynchron bewegt, sodass alle Achsen zum gleichen Zeitpunkt ihre jeweilige Endposition erreichen. Typische Anwendungen sind die Werkstückhandhabung und das Punktschweißen.

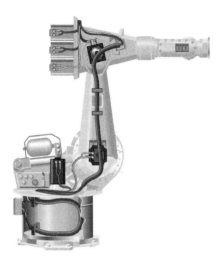

Bild 9.12: Aufbau eines Vertikal-Knickarm-Roboters (*Kuka*)

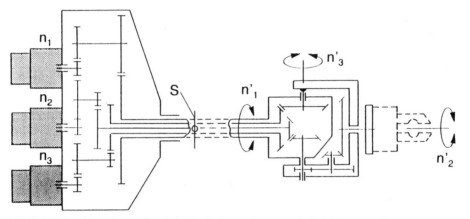

Bild 9.13: Antriebsschema der drei Handachsen eines Vertikal-Knickarm-Roboters

Robotermechanik   Robotersteuerung/Robotersoftware   Roboterbedienung

Bild 9.14: Steuerungskomponenten eines Robotersystems (*Kuka*)

- **Vielpunktsteuerungen** (MP, Multi Point) werden nach dem Play-back-Verfahren programmiert, wobei dem Industrieroboter die auszuführende Bewegung durch Handführung bei abgeschalteten Antrieben vorgemacht wird und die durchfahrenen Positionen der Achsgelenke gespeichert werden. Typische Anwendungen sind das Spritzlackieren und Ausschäumen.
- **Bahnsteuerungen** (CP, Continuous Path) bieten die Möglichkeit, in mathematisch definierten Bewegungsbahnen zu verfahren. Der Interpolator der Bewegungssteuerung ermittelt entsprechend einer vorgegebenen Bahnfunktion (Gerade, Kreis, Spline) und Geschwindigkeitsfunktion Zwischenwerte auf der programmierten Raumkurve und übermittelt sie dem Achsregler.
  Bahnsteuerungen werden dort eingesetzt, wo es auf die exakte Einhaltung eines Bewegungsauflaufes ankommt, z. B. beim Bahnschweißen, Entgraten, Auftragen einer Kleberaupe.

Als **Industrieroboterprogrammierung** wird die Erstellung eines Programms bezeichnet, die alle Informationen enthält, die ein Industrieroboter zur Durchführung eines Bewegungs- oder Arbeitszyklus braucht.

Ein Programm umfasst:

- die Reihenfolge der auszuführenden Bewegungen,
- Weginformationen (Weg- und Winkelvorgaben),
- Wegbedingungen (Geschwindigkeiten, Wartezeiten),
- Interpolationsregeln (bei einer Bahnsteuerung) und
- logische Bedingungen, die unter Umständen im Zusammenwirken mit der Roboterperipherie erfüllt sein müssen.

Programmierverfahren für Industrieroboter sind das planmäßige Vorgehen zur Erzeugung von Programmen.

Die Programmierverfahren lassen sich einteilen in

- direkte Programmierverfahren – Online-Verfahren,
- indirekte Programmierverfahren – Offline-Verfahren.

Direktes Programmieren – die Erstellung der Programme erfolgt unter Verwendung des Roboters (Online-Programmierung). Während der Programmierung steht der Roboter der Produktion nicht zur Verfügung.

- Beim **Teach-In-Programmieren** werden die Bewegungsinformationen durch Anfahren der gewünschten Raumpunkte mit Hilfe des Programmierhandgerätes und der Übernahme dieser Punkte, durch Bestätigen erstellt. Darüber hinaus können über die Tastatur Bewegungsanweisungen, z. B. Geschwindigkeit, Beschleunigung oder die Steuerungsart, eingegeben werden.

Bild 9.15: Werkstückhandhabung mit PTP (Vereinzelung von palettierten Säcken) (*Kuka*)

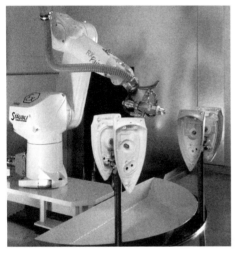

Bild 9.16: Spritzlackieren mit MP (Station in einer automatischen Lackieranlage) (*Sprimag*)

Bild 9.17: Bahnschweißen mit CP (CO_2-Laserschweißen) (*Kuka*)

- Beim **Play-back-Verfahren** erfolgt die Programmierung eines Arbeitsvorgangs durch manuelles Führen des Roboters entlang der gewünschten Raumkurve (Abfahren und Speichern). Dabei werden die Lage-Ist-Werte (Achsstellungen) in einem Zeitraster in das Programm übernommen.

Indirektes Programmieren – die Erstellung der Programme erfolgt auf steuerungs-unabhängigen Rechnern, getrennt vom Robotersystem (Offline-Programmierung)

- **Textuelle Programmierung** – darunter versteht man die Beschreibung von Operationen und Daten in Form von Zeichenfolgen. Diese Definition reicht von maschinennaher Kodierung bis zu höheren Programmiersprachen. Der Programmierer gibt über eine Tastatur den Programmtext ein, evtl. mit graphischer Unterstützung.
- **CAD-unterstützte Programmierverfahren** nutzen geometrische Daten der am Produktionsprozess beteiligten Komponenten, z. B. des Werkstücks.

9.6   Greifer- und Wechselsysteme

Greifersysteme

Der **Greifer** ist das Teilsystem des Industrieroboters, das die Lage des Werkstücks gegenüber dem Industrieroboter sichert.

Bei der **Werkstückhandhabung** mit Industrierobotern werden mit Hilfe von Greifern, vor allem Nebentätigkeiten für den eigentlichen Fertigungsvorgang durchgeführt.

Dazu zählen Beschicken von Maschinen, Übergeben von einer Arbeitsstelle zur nächsten, Magazinieren, Palettieren, Pakettieren, Verpacken. Der Begriff „Werkstück" wird hier ganz allgemein verstanden und schließt Stückgüter aller Art ein.

Typische Einsatzfälle sind das Handhaben von Werkstücken, Packstücken oder Betonteilen.

Hingegen führt bei der **Werkzeughandhabung** ein Industrieroboter ein Werkzeug, um einen Fertigungsvorgang auszuführen.

Typische Einsatzfälle sind das Laser- und Wasserstrahlschneiden, Eindrehen von Schrauben, Spritzlackieren, Schleifen, Punkt- und Bahnschweißen.

Greiferbauformen – hängen in erster Linie vom Wirk- bzw. Halteprinzip der Greiforgane ab. Danach ist zu unterscheiden in

- Klemmgreifer,
  - Parallelbackengreifer – lineare Schließbewegung
  - Winkelgreifer – bogenförmige Schließbewegung
  - Dreifinger-Radialgreifer – zentrierende Greifbewegung
- Sauggreifer,
- Magnetgreifer.

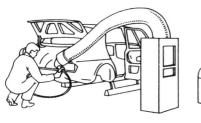

Play-back-Programmierung   Teach-in-Programmierung   Textuelle
                                                                   Programmierung

Bild 9.18: Programmierverfahren für Industrieroboter

Bild 9.19: Magnetgreifer, Vakuumgreifer, Dreibackengreifer [*Schraft*]

Bild 9.20: Greifeinheit für Getränkekastenhand-
habung (*Reis Robotics*)

Die **Auswahl der Greifer** muss dem Prozessablauf angepasst werden:

- zu greifendes Werkstück,
- zur Verfügung stehender Bauraum,
- Zykluszeit der Anwendung (bestimmt die Frequenz, mit der der Greifer öffnen/
  schließen muss).

Wechselsysteme

Da ein Werkzeug für die Ausführung einer Fertigungsaufgabe oft nicht ausreicht, ist es notwendig, mit einem Wechselsystem Werkzeuge an der Roboterhand zu wechseln (z. B. Winkelschleifer nach Schweißpistole), sodass die Fertigungsaufgabe in einer Aufspannung fertig gestellt werden kann. In manchen Anwendungen reicht ein Greifer auch deshalb nicht aus, weil verschiedenartige Werkstücke mit einem Roboter gehandhabt werden sollen. Zu diesem Zweck werden Wechselsysteme (für Werkzeuge oder Greifer) eingesetzt, die eine automatisch trennbare Schnittstelle für Energie (Druckluft) und Information (Datenleitung) aufweisen.

Greifer- und Wechselsysteme bestimmen deshalb bei der Werkstück- und Werkzeughandhabung wesentlich die Leistungsfähigkeit der Industrieroboteranlage.

9.7   Industrieroboter und Peripheriegeräte

Industrieroboter lassen Bewegungen nur innerhalb ihres Arbeitsraums zu. Eine Vergrößerung der Reichweite des Roboterarms ist aufwändig und nur begrenzt möglich.

Günstiger ist es, den Industrieroboter selbst für den nächsten Bearbeitungsabschnitt in eine geeignete Position zu bringen, d. h. räumlich zu verschieben — auch der Arbeiter macht eine Schrittbewegung zur nächsten Arbeitsstation.

Verfahreinheiten und Portale

Verfahreinheiten und Portale können den Arbeitsraum des Industrieroboters wesentlich erweitern und an die Bearbeitungsaufgabe anpassen, das bedeutet:

- Verfahrbarkeit des Industrieroboters (z. B. siebte und achte Achse als Längs-
  und Querfahrbahn) zur wesentlichen Vergrößerung des Arbeitsraums des quasi-
  stationären Industrieroboters,
- Positionierung des Industrieroboters in geeigneter Position für die Bearbeitungsaufgabe.

Bauformen für Verfahreinheiten, Ständer und Portale sind:

- Säulen,
- Horizontalfahrbahnen (boden- oder deckenmontiert),
- Portalkonstruktionen und
- C-Gestelle.

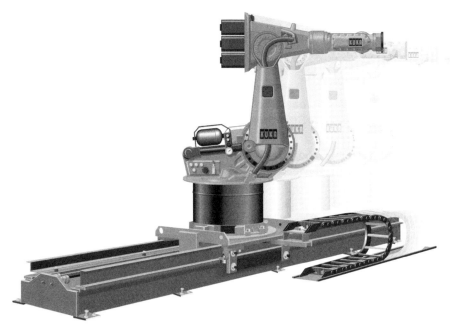

Bild 9.21: Verfahreinheit (7. Achse) für Roboter für langgestreckte Werkstücke (*Kuka*)

Bild 9.22: Zweiachsiger Positionierer beim Bahnschweißen für große Werkstücke (*Reis Robotics*)

Mit einem Industrierobotertyp (-größe) in Kombination mit geeigneten Verfahreinheiten, Ständern oder Portalen lassen sich so unterschiedlich große Arbeitsräume
realisieren.

Positionierer und Drehtische

Positionierer – Die Industrieroboter können nur dann günstige Bearbeitungszeiten
erreichen, falls die einzelnen Bearbeitungsoberflächen mit einem Positionierer gut
in Position gebracht werden,

- z. B. Wannenlage beim Bahnschweißen (Schmelzschweißen), das bedeutet
  - gute Fertigungsbedingungen (hier Schweißbedingungen),
  - kurze Hauptzeit,
  - Verfahrwege reduzieren,
  - Komplettbearbeitung in einer Aufspannung, nach mehrmaligem Positionieren.
- z. B., beim Fräsen:
  - synchrone Positionierung des Werkstücks während der Zerspanung mit 4. und
    5. Achse,
  - 5-Seiten-Bearbeitung beim Fräsen in einer Aufspannung (Bearbeitung durch
    Horizontal- und Vertikalspindel),
  - als Drehachse zur Herstellung von Werkstückradien,
  - indexierbarer Aufspanntisch, z. B. in 30°-Schritten oder stufenlos mit NC-An-
    trieb.

Drehtische – Damit lassen sich manuelle Beschickungs- und Handhabungsvorgänge
während der Hauptzeit des Industrieroboters erledigen. Die Werkstücktische (meist
zwei) werden gleichzeitig gedreht, bringen die Werkstücke einerseits in Bearbeitungsposition zum Roboter und andererseits in Ent- und Beladeposition zum Bediener (analog zur Pendelbearbeitung bei Werkzeugmaschinen).

- Der Industrieroboter kann im Tandembetrieb so fortwährend arbeiten,
- die Zuführung der Werkstücke bzw. die Einlegearbeiten, meist manuell durchgeführt, wird vollständig in der Hauptzeit ausgeführt und
- die Person, die Einlegearbeiten ausführt, kann zusätzlich Prüf-, Wartungs- und
  Versorgungsarbeiten ausführen.

Bild 9.23: Zwei hängend angeordnete Roboter mit Drehtisch zur Tandembearbeitung, Schweißen und Einlegen/Entnehmen gleichzeitig (*Reis Robotics*)

10 Steigerung von Flexibilität und Produktivität

10.1 Zielsetzung

Durch einen flexiblen und produktiven Fertigungsprozess soll die Kapitalrendite erhöht werden (Bild 10.1).

Die Höhe des **Umlaufvermögens** wird durch die Flexibilität des Fertigungsprozesses beeinflusst.

Fixe Kosten der Fertigung entstehen vorwiegend als Kapitalkosten des Anlagevermögens und als Personalgemeinkosten z. B. für die Arbeitsvorbereitung.

Die wichtigsten **variablen Kosten** sind Material- und Personalkosten. Obwohl Kosten für Fertigungspersonal Fixkosten sind, werden sie meist als variable Kosten kalkuliert, weil mit den Vorgabezeiten die Personalkosten auf die Werkstücke verrechnet werden. Materialkosten werden vorwiegend durch die Produkt-Konstruktion sowie durch die Auswahl des Fertigungsverfahrens bestimmt (vgl. Kap. 1).

> Zur einfacheren Handhabung wird aus dem Ziel „Maximierung der Kapitalrendite" das Ziel „**Minimierung der Maschinenbelegungszeit**" abgeleitet.

Je kürzer die **Maschinenbelegungszeit** (Bild 10.2), desto mehr Werkstücke können gefertigt werden bzw. desto weniger Maschinen müssen für eine Produktion investiert werden. Damit beeinflusst die Maschinenbelegungszeit die fixen Kosten sowie die notwendigen Investitionen ins Anlagevermögen.

Die Zeit je Einheit t_e berechnet sich aus **Haupt-** und **Nebennutzungszeiten** sowie der **Verteilzeit.** Sie bestimmt außer der Maschinenbelegung auch den Personalbedarf und damit zusammen mit der Rüstzeit t_r die variablen Personalkosten.

Die **Rüstzeit** fällt einmal pro Los für die Vorbereitung der Maschine auf den nächsten Fertigungsauftrag an. Als (Fertigungs-)Los werden die gleichartigen Werkstücke bezeichnet, die zusammen gefertigt werden Die Rüstzeit kann als Investition betrachtet werden, die durch die **Losgröße** amortisiert werden muss. Deshalb wird in der Regel bei langer Rüstzeit eine große Losgröße eingeplant, die jedoch hohe Bestände im Umlaufvermögen verursacht (vgl. Kap. 10.4). Umgekehrt kann bei kurzer Rüstzeit und kleiner Losgröße die Fertigung flexibler an veränderte Kundennachfragen angepasst werden.

Weiterhin beeinflusst die Rüstzeit den Bedarf an Maschinenkapazität und die (variablen) Personalkosten für den Einrichter.

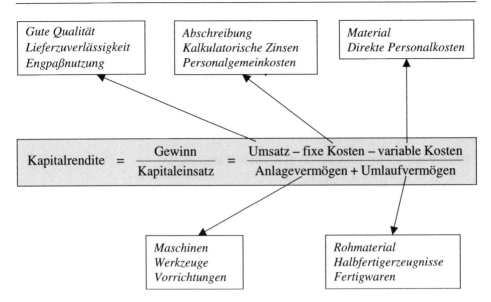

Bild 10.1: Die Flexibilität und Produktivität des Fertigungsprozesses beeinflusst die Kapitalrendite des Unternehmens

Bild 10.2: Durch eine minimale Maschinenbelegungszeit wird die Kapitalrendite maximiert

Maschinenbelegungszeit $= t_r + n \cdot (t_h + t_n + t_v) = t_r + n \cdot t_e$ (in min)

t_r Rüstzeit

n Losgröße

t_h Hauptnutzungszeit (Form- oder Eigenschaftsänderung des Werkstücks)

t_n Nebennutzungszeit

t_v Verteilzeit (für persönliches oder störungsbedingtes Unterbrechen)

t_e Zeit je Einheit

10.2 Verkürzung der Hauptzeit

Die Gestaltung der Fertigungsprozesse mit minimaler Hauptzeit ist die klassische Kernaufgabe der Fertigungstechnik.

Der technische Fortschritt bei Schneidstoffen wird z. B. durch höhere wirtschaftliche Schnittgeschwindigkeiten dargestellt, die kürzere Hauptzeiten ermöglichen.

Maßnahmen zur **Verkürzung der Hauptzeit** sind:

- „Klassische" Optimierung durch
  - Verfahrensauswahl (z. B. Vorbearbeitung durch Schmieden oder Vorbearbeitung durch Spanen aus dem Vollen),
  - Wahl der Verfahrensparameter, z. B. maximale Schnittleistung (vgl. Kap. 4.1),
  - Auswahl der Werkzeuge (z. B. Fräserdurchmesser);
- Formwerkzeuge (Bild 10.3),
- Mehrere Werkzeuge gleichzeitig im Eingriff,
- Regelsysteme, Adaptive Control
  - zur Maximierung der Schnittleistung,
  - zur Minimierung von Fertigungstoleranzen (Minimierung von Geometriefehlern).

Beispiele für **Formwerkzeuge** sind:

- Drehen: Formdrehmeißel
- Bohren: Stufenbohrer
- Blechbearbeitung: Feinschneiden anstatt CNC-Stanzzentrum
- Umformen: Gesenkschmieden anstatt Freiformschmieden

Beispiele für Bearbeitungen, bei denen **mehrere Werkzeuge gleichzeitig im Eingriff** sind:

- Mehrspindelbohrkopf,
- Mehrschlittendrehmaschine (Bild 10.4).

Regelsysteme zur Maximierung der Schnittleistung können die Prozessparameter so regeln, dass die Belastungen unter einem Grenzwert bleiben. Normalerweise werden die Prozessparameter eher vorsichtig gewählt, weil bei der Berechnung nicht alle Einflüsse berücksichtigt werden. Bei der Berechnung der Schnittkraft werden z. B. Verschleiß, Schmierung oder Unregelmäßigkeiten im Werkstoff nicht berücksichtigt, obwohl sie Einfluss auf die Schnittkraft haben. Mit einem Regelsystem kann der Vorschub so angepasst werden, dass die Schnittkraft maximiert wird, aber unter einem Grenzwert bleibt. Die Zeitersparnis beim Schruppen beträgt ca. 20 bis 30 %. Der dazu notwendige Schnittkraftaufnehmer wird auch als Sensor eingesetzt, um Werkzeugbruch zu erkennen (vgl. Kap. 10.6).

Bild 10.3: Formwerkzeuge verhelfen Folgeverbundwerkzeugen zu hoher Mengenleistung (*Schuler Pfleghar Werkzeugsysteme*)

Bild 10.4: Bearbeitungsraum einer Mehrschlittendrehmaschine, an der Hauptspindel sind zwei Werkzeuge gleichzeitig im Eingriff; zusätzlich wird an der Gegenspindel (oben) ein weiteres Werkstück bearbeitet (*INDEX*)

Zum Einsatz von Regelsystemen zur Minimierung der Fertigungstoleranz muss das Werkstück während der Bearbeitung vermessen werden. Der Regler beeinflusst dann z. B. die Schnitttiefe, um den Werkzeugverschleiß auszugleichen. Die automatische Verschleißkorrektur vieler CNC-Steuerungen ist kein Regelsystem, sondern korrigiert den verschleißbedingten Schneidenversatz zeitgesteuert ohne Geometriemessung.

10.3 Verkürzung der Nebenzeit

> Durch die großen Erfolge bei der Verkürzung der Hauptzeit werden die **Nebenzeitanteile** in der Maschinenbelegungszeit **relativ höher.** Maßnahmen zur Automatisierung der Nebentätigkeiten verkürzen nicht nur die Nebenzeiten, sondern sind Voraussetzungen für längere Maschinenlaufzeiten ohne Werkereingriff. Sie erlauben damit Mehrmaschinenbedienung und steigern so die **Produktivität.**

Nebenzeiten fallen während der Bearbeitung jedes Werkstücks an, vorwiegend für

- Werkzeugwechsel, z. B. von spanenden Werkzeugen,
- Werkstückwechsel.

Grundsätzlich bestehen zwei Möglichkeiten, die Nebenzeitanteile der Hauptnutzungszeit t_e zu verkürzen:

- Nebentätigkeiten während der Hauptzeit ausführen (hauptzeitparallel),
- Nebenzeiten direkt verkürzen.

10.3.1 Verkürzung der Werkstückwechselzeit

Beim Fräsen ermöglichen **Spannstationen außerhalb des Bearbeitungsraums**, die wesentlichen Tätigkeiten zum Werkstückwechsel hauptzeitparallel auszuführen. Einrichtungen dazu sind:

- **Pendelbearbeitung**: Der Aufspanntisch hat Platz für zwei Werkstücke, die Frässpindel bearbeitet ein Werkstück, während das andere gespannt wird. Nach der Bearbeitung führt die Spindel zum anderen Werkstück zur Bearbeitung. Die Fräsmaschine kann auch große Werkstücke bearbeiten, dann allerdings ohne hauptzeitparallele Werkstückwechsel (Bild 10.5).

- **Drehtisch**: Anstelle eines Aufspanntisches ist ein Drehtisch mit zwei Spannplätzen an die Fräsmaschine montiert. Wie bei der Pendelbearbeitung kann ein Werkstück gespannt werden, während ein anderes bearbeitet wird. Zum Werkstückwechsel dreht der Drehtisch um 180° (Bild 10.6).

- **Spannpalette**: Die Werkstücke werden auf Spannpaletten unabhängig von der Maschine an eigens gestalteten Spannplätzen gespannt. Die vorbereiteten Paletten werden in einem Regal oder einem Umlaufspeicher gepuffert und zur Maschine transportiert. Die Palette hat maschinenseitig eine Standardbefestigung, sodass sie schnell und genau im Bearbeitungsraum befestigt werden kann. Der Palettenwechsel selbst läuft automatisch ab. Durch Spannpaletten lassen sich auch mehrere Werkstücke vorbereiten, so dass damit längere bedienerlose Bearbeitungszeiten möglich werden (z. B. Pausendurchlauf oder bedienerlose Nachtschicht).

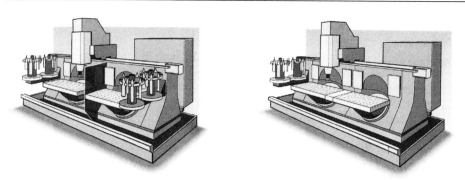

Bild 10.5: Maschinen zur Pendelbearbeitung haben zwei Bearbeitungsräume, die auch verbunden werden können, um lange Werkstücke zu bearbeiten (*Deckel Maho*)

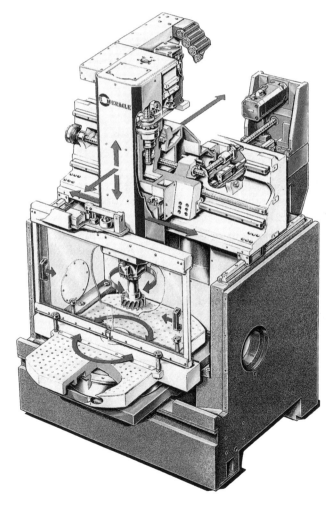

Bild 10.7: Bearbeitungszentrum mit Drehtisch (*Hermle*)

Maßnahmen zur direkten Beschleunigung des **Werkstückwechsels** sind:

- Automatischer Werkstückwechsel
  - Abschneiden der Werkstücke aus einem positionierten Rohteil (z. B. Drehen oder Fräsen von der Stange (Bild 10.7), Blechbearbeitung mit Folgeverbundwerkzeug, Blechteile aus einer Blechtafel ausschneiden),
  - Werkstückwechsel mit Greifer am Revolver oder Roboter (Bild 10.8)
  - Werkstückwechsel durch bewegliche Spindel (vgl. Bild 7.47)
- Verkürzung der Positionierung (Lagebestimmung) durch
  - Anschläge,
  - Aufnahme- und Spannvorrichtungen (ggf. aus Vorrichtungsbaukasten)
- Verkürzung und Vereinfachung der Befestigung
  - Spannvorrichtung mit zentraler Betätigung (ein Befehl spannt mehrere Spannzylinder), z. B. hydraulische Betätigung,
  - Schnellspanner, z. B. Kniehebelspanner.

10.3.2 Verkürzung der Werkzeugwechselzeit

Werkzeugwechsel kann Rüsttätigkeit oder Nebentätigkeit sein. **Rüsten** entsteht einmal pro Fertigungsauftrag, z. B. beim Wechseln von Presswerkzeugen oder Vermessen von spanenden Werkzeugen. **Nebenzeiten** für Werkzeugwechsel entstehen dagegen bei jedem Werkstück, z. B. beim Wechseln eines Fräsers.

Besonders beim Fräsen und Bohren werden viele verschiedene Werkzeuge gebraucht, um die Hauptzeiten zu minimieren. Je größer der Fräser

- desto kürzer die Hauptzeit:
- desto kürzer der Bearbeitungsweg,
- desto größer ist die Vorschubgeschwindigkeit bei gleichem Vorschub pro Zahn, weil der Fräser eine größere Anzahl Schneiden tragen kann.

Um die Nebenzeit für den Werkzeugwechsel zu messen, geben Maschinenhersteller häufig die „Span-zu-Span-Zeit" an, die Zeit, die für die Eilgangbewegungen und den Werkzeugwechsel benötigt wird, bis das nächste Werkzeug wieder Späne abtrennt. Häufige Lösungen zum automatischen Werkzeugwechsel an **Fräsmaschinen** sind:

- Werkzeugwechsel durch **bewegliche Frässpindel**: Einsatz bis ca. 30 Werkzeuge, wenig Aufwand für Werkzeughandhabung:
  - Linear-Magazin (häufig kombiniert mit Pendelbearbeitung),
  - Teller-Magazin;
- Werkzeugwechsel durch **Doppelgreifer**, Werkzeugbereitstellung im Kettenmagazin: Einsatz bis ca. 200 Werkzeuge möglich, schnelle Doppelgreifer beschleunigen den Werkzeugwechsel (Bild 10.9);
- Werkzeugwechsel durch **Portalroboter**, Werkzeugbereitstellung auf Werkzeugpalette: Durch Palette „unbegrenzte" Anzahl von Werkzeugen, einfache Bereitstellung der Werkzeuge an der Maschine, Portalroboter erfordert aber zusätzlichen Aufwand.

Linear- und Tellermagazine werden auch in **CNC-Stanzmaschinen** verwendet.

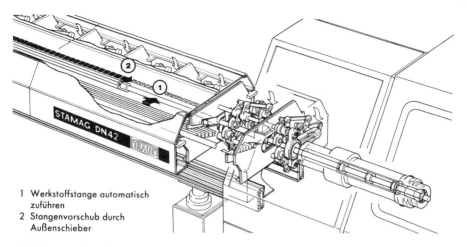

1 Werkstoffstange automatisch
  zuführen
2 Stangenvorschub durch
  Außenschieber

Bild 10.7: Drehbearbeitung von der Stange vereinfacht den Werkstückwechsel (*TRAUB Drehmaschinen*)

Bild 10.8: Die Vertikaldrehmaschine wechselt die Werkstücke mit Greifern an beiden Werkzeugrevolvern (*EMAG*)

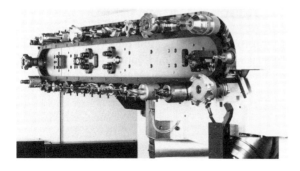

Bild 10.9: Werkzeugwechselsystem für Fräswerkzeuge: Kettenmagazin mit Doppelgreifer (*Alzmetall*)

In **Drehmaschinen** werden die Werkzeuge in Revolvern bereitgestellt. Durch Drehung des Revolvers wird das Werkzeug in Bearbeitungsposition gewechselt. Auch angetriebene Werkzeuge können in Revolvern eingesetzt werden, wenn die Antriebsmomente nicht zu hoch sind (z. B. Drehzellen oder Revolverbohrmaschinen) (vgl. Bild 10.14).

10.4 Verkürzung der Rüstzeit

Die Rüstzeit t_r bindet Kapazität und beeinflusst durch die wirtschaftliche Losgröße die Bestände im Umlaufvermögen (vgl. Kap 10.5).

$$\text{Losgröße} = \sqrt{\frac{t_r \cdot \text{Rüstkostensatz} \cdot 2 \cdot \text{Jahresstückzahl}}{\text{Herstellkosten pro Stück} \cdot \text{Zinssatz}}}$$

Diese Formel berechnet ein Optimum aus

- **Kapitalkosten** des Umlaufvermögens (Steigen mit zunehmender Losgröße)
- und **Rüstkosten** pro Stück (Sinken mit zunehmender Losgröße).

Sie wird häufig kritisiert, weil wesentliche Einflussgrößen wie z. B. Behältergrößen unberücksichtigt bleiben; trotzdem ist sie in der Industrie weit verbreitet.

Wie die Nebenzeiten, können die Rüstzeitanteile der Maschinenbelegungszeit reduziert werden durch:

- hauptzeitparalleles Rüsten (externes Rüsten),
- direktes Verkürzen der Rüstzeiten.

Erster Schritt einer Rüstzeitverkürzung ist die Aufteilung der Tätigkeiten in

- **internes Rüsten** (Maschine muss dazu stillgesetzt werden) und
- **externes Rüsten** (alle Tätigkeiten, die bei laufender Maschine erledigt werden können), z. B.
  - Bereitstellen von Werkzeugen, Messmittel, Hilfsmittel und Material,
  - Testen der NC-Programme,
  - Vorwärmen von Werkzeugen (z. B. Schmiedegesenke),
  - Qualitätskontrolle und Freigabe des Probewerkstücks,
  - Aufräumen der Werkzeuge, Messzeuge usw.

Typischer Einsatz für externes Rüsten ist die **Vorbereitung von Schnittwerkzeugen** für die spanende Bearbeitung. Dazu sind folgende Tätigkeiten auszuführen:

- Zusammenbau der Werkzeuge aus Halter, Verlängerung und dem eigentlichen Schnittwerkzeug, z. B. der Wendeplatte, ggf. Schleifen der Schnittwerkzeuge
- Vermessen der Werkzeuge (Bilder 10.10 und 10.11), damit die Werkzeugkorrekturwerte von der CNC-Steuerung berücksichtigt werden können. (vgl. Kap. 8.2.3),
- Übertragung der Werkzeugkorrekturwerte an die CNC-Maschine (manuell mit Papierbeleg oder Barcodeaufkleber als Informationsmedium, automatisch mit Datenträger am Werkzeug oder per Datenübertragung).

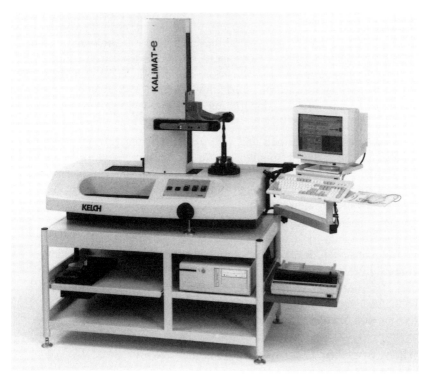

Bild 10.10: Werkzeugvermessung auf einem optischen Einstellgerät (*Kelch*)

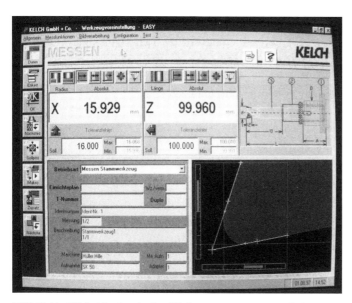

Bild 10.11: Bildschirmkopie der Werkzeugvermessung auf einem optischen Einstellgerät (*Kelch*)

Externes Rüsten (Bild 10.12) – während die Maschine produziert – setzt Maschinenkapazität frei. Besonders sinnvoll ist dies an **Engpassmaschinen**, um durch zusätzliche Produktion den Umsatz zu steigern. Externes Rüsten erfordert aber auch zusätzliche Organisation und Koordination, damit z. B. die Werkzeuge rechtzeitig für den Fertigungsauftrag zur Verfügung stehen. Die Rüstkosten, z. B. Lohnkosten für Einrichter, bleiben dadurch unverändert.

Eine direkte Verkürzung der internen und externen Rüstzeiten verringert zusätzlich zu den Kapitalkosten auch die Personalkosten für das Rüsten, mindert die „Investition" für das Einrichten der Maschine, verkleinert damit die wirtschaftliche Losgröße und reduziert deshalb die Bestände im Umlaufvermögen. Technische Maßnahmen zur Rüstzeitverkürzung sind z. B.

* einfachere Positionierung der Werkzeuge und Vorrichtungen durch
  – Anschläge,
  – Standarddimensionen der Werkzeuge, um Justagearbeiten zu vermeiden,
  – Positionierhilfen, sowie
* schnelleres Befestigen der Werkzeuge und Vorrichtungen (Bild 10.13) durch
  – Schnellbefestigungen,
  – Vermeiden von Verschraubungen.

10.5 Verkürzung der Durchlaufzeit

Durchlaufzeit und Kapitalbindung im Umlaufvermögen werden häufig wie Synonyme verwendet, denn die Durchlaufzeit der Fertigungsaufträge entscheidet, wie lange Kapital zur Finanzierung der Halbfabrikate gebunden wird.

Weiterhin stärkt eine kurze Fertigungsdurchlaufzeit die Lieferfähigkeit variantenreicher Produkte und bietet so **Marktvorteile**.

Wesentliche Einflussgrößen der Fertigungsdurchlaufzeit sind:

* Losgröße,
* Anzahl Fertigungsstufen.

Bei Losfertigung warten fast alle Werkstücke des Loses vor oder nach ihrer Bearbeitung. Wertschöpfung findet nur an dem einen Werkstück statt, das gerade bearbeitet wird. Die nicht wertschöpfende **Wartezeit ist also fast proportional zur Losgröße** n:

Wartezeit eines Werkstückes = Maschinenbelegungszeit $- t_e$

$$= t_r + n \cdot t_e - t_e = t_r + (n-1) \cdot t_e$$

In einer **Fertigungsstufe** werden die Werkstücke nacheinander, in mehreren Schritten, bearbeitet. Um die Maschinen gut auszulasten, warten vor den Fertigungsstufen meist mehrere Aufträge. Die Zeit in der Warteschlange wächst überproportional mit der Auslastung und beträgt häufig das Mehrfache der Bearbeitungszeit eines Loses (z. B. warten lt. Warteschlangentheorie bei 85 % Auslastung durchschnittlich 5 Aufträge in der Warteschlange).

Bild 10.12: Rüstvorbereitung an einer Großraumstufenpresse in der Automobilindustrie: Der Werkzeugsatz für den nächsten Auftrag wurde neben der Presse bereits vorbereitet (*Schuler Pressen*)

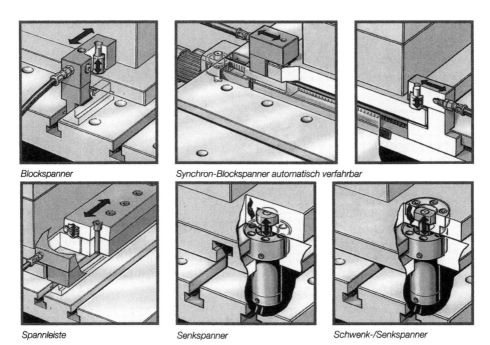

Bild 10.13: Schnellbefestigungen zum Spannen von Werkzeugen (*Dunkes*)

Fertigungsstufen können reduziert werden, wenn Bearbeitungsschritte zusammengefasst werden können, durch

- **Komplettbearbeitung**, z. B. (Bild 10.14):
  - Beistellmaschine (billige Maschine neben teurer Maschine, Werker nutzt während der Laufzeit der teuren, automatischen Maschine die Beistellmaschine zur Fertigstellung des Werkstücks, z. B. entgraten, bohren, messen),
  - Fertigungszelle mit mehreren Fertigungstechnologien, z. B. Drehzelle mit angetriebenen Werkzeugen zum Fräsen und für außermittige Bohrungen,
  - Folgeverbundwerkzeug.

- **Fertigungsstruktur und Fertigungsorganisation**, z. B.:
  - Fertigungsinsel mit Gruppenarbeit (Zusammenstellen unterschiedlicher Maschinen für die Fertigung ähnlicher Werkstücke, verantwortlicher Betrieb der Insel durch ein Team von Werkern),
  - Verkettung von Maschinen, z. B. in flexiblen Fertigungssystemen (Bild 10.15) mit automatischer Bearbeitung und automatischem Transport, allerdings auch extrem hohen Fixkosten,
  - Fertigungslinie, z. B. Fließlinie in der Montage oder Transferstraßen zur spanenden Bearbeitung von Großserienteilen.

10.6 Verlängerung der Maschinennutzung

Wegen der industrieüblichen Arbeitszeiten wird die installierte Fertigungskapazität nur teilweise genutzt, obwohl dafür nutzungsunabhängige fixe Kosten anfallen. Im normalen Zweischichtbetrieb wird die installierte Maschinenkapazität nicht genutzt

- an Samstagen, Sonntagen und Feiertagen,
- während der Nachtstunden,
- wegen Nutzungsausfällen durch fehlendes Personal (z. B. Krankheit).

Durch technische und organisatorische Maßnahmen können die Maschinenlaufzeiten verlängert werden.

- **Organisatorische Maßnahmen**:
  - **Schichtzeitmodelle**, z. B. BMW AG, Werk Regensburg: 4 Tage/Woche für die Werker, 6 Tage/Woche für das Werk;
  - **Arbeitszeitmodelle** mit Jahresarbeitszeit: Je nach Auftragslage wird in Überstunden gearbeitet, die dann wieder in Freizeit ausgeglichen werden. Der Ausgleichszeitraum beträgt normalerweise ein Jahr, in Ausnahmefällen ein Arbeitsleben (Volkswagen AG: Lebensarbeitszeit);
  - **Gruppenarbeit** mit Gleitzeit der Gruppenmitglieder. Die Gruppe organisiert die Anwesenheit der Teammitglieder, sodass Engpassmaschinen länger laufen als die tägliche Arbeitszeit eines Werkers. Überstunden und Kurzarbeit organisiert die Gruppe je nach Auftragslage, ohne Lohnzuschläge.

Bild 10.14: Komplettbearbeitung durch angetriebene Werkzeuge in einer Drehzelle (*INDEX*)

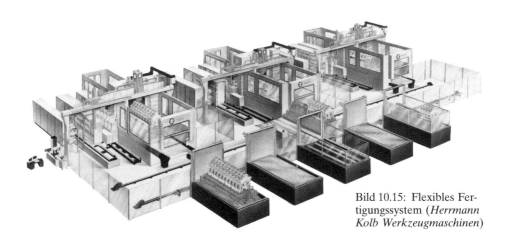

Bild 10.15: Flexibles Fertigungssystem (*Herrmann Kolb Werkzeugmaschinen*)

- **Technische Maßnahmen:**
  - automatische Werkstück- und Werkzeugwechselsysteme (vgl. Kap. 10.3),
  - Werkstückpuffer als Arbeitsvorrat für die Maschinen (Bild 10.16), z. B. Spannpaletten (Kap. 10.3.1),
  - sichere Fertigungsprozesse (vgl. Kap. 10.7),
  - ausgetestete CNC-Programme,
  - Prozessüberwachung z. B. Bruchüberwachung von Werkzeugen (vgl. Kap. 10.2, Schnittkraftmessung).

Eine Automatisierung der Fertigungsprozesse für längere Fertigungszeiten ohne menschlichen Eingriff ist technisch seit Anfang der 80er-Jahre möglich. Vollautomatische Betriebe („light out automation") haben sich jedoch als nicht wirtschaftlich erwiesen. Die technischen Maßnahmen ermöglichen deshalb Maschinenbetrieb während Arbeitspausen und während Nacht- und Wochenendschichten, die mit reduziertem Personal (bedienerarm) besetzt werden.

Trotzdem erfordert auch eine bedienerarme Nachtschicht erhebliche Investitionen für Handhabung, Sensorik und Prozessüberwachung, die nicht mit Standardmaschinen realisierbar sind. Auch die technischen Maßnahmen funktionieren nur mit der entsprechenden Organisation, die z. B. alle Vorbereitungen für eine bedienerarme Nachtschicht trifft.

> Organisatorische Maßnahmen sind ohne wesentliche Investitionen in Maschinentechnik zu realisieren. Da Arbeitgeber und Arbeitnehmer bezahlte Überstunden reduzieren wollen, werden seit ca. 1993 organisatorische Maßnahmen zur Verlängerung der Maschinennutzung bevorzugt eingesetzt.

10.7 Qualitätssicherung durch Prozesssicherung

Sichere Fertigungsprozesse erzeugen mit statistischer Sicherheit Werkstücke, die die Anforderungen (z. B. Oberflächengüte und Maßtoleranzen) einhalten. Bei Serienfertigung liegen die geforderten Ausschussanteile häufig unter 30 ppm (parts per million), also unter 0,003 %. Das heißt, die Wahrscheinlichkeit für gute Werkstücke muss größer als 99,997 % sein.

Wirtschaftliche Vorteile der Prozesssicherung (häufig auch als Null-Fehler-Produktion bezeichnet) sind (Bild 10.17):

- Entfall der Werkstückprüfung und damit
- Entfall einer Fertigungsstufe (Durchlaufzeit!),
- Entfall einer Tätigkeit (Personalkosten),
- Vermeiden von Prüffehlern,
- Entfall von Sortierarbeitsgängen zum Aussortieren der schlechten Werkstücke,
- Einsparung von Material- und Fertigungskosten für Ausschussersatz.

Bild 10.16: Flexible Fertigungszelle mit Umlaufspeicher für
Werkstücke, um längere Laufzeiten ohne Maschinenbediener zu
erreichen (*Koether*)

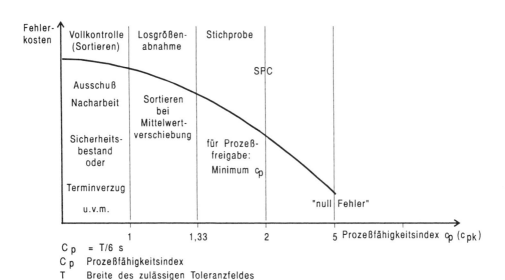

Bild 10.17: Fehlerkosten und Prozesssicherheit [*Koether*]

Kennzeichen eines fähigen Fertigungsprozesses ist, dass die zufälligen Schwankungen der Werkstückmaße mit sehr hoher Wahrscheinlichkeit kleiner sind, als die zulässige Toleranz des Teils. Nur in einem fähigen und sicheren Fertigungsprozess kann der Prüfaufwand mit den daraus resultierenden Kosten und Beständen verringert werden.

Kenngrößen zur Beurteilung der Prozesssicherheit sind (Bild 10.18)

der **Prozessfähigkeitsindex** C_p und

$$C_p = \frac{T}{6 \cdot s} = \frac{OT - UT}{6 \cdot s}$$

der **Prozesssicherheitsindex** C_{pk}

$$C_{pk} = \min \left(\frac{OT - \bar{x}}{3 \cdot s} ; \frac{UT - \bar{x}}{3 \cdot s} \right)$$

mit: $\bar{x}$ Mittelwert der gemessenen Größen in der Stichprobe
        s Standardabweichung der gemessenen Größe in der Stichprobe
        T Breite des zulässigen Toleranzfeldes $= OT - UT$
        OT obere Grenze des zulässigen Toleranzfeldes
        UT untere Grenze des zulässigen Toleranzfeldes

Damit 30 ppm Fehlerquote erreicht werden, muss C_{pk} größer als 1,33 sein.

Die Verbesserung der Prozesssicherheit durch geeignete Auswahl und Überwachung der Fertigungsparameter ist Aufgabe der Fertigungstechnik. Man geht dazu in zwei Schritten vor:

1. Erreichen der **Prozessfähigkeit** durch Verringerung der Streuung der Maße, die erreicht wird durch exaktere Steuerung relevanter Fertigungsparameter.
2. **Gewährleisten der Prozesssicherheit** durch Überwachung des Fertigungsprozess im laufenden Betrieb mit Hilfe statistischer Prozesskontrolle (**SPC**, Statistical Process Control).

Um die Prozessfähigkeit zu verbessern, müssen die relevanten Fertigungsparameter identifiziert werden. Dabei hilft das Ursache-Wirkungs-Diagramm (oder Ishikawa-Diagramm) (Bild 10.19). Mit dieser Darstellung können die Parameter strukturiert werden und den fünf Haupteinflüssen zugeordnet werden:

- Mensch,
- Maschine,
- Material,
- Methode,
- Mitwelt (Umgebung).

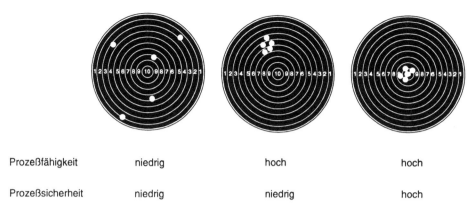

Prozeßfähigkeit	niedrig	hoch	hoch
Prozeßsicherheit	niedrig	niedrig	hoch

Bild 10.18: Prozesssicherheit und Prozessfähigkeit am Beispiel eines Sportschützen [*Koether*]

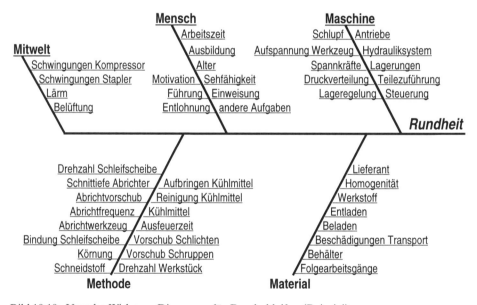

Bild 10.19: Ursache-Wirkungs-Diagramm für Rundschleifen (Beispiel)

Wenn durch Expertenurteil daraus die relevanten Parameter nicht zu ermitteln sind, kann die **statistische Versuchsplanung (nach Taguchi)** weiterhelfen: Von jedem der zu untersuchenden Parametern werden zwei Merkmalsausprägungen festgelegt und quantifiziert (z. B. schnell $v_c = 320$ m/min, langsam $v_c = 120$ m/min). Mit Hilfe von vorbereiteten Tabellen können Versuche geplant werden, so dass nicht alle möglichen Parameterkombinationen durchprobiert werden müssen. Die Versuchsauswertung zeigt, welche Parameterausprägungen oder welche Parameterkombinationen Oberflächen, Maß- und Formtoleranzen in der gewünschten Weise beeinflussen (und welche nicht) (Bild 10.20).

In der **Prozess-FMEA** (FMEA: Fehlermöglichkeits- und -einflussanalyse, Failure Mode and Effect Analysis) wird die Bedeutung des Fertigungsprozesses für die Qualität des Produktes beim Kunden untersucht. Dazu werden in der Prozess-FMEA die drei Größen

- Wahrscheinlichkeit für das zufällige Auftreten des Fehlers (Prozesssicherheit) (Tabelle 10.1),
- Bedeutung und Auswirkung des Fehlers sowie
- Wahrscheinlichkeit für das Erkennen des Fehlers vor der Auslieferung mit Zahlen zwischen 1 und 10 bewertet. 1 ist der Wert für unkritische Fehler, 10 der Wert für besonders gravierende Fehler.

Die einzelnen Bewertungszahlen werden dann zu einer Risikoprioritätszahl multipliziert. Ist diese Zahl größer als Hundert, muss der Fertigungsprozess neu gestaltet werden.

Die Bewertungskriterien für die Fehlerauswirkung, für die Wahrscheinlichkeit, den Fehler zu entdecken und für die Bewertung der Fehlerwahrscheinlichkeit, sind in Tabellen hinterlegt.

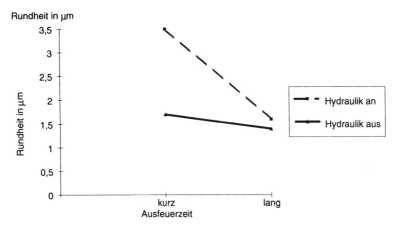

Bild 10.20: Ergebnis einer Versuchsreihe zum Rundschleifen (Beispiel): Die Rundheit ist optimal bei langer Ausfeuerzeit oder wenn das Hydrauliksystem abgeschaltet ist und keine Schwingungen erzeugt. [*Koether*]

Tabelle 10.1: Bewertungskriterien für Fehlerwahrscheinlichkeiten in der Prozess-FMEA [*Koether*]

Wahrscheinlichkeit für das Auftreten eines Fehlers in einem Fertigungsprozess	Mögliche Fehlerrate	Bewertungspunkte
Sehr gering Die Prozessfähigkeit liegt mit $E(x) \pm 4\,s$ innerhalb der Spezifikation ($C_p > 1{,}33$).	1/10000	1
Gering Der Prozess ist unter statistischer Kontrolle. Die Prozessfähigkeit liegt mit $E(x) \pm 3\,s$ innerhalb der Spezifikation ($C_p > 1{,}0$).	1/5000 1/2000 1/1000 1/500	2 3 4 5
Mäßig Mit früheren Fertigungsverfahren vergleichbar, die gelegentlich, aber nicht in einem wesentlichen Umfang, Fehler aufwiesen. Der Prozess ist unter statistischer Kontrolle, die Prozessfähigkeit liegt mit $E(x) \pm 2{,}5\,s$ innerhalb der Spezifikation ($C_p > 0{,}83$).	1/200	6
Hoch Mit früheren Fertigungsverfahren vergleichbar, die oft zu Fehlern führten. Der Prozess ist unter statistischer Kontrolle, die Prozessfähigkeit liegt mit $E(x) \pm 2{,}5\,s$ oder weniger innerhalb der Spezifikation ($C_p < 0{,}83$).	1/100 1/50	7 8
Sehr hoch Es ist nahezu sicher, dass Fehler auftreten werden.	1/20 1/10	9 10

11 Fertigungsautomatisierung

Moderne Unternehmen können auf umfassendes Automatisieren nicht verzichten. Automatisierte Prozesse sind ein Ergebnis ständiger Verbesserungen von Maschinen, Verfahren und Organisation in der Fertigung. Eine Voraussetzung für die Automatisierung ist ein hoher Stand der Mechanisierung und Steuerungstechnik im Fertigungsgeschehen.

Der Weg zur Fertigungsautomatisierung muss sich an sinnvollen Aufgabenstellungen im Unternehmen ausrichten, z. B.

- zuerst vereinfachen, dann automatisieren,
- kleine, beherrschbare Systeme aufbauen,
- ablaufgerecht rationalisieren,
- Mitarbeiter integrieren.

Zuerst vereinfachen, dann automatisieren – CNC-Maschinen, CAD-Systeme und weitere C-Techniken ergeben nicht automatisch wettbewerbsfähige Produktionsanlagen. Um dies zu erreichen, müssen die zur Verfügung stehenden Komponenten richtig eingesetzt und verknüpft werden, um kostenreduzierend zu wirken.

Wichtigste Voraussetzung für eine erfolgreiche Automatisierung ist es, die Einzelprozesse und Fertigungsabläufe automatisierungsgerecht zu gestalten. Es lohnt sich erhebliche Zeit darauf zu verwenden, sowohl die Produkte, als auch die Herstellungsprozesse zuerst zu vereinfachen, bevor sie automatisiert werden.

Beherrschbare Systeme aufbauen – Frühere Bemühungen der Automatisierung führten zu Systemen, die oft groß, unübersichtlich und damit störanfällig waren. Man hat versucht, Maschinen, Werkzeugversorgung, Werkstücktransport und Programmverwaltung gesamtheitlich zu verknüpfen und mit einem Computersystem zusammenzufassen. Solche Systeme wurden nie richtig fertig. Deshalb geht man den Weg zu kleinen, autarken und übersichtlichen Systemen mit meist weniger als zehn Maschinen. Damit bleiben die automatischen Abläufe für das Bedienpersonal überschaubar, und Störungen lassen sich schnell lokalisieren und beseitigen.

Ablaufgerecht rationalisieren – Die Rationalisierung muss schon bei der Entwicklung der Produkte beginnen und Einkauf, Lagerhaltung, Fertigung und den Versand mit einbeziehen.

Durchgängige Rationalisierung braucht heute jedes Unternehmen. Lösungen werden dadurch ablaufgerecht und meist einfacher. Für Unternehmen und Mitarbeiter bedeutet das gleichzeitig Verständnis und Motivation.

Mitarbeiter integrieren – Auch Automatisierung in der Fertigung braucht noch Menschen. Dabei darf die Bedeutung der richtigen Aufgabenverteilung zwischen Mensch und Maschine nicht unterschätzt werden.

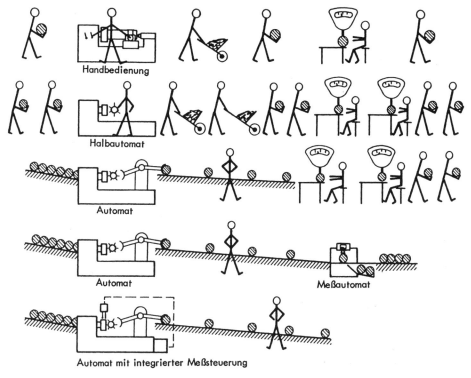

Bild 11.1: Schrittweise Automatisierung [*Saljé*]

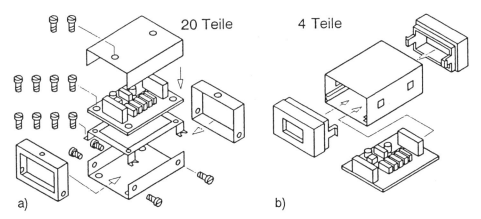

Bild 11.2: Zuerst vereinfachen, dann automatisieren – Prozessvereinfachung durch automatisierungsgerechtes Konstruieren [nach *Laszcz*]

Die Mitarbeiter in der Fertigung sollten die Automatisierung als eine Erleichterung ihrer Arbeit und als einen Weg zur Produktionssteigerung verstehen. Das Fachwissen der Mitarbeiter auch in automatisierten Systemen ist unerlässlich, um Wirtschaftlichkeit und eine hohe Systemverfügbarkeit zu erzielen. Selbstverständlich arbeiten automatisierte Systeme auch ohne Bediener, aber nur für begrenzte Zeit.

11.1 Begriffe zur Fertigungsautomatisierung

Ein **Automat** ist ein künstliches System, das selbsttätig ein Programm verfolgt, z. B. ein Drehautomat, ein Handhabungsroboter oder ein Waschautomat.

Automatisierung ist die Folgestufe nach der Mechanisierung in der Fertigungstechnik. Sie bedient sich vor allem der Pneumatik, Elektrik, Mikroelektronik, Sensortechnik und des Einsatzes von Computern und Datennetzen.

Mit dem Einsatz der Automatisierung wird die Maschinenbedienung einfacher und die starre Bindung des Menschen an den erzwungenen Rhythmus der Fertigungseinrichtung gelockert.

Die **Fertigungsautomatisierung** soll auch die organisatorische Abwicklung von Aufträgen und die Herstellung von Gütern weiter vereinfachen, ohne die direkte Einschaltung des Menschen.

Flexible Fertigungsautomatisierung bedeutet, unterschiedliche Werkstücke in beliebiger Reihenfolge und in wechselnden Losgrößen wirtschaftlich zu fertigen. Umrüstvorgänge sollen also rasch ausgeführt werden können, um die Produktivität nur wenig zu beeinträchtigen.

Zur Herstellung von Produkten sind neben Materialien, Werkzeugen, Maschinen auch Informationen sinnvoll miteinander zu verknüpfen. Solche Verknüpfungen zu Teilsystemen sind, z. B.:

CAD (computergestützte Konstruktion) − Computerunterstützung für Aufgaben der Entwicklung und Konstruktion. CAD ist nicht nur eine Zeichnungssoftware, sondern es lassen sich viele technische Berechnungen wie Festigkeit, statische und dynamische Werte ermitteln. Änderungen, Modifikationen oder Verbesserungen sind mit CAD schneller umsetzbar. Das CAD-System kann auch die Beschaffung über erforderliche Bestellungen informieren.

CAP (computergestützte Arbeitsplanung) − Computerunterstützung für Aufgaben der Fertigungsvorbereitung. Dazu gehören im Wesentlichen die Erstellung und Verwaltung von Arbeitsplänen, CNC-Teileprogrammen, Zeitermittlungen, Kapazitätsbelegungen und die Einsatzplanung von Transportmitteln.

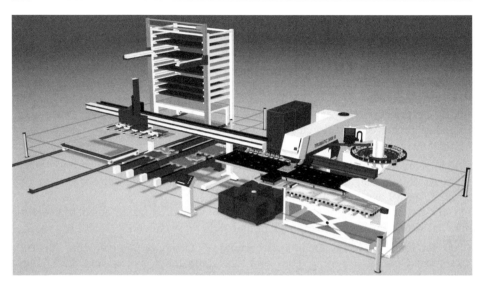

Bild 11.3: Beherrschbares System zur Blechbearbeitung (*Trumpf*)

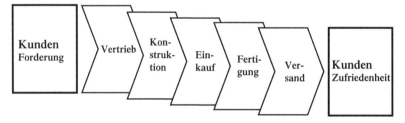

Bild 11.4: Ablaufgerecht rationalisieren (nach DIN EN ISO 9001)

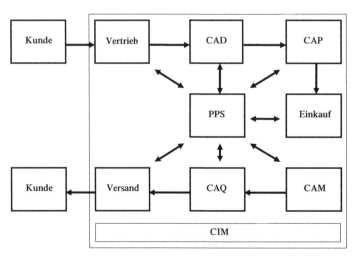

Bild 11.5: C-Techniken im Informationsverbund

PPS (computergestützte Produktionsplanung und -steuerung) – Computersysteme zur organisatorischen Planung, Steuerung und Überwachung von Produktionsabläufen während der gesamten Auftragsabwicklung, unter Berücksichtigung von Mengen-, Termin- und Kapazitätsgrenzen. Dazu sind im PPS einerseits für jedes zu fertigende Teil die erforderlichen Maschinenstunden bekannt und andererseits ist die Belegung jeder Maschine und jedes Arbeitsplatzes für die nächsten Planungszeiträume gespeichert. Bei der Einplanung neuer Aufträge lassen sich entstehende Engpässe feststellen und durch Änderung von Losgrößen, Terminen oder anderen Maßnahmen abmildern.

CAM (computergestütztes Fertigen) – Oberbegriff für alle technischen und verwaltungsrelevanten Aufgaben auf der Fertigungsebene. Dazu gehören außer den Fertigungs-, auch Lager- und Transportvorgänge.
Für ein erstelltes Werkstück lassen sich die geometrischen Daten aus dem CAD für die CNC-Programmierung bereitstellen und weiterverwenden.

CAQ (computergestützte Qualitätssicherung) – Computerunterstützung für Aufgaben der Qualitätssicherung. Dies sind alle Maßnahmen, um sowohl die Qualität der einzelnen Werkstücke, als auch der fertigen Produkte sicherzustellen. Dazu gehören die Prüfplanerstellung, Prüfdurchführung, Messwertermittlung und die statistische Prozessüberwachung.

BDE/MDE (computergestützte Betriebs-/Maschinendatenerfassung) – automatische und manuelle Datenerfassung an Maschine oder Montageplatz. Es werden beispielsweise Stückzahlen, Laufzeiten, Fehlermeldungen und Zeiten erfasst.

CIM (computergestützte Produktion) – Integration aller computergestützten Tätigkeiten in einem Produktionsbetrieb. Der Schwerpunkt liegt in der Integration aller Automatisierungssysteme in ein umfassendes System, aber mit klarer Aufgabentrennung. Eine solche Integration setzt ein einheitliches Kommunikationssystem voraus. Mit CIM bezeichnet man demnach den Verbund aller der Fertigung vorgelagerten Abteilungen, einschließlich der Produktionsvorbereitung. Eine wesentliche Aufgabe von CIM besteht darin, dass die einzelnen Computer die benötigten Daten ohne Verzögerung untereinander austauschen.

11.2 Ziele der Fertigungsautomatisierung

> Ziel der Fertigungsautomatisierung ist es, eine weitgehend personalarme Fertigung zu ermöglichen, mit nur geringem Steuerungs- und Kontrollaufwand durch den Menschen.

Die **Einzelziele der Fertigungsautomatisierung** sind:

- kurze Durchlaufzeiten,
- niedrige Stückkosten,
- hohe Maschinennutzung,

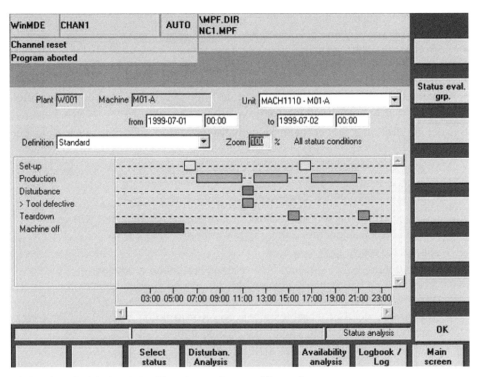

Bild 11.6: Beispiel einer Maschinendatenerfassung (*Siemens*)

Bild 11.7: Bearbeitungszentrum mit Palettenspeicher für Großteile (*Grob*)

- Wegfall von Rüstzeiten,
- Integration von Neben- in Hauptzeiten,
- personalarme dritte Schicht,
- geringe Zwischenlagerbestände,
- Umsetzung von Komplettbearbeitung und
- Synchronisierung der Teilefertigung mit der Montage, d. h. Teile können unmittelbar zu Baugruppen/Produkten weiterverarbeitet werden.

Bei der **Realisierung der Fertigungsautomatisierung** sind allerdings auch Aufgaben zu lösen wie:

- Fertigung unterschiedlicher Werkstücke bzw. Werkstückserien,
- Fertigung in beliebiger Reihenfolge,
- Fertigung in wechselnden Losgrößen.

Aus der Zielsetzung müssen die technischen, organisatorischen und wirtschaftlichen Forderungen als **Einzelaufgaben** umgesetzt werden:

- Technische Forderungen, wie
  - Verknüpfung bekannter und beherrschter Fertigungsvorgänge,
  - Verwendung bereits vorhandener Maschinen und Einrichtungen,
  - Integration bereits vorhandener computergestützter Systeme,
  - Integration der Betriebsabteilungen, wie Konstruktion, Fertigung, Werkstücktransport, Montage und Qualitätssicherung und
  - spätere stufenweise Erweiterungsmöglichkeit.

- Organisatorische Forderungen, wie
  - schnelles Reagieren auf Eilaufträge,
  - schnelle Berücksichtigung von Konstruktionsänderungen,
  - Stückzahl 1 bis große Losgrößen und
  - minimale Stillstandszeiten.

- Wirtschaftliche Forderungen
  - Einhaltung der Liefertermine,
  - Verkürzung der Durchlaufzeiten,
  - Senkung der Ausfallzeiten,
  - Verbesserung der Ausschussquote,
  - Abbau der Bestände und
  - bessere Nutzung der Werkzeuge.

11.3 Fertigungssysteme mit zunehmender Automatisierung

Fertigungssysteme sind die Kombination bereits vorhandener Maschinen mit mechanischen und elektronischen Komponenten zur Automatisierung des Fertigungsablaufes für kleinere und mittlere Losgrößen in der Fertigung.

Bild 11.8: Automatische Sägeanlage mit Kassetten- und Einzelstangenbeschickung für bedienerarme Fertigung [*Kasto*]

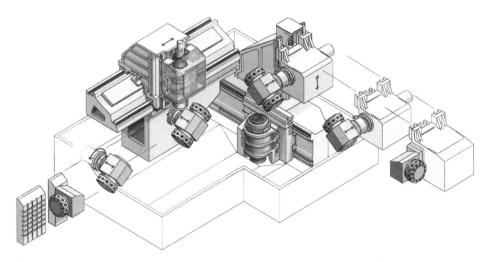

Bild 11.9: Aufbau einer Maschine aus dem Baukasten, entsprechend der Kundenforderungen (*INDEX*)

Folgende Begriffe für Fertigungssysteme mit unterschiedlich ausgeprägter Automatisierung sind gebräuchlich:

- **CNC-Maschinen** – Werkzeugmaschinen mit einer mehrachsigen Steuerung. Teilweise können die drei linearen Achsen durch eine oder zwei rotatorische ergänzt werden, um eine Komplettbearbeitung zu ermöglichen. Sie eignen sich meist für unterschiedliche Bearbeitungsverfahren, wie Bohren, Fräsen, Drehen, aber auch für Schneiden und Biegen.
- **Bearbeitungszentren** (Fertigungszellen) – CNC-Maschinen mit hohem Mechanisierungs- und Automatisierungsgrad. Sie verfügen meist über einen Werkzeugspeicher mit großer Kapazität und können automatische Werkzeugwechsel durchführen. Zur Verkürzung der Nebenzeiten kann zusätzlich ein automatischer Palettenwechsler zum Wechsel der Werkstücke eingesetzt werden. Das Auf- und Abspannen der Werkstücke erfolgt manuell.
- **Fertigungsinsel** – abgegrenzter Fertigungsbereich mit mehreren Werkzeugmaschinen und anderen Einrichtungen, um an einer begrenzten Auswahl von Werkstücken (z. B. Baugruppen und Einzelteile aus Teilefamilien) alle erforderlichen Arbeiten durchführen zu können. Diese Werkstücke müssen fertigungstechnische Ähnlichkeiten aufweisen. Die Mitarbeiter einer Fertigungsinsel planen und organisieren ihre Einzelaufgaben selbst. Voraussetzung für eine Fertigungsinsel ist die räumliche und organisatorische Zusammenfassung der Maschinen, der Einrichtungen und des Personals zur vollständigen Bearbeitung solcher Aufträge.
- **Flexibles Fertigungssystem** (FFS) – umfasst den gesamten Bereich der flexiblen Herstellung eines Werkstücks/Produkts, d. h. eine automatische, auftragsgerechte Fertigung von Einzelaufträgen von der Produktionsplanung bis zur Qualitätsprüfung des fertigen Werkstückes/Produkts. Die Aufgabe der Steuerung eines FFS übernimmt ein Fertigungsleitrechner, der den gesamten Fertigungsablauf steuert und überwacht. Dazu gehören
  - Vorrat an Aufträgen,
  - Bearbeitungsprogramme,
  - Vorrat an Werkstückrohlingen und Rohteilen,
  - Vorrat an Spannmitteln und Werkzeugen.

11.4 Komponenten automatisierter Fertigungsanlagen

Ziel ist es, die Maschinen und Einrichtungen zu automatisierten Fertigungsanlagen zu verknüpfen, um eine kostengünstige und betriebssichere Fertigung von Werkstücken und Produkten zu ermöglichen.

Die folgenden Systeme in der Fertigung müssen deshalb zusammenwirken:

- **Bearbeitungssystem** – die Bearbeitung der Werkstücke übernehmen vorzugsweise CNC-gesteuerte Werkzeugmaschinen in hintereinander oder parallel geschalteten Fertigungsschritten. Ziel ist die Komplettfertigung von Werkstücken und die Fertigmontage von Produkten.

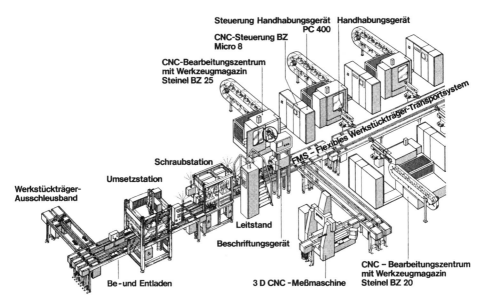

Bild 11.10: Beispiel eines flexiblen Fertigungssystems, bestehend aus Bearbeitungs-, Prüf- und Handhabungsstationen (*Bosch*)

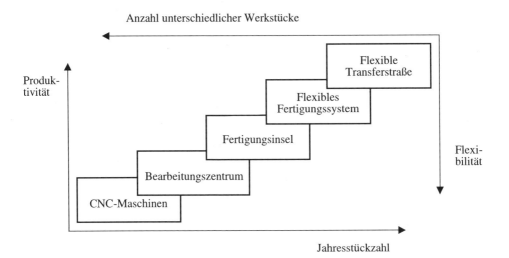

Bild 11.11: Einsatzbereiche der Fertigungssysteme mit zunehmender Automatisierung

- **Materialflusssystem** – der Transport der Werkstücke wird von taktweise arbeitenden Transportsystemen durchgeführt, von der Bereitstellung der Rohteile über die Erstellung von Fertigteilen bis zur Montage des Endprodukts.
- **Informationsflusssystem** – Datennetze versorgen die Maschinensteuerungen mit den erforderlichen Informationen, um ein Optimum zu erreichen bezüglich der Auslastung der Maschinen, der Einhaltung von Lieferterminen und kurzer Durchlaufzeiten.

Das Bearbeitungs- und Materialflusssystem besteht aus unterschiedlichen Komponenten – Maschinen, Handhabungseinrichtungen, Werkzeugsystem, verbunden mit Transportmitteln über feste und variable Wege:

- **Werkzeugmaschine**, Montage oder Handarbeitsplatz (Bearbeitungsstation) – schrittweise Bearbeitung der Werkstücke,
- **Handhabungseinrichtung** – Zu- und Abführung der Werkstücke zu und von der Bearbeitungsstation, Spannen und Wechseln der Werkstücke,
- **Werkzeugsystem** – schnelle Rüstung der einzelnen Bearbeitungsstation mit Werkzeugen aus einem Werkzeugmagazin,
- **Verkettung** der Werkzeugmaschinen – taktweises Weitertransportieren der Werkstücke zur nächsten Bearbeitungsstation und
- **Überwachung** – die durchgeführten Bearbeitungsschritte müssen überprüft werden, erst dann darf eine Weiterbearbeitung erfolgen. Die Anlage muss den Menschen gegenüber Gefahrenquellen absichern.

Im Bearbeitungssystem sollen die Werkstücke oder Produkte möglichst komplett bearbeitet werden. Die dazu erforderlichen Systeme und Komponenten wurden oben bereits genannt.

Bei der **Realisierung** von Automatisierung in der Fertigung kommt es darauf an, dass die Bearbeitungsmaschine eines Vorgangs mit anderen Maschinen und automatischen Einrichtungen verknüpft wird, um möglichst viele Einzelvorgänge selbsttätig ablaufen zu lassen. Damit wächst die Bearbeitungsmaschine zu einer automatischen Fertigungsanlage und der Bediener wird immer mehr vom Arbeitstakt entkoppelt.

Hier sind einige Beispiele für einzelne Einrichtungen zur Automatisierung des Bearbeitungsvorgangs:

- Werkzeugmagazine,
- Werkzeugwechselvorrichtung,
- Werkzeugrevolver mit angetriebenen Werkzeugen,
- Mehrspindelbohrköpfe,
- Werkstückmagazine,
- Werkstückvereinzelung und -zuführung,
- Werkstückwechselvorrichtung,
- automatisches Messen und
- automatisches Weitertransportieren.

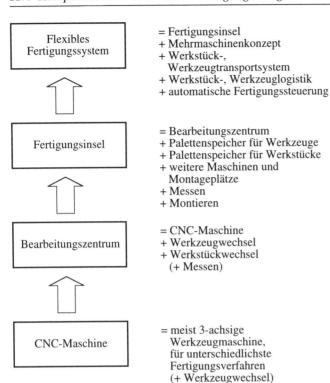

Flexibles Fertigungssystem	= Fertigungsinsel + Mehrmaschinenkonzept + Werkstück-, Werkzeugtransportsystem + Werkstück-, Werkzeuglogistik + automatische Fertigungssteuerung
Fertigungsinsel	= Bearbeitungszentrum + Palettenspeicher für Werkzeuge + Palettenspeicher für Werkstücke + weitere Maschinen und Montageplätze + Messen + Montieren
Bearbeitungszentrum	= CNC-Maschine + Werkzeugwechsel + Werkstückwechsel (+ Messen)

CNC-Maschine	= meist 3-achsige
	  Werkzeugmaschine,
	  für unterschiedlichste
	  Fertigungsverfahren
	  (+ Werkzeugwechsel)

Bild 11.12: Fertigungssysteme auf Basis einer CNC-Maschine

Bild 11.13: Drehmaschine mit integrierter Werkstückhandhabung inkl. Palettenstation zum automatischen Be- und Entladen von Werkstücken (*INDEX*)

11.5 Transportieren, Verketten und Puffern

Transportieren/Transportsysteme

Transportsysteme sind synchron oder asynchron arbeitende Transport- und Förder-einrichtungen für Werkstücke, Werkstückträger und Werkzeuge, die zu einem System zusammengefasst sind. Man passt sie dem Einsatzzweck an, z. B. für die Weitergabe von Blechteilen in einer Pressenstraße oder von Werkstücken auf Spannpaletten in Fertigungslinien zur spanenden Bearbeitung. Dem Zweck angepasst, gibt es verschiedene Ausführungen:

- **Einschienenhängebahn** – Transportsystem, bei dem Werkstückträger mit eigenen Antrieben auf einem einzelnen Schienenstrang laufen und unabhängig von einander von Station zu Station gesteuert werden können.
- **Power and Free-Förderer** – Die Werkstückträger werden von einer umlaufenden Kette bewegt. Sie können in Pufferstrecken oder Bearbeitungsstationen ausge-schleust werden.
- **Doppelgurt-Transportsystem** – ist das am häufigsten eingesetzte Transportsys-tem, besonders im Bereich der automatisierten Montage. Die Gurte (Bänder) laufen ständig zwischen den Arbeitsstationen, z. B. Fügestationen für Press-, Kle-be- oder Schraubvorgänge. Die Werkstückträger werden vom Band abgehoben und dabei exakt positioniert. Dadurch kann der Fördergurt auch bei gestoppten Werkstückträgern weiterlaufen. Die Werkstückträger können mit elektronischen Codes zur automatischen Identifikation versehen sein.
- **Fahrerlose Transportsysteme** (FTS) – Mit Hilfe kompatibler Transportsysteme lassen sich Anlagen zusammensetzen, die Läger, Maschinen, Prüfstationen oder Montagen mit einander verbinden. Fahrerlose Transportsysteme werden vor al-lem dann eingesetzt, wenn größere Strecken im Werksbereich zu überwinden sind und weitläufige Bereiche flexibel verbunden werden sollen.

Verketten

Immer weniger Maschinen werden heute als Einzelmaschinen betrieben. Entweder werden sie zu einer Fertigungslinie zusammengestellt oder es werden von vorn-herein Anlagen projektiert, bei denen die Arbeitsstationen im Durchlauf miteinan-der verkettet sind. Angestrebt wird dabei, die einzelnen Maschinen soweit zu ver-ketten, bis ein Werkstück oder eine Baugruppe komplett gefertigt ist.

Für die Verkettung gibt es verschiedene Möglichkeiten, sowohl struktureller als auch technischer Art:

- **Starre Verkettung** – Nach einem gestalteten Ablauf werden die Maschinen ab-hängig voneinander gesteuert. Erst wenn an allen Maschinen der Arbeitstakt be-endet ist, werden die Werkstücke an allen Maschinen bzw. Stationen gleichzeitig weitergegeben. Der längste Arbeitstakt bestimmt den Rhythmus der gesamten Anlage. Zwischen den Maschinen befinden sich keine Werkstückpuffer, in denen Werkstücke aufschließen können. Bei Ausfall einer Station müssen auch alle in-takten Maschinen angehalten werden.

Bild 11.14: Doppelgurt-Transportsystem mit codierten Werkstückträgern, Hub- und Querein-heiten (*Rexroth*)

Bild 11.15: Fahrerloses Transportsystem (FTS) verknüpft Fertigung mit Lackiererei (*Eisen-mann*)

- **Lose Verkettung** – Die Maschinen werden in fester Reihenfolge miteinander gekoppelt, aber unabhängig voneinander gesteuert. Typisch ist, dass sich zwischen den Maschinen Werkstückpuffer befinden. Diese verketteten Maschinen absolvieren jeweils ihren eigenen Arbeitstakt. Es gibt keine Feinabstimmung der Taktzeiten. Bei Ausfall einer Maschine können die übrigen Maschinen bzw. Stationen weiterarbeiten, solange der jeweils vorgelagerte Werkstückspeicher noch Teile abgeben bzw. der nachfolgende Speicher noch Teile aufnehmen kann. Bei kurzzeitigen Ausfällen müssen die intakten Maschinen der Linie nicht angehalten werden.
- **Zielcodierte Verkettung** – Die Maschinen sind nicht in einer festen Folge miteinander verkettet. Bestimmte Stationen können übersprungen werden. Die Werkstückträger oder Spannpaletten sind codiert.
- **Wegflexible Verkettung** – ist eine Verkettung, bei der alle Maschinen in beliebiger Folge von den Werkstücken erreicht werden können, wenn es aus Gründen der Bearbeitungsfolge notwendig und vom Leitrechner angewiesen ist. Neben der Verkettungsfolge können auch die Werkstückarten ständig wechseln. Zwischenpuffer sind in der Regel vorgesehen. Den Werkstückdurchlauf übernehmen Werkstückträger.

Werkstückpuffer

Werkstückpuffer sind Einrichtungen, die Werkstücke in bestimmter Ordnung und in bestimmten Mengen in der Fertigung zeitweilig aufbewahren und bei Bedarf wieder bereitstellen. Nach der Aufgabe der Puffer unterscheidet man:

- **Beschickungspuffer** – dienen zur Versorgung einer Einzelmaschine oder der ersten Maschine einer Linie. Durch automatisches Beschicken entfällt ein Bediener.
- **Ausgleichspuffer** – dienen innerhalb einer Arbeitslinie zum zeitweiligen Ausgleich von Taktzeitunterschieden, wenn eine Abstimmung der Arbeitsgangzeiten nicht oder nur ungenügend erreichbar ist. Leistungsunterschiede sind voraussehbar. Die Ausgleichspuffer müssen vor einer dritten Schicht voll aufgefüllt werden.
- **Störungspuffer** – führen in Arbeitslinien zur losen Verkettung und damit zur Auflösung starren Verknüpfung. Störungen an einzelnen Maschinen führen nicht zur Abschaltung der gesamten Linie. Wenigstens bei kurzzeitigen Störungen laufen die intakten Maschinen weiter. Das erhöht den Ausstoß.
- **Zwischenspeicher** – sind technologisch bedingte Werkstückpuffer, in denen z. B. Trocknungsvorgänge oder manuelle Arbeitsvorgänge ablaufen können, ehe der nächste Arbeitsgang ausgeführt wird.

Einflussfaktoren für die Dimensionierung der Werkstückpuffergrößen:

- Erfahrungswerte über die Häufigkeit und Dauer von Störungen (MTBF Meantime between Failure),
- Zeitdauer für die Behebung der Störungen (MTTR Meantime to Repair),
- Taktzeit bzw. Zykluszeit der Arbeitslinie,
- Handhabungseigenschaften und Größe der Werkstücke und
- Wert des Produkts oder Werkstücks im jeweiligen Zustand.

Bild 11.16: Spannpalette mit Werkstück und Palettenmagazin (*DMG*)

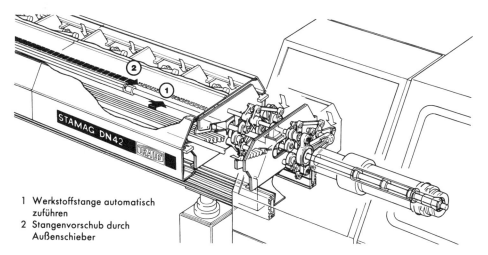

1 Werkstoffstange automatisch
  zuführen
2 Stangenvorschub durch
  Außenschieber

Bild 11.17: Lademagazine als Beschickungspuffer bei der Drehbearbeitung (*Traub*)

11.6 Überwachen, Prüfen und Sichern mit Sensoren

Überwachen und Prüfen der Fertigungsvorgänge

Ziel beim Prüfen und Überwachen ist es, keine fehlerhaften Werkstücke oder Produkte in den Fertigungskreislauf einfließen zu lassen, weil Fehler Störungen in den einzelnen Fertigungsprozessen verursachen. Dazu müssen mögliche Fehlerquellen festgestellt und geeignete Maßnahmen eingeleitet werden. Das kann mit in die Fertigungsprozesse integrierten Prüf- und Überwachungsvorgängen geschehen. In Teilefertigung, Montage, Prüfung und Verpackung spielen Sensoren deshalb eine wichtige Rolle.

Der Sensoreinsatz reicht vom einfachen induktiven Sensor bis hin zur Integration komplexer Bildverarbeitungssysteme für die Oberflächenbeurteilung.

Wichtige Überwachungs-, Prüf- und Sicherungsvorgänge sind:

*   Einhaltung von Abmessungs- und Lagetoleranzen – Messtaster erkennt Abmessungs- und Lagetoleranzen von Werkstücken,
*   Einhaltung von Oberflächentoleranzen,
*   Bewegungsführung von Robotern – ungleichmäßige Schweißfugen werden erkannt und die Schweißpistole entsprechend korrigiert,
*   Standzeitüberwachungen – mit Leistungsüberwachung wird die Verschleißgrenze der Werkzeuge erkannt,
*   Werkzeug-Bruchkontrollen – melden den Bruch der aktiven Werkzeugschneide mittels Infrarotstrahl,
*   Vorhandensein von eingebauten Werkstücken bei Montagen, Stopp bei Nichtvorhandensein und
*   Sicherheit und Kollisionsschutz.

Tastende Sensoren – Mit tastenden (taktilen) Sensoren können Informationen durch direktes Berühren von Objekten aufgenommen werden. Im einfachsten Fall z. B. liefern sie mit einem Schalter die Information „Teil erfolgreich gegriffen". Durch Zusammenfassung einer Vielzahl kleiner, schaltender oder druckmessender Informationen zu Zeilen- oder Matrixanordnungen mit integrierter Sensordatenverarbeitung wird eine taktile Mustererkennung ähnlich dem menschlichen Tastsinn ermöglicht. Anwendung z. B. bei der Nahtverfolgung beim Bahnschweißen.

Berührungslose Sensoren – Mit berührungslosen, z. B. induktiven Sensoren, können Bleche mit erheblichen Maßabweichungen, infolge Auffederung, sicher bearbeitet werden. Sensoren können diese Abweichungen erfassen und den Roboterarm auf einer angepassten Bewegungsbahn führen.

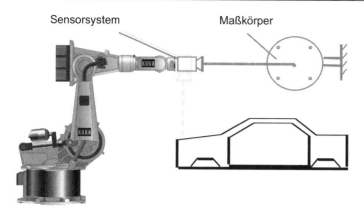

Bild 11.18: Prüfen während des Fertigungsprozesses [*Kuka*]

Bild 11.19: Ermittlung der genauen Position von hohen Werkstückstapeln mit Lasersensoren (*Rexroth*)

Kraft-/Momentsensoren – Bei sämtlichen Handhabungs- oder Bearbeitungsvorgängen treten Reaktionskräfte und -momente auf. Die Erfassung und Überwachung dieser Größen ermöglicht eine Funktionsprüfung des Werkstücks. Durch Interpretation dieser Größen kann eine Korrektur der Roboterbahn erfolgen. Beispielsweise kann beim Entgraten die Regelung der Vorschubgeschwindigkeit des Entgratwerkzeugs auf konstante Vorschubkraft und damit auf optimale Zerspanungsleistung bei unterschiedlichen Grathöhen eingestellt werden.

Video-optische Sensoren – Mit video-optischen Sensoren können durch Aufnahme von Kamerabildern und anschließende Bildverarbeitung mit einem Rechnersystem Aussagen über Art, Anzahl und Position von Werkstücken gemacht werden. Damit wird ein Greifen von ungeordneten Werkstücken möglich.

Sichern von Maschinenanlagen

Schutzeinrichtungen sind im Bereich von Maschinenanlagen zu installieren, um Bediener und andere Personen nicht zu gefährden.

Ziel beim Überwachen ist es, mit technischen Vorkehrungen Menschen vor Schaden zu bewahren, den richtigen Ablauf von automatischen Aktionen zu kontrollieren und Maschinen vor Überlastung und Maschinenbruch zu schützen, die z. B. durch Kollision mit Beschickungseinrichtungen auftreten können.

Wichtige Anforderungen für automatisierte Anlagen sind:

- Gewährleistung sicheren Personenübergangs an Maschinensystemen mit Flur- und Überflurtransporteinrichtungen,
- Schutz des Bearbeitungsbereiches vor unbefugtem Betreten während der Bearbeitung und vor unkontrollierten Bewegungen (z. B. die Kollisionsüberwachung bei Robotern),
- Verriegelung bei Bearbeitungsstart, sofern Werkstücke ungenügend oder falsch gespannt sind und
- Überwachungssensoren zur Beobachtung von Systemzuständen und zur Feststellung von Abweichungen, z. B. für Notabschaltung einer Anlage.

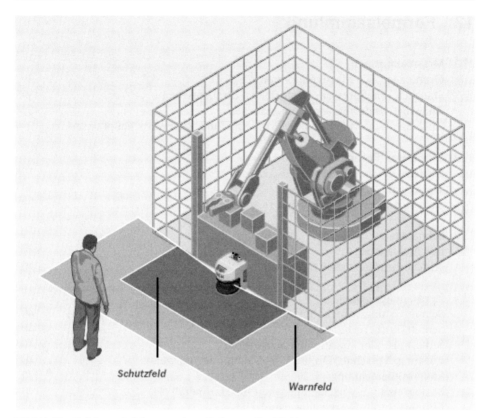

Bild 11.20: Gefahrenabsicherung einer Roboterzelle (*Sick*)

12 Formelsammlung

12.1 Massivumformen

Grundlagen des Massivumformens

Volumenkonstanz V

$V = l_0 \cdot b_0 \cdot h_0 = l_1 \cdot b_1 \cdot h_1 = \text{constant}$ l Länge des Werkstücks

                                      b Breite des Werkstücks

$h_1/h_0 \cdot l_1/l_0 \cdot b_1/b_0 = 1$ h Höhe des Werkstücks

                   Index 0 bzw. 1   vor bzw. nach der Umformung

Absolute Formänderung:

$\Delta h = h_1 - h_0$ $\Delta b = b_1 - b_0$ $\Delta l = l_1 - l_0$

Bezogene Formänderung:

$\varepsilon_h = (h_1 - h_0)/h_0$ $\varepsilon_b = (b_1 - b_0)/b_0$ $\varepsilon_l = (l_1 - l_0)/l_0$

Umformgrad φ

$\varphi_h = \ln{(h_1/h_0)}$ Umformgrad in Längsrichtung (Stauchung)

$\varphi_b = \ln{(b_1/b_0)}$ Umformgrad in Querrichtung (Breitung)

$\varphi_l = \ln{(l_1/l_0)}$ Umformgrad in Längsrichtung (Längung)

$\varphi_A = \ln{(A_1/A_0)}$ Umformgrad Querschnittsfläche

$\varphi_h + \varphi_b + \varphi_l = \ln{1} = 0$ φ_h oder φ_g Hauptformänderung, Gesamt-

$-(\varphi_b + \varphi_l) = \varphi_h = \varphi_g$ umformgrad (= größter Umformgrad)

Umformkraft F

$F = A_1 \cdot k_f/\eta_F$ A_1 Endquerschnitt (in mm^2)

                          k_f Formänderungsfestigkeit (in N/mm^2)

                          η_F Formänderungswirkungsgrad $0{,}4 \ldots 0{,}8$

Formänderungsfestigkeit (Fließspannung) k_f

$k_f = F/A_1$

Mittlere Formänderungsfestigkeit k_{fm}

$k_{fm} = (k_{f0} + k_{f1})/2$

     k_{f0} Formänderungsfestigkeit für $\varphi = 0$

     k_{f1} Formänderungsfestigkeit am Ende der Umformung (in N/mm^2)

Formänderungsarbeit W

$W = V \cdot w/\eta_F = V \cdot k_{fm} \cdot \varphi_h/\eta_F$ V Umformvolumen (in mm^3)

oder $W = F \cdot h \cdot x$ h Verformungsweg (in mm)

                                          x Verfahrensfaktor ca. $0{,}6$

Bezogene Formänderungsarbeit w   (in N $\cdot$ mm/mm^3)

$w = k_{fm} \cdot \varphi_h$

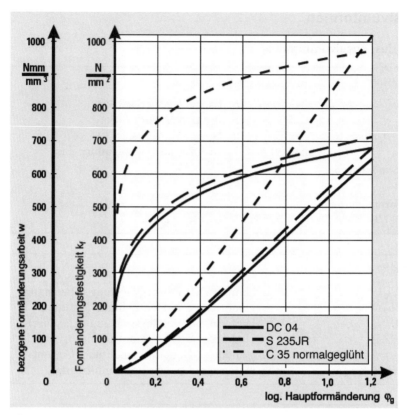

Bild 12.1: Fließkurven − Formänderungsfestigkeit (Fließspannung) und bezogene Formänderungsarbeit verschiedener Werkstoffe bei Kaltumformung (*Schuler*)

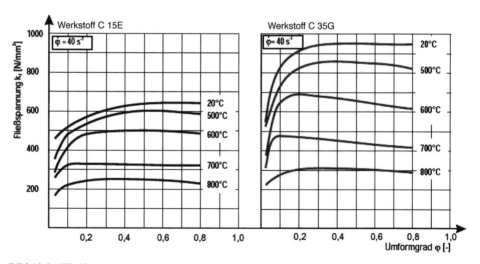

Bild 12.2: Fließkurven verschiedener Werkstoffe bei verschiedenen Temperaturen (*Schuler*)

Stauchen, Fließpressen, Drahtziehen, Strangpressen

Stauchen

$\varphi_h = \ln(h_1/h_0)$ Stauchungsgrad (Umformgrad)

$\eta_F = 0.6 \ldots 0.9$ Formänderungswirkungsgrad
$s = h_0/d_0$ Stauchverhältnis
$s_{max} = 2.6$

Fließpressen

$F = A_0 \cdot k_{fm} \cdot \varphi_h/\eta_F$ F Fließpreßkraft

$\varphi_h = \ln(A_0/A_1)$ A_0 Querschnittsfläche vor der Umformung
     A_1 Querschnittsfläche nach der Umformung
$\eta_F = 0.5 \ldots 0.8$ η_F Formänderungswirkungsgrad

Drahtziehen

$F = A_1 \cdot k_{fm} \cdot \varphi_h/\eta_F$

η_F ca. 0,6 η_F Formänderungswirkungsgrad
$\varphi_h = \ln(A_0/A_1)$ φ_h 15 $\ldots$ 25 % pro Zug bei Mehrfachzug

---

Strangpressen

Vorwärtsstrangpressen $F = A_0 \cdot k_f \cdot \varphi_h/\eta_F + D_0 \cdot \pi \cdot l \cdot \mu_w \cdot k_f$
     $\varphi_h = \ln(A_0/A_1)$

Rückwärtsstrangpressen $F = A_0 \cdot k_f \cdot \varphi_h/\eta_F$
     A_0 Querschnittsfläche des Blocks
     k_f abhängig von Umformtemperatur und
          -geschwindigkeit
     D_0 Durchmesser des Blocks
     l Länge des Blocks
     μ_w 0,15 $\ldots$ 0,2 bei guter Schmierung
     η_F 0,4 $\ldots$ 0,6

Zulässige Umformgrade beim Stauchen

Werkstoff	Zulässiger Umformgrad φ_{zul}
EN-AW-Al 99,5	2,5
EN-AW-Al Mg Si Mg Mn	1,5 ... 2,0
Cu Zn 37-Cu Zn 15	1,2 ... 1,4
C 10E, C 22E S 275JR, E 295	1,3 ... 1,5
C 35E, C 45E E 335, E 360	1,2 ... 1,4
C 53G	1,3
16 Mn Cr 5 34 Cr Mo 4	0,8 ... 0,9
15 Cr Ni 6 42 Cr Mo 4	0,7 ... 0,8

Zulässige Umformgrade beim Vorwärts- und Rückwärtsfließpressen

Werkstoff	Vorwärtsfließpressen φ_{zul}	Rückwärtsfließpressen φ_{zul}
En-AW-Al 99,5	3,9	4,5
EN-AW-Al Si 1 Mg Mn EN-AW-Al Mg 3 EN-AW-Al Cu4 Mg 1	3	3,5
Cu Zn 15-Cu Zn 37 Cu Zn 38 Pb 1	1,2	1,1
C 10E, C 15E C 10C, C 15C	1,2	1,1
C 22C, C 35C 15 Cr 3	0,9	1,1
C 45E, C 45C 34 Cr 4 16 Mn Cr 5	0,8	0,9
42 Cr Mo 4 15 Cr Ni 6	0,7	0,8

12.2 Blech- und Profilumformen

Biegen

Rückfederungsfaktor k

$k = (r_i + 0{,}5 \cdot s)/(r_w + 0{,}5 \cdot s)$ r_i Biegeradius vor der Rückfederung

                                 r_w Biegeradius nach der Rückfederung

$k = \alpha_w/\alpha_i$ s Blechdicke

                                  α_i Biegewinkel vor der Rückfederung

                                  α_w Biegewinkel nach der Rückfederung

---

Gestreckte Länge L

$$L = l_1 + (r_w + 0{,}5 \cdot s \cdot e) \cdot \pi \cdot (180° - \beta_w)/180° + l_2$$

e Korrekturfaktor

Korrekturfaktor e

r_w/s	>5	5	3	2	1,2	0,8	0,5
e	1	1	0,9	0,8	0,7	0,6	0,5

Bei dicken Materialstärken verschiebt sich die neutrale Faser nach innen.

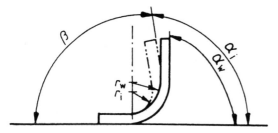

Bild 12.3: Rückfederung beim Biegen

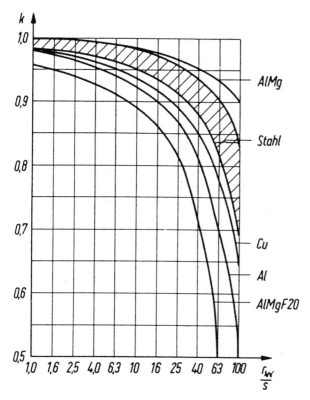

Bild 12.4: Rückfederungsfaktor in Abhängigkeit vom r_w/s-Verhältnis

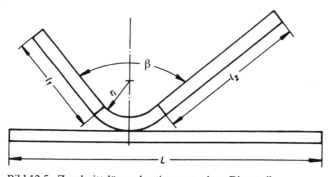

Bild 12.5: Zuschnittslängenbestimmung eines Biegeteils

Tiefziehen

Ziehverhältnis β_1

$\beta_1 = D/d_1$ beim ersten Zug

Ziehverhältnis β_2

$\beta_2 = d_1/d_2$ beim zweiten Zug (erster Weiterzug)

Gesamtziehverhältnis β_{ges}

$\beta_{ges} = \beta_1 \cdot \beta_2 \cdot \ldots \beta_n$ nach dem n. Zug (Fertigzug)

Ziehkraft F_z

$F_z = d \cdot \pi \cdot s \cdot R_m \cdot n$

U	Umfang des Ziehstempels
d	Stempeldurchmesser
s	Blechdicke
R_m	Zugfestigkeit des Werkstoffs
n	Korrekturfaktor

Niederhalterkraft F_N

$F_N \approx 0{,}2 \cdot F_z$

Korrekturfaktor n

D/d	1,1	1,2	1,4	1,6	1,8	2,0	2,2
n	0,2	0,3	0,5	0,7	0,9	1,1	1,3

Zulässige Ziehverhältnisse β für Tiefziehteile

Werkstoff	R_m (N/mm^2)	Erster Zug β_1	Zweiter Zug β_2 ohne	mit Zwischenglühen
DC01	270 ... 410	1,9	1,2	1,6
DC03	270 ... 370	2,0	1,25	1,65
DC04	270 ... 350	2,1	1,3	1,7
X 8 Cr 17	450 ... 600	1,55	–	1,25
X 15 Cr Ni 18 9	500 ... 700	2,0	1,2	1,8
X 10 Cr Al 13	500 ... 650	1,7	1,2	1,6
Ni Cr 20 Ti	685 ... 880	1,7	1,2	1,6
Cu Zn 40 F 35	345	2,1	1,4	2,0
Cu Zn 37 F 30	295 ... 370	2,1	1,4	2,0
Cu Zn 28 F 28	275 ... 350	2,2	1,4	2,0
Cu Zn 10 F 24	235 ... 295	2,2	1,3	1,9
Cu Ni 12 Zn 24F	340 ... 410	1,9	1,3	1,8
Cu Ni 20 Fe F30	295	1,9	1,3	1,8
EN-AW-Al 99,5	69	2,1	1,6	2,0
EN-AW-Al Si 1 Mg Mn	145	2,05	1,4	1,9

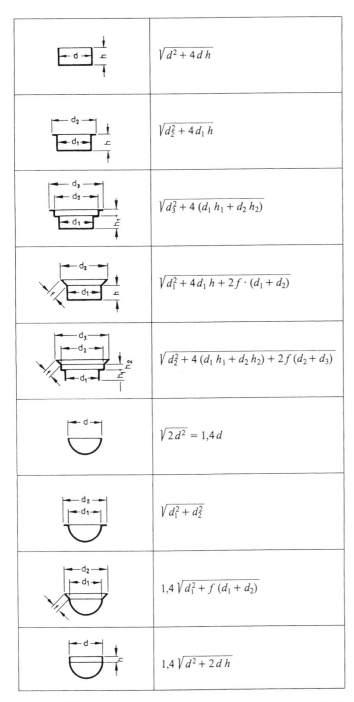

	$\sqrt{d^2 + 4\,d\,h}$
	$\sqrt{d_2^2 + 4\,d_1\,h}$
	$\sqrt{d_3^2 + 4\,(d_1\,h_1 + d_2\,h_2)}$
	$\sqrt{d_1^2 + 4\,d_1\,h + 2f \cdot (d_1 + d_2)}$
	$\sqrt{d_2^2 + 4\,(d_1\,h_1 + d_2\,h_2) + 2f\,(d_2 + d_3)}$
	$\sqrt{2\,d^2} = 1{,}4\,d$
	$\sqrt{d_1^2 + d_2^2}$
	$1{,}4\,\sqrt{d_1^2 + f\,(d_1 + d_2)}$
	$1{,}4\,\sqrt{d^2 + 2\,d\,h}$

Bild 12.6: Blechrondendurchmesser für rotationssymmetrische Tiefziehteile (I) (Radien kleiner als 10 mm bleiben unberücksichtigt)

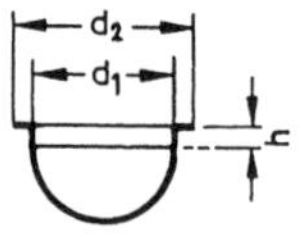	$\sqrt{d_1^2 + d_2^2 + 4\,d_1\,h}$
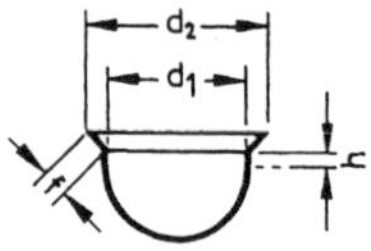	$1{,}4\,\sqrt{d_1^2 + 2\,d_1\,h + f\cdot(d_1 + d_2)}$
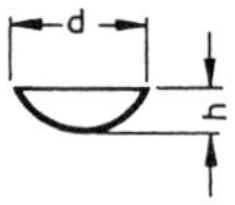	$\sqrt{d^2 + 4\,h^2}$
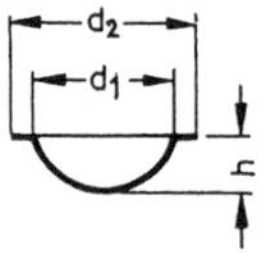	$\sqrt{d_2^2 + 4\,h^2}$
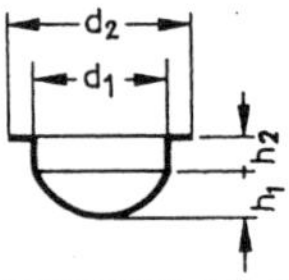	$\sqrt{d_2^2 + 4\,(h_1^2 + d_1\,h_2)}$
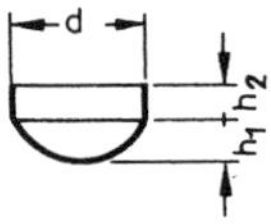	$\sqrt{d^2 + 4\,(h_1^2 + d\,h_2)}$
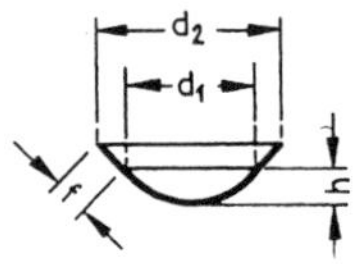	$\sqrt{d_1^2 + 4\,h^2 + 2\,f\cdot(d_1 + d_2)}$
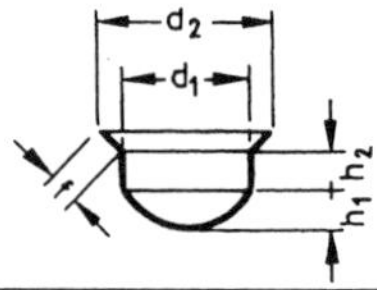	$\sqrt{d_1^2 + 4\,[h_1^2 + d_1\,h_2 + \tfrac{1}{2}\cdot(d_1 + d_2)]}$
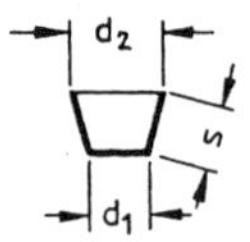	$\sqrt{d_1^2 + 2\,s\,(d_1 + d_2)}$

Bild 12.7: Blechrondendurchmesser für rotationssymmetrische Tiefziehteile (II) (Radien kleiner als 10 mm bleiben unberücksichtigt)

12.3 Schneiden

Blechschneiden

Schnittkraft bei drückendem Schnitt F_d

$F_d = A \cdot \tau_{aB}$	A	Schnittfläche (in mm^2)
	τ_{aB}	Abscherbruchfestigkeit (in N/mm^2)
	$A = U \cdot s$	bei geschlossener Schnittlinie
	$A = l \cdot s$	bei offener Schnittlinie
	U	Umfang der Schnittlinie
	l	Blechlänge (Blechbreite)
	s	Blechdicke

Schnittkraft bei ziehendem Schnitt F_z

$F_z = 0{,}5 \cdot \tau_{aB} \cdot s^2/\tan\varphi$	φ	Neigungswinkel der Schneide 2 … 6°

Schnittarbeit W

$W = F \cdot s \cdot x$	W	Schnittarbeit
	s	Blechdicke
	x	Verfahrensfaktor 0,4 … 0,6

Berechnung des Stempelangriffspunkts x_0 und y_0

$$x_0 = (L_1 \cdot x_1 + L_2 \cdot x_2 + L_3 \cdot x_3 + \ldots)/(L_1 + L_2 + L_3 + \ldots)$$
$$y_0 = (L_1 \cdot y_1 + L_2 \cdot y_2 + L_3 \cdot y_3 + \ldots)/(L_1 + L_2 + L_3 + \ldots)$$

L_1 Länge einer Schnittlinie
x_1 Abstand einer Schnittlinie vom Nullpunkt
y_1 Abstand einer Schnittlinie vom Nullpunkt

Abscherbruchfestigkeit τ_{aB} verschiedener Werkstoffe

Werkstoff	τ_{aB} (N/mm^2)	Werkstoff	τ_{aB} (N/mm^2)
S 250GT, S 235JR	300	Pb, weich	25
E 295	400	Al-Cu-Legierungen	250
E 335	550	Al-Mg-Legierungen	200
16 Mn Cr 5	600	Al 99,5 weich	80
E 360	650	Al 99,5 hart	150
Cu-Zn-Legierung	400	Pappe, weich	20
Cu, weich	250	Pappe, hart	40

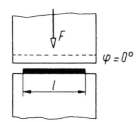

Bild 12.8: Drückender Schnitt

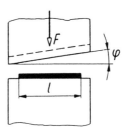

Bild 12.9: Schnittkraftentlastung bei schrä-
gen Schnittkanten (kreuzender Schnitt)

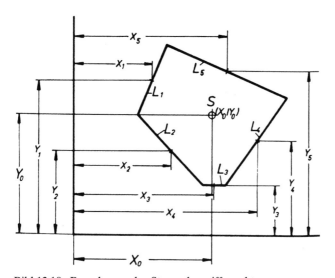

Bild 12.10: Berechnung des Stempelangriffspunkts

12.4 Zerspanungstechnik

Schnittleistungsberechnung

Fertigungs-verfahren	Drehen, Hobeln, Stoßen	Bohren	Fräsen Umfangsfräsen $a_e/d < 1/4$	Stirnfräsen $a_e/d = 3/4 \ldots 3/5$
Spanungs-breite b (mm)	$b = a_p/\sin \kappa_r$	$b = a_p/\sin \kappa_r$ $\sin \kappa_r = \sin \sigma/2$	a_p = Schnittbreite $b = a_p/\sin \kappa_r$	a_p = Schnitttiefe
Spanungs-dicke h (mm) (mittlere Spanungs-dicke h_m)	$h = f \cdot \sin \kappa_r$	$h = f_z \cdot \sin \sigma/2$	Umfangsfräsen $h_m \approx \sqrt{a_e/d} \cdot f_z \cdot \sin \kappa_r$ Stirnfräsen $h_m \approx 0{,}88 \cdot f_z \cdot \sin \kappa_r$	
Spanungs-querschnitt A (A_m) für eine Schneide (mm²)	$A = b \cdot h$ $= a_p \cdot f$	$A = d \cdot f_z/2$	$A_m \approx$ $a_p \cdot \sqrt{a_e/d} \cdot f_z$	$A_m \approx$ $a_p \cdot 0{,}88 \cdot f_z$
Korrek-tur-faktor M für k_c für H	Außendrehen: 1,0 Innendrehen: 1,2 Hobeln, Stoßen: 1,18	0,95	1,3	1,0
für HSS	Außendrehen: 1,2 Innendrehen: 1,44 Hobeln, Stoßen: 1,42	1,0	1,56	1,2
Schnitt-leistung P_c (kW) Für eine arbeitsscharfe Werkzeug-schneide	P_c $= (a_p \cdot f \cdot k_c \cdot v_c) \cdot 10^{-4}/6$	P_c $= (d/2) \cdot f \cdot k_c \cdot v_{cm} \cdot 10^{-4}/6$	$P_c = (a_e \cdot a_p \cdot v_f \cdot k_{cm}) \cdot 10^{-7}/6$	
	wobei a_p, a_e, d, f (mm); k_c, k_{cm} (N/mm²); v_c (m/min); v_f (mm/min); n (min^{-1})			

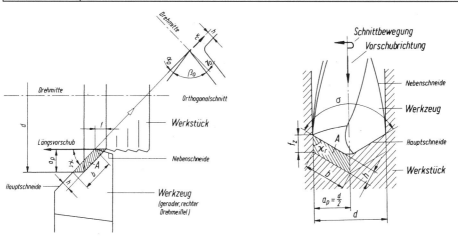

Bild 12.11: Drehen (links) und Bohren ins Volle (rechts)

Schnittkraftberechnung

Schnittkraft F_c	**spezifische Schnittkraft k_c**
$F_c = b \cdot h \cdot k_c = a_p \cdot f \cdot k_c;$	$k_c = k_{c1.1}/h^{mc} \cdot \Pi\, M$ (in N/mm^2)
$F_c = b \cdot h^{(1-mc)} \cdot k_{c1.1} \cdot M(\gamma) \cdot M(\lambda) \cdot M$ (Verfahren) $\cdot M$ (Schneidstoff)	
$b = a_p/\sin \kappa$	
$h = f \cdot \sin \kappa$	
$M(\gamma) = (C - 1{,}5 \cdot \gamma)/100$	$C_{\text{Stahl}} = 109 \qquad C_{\text{Guss}} = 103$
$M(\lambda) = (94 - 1{,}5 \cdot \lambda)/100$	
$a_p\!:\! f$ zwischen 4:1 und 16:1 für günstige Spanbildung beim Drehen	
b	Spanungsbreite
h	Spanungsdicke
a_p	Schnitttiefe
f	Vorschub
m_c	Werkstoffkonstante (tan α, Steigung der Geraden)
k_c	spezifische Schnittkraft
$k_{c1.1}$	spezifische Schnittkraft für $b = 1$ mm und $h = 1$ mm
$\Pi\, M$	Produkt Korrekturfaktoren
$M(\gamma)$	Korrekturfaktor für Spanwinkel
$M(\lambda)$	Korrekturfaktor für Neigungswinkel
M (Verfahren)	Korrekturfaktor für Verfahren
M (Schneidstoff)	Korrekturfaktor für Schneidstoff

Mittelwerte der spezifischen Schnittkraft k_c

Einsatzvoraussetzungen:
Außendrehen, Hartmetall, $v_c = 60 \ldots 250$ m/min, $\gamma_{0\,\text{Stahl}} = 6°$, $\gamma_{0\,\text{Guss}} = 2°$, $\lambda_s = -4°$

Werkstoff	m_c (= tan α)	$k_{c1.1}$ (N/mm^2)	Werkstoff	m_c (= tan α)	$k_{c1.1}$ (N/mm^2)
S 235JR	0,34	1610	34 Cr 4	0,22	1650
E 295	0,27	1750	35 S 20	0,15	1420
E 335	0,17	1940	41 Cr 4	0,23	1690
E 360	0,3	1960	42 Cr Mo 4	0,24	1950
C 15	0,28	1590	50 Cr V 4	0,25	1885
C 35	0,29	1570	55 Ni Cr Mo V 6	0,24	1895
C 45E	0,25	1765	EN-GJL-150	0,21	935
C 60E	0,22	1835	EN-GJL-250	0,26	1140
9 S Mn Pb 28	0,15	1320	EN-GJL-300	0,26	1060
15 Cr Mo 5	0,23	1755	EN-GJS-500-7	0,3	1060
16 Mn Cr 5	0,27	1680	GS-45	0,17	1570
17 Cr Ni Mo 6	0,27	1580	GS-52	0,17	1750
30 Cr Ni Mo 8	0,22	1695	G-Al Si, GD-Al Si	0,27	450
34 Cr Mo 4	0,23	1760	G-Al Mg 5	0,22	445
34 Cr Ni Mo 6	0,2	1825	GK-Mg Al 9	0,34	235

Leistung, Vorschub, Drehzahl und Hauptnutzungszeit

Schnittleistung $P_c = F_c \cdot v_c$ v_c Schnittgeschwindigkeit (in m/min)
Vorschubleistung $P_v = F_v \cdot v_f$ v_f Vorschubgeschwindigkeit (in mm/min)

Antriebsleistung $P_a = P_c/\eta$

$\eta = \eta_a \cdot \eta_{el}$

η Gesamtwirkungsgrad des Antriebs
η_a mechanischer Wirkungsgrad des Getriebes $\approx 0{,}8$
η_{el} Wirkungsgrad des Motors $\approx 0{,}9$

Die **Hauptnutzungszeit** t_h berechnet sich:

$t_h = L/v_f$

L Bearbeitungsweg (in mm) (wird im Arbeitsvorschub zurückgelegt, Sicherheitszuschläge berücksichtigen)
v_f Vorschubgeschwindigkeit (in mm/min)

Die **Vorschubgeschwindigkeit** v_f berechnet sich:

$v_f = f_z \cdot z \cdot n$

f_z Vorschub pro Zahn (in mm)
z Zähnezahl (Drehen: $z = 1$)
n Drehzahl (in min^{-1})

Die **Drehzahl** n berechnet sich:

$n = v_c/(d \cdot \pi)$

d Durchmesser des Werkstücks oder des Werkzeugs (in mm)
v_c Schnittgeschwindigkeit (in m/min)

Berechnung der **Oberflächenrauigkeit** mit Näherungsformel:

$R_{th} \approx f^2/8r$ (in mm); für $f \leq 0{,}3$ mm
R_{th} theoretische Rautiefe (in mm)
r Eckenradius (in mm)
f Vorschub (in mm)

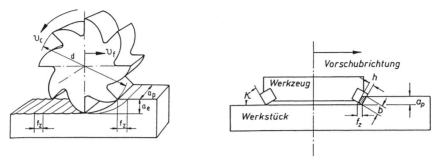

Bild 12.12: Umfangs- (links) und Stirnfräsen (rechts)

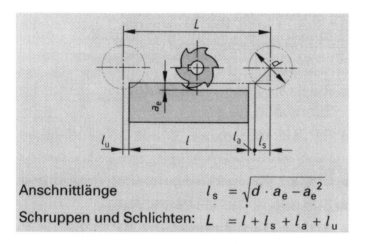

Anschnittlänge $l_s = \sqrt{d \cdot a_e - a_e^2}$

Schruppen und Schlichten: $L = l + l_s + l_a + l_u$

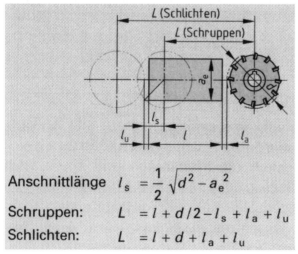

Anschnittlänge $l_s = \dfrac{1}{2}\sqrt{d^2 - a_e^2}$

Schruppen: $L = l + d/2 - l_s + l_a + l_u$

Schlichten: $L = l + d + l_a + l_u$

Bild 12.13: Bearbeitungswege beim Umfangs- (oben) und Stirnfräsen (unten)

Standzeitberechnung

Grundformel für die Standzeitberechnung (TAYLOR-Gleichung)

$$v_c = C \cdot T^{1/k}$$

C Achsenabschnitt der Standzeitgeraden
       Schnittgeschwindigkeit, bei der die Standzeit 1 min erreicht wird.

T Standzeit (die Bearbeitungszeit, bis ein bestimmtes Verschleißkriterium,
       z. B. Verschleißmarkenbreite, erreicht ist)

k Steigung der Standzeitgeraden

$$-k = \lg (T_1/T_2)/\lg (v_{c2}/v_{c1})$$

T_1, T_2 Standzeiten bei Schnittgeschwindigkeiten v_{c1} bzw. v_{c2}
v_{c1}, v_{c2} Schnittgeschwindigkeiten bei Standzeiten T_1 bzw. T_2

Zeitoptimale Standzeit T_{ot}: $T_{ot} = (-k - 1) \cdot t_w$

Zeitoptimale Schnittgeschwindigkeit v_{cot}: $v_{cot} = C \cdot T_{ot}^{1/k}$

T_{ot} zeitoptimale Standzeit
k Steigung der Standzeitgeraden
$(-k - 1)$ Verschleißfaktor
t_w Werkzeugwechselzeit

Kostenoptimale Standzeit T_{ok}: $T_{ok} = (-k - 1) \cdot [t_w + (60 \cdot K_W/K_{ML})]$

Kostenoptimale Schnittgeschwindigkeit v_{cok}: $v_{cok} = C \cdot T_{ok}^{1/k}$

T_{ok} kostenoptimale Standzeit
K_{ML} Maschinen- und Lohnkosten
K_W Werkzeugkosten (pro Werkzeugschneide)
       (für Klemmwerkzeuge, z. B. Wendeschneidplatten + Halter)

$$K_W = K_{WP}/n_{WP} + K_{WH}/n_{TH} + K_{WE}/n_{TE} + K_{WV}$$

K_{WP} Kosten der Wendeschneidplatte
K_{WH} Kosten des Werkzeughalters
K_{WE} Ersatzteilkosten
K_{WV} Voreinstellkosten
n_{WP} effektive Nutzungzahl der Schneiden incl. Nutzungsfaktor
n_{TH} Standzeit des Werkzeughalters in Anzahl Schneidenwechseln
n_{TE} Standzeit der Ersatzteile in Anzahl Schneidenwechseln

Mittelwerte für Verschleißfaktoren (−*k* − 1) für Hartmetall (H)

Werkstoff des Werkstücks	(− k − 1) unbeschichtet	beschichtet
Unlegierter Stahl		
S 185, S 235JR, C 10, C 20	1,8	2,2
S 275JR, E 295, C 35	2,5	2,8
E 335, C 45	3,5	4,3
E 360, C 53, C 55	3,9	4,8
C 60	4,8	5,7
C 67, C 75	6	6,7
Legierter Stahl		
Cr Mo S, Cr S, Mn Cr, Cr Ni, Ni Cr	2,5	3,2
Cr Al Mo, Mo Cr, Ni Cr	3,5	4,3
Cr Mo V, Mn, W Cr V	4,5	5,3
Cr V, Mn Cr V, Ni Cr Mo V, W Cr	5,5	6,2
Cr Al Ni, Cr Mn Mo S	6,7	7,3
Guss		
GS-C16 … GS-C24	2	2,5
EN-GJL-, HB 180	2,9	3,6
EN-GJL-, HB 300	6,7	7,3
EN-GJS-, HB 180	2,1	2,6
EN-GJS-, HB 300	3,6	4,3
EN-GJMW-, HB 200	4,3	5,3
EN-GJMB-, HB 200	3,6	4,3
Leichtmetall-Legierungen	1,8 … 2,5	2,5 … 3,5

Mittelwerte für Werkzeugwechselzeit t_w

Vorgang	Werkzeugwechselzeit in Minuten
Drehen, leicht zugängliche Wendeschneidplatte	2,5 … 4
Drehen, schwer zugängliche Wendeschneidplatte	3 … 5
Drehen, Profilwerkzeug	2,5 … 4
Fräsen, kleiner Fräskopf, pro Wendeschneidplatte	2,5 … 4
Fräsen, großer Fräskopf, pro Wendeschneidplatte	7 … 30

13 Übungsaufgaben

13.1 Spanende Fertigungsverfahren

Aufgabe 13.1-1 (Geometrie am Schneidkeil, Schnitt- und Spanungsgrößen)

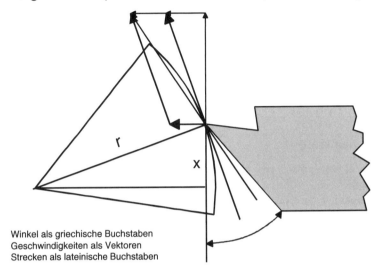

Winkel als griechische Buchstaben
Geschwindigkeiten als Vektoren
Strecken als lateinische Buchstaben

Ein Drehteil mit dem Durchmesser 35 mm soll abgestochen werden. Das Abstechwerkzeug hat einen Werkzeugfreiwinkel α von 5°. Der Vorschub beträgt 0,2 mm/U, die Schnittgeschwindigkeit 50 m/min. Die Werkzeugschneide befindet sich um $x = 0,15$ mm über der Werkstückachse (Drehachse).

a) Ergänzen Sie die Zeichnung um die Benennungen für Winkel, Geschwindigkeiten und Strecken.
b) Bis zu welchem Durchmesser kann überhaupt gedreht werden, wenn der Vorschub gegen null geht (Annahme: $f = 0$)?
c) Bis zu welchem Durchmesser kann gedreht werden unter Berücksichtigung von Vorschub- und Schnittbewegung?

Aufgabe 13.1-2 (Geometrie am Schneidkeil, Schnitt- und Spanungsgrößen)

Ein Rotationsteil mit 24 mm Durchmesser soll mit einem Trapezgewinde versehen werden. Beim Gewinde entspricht der Steigungswinkel dem Wirkrichtungswinkel η. Das Gewinde hat eine Steigung von 6 mm mit einem Steigungswinkel von 5,5°. Der Seitenfreiwinkel des Gewindedrehmeißels beträgt 5°.

a) Skizzieren Sie die Situation beim Gewindeschneiden.
b) Welcher Wirkseitenfreiwinkel α_{0e} ergibt sich?
c) Welche Rolle spielt dabei der Vorschub?
d) Welches grundsätzliche Problem tritt auf?
e) Kann es durch die Werkzeugform oder Einspannung verändert werden?
f) Welcher neue Seitenfreiwinkel α_0 sollte gewählt werden?

Aufgabe 13.1-3 (Schnittkraft)

a) Erstellen Sie sich ein Kalkulationsblatt in einer PC-Tabellenkalkulation, z. B. MS-Excel®, um die Schnittkraft mit den angegebenen Formeln zu berechnen. Ergebnis ist die Schnittkraft F_c, Eingabewerte sind Vorschub f, Schnitttiefe a_p, Spanwinkel γ, Neigungswinkel λ, Einstellwinkel κ, Werkstoff sowie Korrekturwerte für Schneidstoff und Verfahren.

b) Eine Welle aus C 45E mit dem Durchmesser 72 mm soll mit Hartmetall P20 in einem Schnitt auf 70 mm abgedreht werden. Wie groß ist unter den folgenden Bedingungen die Schnittkraft bei arbeitsscharfem Drehmeißel?

Einstellwinkel κ 60°
Spanwinkel γ 12°
Neigungswinkel λ 0°
Vorschub f 0,2 mm

Aufgabe 13.1-4 (Schnittkraft)

Flanschteile aus C 60E werden mit einem HSS-Drehwerkzeug außengedreht. Weitere Angaben sind:

Schnittgeschwindigkeit v_c 60 m/min
Vorschub f 0,3 mm/U
Schnitttiefe a_p 2 mm
Spanwinkel γ 3°
Neigungswinkel λ −4°
Einstellwinkel κ 65°

a) Berechnen Sie die theoretisch erforderliche Schnittkraft!
b) Der Spanwinkel des Drehwerkzeugs kann zwischen 3° und 6° verändert werden. Schlagen Sie einen geeigneten neuen Spanwinkel vor, um die Schnittkraft zu reduzieren!
c) Auf welchen Wert kann der Vorschub vergrößert werden, sofern die in a) ermittelten Werte ausgenutzt werden?

Aufgabe 13.1-5 (Schnittkraft, Schnittleistung)

a) Ergänzen Sie ihre Kalkulationstabelle für die Schnittkraftberechnung (aus Aufgabe 13.1-3 a) um die Berechnung von Drehzahl n, Vorschubgeschwindigkeit v_f, Hauptzeit t_h und Antriebsleistung P_a. Eingabewerte sind Durchmesser d, Schnittgeschwindigkeit v_c, Bearbeitungsweg L und Antriebswirkungsgrad η.

b) Auf einer Drehmaschine werden Wellen aus E 295 (1.0050) von 100 mm auf 92 mm Durchmesser in einem Vorgang schruppgedreht. Welche Drehzahl muss eingestellt werden, wenn an der Maschine folgende Drehzahlen zur Auswahl stehen: 224, 280, 355, 450, 560, 710, 900? Verwenden Sie die nächste Drehzahl zur theoretisch erforderlichen Drehzahl.

Zusätzliche Angaben sind:

Vorschub f	0,6 mm/U
Einstellwinkel κ	70°
Maschinenwirkungsgrad η	70 %
Hartmetallschneide	
Schnittgeschwindigkeit an der Meißelspitze v_c	160 m/min
Spanwinkel γ	4°
Neigungswinkel λ	0°

c) Welche elektrische Antriebsleistung muss eine Drehmaschine für diese Bearbeitung mit arbeitsscharfem Werkzeug aufweisen?

d) Welche Antriebsleistung ist nötig, wenn die Schnittkraft durch Abstumpfung des Drehmeißels um 25 % zunimmt?

Aufgabe 13.1-6 (Schnittkraft, Schnittleistung)

Eine Welle aus C 60E (1.1221) wird vom Durchmesser 80 mm auf 77 mm in einem Schnitt abgedreht. Das Hartmetall-Werkzeug P 20 hat einen Spanwinkel von 8°, einen Neigungswinkel von 0° und einen Einstellwinkel von 60°. Die Schnittgeschwindigkeit am Außendurchmesser beträgt 100 m/min und der Vorschub 0,25 mm/U.

a) Wie groß ist die Schnittkraft bei scharfem Werkzeug?

b) Wie groß muss die Antriebsleistung der Drehmaschine sein, wenn der Gesamtwirkungsgrad 70 % beträgt und die Schnittkraft infolge Abstumpfung des Werkzeugs während der Bearbeitung um 30 % zunimmt?

Aufgabe 13.1-7 (Schnittkraft, Schnittleistung, Hauptzeit)

Eine 100 mm lange Getriebewelle aus C 45E (1.1191) mit 76 mm Durchmesser soll in einem Schnitt mit einem Hartmetallwerkzeug auf 70 mm abgedreht werden (ohne Kühlschmierung). Die Antriebsleistung des stufenlos regelbaren Elektromotors beträgt 5 kW.

Weitere Angaben sind:

Schnittgeschwindigkeit	max. 100 m/min
Spanwinkel	12°
Neigungswinkel	0°
Einstellwinkel	60°
Gesamtwirkungsgrad	75 %
Sicherheitsabstand beim Bearbeitungsweg (gesamt)	10 mm

Berechnen Sie:

a) die Drehzahl der Hauptspindel,
b) die Schnittkraft bei arbeitsscharfem Drehmeißel,
c) den maximal möglichen Vorschub und
d) die Hauptzeit des Drehvorganges.

Aufgabe 13.1-8 (Schnittkraft, Schnittleistung Innendrehen)

Ein Hydraulikgehäuse aus EN-GJL-250 soll mit einem Hartmetallwerkzeug ohne Kühlschmierung ausgedreht werden. Der vorhandene Innendurchmesser beträgt 150 mm und die zugehörige Länge 50 mm.
Weitere Angaben sind:

Schnitttiefe a_p	4 mm
Vorschub f	0,5 mm/U
Drehzahl n	500 min^{-1}
Spanwinkel γ	8°
Einstellwinkel κ	75°
Neigungswinkel λ	−4°
mechanischer Wirkungsgrad	80 %
elektrischer Wirkungsgrad	90 %

Berechnen Sie

a) die Schnittkraft,
b) die Schnittleistung und
c) die elektrische Antriebsleistung.

Aufgabe 13.1-9 (Schnittkraft, Schnittleistung Räumen)

In eine 90 mm lange Nabe aus E 335 soll eine 15 mm breite Nut geräumt werden. 6 Zähne des HSS-Räumwerkzeugs sind maximal im Eingriff. Die Nabe wird zwischen den Rundbacken eines Maschinenschraubstocks gespannt. Die maximale Spannkraft des Schraubstocks beträgt 80 kN. Der Reibungsfaktor zwischen Backen und Nabe soll mindestens 0,4 betragen.
Weitere Daten:

Vorschub (Spanungsdicke)	0,06 mm/Zahn
Spanwinkel	10°
Neigungswinkel	0°
Verschleißzuschlag	20 %
Verfahrens-/Schneidstofffaktor	1,3
Räumen mit HSS	

a) Wie groß ist die maximale Schnittkraft?
b) Wie groß ist die Sicherheit der Maschinenschraubstockspannung?

Aufgabe 13.1-10 (Schnittkraft, Schnittleistung Bohren)

Eine Radialbohrmaschine weist eine Antriebsleistung von 10 kW und einen Gesamtwirkungsgrad von 72 % auf. Auf dieser Maschine wird mit einem zweischneidigen Hartmetallbohrer eine Bohrung mit 16 mm Durchmesser in E 360 hergestellt. Weitere Daten sind:

Spitzenwinkel	118°
Spanwinkel	4°
Neigungswinkel	0°
Vorschub	0,35 mm/U
Schnittgeschwindigkeit	65 m/min

Zu wie viel Prozent wird der Antrieb ausgelastet?

Aufgabe 13.1-11 (Schnittleistung Walzenfräsen)

Mit einem HSS-Walzenfräser wird ein blockförmiges Werkstück aus EN-GJL-250 mit der Breite 80 mm bearbeitet. In einem Schnitt werden 10 mm abgefräst. Weitere Daten sind:

Schnittgeschwindigkeit	60 m/min
Vorschub/Zahn	0,1 mm
Durchmesser des Fräsers	80 mm
Zähnezahl des Fräsers	10
Drallwinkel der Schneiden	30°
Spanwinkel	2°
Leistungsaufnahme des Antriebs	14 kW
Maschinenwirkungsgrad	70 %
Schnittkraftzunahme durch Schneidenabstumpfung	30 %

a) Wie groß ist die erforderliche Antriebsleistung?
b) Wie groß ist der Ausnutzungsgrad?

Aufgabe 13.1-12 (Hauptzeit, Walzenfräsen)

Eine 300 mm lange und 6 mm tiefe Nut soll mit einem Scheibenfräser in eine Welle gefräst werden. Der Fräserdurchmesser beträgt 160 mm, die Zähnezahl 18, die Schnittgeschwindigkeit 25 m/min und der Vorschub je Zahn 0,06 mm. Berechnen Sie

a) den Bearbeitungsweg des Fräsers (Anlauf $l_a = 5$ mm, Überlauf $l_u = 5$ mm),
b) die einzustellende Drehzahl (bei stufenlosem Getriebe),
c) die Vorschubgeschwindigkeit und
d) die Hauptzeit.

Aufgabe 13.1-13 (Hauptzeit, Stirnfräsen)

Auf einer Vertikalfräsmaschine mit stufenlos einstellbarer Spindeldrehzahl sollen mit einem Stirnfräser mit 63 mm Durchmesser eine 40 mm breite Schlittenführung auf 400 mm Länge, in einem Vorgang geschruppt werden.
Weitere Daten sind:

Schnittgeschwindigkeit v_c	80 m/min
Zähnezahl des Fräsers z	8
Zahnvorschub f_z	0,15 mm/Zahn
Sicherheitsabstand für Anfahren und Wegfahren des Fräsers	10 mm

a) Berechnen Sie den Fräserweg, die einzustellende Drehzahl, die Vorschubgeschwindigkeit und die Hauptzeit.
b) Berechnen Sie Fräserweg, Drehzahl, Vorschubgeschwindigkeit und Hauptzeit für das Schlichten mit dem selben Werkzeug aber mit folgenden Schnittwerten:

Schnittgeschwindigkeit v_c	130 m/min
Zahnvorschub f_z	0,08 mm/Zahn

Aufgabe 13.1-14 (Hauptzeit Stirnfräsen)

Auf einer Vertikalfräsmaschine wird mit einem vierzahnigen Fräser von 63 mm Durchmesser und einer Spindeldrehzahl von $500 \, \text{min}^{-1}$ gearbeitet. Es sollen die Vorschubgeschwindigkeiten 225, 375 und 600 mm/min genutzt werden.
Berechnen Sie für die drei verschiedenen Vorschubgeschwindigkeiten:

a) den Zahnvorschub,
b) die Schnittgeschwindigkeit und
c) die Hauptnutzungszeit für einen Bearbeitungsweg von 150 mm.

Aufgabe 13.1-15 (Schnittleistung, Hauptzeit)

Eine Welle aus E 360 mit Durchmesser 72 mm soll auf einer Länge von 300 mm auf 60 mm Durchmesser schruppgedreht werden. Dazu wird ein Hartmetallwerkzeug mit folgender Geometrie eingesetzt:

Spanwinkel	10°
Einstellwinkel	60°
Neigungswinkel	0°
Sicherheitsabstand (gesamt)	10 mm

Aus Schnittwerttabellen wird eine Schnittgeschwindigkeit von 180 m/min ausgewählt.
Als mittlerer Durchmesser kann 66 mm für alle Drehoperationen verwendet werden.
Durch Verschleiß des Werkzeugs nimmt die Schnittkraft während der Bearbeitung um 25 % zu. Zur Bearbeitung der Welle stehen zwei Drehmaschinen zur Auswahl:

Drehmaschine 1: Maschinenstundensatz 45 €/h; Motorantriebsleistung 20 kW;
Drehmaschine 2: Maschinenstundensatz 12,5 €/h; Motorantriebsleistung 12,5 kW.
Der Antriebswirkungsgrad beider Maschinen beträgt 70 %.

Auf Drehmaschine 1 sind für das Schruppdrehen auf 60 mm Durchmesser zwei Schnitte, auf Drehmaschine 2 sind drei Schritte erforderlich. Für jeden einzelnen Spanschnitt müssen 0,1 min für das Anstellen und Zustellen einkalkuliert werden.

a) Welche Schnitttiefen müssen demnach auf Drehmaschine 1 und Drehmaschine 2 eingestellt werden?
b) Welche Vorschübe sind auf den Drehmaschinen 1 und 2 maximal möglich?
c) Liegen die Vorschübe im zulässigen Bereich (Schnitttiefe/Vorschub)?
d) Berechnen Sie die Bearbeitungszeiten (Hauptzeiten + Anstellen + Zustellen) beider Maschinen für das Schruppdrehen!
e) Welche Kosten pro Stück ergeben sich auf den beiden Drehmaschinen?

Aufgabe 13.1-16 (Verschleiß)

a) Ergänzen Sie Ihr Kalkulationsblatt um die Formeln zur Berechnung der Standzeit mit Hilfe der Taylor-Gleichung. Ergebnis sind die beiden Parameter der Taylor-Gleichung C und k. Eingabewerte sind Standmenge und Schnittgeschwindigkeit v_c von zwei Standzeitversuchen sowie die Hauptzeit t_h eines Versuchs.
b) Mit Ihrem Kalkulationsblatt sollen weiterhin für bekannte Parameter C und k die Standzeit T und die zugehörige Schnittgeschwindigkeit v_c ermittelt werden können, jeweils für gegebene v_c bzw. T. Bitte ergänzen Sie Ihr Kalkulationsblatt entsprechend!

Es werden Zerspanungsversuche mit konstanter Spanungsdicke mit einem Keramik-Werkzeug durchgeführt:

	Versuch 1 (langsam)	Versuch 2	Versuch 3 (schnell)
Schnittgeschwindigkeit v_c (m/min)	120	200	320
Standmenge (Stück)	46	18	8
Hauptzeit pro Stück (min)	6,00		
Standzeit (min)			

Die Hauptzeit beim Versuch 1 betrug 6 min. Es wurden gleiche Werkstücke gefertigt. Die Versuche wurden beendet, als die zulässige Verschleißmarkenbreite erreicht war.

c) Wie lauten die Hauptzeiten aus Versuch 2 und 3?
d) Stellen Sie in einem Diagramm mit doppelt logarithmischen Maßstäben die v_c, T-Gerade dar.
e) Ermitteln Sie die Steigung k rechnerisch aus Versuch 1 und 3!
f) Welche Standzeit kann bei einer Schnittgeschwindigkeit von 250 m/min erreicht und wie viele Werkstücke können in einer Standzeit gefertigt werden?

Aufgabe 13.1-17 (Verschleiß)

Tempergussteile werden in Versuchen mit beschichtetem Hartmetall bearbeitet. Für drei Schnittgeschwindigkeiten 50, 100 und 250 m/min wurden jeweils 6 Versuche durchgeführt. Die Standmengen M sind als Versuchsergebnisse in der folgenden Tabelle aufgelistet (M_50 ist die Standmenge für $v_c = 50$ m/min, T_50 die entsprechende Standzeit).

v_c (m/min)		50		100		250	
t_h (min)		2,28					
$E(T)$ (min)							
	M_50	T_50	M_100	T_100	M_250	T_250	
Versuch 1	135		52		6		
Versuch 2	165		71		17		
Versuch 3	198		79		22		
Versuch 4	210		98		29		
Versuch 5	263		125		36		
Versuch 6	301		148		48		

a) Berechnen Sie die Standzeiten T und zeichnen Sie die Versuchsergebnisse im normalen Maßstab und im doppelt logarithmischen Maßstab.

b) Berechnen Sie die Taylor-Gleichung mit Hilfe der Regression. Beachten Sie dabei, dass die Geradengleichung der Taylor-Gleichung andere Achsenabschnitte verwendet als in den Gleichungen für die Regressionsgerade üblich. Bei den Berechnungen zur Regression kann Ihnen Ihre Tabellenkalkulation helfen.

c) Berechnen Sie die Taylor-Gleichung mit den Formeln aus der Formelsammlung. Verwenden Sie dazu die Mittelwerte der Standzeiten $E(T)$ der 6 Versuche für die beiden extremen Schnittgeschwindigkeiten 50 m/min und 250 m/min.

d) Welche Berechnung ist die zuverlässigere? Welche macht mehr Mühe? Wie lässt sich der Rechenaufwand reduzieren?

Aufgabe 13.1-18 (Verschleiß, zeit- und kostenoptimale Standzeit)

a) Ergänzen Sie Ihr Kalkulationsblatt in der Tabellenkalkulation um die Formeln zur Berechnung der zeit- und kostenoptimalen Standzeiten.

b) Berechnen Sie für die Taylor-Gleichungen aus Aufgabe 13.1-17 c) die zeitoptimale und die kostenoptimale Standzeiten T_{ot} und T_{ok} sowie die zugehörigen Schnittgeschwindigkeiten v_{cot} bzw. v_{cok}.

Es gelten folgende Bedingungen:
Der für die Fertigung vorgesehene Klemmhalter kostet 45 €. Er ist nach 600 Schneiden verbraucht. Die Wendeschneidplatte mit 8 nutzbaren Schneiden kostet 4,70 €; sie wird durchschnittlich zu 75 % ausgenutzt. Die Ersatzteilkosten betragen 15 % der Halterkosten. Die Werkzeugwechselzeit t_w beträgt 3 min, Lohnkosten 12 €/h, Lohnnebenkosten 75 % der Lohnkosten, Maschinenstundensatz ohne Lohnkosten 28 €/h, Restfertigungsgemeinkosten 17,40 €/h.

Aufgabe 13.1-19 (Verschleiß, zeit- und kostenoptimale Standzeit)

Stahlwellen werden in mehreren Versuchen überdreht. Die festgelegte Verschleißmarkenbreite wurde erreicht bei verschiedenen Schnittgeschwindigkeiten und bei unterschiedlichen Stückzahlen:

	Versuch 1 (langsam)	Versuch 2 (schnell)
Schnittgeschwindigkeit v_c (m/min)	58	150
Standmenge (Stück)	52	5
Hauptzeit pro Stück t_h (min)	5,2	
Standzeit T (min)		

Der Klemmhalter für die Drehwerkzeuge kostet 40,90 €. Er ist nach 600 Schneiden verbraucht. Die quadratische Negativ-Wendeplatte kostet 4,60 €. Jede Schneide der Negativ-Wendeplatte wird zu 75 % genutzt. Die Ersatzteilkosten betragen 20 % der Halterkosten. Die Werkzeugwechselzeit beträgt 3 min, die Lohnkosten incl. Lohnnebenkosten 20 €/h, der Maschinenstundensatz 29 €/h und die Restfertigungsgemeinkosten 17,90 €/h.

a) Berechnen Sie die Standzeiten der Werkzeuge bei Versuch 1 und 2.
b) Ermitteln Sie den Verschleißfaktor C.
c) Ermitteln Sie die Kosten pro Werkzeugschneide.
d) Berechnen Sie die Standzeiten und die zugehörigen Schnittgeschwindigkeiten unter zeitoptimalen Gesichtspunkten und unter kostenoptimalen Gesichtspunkten.

Aufgabe 13.1-20 (Verschleiß, zeit- und kostenoptimale Standzeit)

Bei der Zerspanung mit Hartmetall werden unter sonst konstanten Schnittbedingungen folgende Standmengen ermittelt:

	Versuch 1 (langsam)	Versuch 2 (schnell)
Schnittgeschwindigkeit v_c (m/min)	120	240
Standmenge (Stück)	18	6
Hauptzeit pro Stück t_h (min)	12	
Standzeit T (min)		

a) Berechnen Sie die Standzeitgleichung.
b) Welche Standzeit und Standmenge sind für $v_c = 150$ m/min zu erwarten?
c) Welche Schnittgeschwindigkeiten und welche Standzeiten sind zeit- und kosten-
   optimal, bei folgenden weiteren Daten:

Kosten für gelöteten Drehmeißel	8,00 €
Kosten pro Nachschliff (max. 10 Nachschliffe)	2,30 €
Werkzeugwechselzeit	6 min
keine Werkzeugvoreinstellung	
Lohnkosten	11,50 €/h
Lohnnebenkosten	80 % der Lohnkosten
Restfertigungsgemeinkosten	150 % der Lohnkosten

d) Nach wie vielen Werkstücken müsste der Drehmeißel bei kostenoptimaler Standzeit wirklich gewechselt werden, wenn Werkzeugwechsel nur zusammen mit
   Werkstückwechseln möglich sind?
e) Gibt es eine Schnittgeschwindigkeit, bei der dann geringere Kosten entstehen als
   bei v_{cok}?

13.2 Spanlose Fertigungsverfahren

Aufgabe 13.2-1 (Strangpressen)

Aus einer Aluminiumlegierung soll ein L-Profil des
skizzierten Querschnitts durch Strangpressen hergestellt werden. Das Ausgangsmaterial ist ein Rundbol-
zen mit einem Durchmesser von 80 mm. Die Kolben-
geschwindigkeit der Strangpresse beträgt 0,3 m/s.

a) Wie groß ist der Umformgrad?
b) Mit welcher Geschwindigkeit verlässt das L-Profil
   die Matrize?
c) Wie lange wird das stranggepresste Profil bei einem
   nutzbaren Arbeitshub der Presse von 500 mm?
d) Berechnen Sie die Umformkraft unter folgenden Bedingungen:

Formänderungsfestigkeit k_f	280 N/mm^2
Umformwirkungsgrad η	50 %
Reibkoeffizient μ_w	0,2

Aufgabe 13.2-2 (Stauchen)

Eine Sechskantschraube M 10×60 (Schlüsselweite SW 17, Kopfhöhe 6,4 mm) soll aus Runddraht (S 235JR) hergestellt werden. Aufgrund der hohen Stückzahl wird ein Umformverfahren mit kurzen Stückzeiten bevorzugt. Auch das Gewinde soll umformend hergestellt werden.

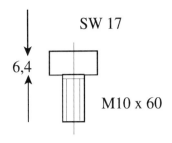

a) Welche Verfahren schlagen Sie vor für das Herstellen des Schraubenkopfes und für die Fertigung des Gewindes?

b) Berechnen Sie die erforderliche Kraft und das Arbeitsvermögen einer Presse, um den Schraubenkopf zu erzeugen (Formänderungswirkungsgrad 60 %) (die Fläche eines Sechsecks berechnet sich näherungsweise: $A = 0,866 \times SW^2$).

Aufgabe 13.2-3 (Stauchen)

Es sind Kugeln ($V = 4/3 \cdot \pi \cdot r^3$) mit 24 mm Durchmesser aus Draht (C 35 normalgeglüht) herzustellen. Der Drahtdurchmesser ist so zu wählen, dass das maximale Stauchverhältnis von 2,6 (in einem Stauchvorgang) ausgenutzt wird. (Das Stauchverhältnis ist der Quotient aus Länge und Durchmesser). Der Formänderungswirkungsgrad beträgt 0,8.

Berechnen Sie

a) den Drahtdurchmesser und wählen Sie einen handelsüblichen Durchmesser (Durchmesser sind nur in ganzen Millimetern erhältlich),

b) die Abmessung des Drahtrohlings für eine Kugel,

c) das tatsächliche Stauchverhältnis,

d) den maximalen Stauchgrad (Umformgrad) und

e) die maximale Presskraft!

Aufgabe 13.2-4 (Blech biegen)

Ein Blechstreifen aus DC01 und einer Dicke von 2 mm soll, wie skizziert, gebogen werden. Alle Winkel betragen 90°.

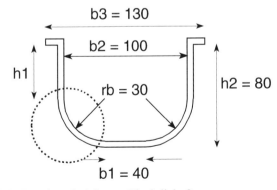

a) Berechnen Sie die gestreckte Länge des Rohlings!

b) Welchen Gesenkwinkel muss das Biegewerkzeug für die im Kreis markierte Biegung aufweisen?

c) Wie muss sich dieser Gesenkwinkel ändern bei 3 mm Blechdicke?

Aufgabe 13.2-5 (Blech schneiden, Blech biegen)

Universell verwendbare 90° Befestigungswinkel mit Schenkellängen 60 mm (gerader Teil des Schenkels) und Innenradius r = 20 mm sollen in einem Gesenk hergestellt werden. Weitere Daten sind:

Ausgangsmaterial:	Flachprofil 25×2 mm
Werkstoff:	S 235JR
Abscherbruchfestigkeit:	300 N/mm²
Fertigungsablauf:	Abschneiden und Gesenkbiegen

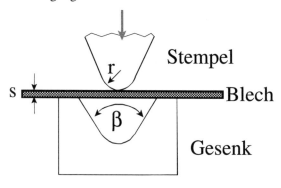

a) Berechnen Sie die erforderliche Schnittkraft für den Fall „drückender Schnitt".
b) Berechnen Sie die erforderliche Schnittkraft für den Fall „kreuzender Schnitt" (Neigungswinkel des Messers 6°).
c) Auf welche Länge müssen die Flachprofile abgeschnitten werden?
d) Welchen Winkel β muss das Gesenk aufweisen, so dass sich der geforderte Winkel auch nach dem Rückfedern des Flachprofils erhalten bleibt?

Aufgabe 13.2-6 (Tiefziehen, Schneiden)

Ein zylindrischer Napf mit rechtwinklig abgewinkeltem Rand, 80 mm Außendurchmesser, 40 mm Innendurchmesser und 90 mm Höhe soll aus 1 mm dickem Blech DC03 tiefgezogen werden.

a) Skizzieren und vermaßen Sie den Napf.
b) Berechnen Sie den Durchmesser des Blechrondenrohlings.
c) Berechnen Sie die Schnittkraft zum Ausschneiden des Blechrondenrohlings (drückender Schnitt, Scherfestigkeit des Bleches 290 N/mm².
d) Nennen Sie eine Maßnahme zur Schnittkraftreduzierung.
e) Welche Zugabstufungen schlagen Sie vor (Begründung)?
f) Welche Werkzeugmaschine(n) schlagen Sie zur Herstellung des Blechrondenrohlings und des Napfes vor?
g) Welche(s) Werkzeug(e) schlagen Sie vor zur Herstellung des Napfes in großer Stückzahl?

13.3 Werkzeugmaschinen

Aufgabe 13.3-1 (Getriebe von Werkzeugmaschinen)

Für den Drehzahlbereich 31,1 und einer kleinsten Drehzahl von 180 min^{-1} sollen die Drehzahlen eines 6stufigen Getriebes mit

a) arithmetischer und
b) geometrischer Stufung festgelegt werden.

Aufgabe 13.3-2 (Getriebe von Werkzeugmaschinen)

Der Antrieb einer Werkzeugmaschine erfolgt mit einem Asynchronmotor mit Nenndrehzahl 2800 min^{-1} und einem anschließenden Riemengetriebe. Die Abtriebsdrehzahlen des 24stufigen Schaltgetriebes liegen zwischen 9 und 1800 min^{-1}.

Gesucht sind

a) der Drehzahlbereich des Getriebes,
b) der Stufensprung und
c) die Einzeldrehzahlen am Abtrieb (Normdrehzahlen).
d) Welche Riemenübersetzung ist nötig?

Aufgabe 13.3-3 (Getriebe von Werkzeugmaschinen)

Das Riemengetriebe einer Drehmaschine weist 6 Stufen auf. Bei kleinster Drehzahl des regelbaren Antriebsmotors betragen die Abtriebsdrehzahlen 47, 72, 114, 185, 290 und 465 min^{-1}. Bei der höchsten Spindeldrehzahl werden 3300 min^{-1} erreicht.
a) Welche Stufung liegt vor?
b) Welche Normreihe wird verwendet?
c) Wie groß ist der Drehzahlbereich gesamt?
d) Wie groß ist der Regelbereich des Motors?
e) Wie groß ist der Drehzahlbereich des Getriebes?

Aufgabe 13.3-4 (Getriebe von Werkzeugmaschinen)

Für eine Bohreinheit soll der Antrieb ausgelegt werden. Der stufenlos regelbare Motor mit einem Regelbereich von 20 treibt über ein Schaltgetriebe mit sechs Stufen die Bohrspindel an. Die eingesetzten Werkzeuge haben Durchmesser von 10 ... 300 mm; die Schnittgeschwindigkeiten liegen zwischen 25 ... 150 m/min.

a) Berechnen Sie die minimale und die maximale Drehzahl an der Bohrspindel.
b) Welchen Drehzahlbereich braucht das Getriebe?
c) Welchen Stufensprung soll das Schaltgetriebe mindestens haben?

13.4 Lösungen zu Übungsaufgaben

Aufgabe 13.1-1

a)

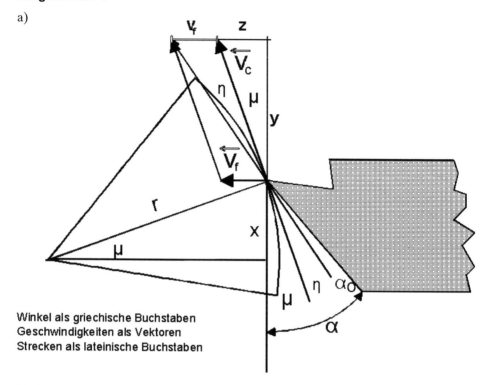

Winkel als griechische Buchstaben
Geschwindigkeiten als Vektoren
Strecken als lateinische Buchstaben

b) **Abstechen mit Meißel über Drehmitte, ohne Berücksichtigung von Vorschub und Schnittgeschwindigkeit (Wirkbewegung), d. h. $\eta = 0$**

$\alpha_0 = \alpha - \mu$

$\sin \mu = x/r$

Meißel (Freifläche) drückt an Werkstück, wenn $\alpha_0 = 0$ für $\alpha = \mu$

r (mm)	1,7211
$d = 2 \cdot r$ **(mm)**	**3,4421**
x (mm)	0,15
μ (°)	5,0000
$\sin \mu$	0,0872
Vorschub f (mm)	0

c) **Abstechen mit Meißel über Drehmitte, mit Berücksichtigung von Vorschub und Schnittgeschwindigkeit**

$\alpha_0 = \alpha - (\mu + \eta)$

Meißel (Freifläche) drückt an Werkstück, wenn $\alpha_0 = 0$ für $\alpha = \mu + \eta$

$\tan(\mu + \eta) = (z + v_f)/y$

$\sin \mu = z/v_c = x/r \Rightarrow z = v_c \cdot x/r$

$v_f = f \cdot n = (f \cdot v_c)/(2 \cdot r \cdot \pi)$

$y^2 + z^2 = v_c^2 \Rightarrow y^2 = v_c^2 - x^2 \cdot v_c^2/r^2 \Rightarrow y = v_c \cdot \sqrt{1 - x^2/r^2}$

r (mm)	2,0837
$d = 2 \cdot r$ **(mm)**	**4,167**
x (mm)	0,15
μ (°)	4,1281
$\sin \mu$	0,0720
f (mm)	0,20
n (1/min)	3.818,97
v_f (mm/min)	763,79
v_c (mm/min)	50.000,00
y (mm)	49.870,28
z (mm)	3.599,29
$\tan(\eta + \mu)$	0,0875
$\eta + \mu$ (°)	5,000000
Wirkrichtungswinkel η (°)	0,8719

Aufgabe 13.1-2

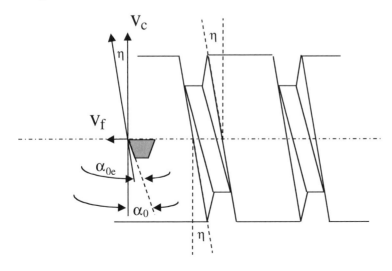

a) Wirkseitenfreiwinkel $\alpha_{0e} = \alpha_0 - \eta = 5° - 5{,}5° = -0{,}5°$

b) Rolle des Vorschubs: $\tan \eta = v_f / v_c$

c) Grundsätzliches Problem ist, dass der Wirkseitenfreiwinkel $\alpha_{0e} < 0$, d. h., die Seitenfreifläche des Gewindemeißels beschädigt die Gewindeflanke.

d) Ein Gewindemeißel mit größerem Seitenfreiwinkel α_0 oder ein Kippen des Gewindemeißels um den Steigungswinkel kann dieses Problem lösen. Allerdings verändert sich durch Kippen des Meißels die Form des Gewindeprofils, sodass bei der Auswahl des Gewindemeißels klar sein muss, ob er gekippt eingespannt werden muss.

e) Der neue Seitenfreiwinkel α_0 sollte größer als $5{,}5° + 5° = 10{,}5°$ sein.

Aufgabe 13.1-3

a) und b) **Berechnung der Schnittkraft**

Werkstoff	1.1191	C 45E	Stahl
γ (°)	12	$k_{c1.1}$ (N/mm²)	1765
κ (°)	60	m_c	0,25
λ (°)	0	$M(\gamma)$	0,91
Schnitttiefe a_p (mm)	1	$M(\lambda)$	0,94
Vorschub f (mm/U)	0,20	$\sin \kappa$	0,8660
M (Verfahren)	1	Spanungsbreite b (mm)	1,1547
M (Schneidstoff)	1	Spanungsdicke h (mm)	0,1732
		Schnittkraft F_c (N)	**468,06**

Aufgabe 13.1-4

a) **Berechnung der theoretisch erforderlichen Schnittkraft**

Werkstoff	1.1221	C 60E	Stahl
γ (°)	**3**	$k_{c1.1}$ (N/mm²)	1835
κ (°)	65	m_c	0,22
λ (°)	−4	$M(\gamma)$	1,045
Schnitttiefe pro Schnitt a_p (mm)	2	$M(\lambda)$	1
Vorschub f (mm/U)	**0,3**	$\sin \kappa$	0,906308
M (Verfahren)	1	Spanungsbreite b (mm)	2,206756
M (Schneidstoff)	1,2	Spanungsdicke h (mm)	0,271892
		Schnittkraft F_c (N)	**1.838,728**

b) + c) Schnittkraft mit geändertem Spanwinkel, der Vorschub kann erhöht werden

Werkstoff	1.1221	C 60E	Stahl
γ (°)	**6**	$k_{c1.1}$ (N/mm²)	1835
κ (°)	65	m_c	0,22
λ (°)	−4	$M(\gamma)$	1
Schnitttiefe pro Schnitt a_p (mm)	2	$M(\lambda)$	1
Vorschub f (mm/U)	**0,31742**	sin κ	0,906308
M (Verfahren)	1	Spanungsbreite b (mm)	2,206756
M (Schneidstoff)	1,2	Spanungsdicke h (mm)	0,287677
		Schnittkraft F_c (N)	**1.838,728**

Aufgabe 13.1-5

b) Auswahl der Drehzahl

Schnittgeschwindigkeit v_c (m/min)	160	Drehzahl n (min⁻¹) theoretisch	553,58
Durchmesser D (mm)	92	**nächste Drehzahl**	**560,00**

a), c) und d)

Werkstoff	1.0050	E 295	Stahl
γ (°)	4	$k_{c1.1}$ (N/mm²)	1750
κ (°)	70	m_c	0,27
λ (°)	0	$M(\gamma)$	1,03
Schnitttiefe pro Schnitt a_p (mm)	4	$M(\lambda)$	0,94
Vorschub f (mm/U)	0,6	sin κ	0,939693
M (Verfahren)	1	Spanungsbreite b (mm)	4,256711
M (Schneidstoff)	1	Spanungsdicke h (mm)	0,563816
		Schnittkraft F_c (N)	4746,87
Schnittgeschwindigkeit v_c (m/min)	161,855	Drehzahl n (1/min)	560,00
Durchmesser D (mm)	92		
Antriebswirkungsgrad	70 %	Schnittleistung P_c (W)	12.805,07
		Antriebsleistung P_a (W)	**18.292,95**
		Antriebsleistung nach Abstumpfung P_a (W)	**22.866,19**

Aufgabe 13.1-6

a) und b) **Berechnung von Schnittkraft und Antriebsleistung**

Werkstoff	1.1221	C 60E	Stahl
γ (°)	8	$k_{c1.1}$ (N/mm²)	1835
κ (°)	60	m_c	0,22
λ (°)	0	$M(\gamma)$	0,97
Schnitttiefe pro Schnitt a_p (mm)	1,5	$M(\lambda)$	0,94
Vorschub f (mm/U)	0,25	$\sin \kappa$	0,866025
M (Verfahren)	1	Spanungsbreite b (mm)	1,732051
M (Schneidstoff)	1	Spanungsdicke h (mm)	0,216506
		Schnittkraft F_c (N)	**878,5437**
Schnittgeschwindigkeit v_c (m/min)	100	Drehzahl n (min⁻¹)	397,89
Durchmesser D (mm)	80	Schnittleistung P_c (W)	1.464,24
Antriebswirkungsgrad	70 %	Antriebsleistung P_a (W)	2.091,77
		Antriebsleistung nach Abstumpfung P_a (W)	**2.719,30**

Aufgabe 13.1-7

a) bis d) **Berechnung der Drehzahl, der Schnittkraft, des maximalen Vorschubs und der Hauptzeit**

Werkstoff	1.1191	C 45E	Stahl
γ (°)	12	$k_{c1.1}$ (N/mm²)	1765
κ (°)	60	m_c	0,25
λ (°)	0	$M(\gamma)$	0,91
Schnitttiefe pro Schnitt a_p (mm)	3	$M(\lambda)$	0,94
Vorschub f (mm/U)	**0,3750**	$\sin \kappa$	0,8660254
M (Verfahren)	1	Spanungsbreite b (mm)	3,4641016
M (Schneidstoff)	1	Spanungsdicke h (mm)	0,324766
		Schnittkraft F_c (N)	**2.250,00**
Schnittgeschwindigkeit v_c (m/min)	100	**Drehzahl n (min⁻¹)**	**454,73**
Durchmesser D (mm)	70		
Bearbeitungsweg L (mm) ohne Sicherheitsabstand	100	Vorschubgeschwindig-keit v_f (mm/min)	170,53
Sicherheitsabstand (mm)	10	**Hauptzeit t_h (min)**	**0,6451**
		Schnittleistung P_c (W)	3.750,00
Antriebswirkungsgrad	75 %	Antriebsleistung P_a (W)	5.000,00

Aufgabe 13.1-8

a) bis c) **Berechnung von Schnittkraft, Schnittleistung und Antriebsleistung**

Werkstoff	0.6025	EN-GJL-250	Guss
γ (°)	8	$k_{c1.1}$ (N/mm²)	1140
κ (°)	75	m_c	0,26
λ (°)	−4	$M(\gamma)$	0,91
Schnitttiefe pro Schnitt a_p (mm)	4	$M(\lambda)$	1
Vorschub f (mm/U)	0,5	$\sin \kappa$	0,965926
M (Verfahren)	1,2	Spanungsbreite b (mm)	4,141105
M (Schneidstoff)	1	Spanungsdicke h (mm)	0,482963
		Schnittkraft F_c (N)	**3.008,43**
Schnittgeschwindigkeit v_c (m/min)	235,62	Drehzahl n (min⁻¹)	500,00
Antriebswirkungsgrad	72 %	**Schnittleistung P_c (W)**	**11.814,08**
		Antriebsleistung P_a (W)	**16.408,44**

Aufgabe 13.1-9

a) und b) **Berechnung von Schnittkraft und Sicherheit**

Werkstoff	1.0060	E 335	Stahl
γ (°)	10	$k_{c1.1}$ (N/mm²)	1940
κ (°) (immer 90° für Räumen)	90	m_c	0,17
λ (°)	0	$\sin \kappa$	1
Schnittbreite (mm)	3,5	Spanungsbreite b (mm)	15
Schnitttiefe (mm)	0,06	Spanungsdicke h (mm)	0,06
$M(\gamma)$	0,94	Schnittkraft F_c (N)	3.882,74
$M(\lambda)$	0,94	**Schnittkraft der 6 Zähne (N)**	**23.296,5**
M (Verfahren + Schneidstoff)	1,3	Klemmkraft (N)	32.000
Verschleißfaktor	1,2	**Sicherheit**	**1,37**

Aufgabe 13.1-10

a) und b) **Berechnung von Antriebsleistung und Ausnutzungsgrad**

Werkstoff	1.0070	E 360	Stahl
γ (°)	4	$k_{c1.1}$ (N/mm^2)	1960
κ (°) 1/2 Spitzenwinkel	59	m_c	0,3
λ (°)	0	$M(\gamma)$	1,03
Vorschub f (mm)	0,35	$M(\lambda)$	0,94
Vorschub f_z (mm/Schneide)	0,175	sin κ	0,8571673
M (Verfahren)	1	Spanungsdicke h (mm)	0,150
M (Schneidstoff) Bohren mit H	0,95		
Schnittgeschwindigkeit v_c (m/min)	65	k_c	3.185,03
Durchmesser D (mm)	16	**Schnittleistung P_c (kW)**	**4,83**
Zähnezahl z	2	Antriebsleistung P_a (kW)	6,7
Antriebswirkungsgrad	72 %	**Ausnutzung des Antriebs mit 10 kW**	**67 %**

Aufgabe 13.1-11

a) und b) **Berechnung von Antriebsleistung und Ausnutzungsgrad**

Werkstoff	0.6025	EN-GJL-250	Guss
γ (°)	2	$k_{c1.1}$ (N/mm^2)	1140
κ (°) (immer 90° für Walzenfräsen)	90	m_c	0,26
Drallwinkel λ (°)	30	M (γ)	1
Schnittbreite a_p (mm)	80	M (λ)	0,49
Schnitttiefe a_e (mm)	10	sin κ	1
Vorschub f_z (mm/Zahn)	0,10	Spanungsbreite b (mm)	80
M (Verfahren)	1,3	Spanungsdicke h (mm)	0,035355
M (Schneidstoff)	1,2	Drehzahl n (1/min)	238,73
Zunahme F_c durch Verschleiß	30 %	Vorschubgeschwindigkeit v_f (mm/min)	238,73
Schnittgeschwindigkeit v_c (m/min)	60	Schnittleistung P_c (kW)	6,61
Durchmesser D (mm)	80	Schnittleistung P_c mit Verschleiß (kW)	8,6
Zähnezahl z	10	**P_a incl. Verschleißzuschlag (kW)**	**12,28**
Antriebswirkungsgrad	70 %	**Ausnutzung des Antriebs mit 16 kW**	**77 %**

Aufgabe 13.1-12

a) bis d) **Bearbeitungsweg, Drehzahl, Vorschubgeschwindigkeit und Hauptzeit**

Schnitttiefe pro Schnitt a_p (mm)	6		
Vorschub f_z (mm/Zahn)	0,06	**Vorschubgeschwindigkeit v_f (mm/min)**	**53,71**
Schnittgeschwindigkeit v_c (m/min)	25	**Drehzahl n (min^{-1})**	**49,74**
Durchmesser D (mm)	160		
Zähnezahl z	18		
Werkstücklänge, ohne Anlauf und Überlauf (mm)	300	Anstellweg Scheibenfräser (mm)	30,39737
Anlauf l_a (mm)	5	**Bearbeitungsweg (mm)**	**340,397**
Überlauf l_u (mm)	5	**Hauptzeit t_h (min)**	**6,3371**

Aufgabe 13.1-13

a) **Berechnung von Fräserweg, Drehzahl, Vorschubgeschwindigkeit und Hauptzeit für Schruppen**

Vorschub f_z (mm/Zahn)	0,15		
Schnittgeschwindigkeit v_c (m/min)	80	**Drehzahl n (min^{-1})**	**404,20**
Durchmesser D (mm)	63		
Zähnezahl z	8		
Bearbeitungsweg L (mm) ohne Sicherheitsabstand = Werkstücklänge + 1/2 Fräserdurchmesser – Anschnittlänge	417,2	**Vorschubgeschwindigkeit v_f (mm/min)**	**485,04**
Sicherheitsabstand (mm)	10	**Hauptzeit t_h (min)**	**0,86**

b) **Berechnung von Fräserweg, Drehzahl, Vorschubgeschwindigkeit und Hauptzeit für Schlichten**

Vorschub f_z (mm/Zahn)	0,08		
Schnittgeschwindigkeit v_c (m/min)	130	**Drehzahl n (min^{-1})**	**656,83**
Durchmesser D (mm)	63		
Zähnezahl z	8		
Bearbeitungsweg L (mm) ohne Sicherheitsabstand = Werkstücklänge + 2 · 1/2 Fräserdurchmesser	463	**Vorschubgeschwindigkeit v_f (mm/min)**	**420,37**
Sicherheitsabstand (mm)	10	**Hauptzeit t_h (min)**	**1,1252**

Aufgabe 13.1-14

a) bis c) **Berechnung von Vorschub/Zahn, Schnittgeschwindigkeit und Hauptzeit**

Vorschubgeschwindigkeit v_f (mm/min)	225
Zähnezahl z	4
Vorschub f_z (mm/Zahn)	0,1125
Hauptzeit t_h (min)	0,667
Drehzahl n (1/min)	500
Durchmesser D (mm)	63
Schnittgeschwindigkeit v_c (m/min)	99

Vorschubgeschwindigkeit v_f (mm/min)	375
Zähnezahl z	4
Vorschub f_z (mm/Zahn)	0,1875
Hauptzeit t_h (min)	0,40

Vorschubgeschwindigkeit v_f (mm/min)	600
Zähnezahl z	4
Vorschub f_z (mm/Zahn)	0,3
Hauptzeit t_h (min)	0,25

Aufgabe 13.1-15

a) bis e) **Berechnung von Schnitttiefe, Vorschub, Hauptzeit und Kosten pro Stück**

Maschine 1

Werkstoff	1.0070	E 360	Stahl
γ (°)	10	$k_{c1.1}$ (N/mm^2)	1960
κ (°)	60	m_c	0,3
λ (°)	0	$M(\gamma)$	0,94
Schnitttiefe pro Schnitt a_p (mm)	3	$M(\lambda)$	0,94
Vorschub f (mm/U)	0,586375	$\sin \kappa$	0,8660254
M (Verfahren)	1	Spanungsbreite b (mm)	3,4641016
M (Schneidstoff)	1	Spanungsdicke h (mm)	0,5078158
Schnitttiefe/Vorschub a_p/f	5,12	Schnittkraft F_c (N) (arbeitsscharfes Werkzeug)	3.733,33

Maschine 1

Schnittgeschwindigkeit v_c (m/min)	180	Drehzahl n (min^{-1})	868,12
Durchmesser D (mm)	66		
Bearbeitungsweg L (mm) ohne Sicherheitsabstand	300	Vorschubgeschwindigkeit v_f (mm/min)	509,04
Sicherheitsabstand (mm)	10	**Hauptzeit t_h (min)**	**1,2180**
		Bearbeitungzeit (min)	**1,4180**
Anzahl Schnitte	2	Schnittleistung P_c (W)	11.200,00
Antriebswirkungsgrad	70 %	Antriebsleistung P_a (W)	16.000,00
gesamte Schnitttiefe (mm)	6	P_a (W) mit Verschleiß	20.000,00
		Kosten pro Stück	**1,06 €**

c) Für Maschine 2 ergibt sich bei der Antriebsleistung P_a 12,5 kW mit Berücksichtigung des Verschleißzuschlags von 25 % ein Vorschub von 0,53473 mm, der nicht mehr zulässig ist. ($a_p/f = 3,74$). Als Vorschub wird deshalb 0,5 mm gewählt.

Maschine 2

Werkstoff	1.0070	E 360	Stahl
γ (°)	10	$k_{c1.1}$ (N/mm^2)	1960
κ (°)	60	m_c	0,3
λ (°)	0	$M(\gamma)$	0,94
Schnitttiefe je Schnitt a_p (mm)	**2**	$M(\lambda)$	0,94
Vorschub f (mm/U)	**0,5**	$\sin \kappa$	0,8660254
M (Verfahren)	1	Spanungsbreite b (mm)	2,3094011
M (Schneidstoff)	1	Spanungsdicke h (mm)	0,4330127
Schnitttiefe/Vorschub a_p/f	**4,00**	Schnittkraft F_c (N) (arbeitsscharfes Werkzeug)	2.226,19
Schnittgeschwindigkeit v_c (m/min)	180	Drehzahl n (min^{-1})	868,12
Durchmesser D (mm)	66		
Bearbeitungsweg L (mm) ohne Sicherheitsabstand	300	Vorschubgeschwindigkeit v_f (mm/min)	434,06
Sicherheitsabstand (mm)	10	**Hauptzeit t_h (min)**	**2,1426**
		Bearbeitungzeit (min)	**2,4426**
Anzahl Schnitte	3	Schnittleistung P_c (W)	6.678,56
Antriebswirkungsgrad	70 %	Antriebsleistung P_a (W)	9.540,80
gesamte Schnitttiefe (mm)	6	P_a (W) mit Verschleiß	11.926,00
		Kosten pro Stück	**1,02 €**

Aufgabe 13.1-16

a), b) und c) **Hauptzeiten der Versuche 2 und 3**

	Versuch 1 (langsam)	Versuch 2	Versuch 3 (schnell)
Schnittgeschwindigkeit v_c (m/min)	120	200	320
Standmenge (Stück)	46	18	8
Hauptzeit pro Stück (min)	6,00	3,60	2,25
Standzeit (min)	276,00	64,80	18,00

b) **Verschleißkurve**

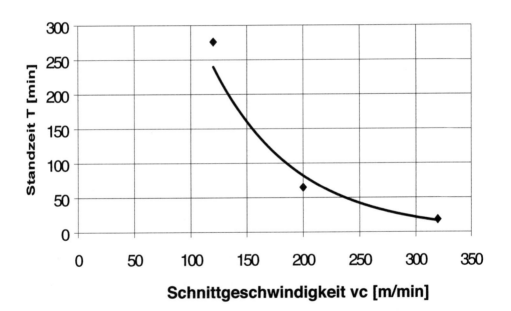

Verschleiß

Verschleißkurve im doppeltlogarithmischen Maßstab

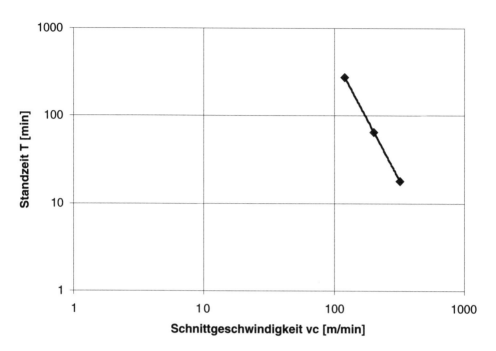

a), b) und e) **Parameter der Verschleißgeraden**

Steigung k berechnet aus Versuch 1 und 3	−2,7834
Abschnitt C	903,9348

a) und f) **Berechnung der Standzeit und Standmenge**

gegebene v_c	250
Standzeit T (min)	35,78323
Hauptzeit (min)	2,88
Standmenge theoretisch	12,4247323
Standmenge tatsächlich	12

Aufgabe 13.1-17

a) Berechnung der Standzeiten

v_c (m/min)		50		100		250
t_h (min)		2,28		1,14		0,456
$E(T)$ (min)		483,36		108,87		12,008
	Stand-menge M_50	Stand-zeit T_50	Stand-menge M_100	Stand-zeit T_100	Stand-menge M_250	Stand-zeit T_250
Versuch 1	135	307,80	52	59,28	6	2,74
Versuch 2	165	376,20	71	80,94	17	7,75
Versuch 3	198	451,44	79	90,06	22	10,03
Versuch 4	210	478,80	98	111,72	29	13,22
Versuch 5	263	599,64	125	142,50	36	16,42
Versuch 6	301	686,28	148	168,72	48	21,89
Durchschnitt	212	483,36	95,5	108,87	26,33	12,01

Standzeitkurve

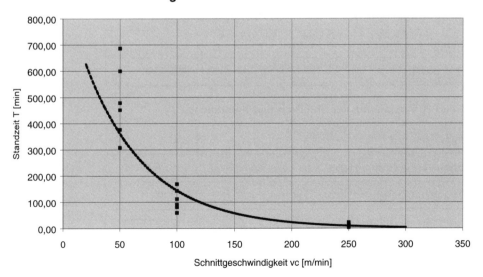

Standzeitkurve im doppeltlogarithmischen Maßstab

Ergebnisse Standzeitversuch

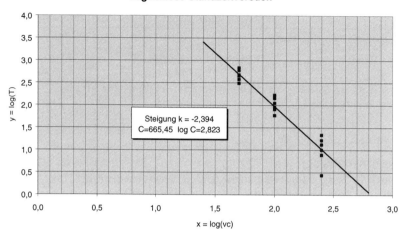

Steigung k = -2,394
C=665,45 log C=2,823

x = log(vc)

b) Berechnung der Standzeitgeraden mit Regression

v_c	T	$\log v_c$	$\log T$	Regressionskoeffizient	$-0{,}95887$
50	307,80	1,6990	2,4883	**Steigung k**	$-2{,}39432$
50	376,20	1,6990	2,5754	**y-Abschnitt**	6,75944
50	451,44	1,6990	2,6546	**C**	665,45362
50	478,80	1,6990	2,6802		
50	599,64	1,6990	2,7779	**$\log v_c$**	0,00000
50	686,28	1,6990	2,8365	**$\log T$ ($v_c = 0$)**	6,75944
100	59,28	2,0000	1,7729		
100	80,94	2,0000	1,9082	**$\log T$**	0,00000
100	90,06	2,0000	1,9545	**$\log v_c$ ($T = 0$) $= \log C$**	2,82312
100	111,72	2,0000	2,0481		
100	142,50	2,0000	2,1538		
100	168,72	2,0000	2,2272		
250	2,74	2,3979	0,4371		
250	7,75	2,3979	0,8894		
250	10,03	2,3979	1,0014		
250	13,22	2,3979	1,1214		
250	16,42	2,3979	1,2153		
250	21,89	2,3979	1,3402		

c) **Berechnung der Standzeiten**

	Versuch 1 (langsam)	Versuch 2	Versuch 3 (schnell)
Schnittgeschwindigkeit v_c (m/min)	50	100	250
Standzeit (min)	483,36	108,87	12,01

Berechnung der Taylorgleichung aus schnellstem und langsamstem Versuch

Steigung k	−2,2959
Abschnitt C	738,0793

d) **Zuverlässigere Berechnung**

Zuverlässiger ist die Regression, weil mehr Daten verarbeitet werden. Sie macht wegen der größeren Datenmenge und der komplizierteren Berechnung aber auch mehr Mühe. Mit einer Tabellenkalkulation lassen sich die Auswertungen jedoch vereinfachen.

Aufgabe 13.1-18

a) und b) **Berechnung der zeit- und kostenoptimalen Standzeit**

Standzeitgerade aus Aufgabe 13.1-17:	
Steigung k	−2,2959
Abschnitt C	738,0793

Werkzeugkosten	
Kosten Wendeplatte	4,70 €
Anzahl Platten	1
Anzahl Schneiden je Platte	6
Kosten des Halters	45,00 €
Lebensdauer des Halters (Standzeiten)	600
Kosten für Ersatzteile	6,75 €
Lebensdauer der Ersatzteile (Schneiden)	600
Werkzeugkosten geklemmt	**0,87 €**
Werkzeugwechselzeit t_w (min)	**3**
Maschinen- und Lohnkosten	
Lohnkosten (€/h)	12,00 €
Lohnnebenkosten €/h)	9,00 €
Maschinenstundensatz (€/h)	28,00 €
Restfertigungsgemeinkosten (€/h)	17,40 €
Maschinen- und Lohnkosten (€/h)	**66,40 €**

optimale Standzeit

	Standzeit T (min)	Schnittgeschw. v_c (m/min)
zeitoptimale Standzeit T_{ot}	3,89	408,56
kostenoptimale Standzeit T_{ok}	4,91	369,21

Aufgabe 13.1-19

a) und b) **Berechnung der Standzeiten**

	Versuch 1 (langsam)	Versuch 2 (schnell)
Schnittgeschwindigkeit v_c (m/min)	58	150
Standmenge (Stück)	52	5
Hauptzeit pro Stück (min)	5,2000	2,0107
Standzeit (min)	270,40	10,05

Berechnung der Standzeitgeraden

Steigung k	−3,4646
Abschnitt C	292,0082

c) **Berechnung der Kosten für Werkzeuge mit geklemmten Wendeplatten**

Kosten Negativ-Wendeplatte	4,60 €
Anzahl Platten	1
genutzte Schneiden je Platte	$8 \cdot 0,75 = 6$
Kosten des Halters	40,90 €
Lebensdauer des Halters (Standzeiten)	600
Kosten für Ersatzteile	8,18 €
Lebensdauer der Ersatzteile (Schneiden)	600
Werkzeugkosten geklemmt	**0,85 €**

d) **Berechnung von Maschinen- und Lohnkosten sowie der zeit- und kostenoptimalen Standzeit**

Werkzeugwechselzeit t_w	3
Maschinen- und Lohnkosten	
Lohnkosten (€/h)	20,00 €
Lohnnebenkosten (€/h)	–
Maschinenstundensatz (€/h)	29,00 €
Restfertigungsgemeinkosten (€/h)	17,90 €
Maschinen- und Lohnkosten (€/h)	**66,90 €**

optimale Standzeit	Standzeit T (min)	Schnittgeschw. v_c (m/min)
zeitoptimale Standzeit T_{ot}	7,39	163,91
kostenoptimale Standzeit T_{ok}	9,30	153,43

Aufgabe 13.1-20

a) **Berechnung der Standzeitgleichung**

	Versuch 1 (langsam)	Versuch 2 (schnell)
Schnittgeschwindigkeit v_c (m/min)	120	240
Standmenge (Stück)	18	6
Hauptzeit pro Stück (min)	12,0000	6,0000
Standzeit (min)	216,00	36,00

Standzeitgerade

Steigung k	−2,5850
Abschnitt C	960,0000

b) **Standzeit und Standmenge für $v_c = 150$ m/min**

gegebene Schnittgeschwindigkeit v_c (m/min)	150,00
Standzeit T (min)	**121,3235**
Hauptzeit t_h (min)	9,6
Standmenge (Stück)	**(12,6) 12**

c) Berechnung der zeit- und kostenoptimalen Standzeit und Schnittgeschwindigkeit

Maschinen- und Lohnkosten	
Lohnkosten (€/h)	11,50 €
Lohnnebenkosten (€/h)	9,20 €
Restfertigungsgemeinkosten (€/h)	17,25 €
Maschinen- und Lohnkosten (€/h)	37,95 €
Werkzeugkosten nachschleifbar	
Neuwert des Werkzeugs (€)	8,00 €
Restwert des Werkzeugs (€)	–
Anzahl Nachschliffe n_s	10
Kosten je Nachschliff (€)	2,30 €
Kosten Voreinstellung (€)	–
Werkzeugkosten nachschleifbar (€)	3,10 €
Werkzeugwechselzeit t_w (min)	6

optimale Standzeit	Standzeit T (min)	Schnittgeschw. v_c (m/min)
zeitoptimale Standzeit T_{ot}	9,51	401,66
kostenoptimale Standzeit T_{ok}	17,27	318,9

d) Berechnung der Standmenge

optimale Standzeit	Standzeit T (min)	Schnittgeschw. v_c (m/min)	Standmenge (Stück)
kostenoptimale Standzeit T_{ok}	17,27	318,9	(3,8) 3

Werkstückwechsel nach 3 Werkstücken

e) Schnittgeschwindigkeit mit geringeren Kosten als unter d) berechnet
Bei höherer Schnittgeschwindigkeit, z. B. $v_c = 350$ m/min verkürzt sich die Hauptzeit ohne die Nebenzeit zu verkürzen, denn nach jedem dritten Werkstück muss weiterhin das Werkzeug gewechselt werden.

13.5 Lösungen spanlose Bearbeitung

Aufgabe 13.2-1

a) bis d) **Berechnung von Werkstückgeschwindigkeit, Umformgrad und Arbeitshub beim Strangpressen**

Durchmesser des Blocks D_0 (mm)	80
Länge des Blocks l_0 (mm) = h_0	500
Anfangsfläche A_0 (mm²)	5.026,55
Endfläche A_1 (mm²)	255
Umformgrad φ_h	**298 %**
Kolbengeschwindigkeit (m/sec)	0,3
Werkstückgeschwindigkeit (m/sec)	**5,91**
Werkstücklänge h_1 (mm)	**9.856**
Reibkoeffizient μ_w	0,2
Umformwirkungsgrad η	50 %
Formänderungsfestigkeit k_f (N/mm²)	280,00
Umformkraft (kN)	**15.428,92**

Aufgabe 13.2-2

a) **Herstellverfahren für Schraubenkopf und Gewinde**

Teil	Herstellverfahren
Schraubenkopf	Stauchen
Gewinde	Rollen

b) **Berechnung von Umformkraft und Arbeitsvermögen beim Stauchen**

Durchmesser Rohteil d_0 (mm)	10,00
Anfangsfläche A_0 (mm²)	78,54
Anfangshöhe h_0 (mm)	20,39
Umformwirkungsgrad η	60 %
Endfläche A_1 (mm²)	250,27
Endhöhe h_1	6,40
Umformgrad φ	−116 %
Formänderungsfestigkeit k_f (N/mm²)	700
bezogene Formänderungsarbeit w (N/mm³)	700
Umformkraft (kN)	**292**
Umformarbeit (kNm)	**1.868,7**

Aufgabe 13.2-3

a) bis e) **Berechnung von Drahtdurchmesser, Drahtlänge, Stauchverhältnis, Umformgrad und Umformkraft**

Stauchverhältnis maximal	2,6
Volumen (mm^3)	7.238,23
Durchmesser theoretisch Rohteil d_0 (mm)	15,25
Durchmesser gewählt Rohteil d_0 (mm)	**16,00**
Anfangsfläche A_0 (mm^2)	201,06
Anfangshöhe h_0 (mm)	**36,00**
Stauchverhältnis tatsächlich	**2,25**
Umformwirkungsgrad η	0,8
Endfläche A_1 (mm^2)	452,39
Endhöhe h_1	24,00
Umformgrad φ_h	**−41 %**
Formänderungsfestigkeit k_f (N/mm^2)	850
Umformkraft (kN)	**480,7**

Aufgabe 13.2-4

a) **Berechnung der gestreckten Länge**

	r_b bis $0,5 \cdot b_1$	b_3 bis h_1
Länge 1 l_1 (mm)	0	15
Biegeradius r_w (mm)	30	0
Blechdicke s (mm)	2	2
r_w/s	15	0
Korrekturfaktor e	1	0
Biegewinkel (°)	90	90
Länge 2 l_2 (mm)	20	48
gestreckte Länge (mm)	68,69	63
gesamte gestreckte Länge (mm)	**263,39**	

a) und c) **Berechnung des Gesenkwinkels für $s = 2$ mm und $s = 3$ mm Blechstärke**

Blechstärke s (mm)	**2**	**3**
Biegradius nach Rückfederung r_w (mm)	30	30
r_w/s	15	10
Rückfederungsfaktor k	0,94	0,95
Biegewinkel vor Rückfederung α_i	95,74	94,74
Biegewinkel nach Rückfederung α_w	90	90
Gesenkwinkel β_i	**84,26**	**85,26**

Aufgabe 13.2-5

a) und b) **Berechnung der Schnittkraft**

Abscherbruchfestigkeit (N/mm^2)	300
Blechstärke (mm)	2
Blechbreite (mm)	25
Drückender Schnitt:	
Schnittkraft drückender Schnitt (kN)	**15**
Kreuzender Schnitt:	
Neigungswinkel der Schneide (°)	6
Schnittkraft kreuzender Schnitt (kN)	**5,7**

c) **Berechnung der gestreckten Länge**

Länge 1 l_1 (mm)	60
Biegeradius r_w (mm)	20
Blechdicke s (mm)	2
r_w/s	10
Korrekturfaktor e	1
Biegewinkel (°)	90
Länge 2 l_2 (mm)	60
gestreckte Länge (mm)	**153**

d) **Berechnung des Gesenkwinkels**

Blechstärke s (mm)	2
Biegradius nach Rückfederung r_w (mm)	20
r_w/s	10
Rückfederungsfaktor k	0,95
Biegewinkel vor Rückfederung α_i	94,74
Biegewinkel nach Rückfederung α_w	90
Gesenkwinkel β_i	85,26

Aufgabe 13.2-6

b) **Berechnung des Rondendurchmessers**

Maße Fertigteil	
Außendurchmesser d_2 (mm)	80
Napfinnendurchmesser d_1 (mm)	40
Höhe h (mm)	90
Rondendurchmesser D (mm)	**144,22**

c) und d) **Schnittkraft**

Scherfestigkeit (N/mm²)	290
Blechdicke s (mm)	1
Schnittfläche (mm²)	453,1
Schnittkraft (drückend) (kN)	**131,4**
Zur Schnittkraftreduzierung	**kreuzender Schnitt**

e) **Ziehverhältnis und Ziehstufen**

Rondendurchmesser D (mm)	144,22
Napfinnendurchmesser d_1 (mm)	40
Ziehverhältnis β gesamt	**3,605**
Möglichkeit A: ohne Zwischenglühen	
1. Ziehstufe	1,65
2. Ziehstufe	1,25
3. Ziehstufe	1,25
4. Ziehstufe	1,25
5. Ziehstufe	1,118
Möglichkeit B: mit Zwischenglühen	
1. Ziehstufe (nach 1. Ziehstufe	1,65
2. Ziehstufe Zwischenglühen)	1,65
3. Ziehstufe	1,25
4. Ziehstufe	1,059

f) und g) **Werkzeugmaschinen und Werkzeuge**

Für Ronde stanzen	**Exzenterpresse, Hydraulische Presse**
Für Tiefziehen des Napfes	**Hydraulische Presse, Komplettfertigung im Folgeverbundwerkzeug**

13.6 Lösungen Werkzeugmaschinen

Aufgabe 13.3-1

Drehzahlbereich und Drehzahlen für arithmetische Stufung und für geometrische Stufung

Drehzahlbereich	31,1
min Drehzahl	180
max Drehzahl	5600

Stufung	geometrisch		arithmetisch
Drehzahlen	theoretisch	gerundet	
n_1	180	**180**	**180**
n_2	358	**355**	**1.264**
n_3	712	**710**	**2.348**
n_4	1.416	**1.400**	**3.432**
n_5	2.816	**2.800**	**4.516**
n_6	5.600	**5.600**	**5.600**
Stufensprung	1,9888	2,0	1.084

Die Drehzahlen der geometrischen Stufung entsprechen der Normzahlreihe R20/6 mit Stufensprung $\varphi = 1{,}12^6 \approx 2$

Aufgabe 13.3-2

a) bis d) **Drehzahlbereich und Riemenübersetzung**

Drehzahlbereich	**200**
min. Antriebs-Drehzahl	9
max Abtriebs-Drehzahl	1.800
Antriebsdrehzahl	2.800
Riemenübersetzung	**0,64**

Drehzahlen

geometrische Stufung	theoretisch	Normdrehzahlen R 20/2
Drehzahlen		
n_1	9	**9**
n_2	11,3	**11,2**
n_3	14,3	**14**
n_4	18,0	**18**
n_5	22,6	**22,4**
:	:	:
Stufensprung	**1,2590**	**1,25**

Aufgabe 13.3-3

a) **Stufung**: geometrische Stufung mit Stufensprung
$$\varphi = (465/47)^{1/5} = 1{,}5815 \approx 1{,}6 \approx 1{,}12^4$$
b) **Normreihe:** Normreihe R20/4
c), d) und e) **Berechnung der Drehzahlbereiche**

Drehmaschine	Getriebe	Motor	gesamter Antrieb
Drehzahlbereich	9,89	7,10	70,21
min. Antriebs-Drehzahl	47	465	47
max. Abtriebs-Drehzahl	465	3300	3300
Anzahl Stufen	6	stufenlos	

Aufgabe 13.3-4

a) **Berechnung der minimalen und maximalen Drehzahlen der Bohrmaschine**

Drehzahlen (min^{-1})	$d_{min} = 10$ mm	$d_{max} = 300$ mm
$v_{c\,min} = 25$ m/min	795,77	**26,53**
$v_{c\,max} = 150$ m/min	**4.774,65**	159,15

b) und c) **Drehzahlbereich und Stufensprung**

	Getriebe	Motor	gesamt
Drehzahlbereich	9,00	20	**180,00**
min. Antriebs-Drehzahl			26,53
max. Abtriebs-Drehzahl			4.774,65
Anzahl Stufen	6,00	stufenlos	6
geometrische Stufung	theoretisch	Normzahlreihe R20/4	
Stufensprung	1,5518	1,60	

Der Stufensprung φ der Normzahlreihe R20/4 = 1,6 $\approx 1{,}12^4$

14 Literatur

Awiszus, B., Bast, J., Dürr, H., Matthes, K. (Hrsg.): Grundlagen der Fertigungstechnik. 2. Auflage. Leipzig: Fachbuchverlag 2005

Adams, K.: Oberflächenvorbehandlung. Weinheim: Wiley-VCH 1999

Bach, F., Duda, T.: Moderne Beschichtungsverfahren. Weinheim: Wiley-VCH 2000

Benkler, H.: Grundlagen der NC-Programmiertechnik für Ausbildung, Arbeitsplanung und Fertigungspraxis. München Wien: Hanser 1995

Böge, A. (Hrsg.): Das Techniker Handbuch. Braunschweig: Vieweg 2000

Conrad, K.-J. (Hrsg.): Taschenbuch der Werkzeugmaschinen. Leipzig: Fachbuchverlag Leipzig Hanser 2002

Degner, W., Lutze, H., Smejkal, E.: Spanende Formung: Theorie, Berechnung, Richtwerte. 15., neu bearbeitete Auflage. München Wien: Hanser 2002

Fachkunde Metall: Europa-Lehrmittel. Haan-Gruiten 2000

Fischer, R.: Elektrische Maschinen. München, 12. Auflage. München Wien: Hanser 2003

Flimm, J.: Spanlose Formgebung. München Wien: Hanser 1996

Förster, D., Müller, W.: Laser in der Metallbearbeitung. Leipzig: Fachbuchverlag 2001

Fritz A. H., Schulze G.: Fertigungstechnik. Düsseldorf: VDI 2004

Garant: Zerspanungshandbuch. München: Hoffmann Group 2004

Hering, E. (Hrsg.): Taschenbuch für Wirtschaftsingenieure. Leipzig: Fachbuchverlag 1999

Hirsch, A.: Werkzeugmaschinen Grundlagen. Braunschweig: Vieweg 2000

Institut der Deutschen Wirtschaft: Deutschland in Zahlen, Ausgabe 2003. Köln: Deutscher Instituts-Verlag 2003

Koether, R. (Hrsg.): Taschenbuch der Logistik. Leipzig: Fachbuchverlag 2003

Koether, R.: Technische Logistik. 2., überarbeitete Auflage. München Wien: Hanser 2001

Konold, P., Reger, H.: Praxis der Montagetechnik. Produktdesign, Planung, Systemgestaltung. 2. Auflage. Wiesbaden: Vieweg 2003

Krottmaier, J.: Versuchsplanung: Der Weg zur Qualität des Jahres 2000. 3. Auflage. Köln: TÜV Rheinland 1994

Lochmann, K.: Formelsammlung Fertigungstechnik. Leipzig: Fachbuchverlag 2001

Matthes, K.-J. Riedel, F. (Hrsg.): Fügetechnik. Überblick – Löten – Kleben – Fügen durch Umformen. Leipzig: Fachbuchverlag 2003

Matthes, K.-J.; Richter, E. (Hrsg.): Schweißtechnik. Schweißen von metallischen Konstruktionswerkstoffen. 2. Auflage. Leipzig: Fachbuchverlag 2003

Sadowski, F.: Basiswissen Autoreparaturlackierung. Würzburg: Vogel 2000

Sautter, R.: Fertigungsverfahren. Würzburg: Vogel 1997

Schal, W.: Fertigungstechnik Band 2. Hamburg: Handwerk und Technik 1995

Schuler: Handbuch der Umformtechnik. Berlin: Springer 1996

Statistisches Bundesamt (Hrsg.): Statistisches Jahrbuch 2003 für die Bundesrepublik Deutschland. Wiesbaden: Statistisches Bundesamt 2003

Tschätsch, H.: Werkzeugmaschinen der spanlosen und spanenden Formgebung. 8., verbesserte Auflage. München Wien: Hanser 2003

Westkämper, E., Warnecke, H.-J.: Einführung in die Fertigungstechnik. 5. überarbeitete und aktualisierte Auflage. Stuttgart, Leipzig, Wiesbaden: Teubner 2002

Wiendahl, H.-P.: Betriebsorganisation für Ingenieure. 5., aktualisierte Auflage. München Wien: Hanser 2005

Witt, G. (Hrsg.): Taschenbuch der Fertigungstechnik. Leipzig: Fachbuchverlag 2005

15 Sachwortverzeichnis